高等学校计算机类“十三五”规划教材

数据结构教程

主编　胡元义

副主编　宁耀斌　孙旭霞　罗作民　雷西玲　陈曦

西安电子科技大学出版社

内 容 简 介

本书系统地介绍了数据结构的有关内容，主要包括：线性表、栈、队列、串、数组、广义表、树、图等常用数据的逻辑结构和存储结构，使用各种数据结构的基本操作，以及查找、排序算法等。

本书采用的算法全部用C语言描述，各章节均附有大量习题。与本书配套的《数据结构教程习题解析与算法上机实现》详细给出了本书习题的解题思路和参考答案，对书中的所有算法和涉及算法的示例都给出了完整的C语言实现程序，并且在VC++ 6.0环境下上机通过。

本书结构清晰，既强调知识的实用性，也注重理论的完整性，化繁为简，将理论融入具体实例中，化难为易，以达到准确、清楚地阐述相关概念和原理的目的。书中给出的例子也具有较强的实用性与连贯性。

本书可作为高等院校相关专业本科生及硕士研究生的专业教材或参考书，也可作为相关技术人员的自学用书。

图书在版编目(CIP)数据

数据结构教程/胡元义主编. —西安：西安电子科技大学出版社，2012.8(2015.6 重印)

高等学校计算机类“十三五”规划教材

ISBN 978-7-5606-2890-5

Ⅰ. ① 数…　Ⅱ. ① 胡…　Ⅲ. ① 数据结构—高等学校—教材　Ⅳ. ① TP311.12

中国版本图书馆 CIP 数据核字(2012)第 173038 号

策　　划　胡华霖

责任编辑　薛　媛　王　瑛

出版发行　西安电子科技大学出版社(西安市太白南路 2 号)

电　　话　(029)88242885　88201467　　邮　　编　710071

网　　址　www.xduph.com　　电子邮箱　xdupfxb001@163.com

经　　销　新华书店

印刷单位　陕西华沐印刷科技有限责任公司

版　　次　2012 年 8 月第 1 版　　2015 年 6 月第 2 次印刷

开　　本　787 毫米×1092 毫米　1/16　印　张　18.5

字　　数　438 千字

印　　数　3001～6000 册

定　　价　32.00 元

ISBN 978-7-5606-2890-5/TP・1365

XDUP 3182001-2

前　言

如果把程序设计比作一棵大树，数据结构无疑是大树的躯干。可以说，程序设计的精髓就是数据结构。计算机各个领域的应用都要用到各种数据结构，只有较好地掌握了数据结构知识，才能在程序设计中做到游刃有余，从而在计算机应用领域进行研究和开发时做到胸有成竹。

数据结构课程是计算机专业的一门核心课程，它是在长期的程序设计实践中提炼、升华而成的，反过来又应用于程序设计。数据结构课程同时又是操作系统、编译原理等计算机核心课程的基础，在计算机专业课程的学习中起着承上启下的作用。数据结构是一门应用广泛且最有实用价值的课程，不掌握数据结构知识就难以成为一名合格的软件工程师或计算机工作者。

由于数据结构的原理和算法都比较抽象，且数据结构又具有概念性强、内容灵活、不易掌握和难度大等特点，因此学习起来比较困难。本书在内容的组织和编排上注意掌握内容的难易程度，把握理论的深度，追求应用的广度；在内容的讲解上注重条理性和连贯性，做到化繁为简、化难为易，引导学生由基本概念出发，思考数据结构的实质内容以及相应算法求解的思路和实现方法，并由此深化对数据结构基本概念的理解，达到举一反三，培养分析问题和解决问题的能力这一目的。

本书共分 9 章，采用的算法均用 C 语言描述。第 1 章简要介绍了数据结构的基本概念与算法基础；第 2 章重点介绍了两种存储结构——顺序表和单链表的有关概念；第 3 章介绍了栈和队列的概念、特点及应用；第 4 章涉及到串的概念，特别是串的模式匹配的有关内容；第 5 章介绍了数组和广义表的有关概念；第 6 章重点介绍了二叉树的有关概念；第 7 章重点介绍了图的有关知识和应用；第 8 章给出了各种静态和动态查找表的方法；第 9 章详细讨论了各种排序的方法和特点。

为了便于正确理解数据结构的概念和相关内容，本书除了给出大量有针对性的实例外，还采用了图解的方式来解析数据结构中的算法和示例的实现过程。本书的另一个特点是各章的习题概念性强、覆盖面广、内容全面，具有典型性和代表性，这对加深理解本章的知识是必不可少的。习题中的算法设计题选材得当、针对性强，可提高学生的动手能力并培养其程序设计的素质。

本书与配套的教材《数据结构教程习题解析与算法上机实现》配合使用将会得到更好的学习效果。书中带“*”的章节为选学内容。

此外，本书中的汉诺塔非递归算法和二叉树后序遍历的第一种非递归算法，是作者在 1996 年出版的《TURBO PASCAL 6.0 精讲、题解及应用》(西安电子科技大学出版社)一书中首次提出来的。在本书中，作者又设计了平衡二叉树、建立广义表等算法，并对一些经典算法进行了完善和修改。特别是平衡二叉树算法，真正实现了无需改动二叉树存储结构(不使用平衡因子)就可以对不平衡的子树进行调正，目前国内还未见到此类算法。

由于编者水平有限，书中难免存在不足，敬请广大读者批评指正。

编　者

2012 年 1 月

目　　录

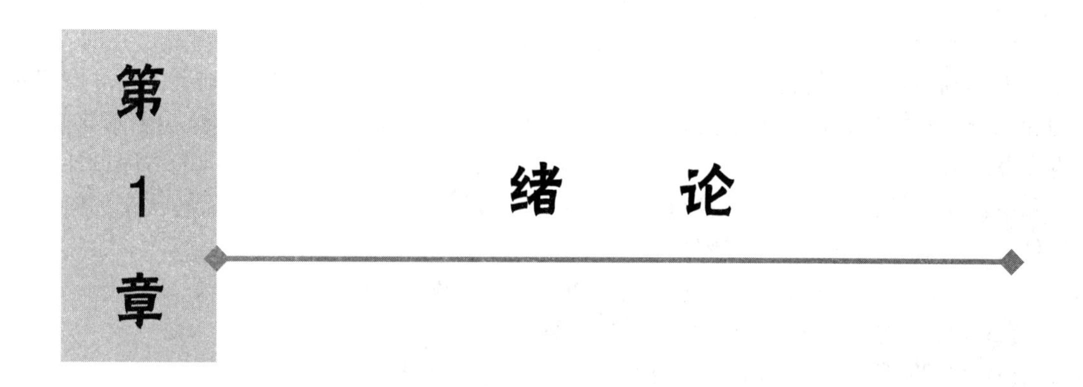

计算机发展的初期其应用主要是数值计算问题，即所处理的数据都是整型、实型及布尔型等简单数据。但随着计算机应用领域的不断扩大，非数值计算问题占据了目前计算机应用的绝大部分，计算机所处理的数据也不再是简单的数值，而是扩展到字符串、图形、图像、语音、视频等复杂的数据，这些复杂的数据不仅量大，而且具有一定的结构。例如，一幅图像是由简单的数值组成的矩阵；一个图形中的几何坐标可以组成表；语言编译程序中使用的栈、符号表和语法树，操作系统中所用到的队列、树形目录等，都是有结构的数据。为了有效地组织和管理好这些数据，设计出高质量的程序以及高效率地使用计算机，就必须深入研究这些数据自身的特性以及它们之间的相互关系，这正是数据结构这门课程形成与发展的原因。也即，数据结构的研究涉及构筑计算机求解问题过程的两大基石：刻画实际问题中信息及其关系的数据结构和描述问题解决方案的逻辑抽象算法。

数据结构从 1968 年开始作为一门独立的课程，但在此之前其有关内容已出现在编译原理和操作系统的课程中。20 世纪 60 年代中期，美国的一些大学已经开设了有关数据结构的课程，但当时的课程名称并不叫数据结构。1968 年 D. E. knuth 教授开创了数据结构的最初体系，他所著的《计算机程序设计技巧》(Art of Computer Programming)第一卷《基本算法》是第一本较系统阐述数据的逻辑结构、存储结构以及相应操作的著作。从 20 世纪 60 年代末到 70 年代初，出现了大型程序并且软件也相对独立，结构程序设计成为程序设计方法学的主要内容，数据结构越来越受到人们的重视。20 世纪 70 年代中期到 80 年代，各种版本的数据结构著作相继问世，这对此后的计算机应用产生了深远影响。至今数据结构的发展并未终结：一方面，面向各种专门领域中特殊问题的数据结构得到研究和发展，如多维图形数据结构等；另一方面从抽象数据类型和面向对象的观点来讨论数据结构已成为一种新的趋势。面对当今的信息化时代，计算机处理的数据越来越多，越来越复杂，数据结构和算法也越来越受到重视。数据结构和算法的研究也成为面向专业方向的研究，比如遗传算法的研究、云计算的并行算法等。

现在，数据结构已是计算机及相关专业必不可少的专业基础课程，主要学习用计算机实现数据组织和数据处理的方法。数据结构课程将为计算机相关后继课程，如操作系统、编译原理、数据库原理、人工智能和软件工程等打下坚实的基础。

1.1　数据结构的概念

人们利用计算机的目的是解决实际问题。在明确所要解决问题的基础上，经过对问题的深入分析和抽象，为其在计算机中建立一个模型，然后确定恰当的数据结构表示该模型，再在此基础上设计合适的算法，最后根据设计的数据结构和算法进行相应的程序设计来模拟和解决实际问题，这就是计算机求解问题的一般过程。因此，用计算机解决实际问题的软件开发一般分为下面几个步骤：

(1) 分析阶段：分析实际问题，从中抽象出一个数学模型。

(2) 设计阶段：设计出解决数学模型的算法。

(3) 编程阶段：用适当的编程语言编写出可执行的程序。

(4) 测试阶段：测试、修改直到得到问题的解答。

数据结构课程集中讨论软件开发过程中的设计阶段，同时涉及分析阶段和编程阶段的若干基本问题。此外，为了构造出好的数据结构及其实现，还需考虑数据结构及其实现的评价与选择。因此，数据结构课程的内容包括了如表 1.1 所示的数据表示和数据处理方面所对应的 3 个层次。

表 1.1　数据结构课程内容体系

层次＼方面	数据表示	数据处理
抽象	逻辑结构	基本运算
实现	存储结构	算法
评价	不同数据结构的比较与算法分析	

数据结构的核心内容是分解与抽象。通过对问题的抽象，舍弃数据元素(含义见后)的具体内容，就得到逻辑结构。类似地，通过分解将处理要求划分成各种功能，再通过抽象舍弃实现的细节，就得到基本运算的定义。上述两个方面的结合使人们将问题转换为数据结构，这是一个从具体(即具体问题)到抽象(即数据结构)的过程。然后，通过增加对实现细节的考虑，进一步得到存储结构和实现算法，从而完成设计任务，这是一个从抽象(即数据结构)到具体(即具体实现)的过程。熟练掌握这两个过程是数据结构课程在专业技能培养方面的基本目标。

在系统地学习数据结构知识之前，我们先对一些基本概念和术语予以说明。

1.1.1　数据与数据元素

数据是人们利用文字符号、数学符号以及其他规定的符号对现实世界的事物及其活动所做的抽象描述。简而言之，数据是信息的载体，是对客观事物的符号化表示。从计算机的角度看，数据是计算机程序对所描述客观事物进行加工处理的一种表示，凡是能够被计算机识别、存取和加工处理的符号、字符、图形、图像、声音、视频信号等都可以称为数据。

我们日常涉及到的数据主要分为两类：一类是数值数据，包括整数、实数和复数等，它们主要用于工程和科学计算以及商业事务处理；另一类是非数值数据，主要包括字符和字符串以及文字、图形、语音等，它们多用于控制、管理和数据处理等领域。

数据元素是数据集合中的一个“个体”，是数据的基本单位。在计算机中，数据元素通常被作为一个整体来进行考虑和处理。在有些情况下，数据元素也称为元素、结点、顶点和记录等。一个数据元素可以由一个或多个数据项组成，数据项是具有独立含义的数据最小单位，有时也称为字段或域。

例 1.1　一个学生信息(数据)表如表 1.2 所示，请指出表中的数据、数据元素及数据项，并由此得出三者之间的关系。

表 1.2　学生信息表

姓　名	性　别	年　龄	专　业	其　他
刘小平	男	21	计算机	…
王　红	女	20	数　学	…
吕　军	男	20	经　济	…
⋮	⋮	⋮	⋮	⋮
马文华	女	19	管　理	…

【解】表 1.2 中是全部学生信息数据。表中的每一行即为记录一个学生信息的数据元素，而该行中的每一项则为一个数据项。数据、数据元素和数据项实际上反映了数据组织的三个层次，数据可以由若干个数据元素构成，而数据元素则又可以由若干数据项构成。

1.1.2　数据结构

数据结构是指数据元素以及数据元素之间的相互关系，也即数据的组织形式，可以看做是相互之间存在着某种特定关系的数据元素集合。也即，可以把数据结构看做是带结构的数据元素集合。进一步说，数据结构描述按照一定逻辑关系组织起来的待处理数据元素的表示及相关操作，涉及数据的逻辑结构、存储结构和运算。因此，数据结构包含以下三个方面的内容：

(1) 数据元素之间的逻辑关系，即数据的逻辑结构。

(2) 数据元素及其关系在计算机存储器中的存储方式，即数据的存储结构(物理结构)。

(3) 施加在数据上的操作，即数据的运算。

数据的逻辑结构是从逻辑关系上(主要指相邻关系)来描述数据的，它与数据如何存储无关，是独立于计算机的。因此，数据的逻辑结构可以看做是从具体问题抽象出来的数学模型。

数据的存储结构是指数据的逻辑结构在计算机存储器中的映像表示，即在能够反映数据逻辑关系的前提下数据在存储器中的存储方式。

数据的运算是在数据上所施加的一系列操作，称为抽象运算，它只考虑这些操作的功能，而暂不考虑如何完成，只有在确定了存储结构后，才会具体实现这些操作。也即，抽象运算是定义在逻辑结构上的，而实现则是建立在存储结构上的。最常用的运算有：检索、插入、删除、更新以及排序等。

1.2 逻辑结构与存储结构

1.2.1 逻辑结构

数据的逻辑结构是对数据元素之间逻辑关系的描述，它与数据在计算机中的存储方式无关。根据数据元素之间关系的不同特性，可以划分出以下四种基本逻辑结构，如图 1-1 所示。

(1) 集合结构：数据元素之间除了“属于同一集合”的联系之外，没有其他关系。

(2) 线性结构：数据元素之间存在着“一对一”的关系。数据之间存在前后顺序关系，除第一个元素和最后一个元素外，其余元素都有唯一一个前驱元素和唯一一个后继元素。

(3) 树形结构：数据元素之间存在着“一对多”的关系。数据之间存在层次关系，除了一个根结点(元素)外，其余元素(结点)都有唯一一个前驱元素，并且可以有多个后继元素。

(4) 图结构(或称网状结构)：数据元素之间存在着“多对多”的关系。也即，每个元素都可以有多个前驱元素和多个后继元素。

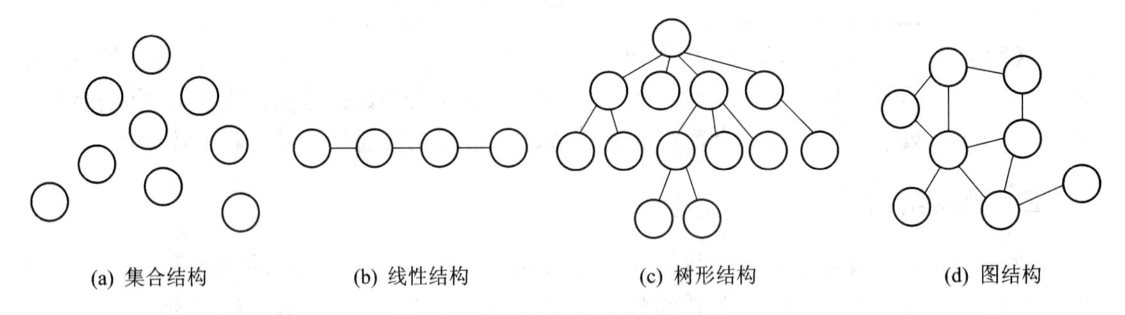

图 1-1 逻辑结构的四种基本形态

由于集合结构具有简单性和松散性，因此通常只讨论其他三种逻辑结构。数据的逻辑结构可以分为线性结构和非线性结构两类。若数据元素之间的逻辑关系可以用一个线性序列简单地表示出来，则称为线性结构，否则称为非线性结构。树形结构和图结构就属于非线性结构。现实生活中的楼层编号就属于线性结构，而省、市、地区的划分属于树形结构，城市交通图则属于图结构。

关于逻辑结构需要注意以下几点：

(1) 逻辑结构与数据元素本身的形式和内容无关。例如，给表 1.2 中的每个学生增加一个数据项“学号”，就得到另一个数据，但由于所有的数据元素仍是“一个接一个排列”，故新数据的逻辑结构与原来数据的逻辑结构相同，仍是一个线性结构。

(2) 逻辑结构与数据元素的相对位置无关。例如，将表 1.2 中的学生按年龄由大到小的顺序重新排列就得到另一个表格，但这个新表格中的所有数据元素“一个接一个排列”的性质并没有改变，其逻辑结构与原表格相同，还是线性结构。

(3) 逻辑结构与所含数据元素的个数无关。例如，在表 1.2 中增加或删除若干学生信息(数据元素)，所得到的表格仍为线性结构。

1.2.2　存储结构

数据的存储结构是数据结构在计算机中的表示方法，也即数据的逻辑结构到计算机存储器的映像，包括数据结构中数据元素的表示以及数据元素之间关系的表示。数据元素及数据元素之间的关系在计算机中可以有以下四种基本存储结构：

(1) 顺序存储结构：借助于数据元素在存储器中的相对位置来表示数据元素之间的逻辑关系。通常顺序存储结构是利用程序语言中的数组来描述的。

(2) 链式存储结构：在数据元素上附加指针域，并借助指针来指示数据元素之间的逻辑关系。链式存储结构通常是利用程序语言中的指针类型来描述的。

(3) 索引存储结构：在存储所有数据元素信息的同时建立附加索引表。索引表中表项的一般形式是：(关键字，地址)。关键字是数据元素中某个数据项的值，它唯一标识该数据元素；地址则是指向该数据元素的指针。由关键字可以立即通过地址找到该数据元素。

(4) 哈希(或散列)存储结构：此方法的基本思想是根据数据元素的关键字通过哈希(或散列)函数直接计算出该数据元素的存储地址。

顺序存储结构的主要优点是节省存储空间，即分配给数据的存储单元全部用于存放数据元素的数据信息，数据元素之间的逻辑关系没有占用额外的存储空间。采用这种存储结构可以实现对数据元素的随机存取，即每个数据元素对应有一个序号，并由该序号可以直接计算出数据元素的存储地址(例如对于数组 A 其序号为数组元素的下标，数组元素 A[i]可以通过*(A+i)进行存取)。但顺序存储结构的主要缺点是不便于修改，对数据元素进行插入、删除运算时，可能要移动一系列的数据元素。

链式存储结构的主要优点是便于修改，在进行插入、删除运算时仅需修改相应数据元素的指针值，而不必移动数据元素。与顺序存储结构相比，链式存储结构的主要缺点是存储空间的利用率较低，因为除了用于数据元素的存储空间外还需要额外的存储空间来存储数据元素之间的逻辑关系。此外，由于逻辑上相邻的数据元素在存储空间中不一定相邻。所以不能对数据元素进行随机存取。

线性结构采用索引存储方法后就可以对结点进行随机访问。在进行插入、删除运算时，只需改动存储在索引表中数据元素的存储地址，而不必移动数据元素，所以仍保持较高的数据修改和运算效率。索引存储结构的缺点是增加了索引表，这也降低了存储空间的利用率。

哈希(或散列)存储结构的优点是查找速度快，只要给出待查数据元素的关键字，就可以立即计算出该数据元素的存储地址。与前面三种存储方法不同的是，哈希存储结构只存储数据元素的数据而不存储数据元素之间的逻辑关系。哈希存储结构一般只适合于对数据进行快速查找和插入的场合。

图 1-2 给出了表 1.2 在顺序存储结构和链式存储结构下的示意。

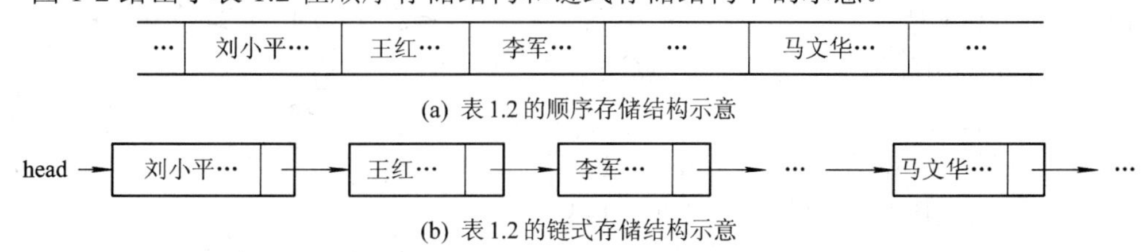

图 1-2　表 1.2 在不同的存储结构下的存储示意

1.3　算法与算法分析

概要的说，算法是程序的逻辑抽象，是解决某类客观问题的过程。计算机求解问题的核心是算法设计，而算法设计又高度依赖于数据结构，因为在算法设计时必须先确定相应的数据结构，而在讨论某一种数据结构时也必然会涉及相应的算法。

1.3.1　算法的定义和描述

算法是建立在数据结构基础上对特定问题求解步骤的一种描述，是若干条指令组成的有限序列。其中，每一条指令表示一个或多个操作。算法必须满足以下性质：

(1) 有穷性：一个算法必须在有穷步之后结束，即必须在有限时间内完成。

(2) 确定性：算法的每一步必须有确切的含义而没有二义性。对于相同的输入，算法执行的路径是唯一的。

(3) 可行性：算法所描述的操作都可以通过可实现的基本运算在有限次执行后得以完成。

(4) 输入：一个算法可以有零个或多个输入。

(5) 输出：一个算法具有一个或多个输出，且输出与输入之间存在某种特定的关系。

算法的含义与程序十分相似但又有区别。一个程序不一定满足有穷性，例如操作系统程序只要不停机执行就永不停止，因此，操作系统不是一个算法。此外，程序中的语句最终都要转化(编译)成计算机可执行的指令，而算法中的指令则无此限制，即一个算法可采用自然语言如英语、汉语描述，也可以采用图形方式如流程图、拓扑图描述。算法给出了对一个问题的求解，而程序仅是算法在计算机上的实现。一个算法若用程序设计语言来描述，则此时算法也就是一个程序。

对某个特定问题的求解究竟采用何种数据结构及选择什么算法，需要看问题的具体要求和现实环境的各种条件；数据结构的选择是否恰当将直接影响到算法的效率，只有把数据结构与算法有机地结合起来才能设计出高质量的程序来。

例 1.2　对两个正整数 m 和 n，给出求它们最大公因子的算法。

【解】算法设计如下：

(1) 求余数：以 n 除 m，余数为 r，且 0≤r＜n。

(2) 判断余数 r 是否等于零：如果 r 为零，则输出 n 的当前值(即为最大公因子)，算法结束；否则执行(3)。

(3) 将 n 值传给 m、将 r 值传给 n，转(1)。

也可以用流程图描述该算法，如图 1-3 所示。

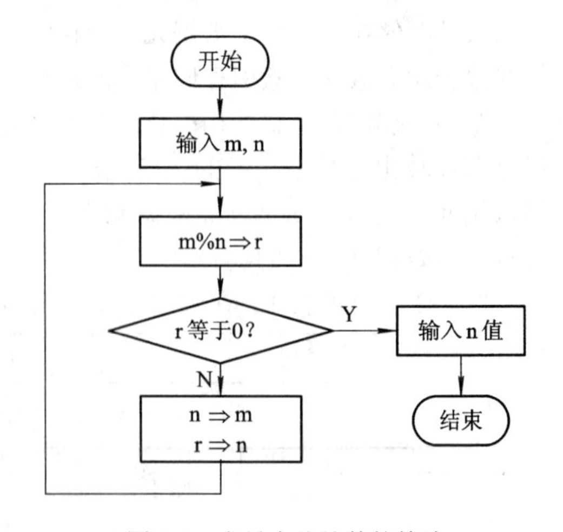

图 1-3　求最大公约数的算法

上述算法给出了三个计算步骤，而且每一步骤意义明确并切实可行。虽然出现了循环，但m和n都是已给定的有限整数，并且每次m除以n后得到的余数r即使不为零也总有$r<\min(m, n)$，这就保证循环执行有限次后必然终止，即满足算法的所有特征，所以是一个正确的算法。

1.3.2　算法分析和复杂度计算

算法设计主要是考虑可解算法的设计，而算法分析则是研究和比较各种算法的性能与优劣。算法的时间复杂度和空间复杂度是算法分析的两个主要方面，其目的主要是考察算法的时间和空间效率，以求改进算法或对不同的算法进行比较。

(1) 时间复杂度：一个程序的时间复杂度是指程序运行从开始到结束所需要的时间。

(2) 空间复杂度：一个程序的空间复杂度是指程序运行从开始到结束所需的存储量。

在复杂度计算中，实际上是把求解问题的关键操作，如加法、减法和比较运算指定为基本操作，然后把算法执行基本操作的次数作为算法的时间复杂度，而算法执行期间占用存储单元的数量作为算法的空间复杂度。

在此，涉及到频度的概念，即语句(指令)的频度是指它在算法中被重复执行的次数。一个算法的时间耗费就是该算法中所有语句(指令)的频度之和(记作T(n))，它是该算法所求解问题规模n的某个函数f(n)。当问题规模n趋向无穷大时，T(n)的数量级称为时间复杂度，记作：

$$T(n)=O(f(n))$$

上述式子中“O”的文字含义是T(n)的数量级，其严格的数学定义是：若T(n)和f(n)是定义在正整数集合上的两个函数，则存在正常数C和n_0，使得当$n \geqslant n_0$时都满足：

$$0 \leqslant T(n) \leqslant C \cdot f(n)$$

例如，一个程序的实际执行时间为：$T(n)=2.7n^3+8.3n^2+5.6$，则$T(n)=O(n^3)$。也即，当n趋于无穷大时，n^3前的2.7可以忽略，即该程序的时间复杂度的数量级是n^3。

算法的时间复杂度采用这种数量级的形式表示后，将给分析算法的时间复杂度带来很大的方便。即对一个算法，只需分析影响该算法时间复杂度的主要部分即可，而无需对该算法的每一个语句都进行详细的分析。

若一个算法中的两个部分其时间复杂度分别为$T_1(n)=O(f(n))$和$T_2(n)=O(g(n))$，则：

(1) 在“O”下的求和准则为：$T_1(n)+T_2(n)=O(\max(f(n),g(n)))$。

(2) 在“O”下的乘法准则为：$T_1(n)\times T_2(n)=O(f(n)\times g(n))$。

当算法转换为程序后，每条语句执行一次所需的时间取决于机器的指令性能、速度以及编译所生成的代码质量，这是难以确定的。因此，我们假设每条语句执行一次所需的时间均是单位时间，则程序计算的时间复杂度法则如下：

(1) 执行一条读写语句或赋值语句所用的时间为O(1)。

(2) 依次执行一系列语句所用的时间采用求和准则。

(3) 条件语句if的耗时主要是当条件为真时执行语句体所用的时间，而检测条件是否为真还需耗费O(1)。

(4) 对while、do…while和for这样的循环语句，其运行时间为每次执行循环体及检测是否继续循环的时间，故常用乘法准则。

例 1.3　试求下面程序段的时间复杂度。

```
for(i=0;i<n;i++)
  for(j=0;j<n;j++)
  {
     C[i][j]=0;
     for(k=0;k< n;k++)
          C[i][j]=C[i][j]+A[i][k]*B[k][j];
  }
```

【解】我们给程序中的语句进行编号，并在其右侧列出该语句的频度：

```
(1)     for(i=0;i<n;i++)                              n+1
(2)       for(j=0;j<n;j++)                            n(n+1)
          {
(3)         C[i][j]=0                                 n^2
(4)         for(k=0;k< n;k++)                         n^2(n+1)
(5)           C[i][j]=C[i][j]+A[i][k]*B[k][j];        n^3
          }
```

语句(1)的 i 值由 0 递增到 n，并且测试到 i 等于 n 时(即条件“i<n”为假)才会终止，故它的频度是 n+1，但它的循环体却只能执行 n 次。语句(2)作为语句(1)循环体中的一个语句应该执行 n 次，而语句(2)自身又要执行 n+1 次，所以语句(2)的频度是 n(n+1)。同理，可得语句(3)、(4)和(5)的频度分别是 n^2、 $n^2(n+1)$和 n^3。也即，该程序段所有语句的频度之和为

$$T(n)=2n^3+3n^2+2n+1$$

最后得到：$T(n)=O(n^3)$。实际上，由算法的三重 for 循环且每重循环进行 n 次以及“O”下的乘法准则可直接得到：$T(n)=O(n^3)$。

此外要说明的是，时间复杂度按数量级递增排列的顺序如下：

$$O(1)<O(\text{lb}n)<O(n)<O(n\ \text{lb}n)<O(n^2)<O(n^3)<O(2^n)$$

习　题　1

1. 单项选择题

(1) 研究数据结构就是研究______。

A. 数据的逻辑结构

B. 数据的存储结构

C. 数据的逻辑结构和存储结构

D. 数据的逻辑结构、存储结构及其数据在运算上的实现

(2) 下面关于算法的说法，错误的是______。

A. 算法最终必须由计算机程序实现

B. 为解决某问题的算法和为该问题编写的程序含义是相同的

C. 算法的可行性是指指令不能有二义性

D. 以上说法都是错误的

(3) 数据的______包括集合、线性、树和图四种基本类型。

A. 存储结构　　B. 逻辑结构　　C. 基本运算　　D. 算法描述

(4) 数据的存储结构包括顺序、链接、散列和______四种基本类型。

A. 向量　　B. 数组　　C. 集合　　D. 索引

(5) 关于逻辑结构，以下说法错误的是______。

A. 逻辑结构与数据元素本身的形式和内容无关

B. 逻辑结构与数据元素的相对位置有关

C. 逻辑结构与所含结点的个数无关

D. 一些表面上很不相同的数据可以有相同的逻辑结构

(6) 根据数据元素之间关系的不同特性，以下四类基本逻辑结构反映了四类基本数据的组织形式。下面解释中错误的是____。

A. 集合中任何两个结点之间都有逻辑关系，但组织形式松散

B. 线性结构中结点按逻辑关系依次排列成一条“锁链”

C. 树形结构具有分支、层次的特点，其形态有点像自然界中的树

D. 图状结构中各结构点按逻辑关系互相缠绕，任何两个结点都可以邻接

(7) 下面程序的时间复杂度为____。

```
for(i=0;i<m;i++)
  for(j=0;j<n;j++)
    A[i][j]=i*j;
```

A. $O(m^2)$　　B. $O(n^2)$　　C. $O(m\times n)$　　D. $O(m+n)$

2. 多项选择题

(1) 数据元素是________。

A. 数据集合中的一个个体　　B. 数据的基本单位　　C. 数据的最小单位

D. 一个结点　　E. 一个记录

(2) 数据结构被形式地定义为(K, R)，其中K是__①__的有限集，R是K上的__②__有限集。

A. 算法　　B. 数据元素　　C. 数据操作　　D. 逻辑结构

E. 操作　　F. 映像　　G. 存储　　H. 关系

(3) 线性结构的顺序存储结构是一种__①__的存储结构，线性结构的链式存储结构是一种__②__的存储结构。

A. 随机存取　　B. 顺序存取　　C. 索引存取

D. 散列存取　　E. 随机存取和索引存取

(4) 算法分析的目的是__①__，算法分析的两个主要方面是__②__。

A. 找出数据结构的合理性　　B. 研究算法中输入和输出关系

C. 分析算法的效率以求改进　　D. 分析算法的易懂性和文档性

E. 空间复杂度和时间复杂度　　F. 正确性和简单性

G. 可读性和文档性　　H. 数据复杂性和程序复杂性

(5) 算法指的是__①__，它必须是具备输入、输出和__②__等五个特性。

A. 计算方法　　B. 排序方法
C. 解决问题的有限运算序列　　D. 调度方法
E. 可执行性、可移植性和可扩充性　　F. 可行性、确定性和有穷性
G. 确定性、有穷性和稳定性　　H. 易读性、稳定性和安全性

3. 填空题

(1) 一个数据结构在计算机中的______称为存储结构。

(2) 对于给定的 n 个元素，可以构造出的逻辑结构有_______、________、______和________四种。

(3) 数据是描述客观事物的数、字符以及所有________计算机中并被计算机程序所______的符号集合。

(4) 线性结构中的元素之间存在______关系，树形结构中元素之间存在______关系，图形结构中的元素之间存在______关系，而集合结构中的元素之间不存在______关系。

(5) 数据结构是研究数据的__________和__________以及它们之间的相互关系，并对这种结构定义相应的______且设计出相应的______。

(6) 数据的______结构与数据元素本身的内容和形式无关。

(7) 一个算法的时空性能是指该算法的________和________。前者是算法包含的________，后者是算法需要的________。

4. 判断题

(1) 顺序存储方式只能用于存储线性结构。

(2) 数据元素是数据的最小单位。

(3) 算法可以用不同的语言描述，如果用 C 语言编写一个程序，则程序就是算法了。

(4) 数据结构是带有结构的数据元素的集合。

(5) 数据的逻辑结构是指各数据元素之间的逻辑关系，是用户根据需要而建立的。

(6) 数据结构、数据元素、数据项在计算机中的表示(映像)分别称为存储结构、结点、数据域。

5. 名词解释

(1) 数据 (2) 数据元素 (3) 数据项 (4) 数据结构 (5) 逻辑结构 (6) 存储结构

6. 写出下面程序段的时间复杂度。

```
y=0;
while((y+1)*(y+1)<=n)
    y=y+1;
```

7. 对下面程序段：

```
for(i=1; i<=n; i++)
    for(j=1; j<=i; j++)
        for(k=1; k<=j; k++)
            s=s+1;
```

试分析每一条语句执行的次数及时间复杂度。

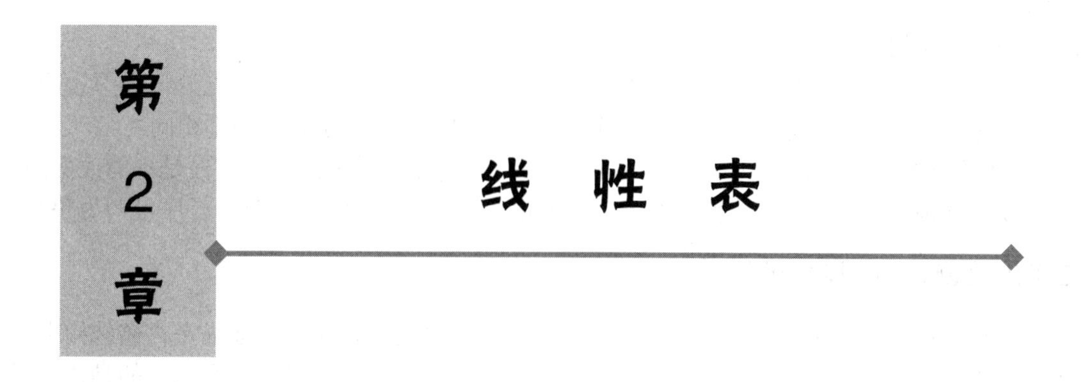

线性表是最简单、最基本，也是最常用的一种线性结构。线性表在很多领域，尤其是在程序设计语言和程序设计过程中被大量使用。

2.1 线性表及其逻辑结构

2.1.1 线性表的定义

线性表是一种线性结构。线性结构的特点是数据元素之间是线性关系，数据元素“一个接一个的排列”；并且，在一个线性表中所有数据元素的类型都是相同的。简单地说，一个线性表是 n 个元素的有限序列，其特点是在数据元素的非空集合中：

(1) 存在唯一一个称为“第一个”的元素。

(2) 存在唯一一个称为“最后一个”的元素。

(3) 除第一个元素之外，序列中的每一个元素只有一个直接前驱。

(4) 除最后一个元素之外，序列中的每一个元素只有一个直接后继。

因此，我们可以给出线性表的定义如下：

线性表是具有相同数据类型的 $n(n\geq0)$个数据元素的有限序列，通常记为

$$(a_1, a_2, \cdots, a_{i-1}, a_i, a_{i+1}, \cdots, a_n) \tag{2-1}$$

其中，n 为表长，n=0 时称为空表。

式(2-1)表示相邻元素之间存在着顺序关系：a_{i-1} 称为 a_i 的直接前驱，a_{i+1} 称为 a_i 的直接后继。也就是说：对于 a_i，当 $i=2, \cdots, n$ 时，有且仅有一个直接前驱 a_{i-1}；当 $i=1, 2, \cdots, n-1$ 时，有且仅有一个直接后继 a_{i+1}；而 a_1 是表中的第一个元素，它没有前驱；a_n 是表中的最后一个元素，它没有后继。正是由于存在数据元素相邻的这种线性关系，因此线性表结构是线性的。

由式(2-1)还可得知：对非空线性表，每个数据元素在表中都有一个确定的位置，即数据元素 a_i 在表中的位置仅取决于元素 a_i 本身的序号 i。

从逻辑关系上看，线性结构的特点是数据元素之间存在着“一对一”的逻辑关系。通常把具有这种特点的数据结构称为线性结构。反之，任何一个线性结构(其数据元素必须是

同一类型)都可以用线性表的形式表示出来，只需按照数据元素的逻辑关系把它们顺序排列就可以了。

由线性表的定义可以看出，线性表具有如下特征：

(1) 均匀性：线性表中的所有数据元素必须具有相同的数据类型，无论该类型为简单类型还是结构类型。也即，线性表中每个数据元素的长度、大小和类型都相同。

(2) 有序性：线性表中各数据元素是有序的，且各数据元素之间的次序是不能改变的。为了反映这种有序性，对线性表中的每一个数据元素用序号标识，并且所有序号均为整数。

2.1.2　线性表的基本操作

数据结构的运算是定义在逻辑结构层面上，而运算的具体实现则建立在存储结构上。因此，下面定义的线性表基本运算是作为逻辑结构的一部分，并且每一个操作的具体实现只有在确定了线性表的存储结构之后才能完成。

归纳起来，对线性表实施的基本操作有如下几种：

(1) 置线性表为空：L=Init_List()。操作结果生成一个空的线性表 L。

(2) 求线性表的长度：Length_List(L)。求得线性表中数据元素的个数。

(3) 取表中第 i 个元素：Get_List(L,i)。当 1≤i≤Length_List(L)时，操作结果是返回线性表 L 中的第 i 个数据元素 a_i 的值或 a_i 的地址。

(4) 按给定值 x 查找：Locate_List(L,x)。若线性表 L 中存在值为 x 的数据元素，则返回首次出现在 L 中其值为 x 的数据元素的序号或地址，即查找成功；否则返回 0 值。

(5) 插入操作：Insert_List(L, i, x)。当 1≤i≤n+1(n 为插入前表 L 的长度)时，在线性表 L 的第 i 个位置上插入一个值为 x 的新数据元素，这样使序号为 i、i+1、…、n 的数据元素变为序号为 i+1、i+2、…、n+1 的数据元素。插入后新表长=原表长+1。

(6) 删除操作：Delete_List(L,i)。当 1≤i≤n(n 为删除前表 L 的长度)时，在线性表 L 中删除序号为 i 的数据元素，删除后使序号为 i+1、i+2、…、n 的数据元素变为序号为 i、i+1、...、n−1 的数据元素。删除后新表长=原表长−1。

2.2　线性表的顺序存储结构及运算实现

2.2.1　线性表的顺序存储——顺序表

线性表的顺序存储是用一组地址连续的存储单元按顺序依次存放线性表中的每一个元素(数据元素)，这种存储方式存储的线性表称为顺序表。在这种顺序存储结构中，逻辑上相邻的两个元素在物理位置上也相邻，也即无需增加额外存储空间来表示线性表中元素之间的逻辑关系。

由于顺序表中每个元素具有相同的类型，即其长度相同，则顺序表中第 i 个元素 a_i 的存储地址为

$$Loc(a_i) = Loc(a_1)+(i-1)\times L \qquad 1\leqslant i\leqslant n$$

其中：$Loc(a_1)$为顺序表的起始地址(即第一个元素的地址)；L 为每个元素所占存储空间的大

小。由此可知，只要知道顺序表的起始地址和每个元素所占存储空间的大小，就可以求出任意一个元素的存储地址，即顺序表中的任意一个元素都可以随机存取(随机存取的特点是存取每一个元素所花费的时间相同)。

在程序设计语言中，一维数组在内存中占用的存储空间就是一组连续的存储区域，并且每个数组元素的类型相同，故用一维数组来存储顺序表非常合适。在 C 语言中，一维数组的数组元素下标是从 0 开始的，这样顺序表中序号为 i 的元素 a_i 存储在一维数组中时其下标为 i−1。为了避免这种不一致性，我们约定：顺序表中的元素存放于一维数组时是从下标为 1 的位置开始的。这样，元素的序号即为其下标。

此外，考虑到顺序表的运算有插入、删除等操作，即表长是可变的，因此，数组的容量需要设计得足够大。我们用 data[MAXSIZE]来存储顺序表，而 MAXSIZE 是根据实际问题所定义的一个足够大的整数。此时顺序表中的数据由 data[1]开始依次存放。由于当前顺序表中的实际元素个数可能还未达到 MAXSIZE−1 值，因此需要用一个 len 变量来记录当前顺序表中最后一个元素在数组中的位置(即下标)；即 len 起着一个指针的作用，它始终指向顺序表中的最后一个元素且表空时 len=0。

从结构上考虑，我们将 data 和 len 组合在一个结构体里来作为顺序表的类型：

```
typedef struct
{
    datatype data[MAXSIZE];      //存储顺序表中的元素
    int len;                     //顺序表的表长
}SeqList ;                       //顺序表类型
```

其中，datatype 为顺序表中元素的类型，在具体实现中可为 int、float、char 类型或其他结构类型。我们约定，data 数组存放顺序表的元素是从下标 1 开始的；也即，顺序表中的元素可存放在 data 数组中下标为 1～MAXSIZE−1 的任何一个位置。这样，第 i 个元素的实际存放位置就是 i；len 为顺序表的表长。

有了顺序表类型，则可以定义如下顺序表和指向顺序表的指针变量：

```
SeqList List, *L;
```

在此，List 是一个结构体变量，它内部含有一个可存储顺序表的 data 数组；L 是指向 List 这类结构体变量的指针变量，如“L=&List;”；或者动态生成一个顺序表存储空间并由 L 指向该空间，如“L= (SeqList*) malloc(sizeof(SeqList));”。在这种定义下，List.data[i]或 L->data[i]均表示顺序表中第 i 个元素的值；而 List.len 或 L->len 均表示顺序表的表长。两种表示示意如图 2-1 所示。

图 2-1　线性表顺序存储的不同表示

2.2.2　顺序表上基本运算的实现

1. 顺序表的初始化

顺序表的初始化就是构造一个空表，将 L 设为指针变量，然后动态分配顺序表的存储空间，并设表长 len=0。

算法如下：

```
SeqList *Init_SeqList()
{
    SeqList *L;
    L=(SeqList*)malloc(sizeof(SeqList));
    L->len=0;
    return L;
}
```

2. 建立顺序表

依次输入顺序表的长度 n 和 n 个顺序表元素即可建立顺序表。算法如下：

```
void CreatList(SeqList *L)
{
    int i,;
    printf("Input length of List:");
    scanf("%d",& L->len);
    printf("Input elements of List:\n");
    for(i=1;i<=L->len;i++)
        scanf("%d",&L->data[i]);
    (*L)->len=n;
}
```

3. 插入运算

在表的第 i 个位置上插入一个值为 x 的新元素，使得原表长为 n 的表：$(a_1, a_2, \cdots, a_{i-1}, a_i, a_{i+1}, \cdots, a_n)$变为表长为 n+1 的表：$(a_1, a_2, \cdots, a_{i-1}, x, a_i, a_{i+1}, \cdots, a_n)$。插入 x 的过程如下：

(1) 按 a_n 到 a_i 的顺序依次将 a_n～a_i 后移一个元素位置，为插入的 x 让出存储位置。

(2) 将 x 放入空出的第 i 个位置。

(3) 修改表长 len 的值(len 同时是指向最后一个元素的指针)，使其指向新的表尾元素。

插入时可能出现下述非法情况：

(1) 当 L->len=MAXSIZE−1，顺序表已放满元素。

(2) 当 i＜1 或 i≥MAXSIZE 时，i 已超出数组范围。

(3) 当 L->len+1＜i＜MAXSIZE 时，i 虽没有超出数组范围，但 i 指示的位置使得顺序表元素不再连续存放。

(2)、(3)可以用 i＜1 或 i＞L->len+1 表示。

算法如下：

```
void Insert_SeqList(SeqList *L,int i,datatype x)
{
    int j;
    if(L->len==MAXSIZE-1)                          //表满
        printf("The List is full!\n");
    else
        if(i<1|| i>L->len+1)                       //插入位置非法
            printf("The position is invalid !\n");
        else
        {
            for(j=L->len;j>=i;j--)                 //将 an～ai 顺序后移一个元素位置
                L->data[j+1]=L->data[j];
            L->data[i]=x;                          //插入 x 到第 i 个位置
            L->len++;                              //表长增 1
        }
}
```

顺序表进行插入运算的时间消耗主要在表中元素的移动上。对 n 个元素的顺序表来说：

(1) 可插入的位置从 1～n+1 共有 n+1 个位置。

(2) 在第 i 个位置上插入新元素时需要移动的元素个数为：n−(i−1) = n−i + 1(如图 2-2 所示)。

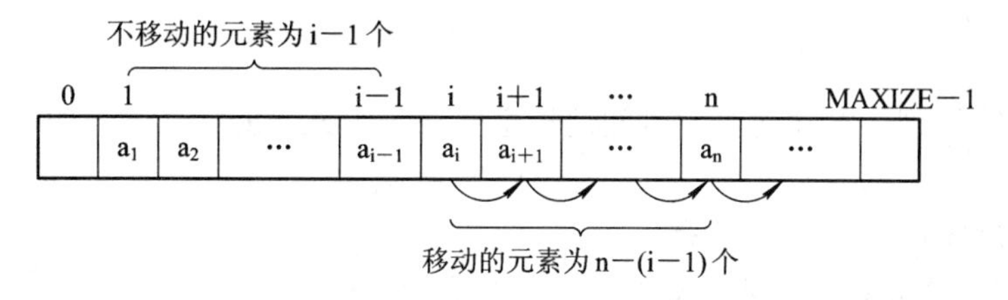

图 2-2　插入新元素时需要移动的元素示意图

设在第 i 个位置上进行插入的概率为 p_i，则在等概率 $p_i=\dfrac{1}{n+1}$ 的情况下，元素的平均移动次数为：

$$E=\sum_{i=1}^{n+1}p_i(n-i+1)=\frac{1}{n+1}\sum_{i=1}^{n+1}(n-i+1)=\frac{n}{2}$$

也即，在顺序表上做插入操作需要移动表中一半的元素，显然时间复杂度为 O(n)。

4. 删除运算

删除运算是将顺序表中第 i 个元素从表中除去，删除后使原表长为 n 的顺序表：(a_1,

a_2, …, a_{i-1}, a_i, a_{i+1}, …, a_n)成为表长为 n−1 的顺序表：(a_1, a_2, …, a_{i-1}, a_{i+1}, …, a_n)。删除 a_i 的过程如下：

(1) 按 a_{i+1} 到 a_n 的顺序依次将 a_{i+1}～a_n 前移一个元素位置，移动的同时即完成了对 a_i 的删除。

(2) 修改 len 值使其仍指向表的最后一个元素。

删除时可能会出现下述非法情况：

(1) 当 L->len=0 时，顺序表为空而无法删除。

(2) 当 i＜1 或 i＞L->Len 时，i 位置上没有元素，即删除位置非法。

算法如下：

```
void Delete_SeqList(SeqList *L,int i)
{
    int j;
    if(L->len==0)                              //表为空
        printf("The List is empt !\n");
    else
        if(i<1 || i>L->len)                    //删除位置非法
            printf("The position is invalid !\n");
        else
        {
            for(j=i+1;j<=L->len;j++)           //将 ai+1～an 顺序前移一个位置实现对 ai 的删除
                L->data[j-1]=L->data[j];
            L->len--;                          //表长减 1
        }
}
```

与插入运算相同，删除运算的时间消耗主要在表中元素的移动上。对有 n 个元素的顺序表来说：

(1) 可删除的位置从 1～n 共有 n 个。

(2) 删除第 i 个元素时需要移动的元素的个数为：n−i(如图 2-3 所示)。

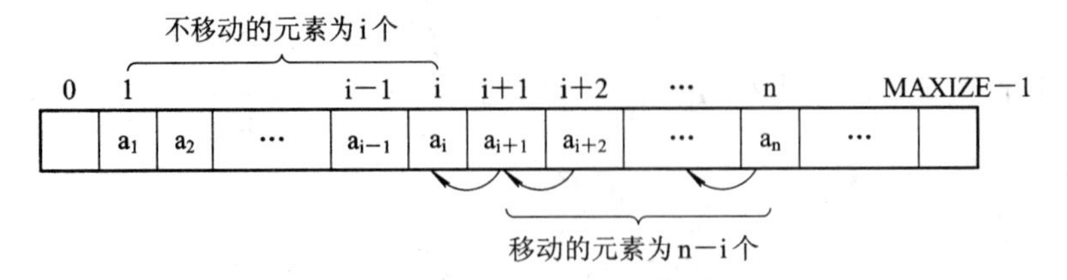

图 2-3　删除 a_i 时要移动的元素示意图

设在第 i 个位置上进行删除的概率为 p_i，则在等概率的 $p_i=\frac{1}{n}$ 的情况下，元素的平均移动为

$$E = \sum_{i=1}^{n} p_i (n-i) = \frac{1}{n}\sum_{i=1}^{n}(n-i) = \frac{n-1}{2}$$

也即，在顺序表上做删除运算大约需要移动表中一半的元素，显然算法的时间复杂度为 O(n)。

5. 查找运算

查找运算是指在顺序表中查找与给定值 x 相等的元素。在顺序表中完成该运算最简单的方法是：从第一个元素 a_1 起依次和 x 比较，直到找到一个与 x 相等的元素时则返回该元素的存储位置(即下标)；如果查遍整个表都没找到与 x 相等的元素则返回 0 值。

算法一如下：

```
int Location_SeqList(SeqList *L,datatype x)
{
    int i=1;                                  //从第一个元素开始查找
    while(i<L->len&&L->data[i]!=x)            //顺序表未查完且当前元素不是要找的元素
        i++;
    if(L->data[i]==x)
        return i;                             //找到则返回其位置值
    else
        return 0;                             //未找到则返回 0 值
}
```

该算法还可以改进为如下算法二：

```
int Location_SeqList1(SeqList *L,datatype x)
{
    i=L->len;
    L->data[0]=x;
    while(L->data[i]!=x)
        i--;
    return i;
}
```

算法二先将待查找的 x 值暂时存于 L->data[0]中，然后由表的最后一个元素顺序向前查找，如果找到则返回其位置值；如果没有找到则必然查完整个顺序表并到达 L->data[0]处(i 值为 0)，而 L->data[0]值必然与 x 值相等，因此返回该位置值为 0，而这就是没找到时的返回值。算法二的优点是在 while 循环中省去了对查找位置是否超出顺序表范围的判断。

查找算法的主要运算是比较。显然比较的次数与 x 在表中的位置有关，当 a_i=x 时，对算法一需要比较 i 次，对算法二需要比较 n−(i−1)次，在等概率 $p_i = \frac{1}{n}$ 的情况下，查找成功的平均比较次数为算法一：

$$E=\sum_{i=1}^{n}p_i i=\frac{1}{n}\sum_{i=1}^{n}i=\frac{n+1}{2}$$

算法二：

$$E=\sum_{i=n}^{1}p_i(n-i+1)=\frac{1}{n}\sum_{i=n}^{1}(n-i+1)=\frac{n+1}{2}$$

因此，查找算法的时间复杂度为 O(n)。

例 2.1　已知线性表 A 长度为 n，试写出将该线性表逆置的算法。

【**解**】实现对线性表元素逆置的示意如图 2-4 所示。因此，对 n 个元素进行逆置的 for 语句只能循环 n/2 次。

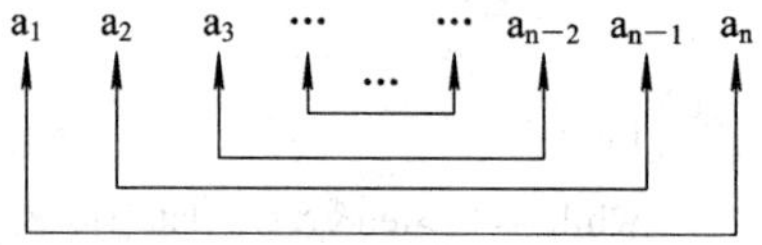

图 2-4　实现线性表元素逆置示意

实现逆置的算法如下：

```
void Coverts(SeqList *A)
{
    int i , n;
    int x;
    n=A->len;                    //n 为线性表*A 的长度
    for(i=1;i<n/2;i++)           //实现逆置
    {
        x=A->data[i];
        A->data[i]=A->data[n-i+1] ;
        A->data[n-i+1]=x ;
    }
}
```

例 2.2　有顺序表 A 和 B，其表中元素均按由小到大的顺序排列。编写一个算法将它们合并成一个顺序表 C，并且要求表 C 中的元素也按由小到大的顺序排列。

【**解**】算法实现如下：

```
void Merge(SeqList *A,SeqList *B,SeqList **C)
{//形参**C 是为了保证在返回到主调函数时仍能够找到所生成的顺序表 C
    int i=1,j=1,k=1;
    if(A->len+B->len>=MAXSIZE)
        printf("Error ! \n");
    else
    {
      *C=(SeqList *)malloc(sizeof(SeqList));
      while (i<=A->len&&j<=B->len)
          if(A->data[i]<B->data[j])
              (*C)->data[k++]=A->data[i++];
```

```
            else
                (*C)->data[k++]=B->data[j++];
        while(i<=A->len)                          //当表 A 未复制完
            (*C)->data[k++]=A->data[i++];
        while(j<=B->len)                          //当表 B 未复制完
            (*C)->data[k++]=B->data[j++] ;
        (*C)->len=k-1 ;                           //存储表长
    }
}
```

算法的时间复杂度是 O(m+n)，其中 m 是 A 的表长，n 是 B 的表长。

2.3　线性表的链式存储结构及运算实现

用顺序表表示的线性表其特点是用物理位置上的邻接关系来表示元素之间的逻辑关系。这一特点使我们可以随机存取表中的任意一个元素，但也产生了在插入和删除操作中移动大量元素的问题。线性表的链式存储可用连续或不连续的存储单元来存储线性表中的元素，在这种方式下元素之间的逻辑关系已无法再用物理位置上的邻接关系来表示。因此，需要用“指针”来指示元素之间的逻辑关系，即通过“指针”链接起元素之间的邻接关系，而这种“指针”是要占用额外存储空间的。链式存储方式失去了顺序表可以随机存取元素的功能(链式存储下存取每一个元素所花费的时间不同)，但却换来了存储空间操作的方便性：进行插入和删除操作时无需移动大量的元素。

2.3.1　单链表

由于线性表中的每个元素至多只有一个前驱元素和一个后继元素，即元素之间是“一对一”的逻辑关系。为了在元素之间建立起这种线性关系，采用链表存储最简单也最常用的方法是：在每个元素中除了含有数据信息外，还要有一个指针用来指向它的直接后继元素，即通过指针建立起元素之间的线性关系，我们称这种元素为结点，结点中存放数据信息的部分称为数据域，存放指向后继结点指针的部分称为指针域(如图 2-5 所示)。因此，线性表中的 n 个元素通过各自结点的指针域“链”在一起而被称之为链表，因为每个结点中只有一个指向后继结点的指针，所以称其为单链表。

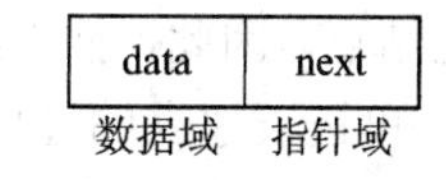

图 2-5　单链表结点结构

链表是由一个个结点构成的，单链表结点的定义如下：

```
typedef struct node
{
    datatype data;                 //data 为结点的数据信息
    struct node *next;             //next 为指向后继结点的指针
}LNode;                            //单链表结点类型
```

图 2-6 是线性表(a_1, a_2, a_3, a_4, a_5, a_6)对应的链式存储结构示意图。当然必须将第一个结

点的地址 200 放入到一个指针变量如 H 中，最后一个结点由于没有后继，其指针域必须置空(NULL)以表明链表到此结束。我们通过指针 H 就可以由第一个结点的地址开始“顺藤摸瓜”的找到每一个结点。

可以看出，线性表的链式存储结构具有以下特点：

(1) 逻辑关系相邻的元素在物理位置上可以不相邻。

(2) 表中的元素只能顺序访问而不能随机访问。

(3) 表的大小可以动态变化。

(4) 插入、删除等操作只需修改指针(地址)而无需移动元素。

作为线性表的一种存储结构，我们关心的是结点之间的逻辑关系，而对每个结点的实际存储地址并不感兴趣。所以通常将单链表形象地画为图 2-7 的形式而不再用图 2-6 的形式来表示。

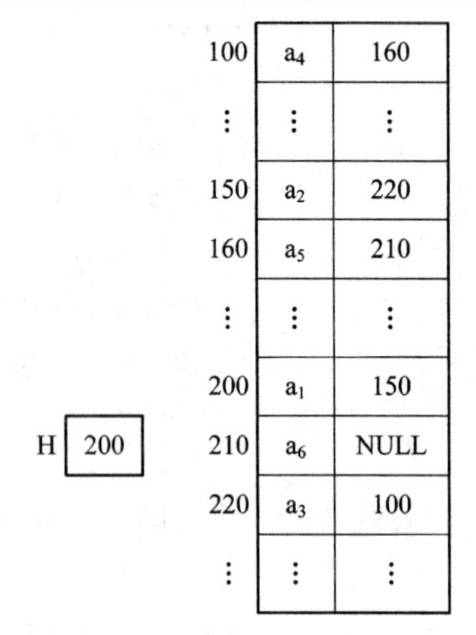

图 2-6　链式存储结构示意图

通常我们用“头指针”来标识一个单链表，如单链表 L、单链表 H 等均是指单链表中的第一个结点的地址存放在指针变量 L 或 H 中。当头指针为“NULL”时，则表示单链表为空(如图 2-7 所示)。

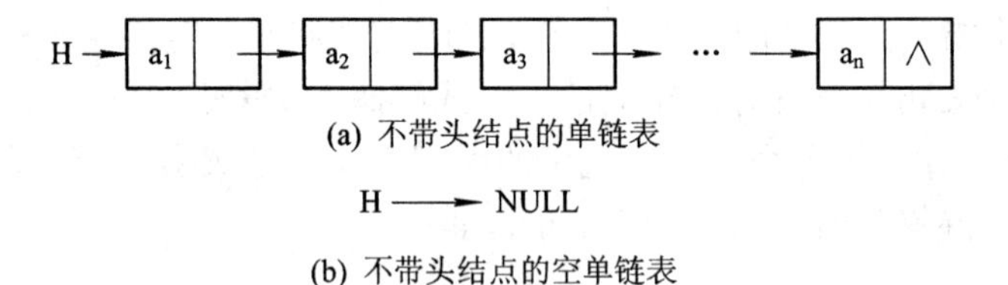

(a) 不带头结点的单链表

H ──→ NULL

(b) 不带头结点的空单链表

图 2-7　不带头结点的单链表示意图

通常需要 3 个指针变量来完成一个单链表的建立。例如，我们用指针变量 head 指向单链表的第一个结点(表头结点)；指针变量 q 则指向单链表的链尾结点；指针变量 p 则指向新产生的链表结点。并且，新产生的链表结点*p 总是插入到链尾结点*q 的后面而成为新的链尾结点。因此，插入结束时要使指针变量 q 指向这个新的链尾结点(即 q 始终指向链尾结点)。单链表建立的过程如下：

(1) 表头结点的建立

```
p=(struct node*)malloc(sizeof(struct node));    //动态申请一个结点空间
scanf("%d",p->data);                            //给结点中的数据成员输入数据
p->next=NULL;                                   //置链尾结点标志
head=p;                                         //第一个产生的链表结点即为头结点
q=p;                                            //第一个产生的链表结点同时也是链尾结点
```

(2) 其他链表结点的建立

```
p=(struct node*)malloc(sizeof(struct node));    //动态申请一个结点空间
scanf("%d",p->data);                            //给结点中的数据成员输入数据
p->next=NULL;                                   //置链尾结点标志
```

```
q->next=p;                              //将这个新结点链接到原链尾结点的后面
q=p;                                    //使指针 q 指向这个新的链尾结点
```

由于指针变量 head 总是指向单链表的表头结点(第一个链表结点)，因此表头结点的建立过程与其他链表结点的建立是有区别的。另外，新产生的链表结点*p 同时又是链尾结点，故除了给结点*p 的数据成员赋值之外，还应使*p 的指针成员 p->next 为空(NULL)来表示新的链尾。表头结点的建立如图 2-8(a)所示，在图 2-8(a)中我们用“^”表示空指针值。

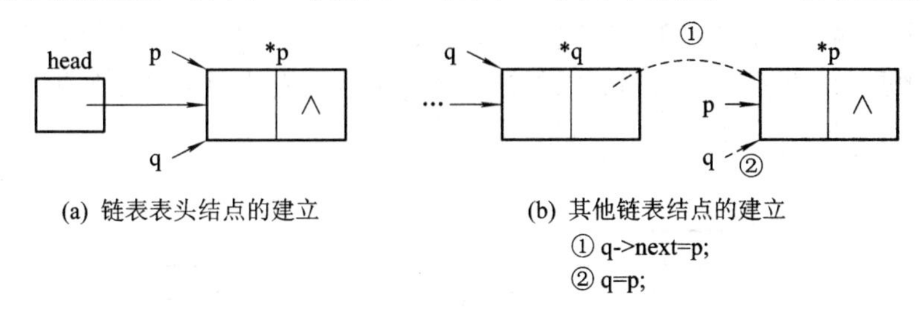

(a) 链表表头结点的建立　　　(b) 其他链表结点的建立
① q->next=p;
② q=p;

图 2-8　链表的建立

对于其他链表结点的建立，则多了一个将新产生的链表结点*p 链接到原链尾结点*q 后面的操作。由于指针变量 q 总是指向单链表的链尾结点，因此待新链表结点*p 产生之后，原链尾结点*q 的指针 q->next 应指向这个新链表结点*p，这样才能使新链表结点*p 链到原链尾结点*q 之后而成为新的链尾结点，这一操作过程是由语句“q->next=p ;”完成的。最后还应使指针变量 q 指向这个新的链尾结点*p，即通过语句“q=p;”来使 q 指向新的链尾结点，这样使得指针 q 始终指向链尾结点。其他链表结点的建立如图 2-8(b)所示。

在线性表的链式存储中，为了便于单链表的建立并且使插入和删除操作的实现在各种情况下统一，通常在单链表的第一个结点之前添加了一个头结点；该头结点不存储任何数据信息，只是用其指针域中的指针指向单链表的第一个数据结点，即通过头指针指向的头结点，可以访问到单链表中的所有数据结点(如图 2-9 所示)。

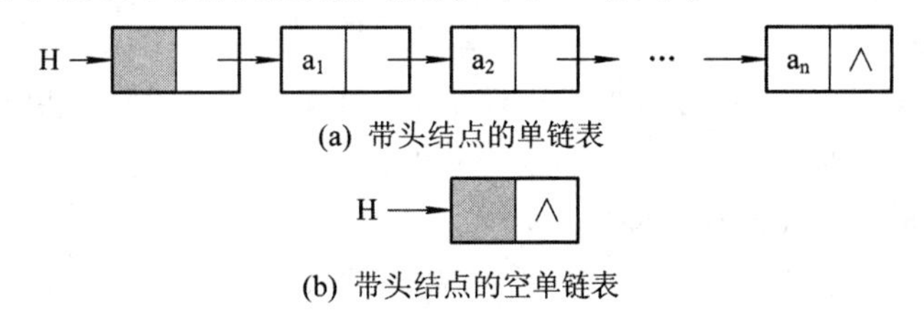

(a) 带头结点的单链表

(b) 带头结点的空单链表

图 2-9　带头结点的单链表

添加头结点后，无论单链表中的结点如何变化，比如插入新结点、删除单链表中任意一个数据结点，头结点将始终不变，这使得单链表的运算变得更加简单。

2.3.2　单链表上基本运算的实现

1. 建立单链表

1) *在链表头部插入结点的方式建立单链表(头插法)*

链表与顺序表不同，它是一个动态生成的过程，链表中每个结点占用的存储空间不是预先分配的，而是在程序运行中动态生成的。在 C 语言中，动态生成的结点其存储空间都取自于“堆”(堆是一种可以任意申请和释放的存储结构，本书不予介绍)，而堆不属于某一个函数，故在被调函数中生成的单链表在被调函数运行结束后仍然存在，只不过必须将单链表的头指针传回给主调函数方可在主调函数中访问到这个单链表：一种方法是使用指向指针的指针如**head 来完成；另一种方法则是通过能够返回指针值的被调函数来完成。此外，为了保证以后插入、删除操作变得简单，所生成的单链表还应有头结点。

单链表建立是从空表开始的，每读入一个数据则申请一个结点，然后插在头结点之后，图 2-10 给出了存储线性表('A','B','C','D')的单链表建立过程，因为是在单链表头部插入，故生成结点的顺序与线性表中元素的顺序正好相反。另外，对本章算法中出现的结点，其类型为 datatype 的数据域 data 均默认为 char 类型。

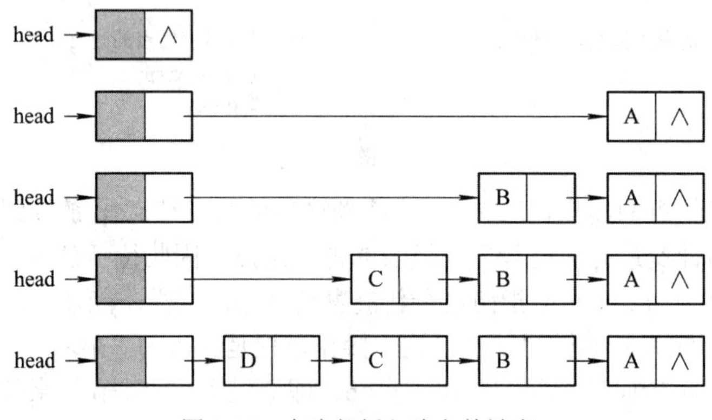

图 2-10　在头部插入建立单链表

算法如下：

```
void CreateLinkList(LNode **head)
{   //将主调函数中指向待生成单链表的指针地址(如&p)传给**head
  char x;
  LNode *p;
  *head=(LNode *)malloc(sizeof(LNode));   //在主调函数空间生成链表头结点
  (*head)->next=NULL ;                    //*head 为链表头指针
  printf("Input any char string : \n");
  scanf("%c", &x);                        //结点的数据域为 char 型，读入结点数据
  while(x!='\n')                          //生成链表的其他结点
  {
    p=(LNode *)malloc(sizeof(LNode));     //申请一个结点空间
    p->data=x ;
    p->next=(*head)->next ;               //将头结点的 next 值赋给新结点*p 的 next
    (*head)->next=p;                      //头结点的 next 指针指向新结点*p 实现在表头插入
    scanf("%c",&x);                       //继续生成下一个新结点
  }
}
```

另一种生成单链表的方法是在算法所在的函数空间中直接生成，然后将单链表的头指

针返回给主调函数：

```
LNode *CreateLinkList()
{
  LNode *head,*p;                            //head 为单链表头指针，p 为生成单链表的暂存指针
  char x;
  head=(LNode *)malloc(sizeof(LNode));       //生成链表头结点
  head->next=NULL ;                          //head 为链表头指针
  printf("Input any char string : \n") ;
  scanf("%c",&x) ;                           //结点的数据域为 char 型，读入结点数据
  while(x!='\n')                             //生成链表的其他结点
  {
    p=(LNode *)malloc(sizeof(LNode)) ;       //申请一个结点空间
    p->data=x ;
    p->next=head->next ;                //将头结点的 next 值域赋给新结点的*p 的 next
    head->next=p ;                      //头结点的 next 指针指向新结点的*p 实现在表头插入
    scanf("%c",&x) ;                    //继续生成下一个新结点
  }
  return head;                          //返回单链表表头指针
}
```

2) *在链表的尾部插入结点的方式建立单链表(尾接法)*

在头部插入结点的方式生成单链表较为简单，但生成结点的顺序与线性表中的元素顺序正好相反。若希望两者的次序一致则可采用尾插法来生成单链表。由于每次都是将新结点插入到链表的尾部，因此必须再增加一个指针 q 来始终指向单链表的尾结点，以方便新结点的插入。图 2-11 给出了在链尾插入结点生成单链表的过程示意。

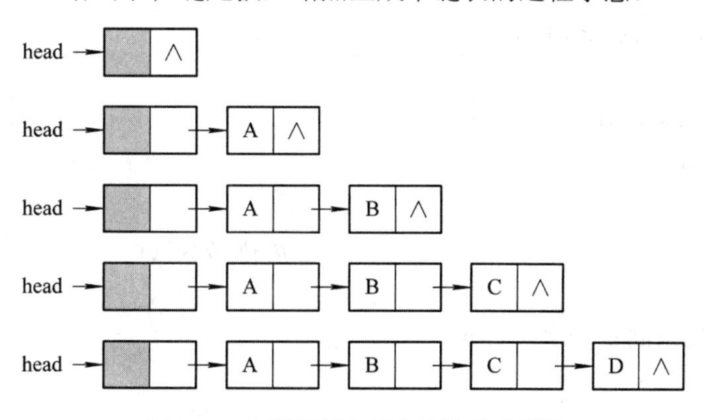

图 2-11　在尾部插入建立单链表示意图

算法如下：

```
LNode *CreateLinkList()
{
   LNode *head,*p,*q;
```

```
    char x ;
    head=(LNode*)malloc(sizeof(LNode));          //生成头结点
    head->next=NULL ;
    p=head;
    q=p;                                         //指针 q 始终指向链尾结点
    printf("Input any char string : \n") ;
    scanf("%c",&x) ;
    while(x!='\n')                               //生成链表的其他结点
    {
      p=(LNode*)malloc(sizeof(LNode));
      p->data=x;
      p->next=NULL;
      q->next=p;                                 //在链尾插入
      q=p;
      scanf("%c",&x);
    }
    return head;                                 //返回单链表表头指针
}
```

2. 求表长

算法如下：

```
int Length_LinkList(LNode *head)
{
    LNode *p=head;                               //p 指向单链表头结点
    int i=0 ;                                    //i 为结点计数器
    while(p->next!=NULL)
    {
        p=p->next;
        i++;
    }
    return i;                                    //返回表长值 i
}
```

求表长算法的时间复杂度为 O(n)。

3. 查找

1) 按序号查找

从链表的第一个结点开始查找，若当前结点是第 i 个结点则返回指向该结点的指针值，否则继续向后查找。如果整个表都无序号为 i 的结点(即 i 大于链表中结点的个数)则返回空指针值。

算法如下：

```
LNode *Get_LinkList(LNode *head,int i)
{                                         //在单链表 head 中查找第 i 个结点
    LNode *p=head;                        //由第一个结点开始查找
    int j=0;
    while(p!=NULL&&j<i)                   //当未查到链尾且 j 小于 i 时继续查找
    {
        p=p->next;
        j++;
    }
    return p;              //找到则返回指向 i 结点的指针值，找不到则 p 已为空返回空值
}
```

2) 按值查找

从链表的第一个数据结点开始查找，若当前结点值等于 x 则返回指向该结点的指针值，否则继续向后查找。如果整个表都找不到值等于 x 的结点，则返回空值。

算法如下：

```
LNode *Locate_LinkList(LNode *head,char x)
{                                         //在单链表中查找结点值为 x 的结点
    LNode *p=head->next;                  //由第一个数据结点开始查找
    while(p!=NULL&&p->data!=x)            //当未查到链尾且当前结点不等于 x 时继续查找
        p=p->next;
    return p; //找到则返回指向值为 x 的结点的指针值，找不到则 p 已为空返回空值
}
```

查找算法的时间复杂度均为 O(n)。

4. 插入

因为链表中的各结点是通过指针链接起来的，所以我们可以通过改变链表结点中指针的指向来实现链表结点的插入与删除。我们知道，数组进行插入或删除操作时需要移动大量的数组元素，但是链表的插入或删除操作由于仅需修改有关指针的指向而变得非常容易。

在链表结点*p(即指针 p 所指结点)之后插入链表结点*q 的示意如图 2-12 所示。插入操作如下：

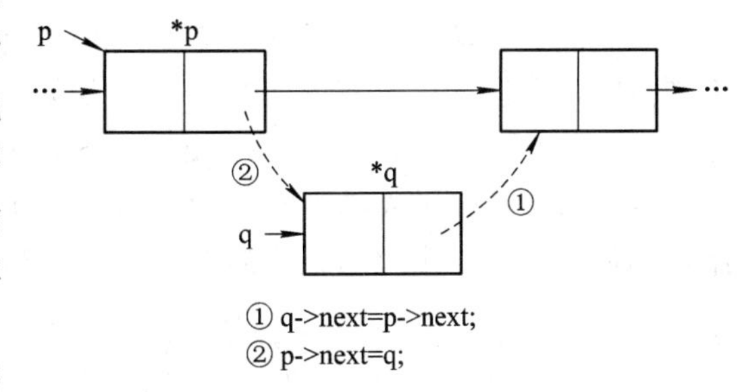

图 2-12　在结点*p 之后插入结点*q

① q->next=p->next;

② p->next=q;

在涉及改变指针值的操作中一定要注意指针值的改变次序，否则容易出错。假如上面插入操作的顺序改为

① p->next=q;

② q->next=p->next;

此时，①将使链表结点*p 的指针 p->next 指向链表结点*q，②将*p 的指针 p->next 值(指向*q)赋给了结点*q 的指针 q->next，这使得结点*q 的指针 q->next 指向结点*q 自身；这种操作的结果将导致链表由此断为两截，而后面的一截链表就“丢失”了。因此，在插入链表结点*q 时，应将链表结点*p 的指针 p->next 值(指向后继结点)先赋给结点*q 的指针 q->next(即语句“q->next=p->next;”)，以防止链表的断开，然后再使结点*p 的指针 p->next 改为指向结点*q(即语句“p->next=q;”)。

算法如下：

```
void Insert_LinkList(LNode *head,int i,datatype x)
{                                          //在单链表 head 的第 i 个位置上插入值为 x 的元素
    LNode *p,*q;
    p=Get_LinkList(head,i-1);              //查找第 i-1 个结点
    if(p==NULL)
        printf("Error ! \n");              //第 i-1 个位置不存在而无法插入
    else
    {
        q=(LNode *)malloc(sizeof(LNode)) ;          //申请结点空间
        q->data=x;
        q->next=p->next;                            //完成插入操作①
        p->next=q;                                  //完成插入操作②
    }
}
```

该算法的时间花费在寻找第 i–1 个结点上，故算法时间复杂度为 O(n)。

5. 删除

要删除一个链表结点必须知道它的前驱链表结点，只有使指针变量 p 指向这个前驱链表结点时，我们才可以通过下面的语句实现所要删除的操作(如图 2-13 所示)：

p->next= p->next->next;

也即通过改变链表结点*p 中指针 p->nxet 的指向，使它由指向待删结点改为指向待删结点的后继结点，由此达到从链表中删去待删结点的目的。

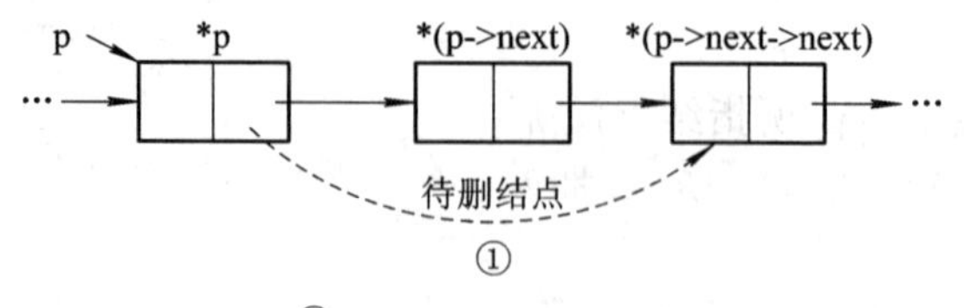

图 2-13　删除链表结点示意图

多数情况下，在删除待删结点*q 前都要先找到这个待删结点的前驱结点，这就需要借助一个指针变量(如 p)来定位于这个前驱结点，然后才能通过下面的语句进行删除结点*q

的操作(如图 2-14 所示)。

```
q=p->next;;                //q 指向第 i 个结点
p->next=q->next;           //从链表中删除第 i 个结点
```

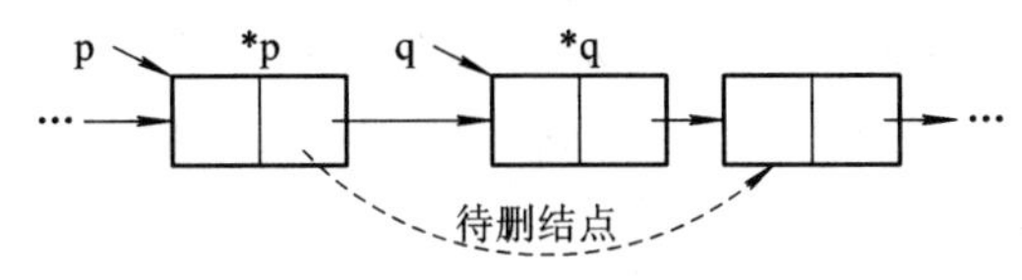

图 2-14　删除一般链表结点示意图

算法如下：

```
void Del_LinkList(LNode *head ,int i)
{                                      //删除单链表 head 上的第 i 个数据结点
   LNode *p,*q;
   p=Get_LinkList(head,i-1);           //查找第 i-1 个结点
   if(p==NULL)
      printf("第 i-1 个结点不存在!\n ");  //待删结点的前一个结点不存在，故无待删结点
   else
      if(p->next==NULL)
         printf("第 i 个结点不存在!\n");  //待删结点不存在
      else
      {
         q=p->next;;                   //q 指向第 i 个结点
         p->next=q->next;              //从链表中删除第 i 个结点
         free(q);                      //系统回收第 i 个结点的存储空间
      }
}
```

删除算法的时间复杂度为 O(n)。

2.3.3　循环链表

所谓循环链表就是将单链表中最后一个结点的指针值由空改为指向单链表的头结点，整个链表形成一个环。这样，从链表中的任一结点位置出发都可以找到链表的其他结点(如图 2-15 所示)。在循环链表上的操作基本上与单链表相同，只是将原来判断指针是否为 NULL 改为判断是否为头指针，而再无其他变化。

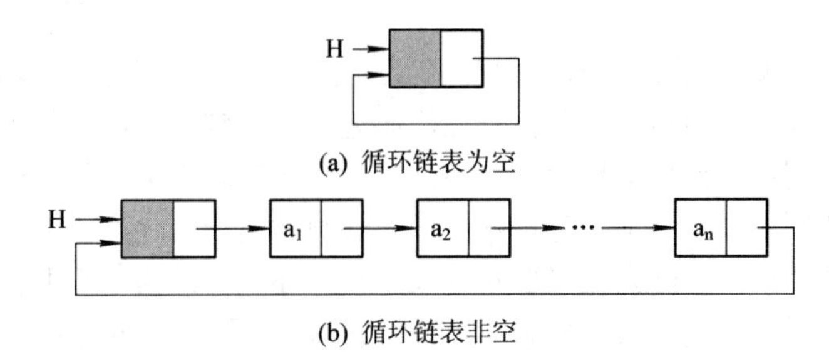

图 2-15　带头结点的循环链表示意图

例如，在带头结点的循环链表中查找值等于 x 的结点，其实现算法如下：

```
LNode *Locate_CycLink(LNode *head,datatype x)
{
    LNode *p=head->next;              //由第一个数据结点开始查找
    while(p!=head&&p->data!=x)        //当未查完循环链表且当前结点不等于 x 时继续查找
        p=p->next;
    if(p!=head)
        return p;                     //找到值等于 x 的结点*p，返回其指针值 p
    else
        return NULL;                  //当 p 又查到头结点时则无等于 x 值的结点，故返回 NULL 值
}
```

由于链表的操作通常是在表头或表尾进行，因此也可改变循环链表的标识方法，即不用头指针而用一个指向尾结点的指针 R 来标识循环链表。这种标识的好处是可以直接找到链尾结点，而找到头结点也非常容易，R->next 即为指向头结点的指针。

例如对两个循环链表 H1 和 H2 做链接操作，即将 H2 的第一个数据结点链接到 H1 的尾结点之后，并将 H2 的尾结点中的 next 指针指向 H1 的头结点。如果采用头指针标识方法，则需要遍历整个 H1 链表直到尾结点，其时间复杂度为 O(n)；而采用尾指针 R1、R2 来分别标识 H1 和 H2 这两个循环链表，则时间复杂度为 O(1)。具体操作如下：

```
① P=R1->next;                   //保存 R1 的头结点指针
② R1->next=R2->next->next;      //使 R1 链尾结点的 next 指针指向 R2 的第一个数据结点
   free(R2->next);              //系统回收 R2 头结点的存储空间
③ R2-next->p;                   //R2 原尾结点的 next 指针指向 R1 的头结点而形成循环链表
```

这一过程如图 2-16 所示。

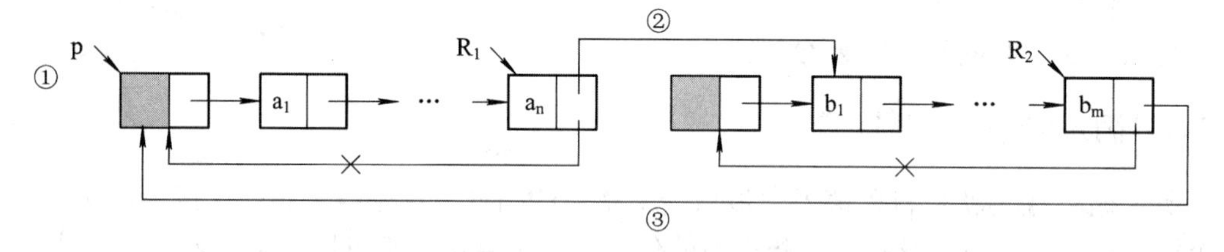

图 2-16　两个用尾指针标识的循环链表链接成一个循环链表示意图

2.3.4 双向链表

相对于单链表来说，循环链表虽然有其优点但仍有不足。因为从循环链表中的某个结点出发只能顺着指针方向向后寻找其他结点，而无法直接到达该结点的前驱结点。要想到达它的前驱结点，则只能循环遍历整个链表。需要删除链表中某一结点时也存在着同样的问题，仅仅知道待删除结点的地址是不够的，还必须知道待删除结点的直接前驱结点的地址，而要找到这个直接前驱结点则又要对链表进行循环遍历。为了克服循环链表这种单向性的缺点，可以采用双向链表结构来满足那些经常需要沿两个方向移动的链表。

顾名思义，所谓双向链表就是指链表的每一个结点中除了数据域之外，还设置了两个

指针域：一个用来指向该结点的直接前驱结点；另一个用来指向该结点的直接后继结点。每个结点的结构如图 2-17 所示。

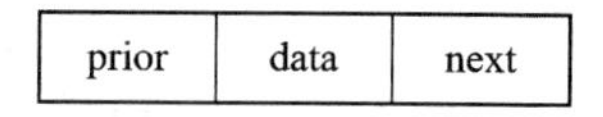

图 2-17 双向链表的结点结构

双向链表的结点定义如下：

```
typedef struct dlnode
{
    datatype data;                  //data 为结点的数据信息
    struct dlnode *prior,*next;     //prior 和 next 分别为指向直接前驱和直接后继结点的指针
}DLNode;                            //双向链表结点类型
```

双向链表也用头指针来标识，通常也是采用带头结点的循环链表结构。图 2-18 是带头结点的双向循环链表示意。也即，在双向链表中可以通过某结点的指针 p 直接得到指向它的后继结点指针 p->next，也可直接得到指向它的前驱结点指针 p->prior。这样，在查找前驱结点的操作中就无需再循环遍历链表了。

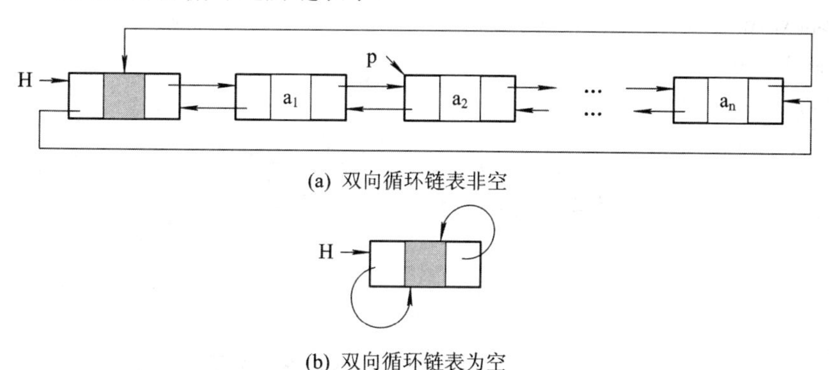

图 2-18 带头结点的双向循环链表示意图

设 p 是指向双向循环链表中某一结点的指针，则 p->prior->next 表示的是*p 结点的前驱指针 prior 所指前驱结点的后继指针(该前驱结点的后继结点即为*p 结点)，即与 p 相等。类似地，p->next->prior 也与 p 相等，因此有以下等式成立：

p＝p->prior->next＝p->next->prior

设 p 指向双向循环链表中的某一结点，s 指向待插入的值为 x 的新结点，则插入可分为两种情况：一种是在*p 结点之后插入结点*s；另一种是在*p 结点之前插入结点*s。

1. 在结点*p 之后插入结点*s

在结点*p 之后插入结点*s 要注意如下两点：

(1) 首先修改待插结点*s 的前驱指针和后继指针，以避免“断链”现象出现。

(2) 接下来先修改*p 的后继结点之前驱指针，然后再修改*p 的后继指针。

在结点*p 之后插入结点*s 的示意如图 2-19 所示，其操作过程如下：

① s->prior=p;

② s->next=p->next;

③ p->next->prior=s;

④ p->next=s;

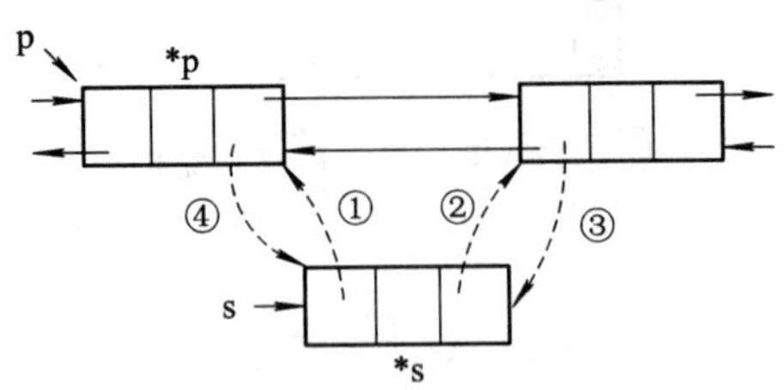

图 2-19　在结点*p 之后插入结点*s 的操作次序示意图

2. 在结点*p 之前插入结点*s

在结点*p 之前插入结点*s 要注意如下两点：

(1) 首先修改待插结点*s 的前驱指针和后继指针，以避免“断链”现象出现。

(2) 接下来先修改*p 的前驱结点的后继指针，然后再修改*p 的前驱指针。

在结点*p 之前插入*s 的示意如图 2-20 所示，其操作过程如下：

① s->prior=p->prior;

② s->next=p;

③ p->prior->next=s;

④ p->prior=s;

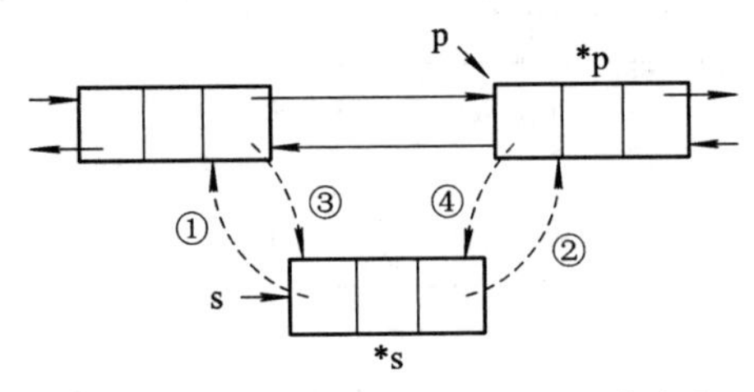

图 2-20　在结点*p 之前插入结点*s 的操作次序示意图

注意：两种插入方法中指针操作的顺序不是唯一的但也不是任意的，操作次序不当就不能实现正确地插入，还有可能使一部分链表“丢失”。

设指针 p 指向双向链表中某结点，则删除结点*p 的示意图如图 2-21 所示，其操作过程如下：

① p->prior->next = p->next;

② p->next->prior = p->prior;

③ free(p);

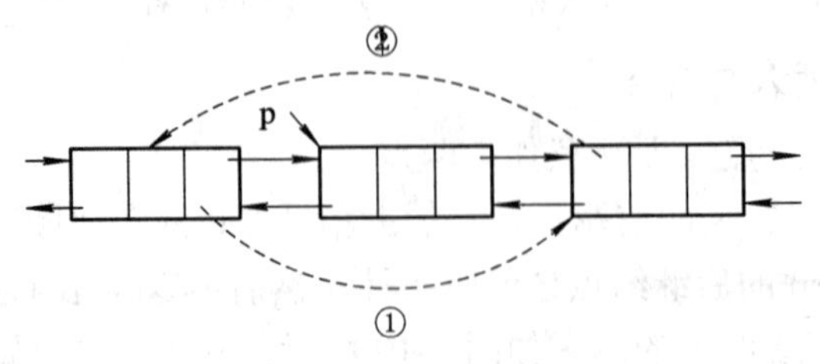

图 2-21　双向链表中删除结点*p 操作次序示意图

建立带头结点的双向循环链表算法如下：

```
DLNode *CreateDlinkList()                          //建立带头结点的双向循环链表
{
    DLNode *head,*s;
    char x;
    head=(DLNode *)malloc(sizeof(DLNode));         //先生成仅含头结点的空双向循环链表
    head->prior=head;
    head->next=head;
    printf("Input any char string :\n");
    scanf("%c",&x);                                //读入结点数据
    while (x!='\n')                                //采用头插法生成双向循环链表
    {
        s=(DLNode *)malloc(sizeof(DLNode));        //生成待插入结点的存储空间
        s->data=x;                     //将读入的数据赋给待插入结点*s
        s->prior=head;                 //新插入的结点*s 其前驱结点为头结点*head
        s->next=head->next;            //插入后*s 的后继结点为头结点*head 原来的后继结点
        head->next->prior=s;           //头结点的原后继结点其前驱结点为*s
        head->next=s;                  //头结点此时新的后继结点为*s
        scanf("%c",&x);                //继续读入下一个结点数据
    }
    return head;                       //返回头指针
}
```

2.3.5 静态链表

有些高级语言没有“指针”数据类型，要想发挥链表结构的长处，可用一个一维数组空间来模拟链表结构，即称之为静态链表。

静态链表的构造方法是用一维数组的一个数组元素来表示结点，结点中的数据域(data)仍用于存储元素本身的信息，同时设置一个下标域(cursor)来取代单链表中的指针域(next)，该下标域存放直接后继结点在数组中的位置序号。数组中序号为 0 的数组元素可看成固定的头结点，其下标域指示静态链表中第一个数据结点的位置序号，最后一个结点的下标域值为 0 来标记该结点为链表的链尾结点，下标域值为-1 时，则表示该结点还未使用。静态链表示意图如图 2-22 所示。

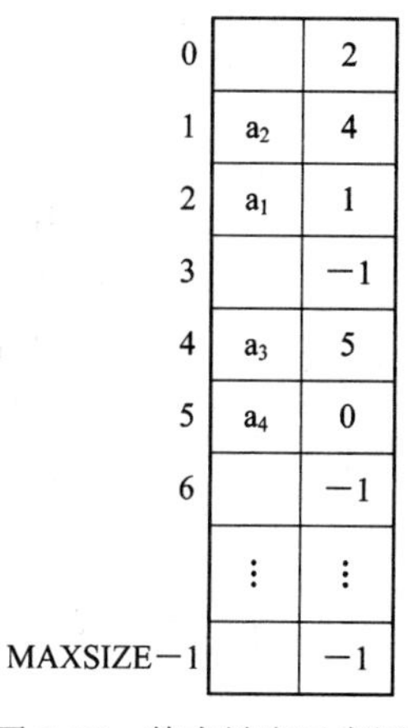

0 | | 2
1 | a2 | 4
2 | a1 | 1
3 | | −1
4 | a3 | 5
5 | a4 | 0
6 | | −1
⋮ | ⋮
MAXSIZE−1 | | −1

图 2-22　静态链表示意图

表示静态链表的一维数组定义如下：

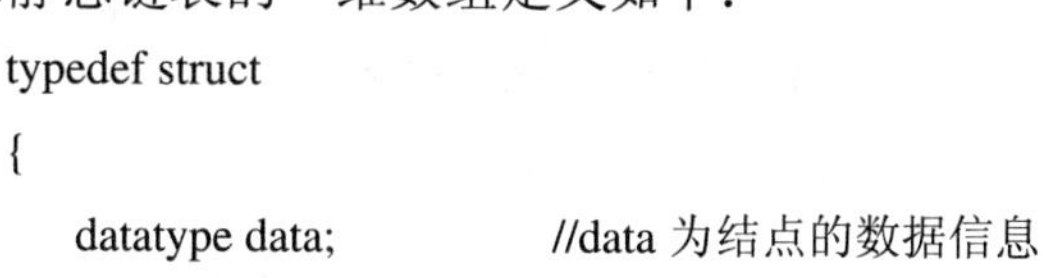

```
typedef struct
{
    datatype data;              //data 为结点的数据信息
```

```
    int cursor;              //cursor 标识直接后继结点
}SNode;                      //静态链表结点类型
SNode L[MAXSIZE];
```

这种存储结构仍需要事先分配一个较大的空间，但在进行线性表的插入、删除操作时却不需要移动大量的元素，仅需要修改“指针”cursor，因此仍具有链式存储结构的优点。

例如，要删除图 2-22 所示静态链表中的元素 a_3 时，则可将指向 a_3 的指针修改为指向 a_3 的直接后继 a_4。即：L[1].cursor=L[4].cursor 并置 L[4].cursor=−1，则实现了在静态链表中对 a_3 的删除。

下面，我们给出静态链表中在第 i 个结点位置插入元素 x 的算法。首先在静态链表 L 中找到第 i−1 个结点，若存在这样的结点，再从第 i−1 个结点位置之后的第一个数组元素位置开始在数组中循环查找空位置(即 cursor 值为−1 的数组元素位置)用来存放元素 x，然后修改该数组元素(即结点)的 cursor 域值，使得在插入该结点后仍构成一静态链表。实现算法如下：

```
void InsertList(SNode L[],int i,datatype x)
{
    int j,j1,j2,k;
    j=L[0].cursor;                        //j 指向第一个数据结点
    if(i==1)                              //作为第一个数据结点插入
    {
        if(j==0)                          //静态链表为空
        {
            L[1].data=x;                  //将 x 放入结点 L[1]中
            L[0].cursor=1;                //头指针 cusor 指向这个新插入的结点
            L[1].cursor=0;                //置链尾标志
        }
        else                              //静态链表不空
        {
            k=j+1;
            while(k!=j)                   //在数组中循环查找存放 x 的位置
                if(L[k].cursor==-1)       //找到空位置
                    break;
                else
                    k=(k+1)%MAXSIZE;      //否则查找下一个位置
            if(k!=j)                      //在数组中找到一个空位置来存放 x
            {
                L[k].data=x;
                L[k].cursor=L[0].cursor;  //将其插入到静态链表表头
                L[0].cursor=k;
            }
```

```
            else
                printf("List overflow!\n");       //链表已满无法插入
        }
    }
    else                                          //不是作为第一个结点插入时
    {
        k=0;
        while(k<i-2&&j!=0)                        //查找第 i-1 个结点，j 不等于 0 则表示未到链尾
        {
            k++;
            j=L[j].cursor;
        }
        if(j==0)        //查完整个静态链表未找到第 i-1 个结点，即链表长度小于 i-1 个结点
            printf("Insert error \n");
        else
        {
            j1=j;                              //找到第 i-1 个结点
            j2=L[j].cursor;                    //用 j2 保存原 L[j].cursor 值，此值为第 i 个结点的位置值
            k=j+1;
            while(k!=j)                        //在数组中循环查找存放 x 的位置
              if(L[k].cursor==-1)              //找到空位置
                break;
              else
                k=(k+1)%MAXSIZE;               //否则查找下一个位置
            if(k!=j)                           //在数组中找到一个空位置来存放 x
            {
                L[k].data=x;
                L[j1].cursor=k;                //作为第 i 个结点链入到静态链表
                L[k].cursor=j2;                //新结点之后再链接上原第 i 个结点
            }
            else
                printf("List overflow!\n");           //链表已满，无法插入
        }
    }
}
```

2.3.6　单链表应用示例

例 2.3　已知单链表 H 如图 2-23 所示，写一算法将其逆置。

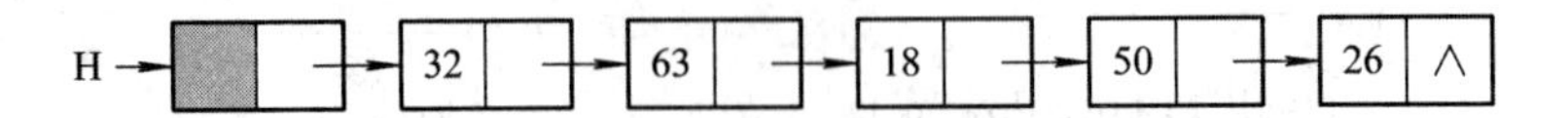

图 2-23　单链表示意图

【解】我们知道：头插法生成的单链表其结点序列正好与输入数据的顺序相反。因此，应依次取出题设链表中的每一个数据结点，然后用头插法再插入到新链表中即可实现单链表的逆置。在算法中，我们使指针 p 始终指向由剩余结点构成的链表中的第一个数据结点，而指针 q 则从这剩余结点链表中取出第一个数据结点插入到头结点*H 之后。当然，还应使指针 p 继续指向剩余结点链表中的第一数据个结点。即移到刚取出的结点之后的下一个数据结点位置。算法实现如下：

```
void Convert(LNode *H)
{
    LNode *p,*q;
    p=H->next;                  //p 指向剩余结点链表的第一个数据结点
    H->next=NULL;               //新链表 H 初始为空
    while(p!=NULL)
    {
      q=p;                      //从剩余结点链表中取出第一个结点
      p=p->next;                //p 继续指向剩余结点链表新的第一个数据结点
      q->next=H->next;          //将取出的结点*q 插入到新链表 H 的链首
      H->next=q;
    }
}
```

该算法只对链表顺序扫描一遍即实现链表的逆置，故其时间复杂度为 O(n)。

例 2.4　对两个元素递增有序的单链表 A 和 B，编写算法将 A、B 合并成一个按元素递减有序(允许有相同值)的单链表 C，要求算法使用 A、B 中的原有结点，不允许增加新结点。

【解】由例 2.3 可知，将递增有序改为递减有序只能采用头插法，如果仍保持递增有序则应采用尾插法。因此本题采用头插法实现。算法如下：

```
void Merge(LNode *A,LNode *B,LNode **C)
{                           //将增序链表 A、B 合并成降序链表*C
  LNode *p,*q,*s;
  p=A->next;                //p 始终指向链表 A 的第一个未比较的数据结点
  q=B->next;                //q 始终指向链表 B 的第一个未比较的数据结点
  *C=A;                     //生成链表的*C 的头结点
  (*C)->next=NULL;
  free(B);                  //回收链表 B 的头结点空间
  while(p!=NULL&&q!=NULL)//将 A、B 两链表中当前比较结点中值小者赋给*s
  {
```

```
        if(p->data<q->data)
        {
            s=p;
            p=p->next;
        }
        else
        {
            s=q;
            q=q->next;
        }
        s->next=(*C)->next; //用头插法将结点*s 插到链表*C 的头结点之后
        (*C)->next=s;
    }
    if(p==NULL)         //如果指向链表 A 的指针*p 为空，则使*p 指向链表 B
        p=q;
    while(p!=NULL)//将*p 所指链表中的剩余结点依次摘下插入的链表*C 的链首
    {
        s=p;
        p=p->next;
        s->next=(*C)->next;
        (*C)->next=s;
    }
}
```

对 m 个结点的单链表 A 和 n 个结点的单链表 B，该算法的时间复杂度为 O(m+n)。

例 2.5 约瑟夫(Josephus)问题：设有 n 个人围成一圈并顺序编号为 1～n。由编号为 k 的人进行 1 到 m 的报数，数到 m 的人出圈。接着再从他的下一个人重新开始 1 到 m 的报数，直到所有的人都出圈为止。请输出出圈人的出圈次序。

【解】为了便于循环查找的统一性，我们采用不带头结点的循环链表，即每一个人对应链表中的一个结点，某人出圈相当于从链表中删去此人所对应的结点。整个算法可分为下面的 2 个部分：

(1) 建立一个具有 n 个结点且无头结点的循环链表。

(2) 不断从表中删除出圈人结点，直到链表中只剩下一个结点时为止。

算法如下：

```
void Josephus(int n,int m,int k)
{
    LNode *p,*q;
    int i;
    p=(LNode*)malloc(sizeof(LNode));
    q=p;
```

```
    for(i=1;i<n;i++)                //从编号 k 开始建立一个单链表
    {
      q->data=k;
      k=k%n+1;
      q->next=(LNode*)malloc(sizeof(LNode));
      q=q->next;
    }
    q->data=k;
    q->next=p;                      //链接成循环单链表，此时 p 指向编号为 k 的结点
    while(p->next!=p)               //当循环单链表中的结点个数不为 1 时
    {
       for(i=1;i<m;i++)
       {
         q=p;
         p=p->next;
       }                            //p 指向报数为 m 的结点，q 指向报数为 m-1 的结点
       q->next=p->next;             //删除报数为 m 的结点
       printf("%4d", p->data);      //输出出圈人的编号
       free(p);                     //释放被删结点的空间
       p=q->next;                   //p 指向新的开始报数结点
    }
    printf("%4d",p->data);          //输出最后出圈人的编号
}
```

习　题　2

1. 单项选择题

(1) 线性表 L=(a_1, a_2, …, a_n)，下列说法正确的是______。

A. 每个元素都有一个直接前驱和一个直接后继

B. 线性表中至少要有一个元素

C. 表中所有元素的排列顺序必须是由小到大或者由大到小

D. 除第一个和最后一个元素外，其余每个元素都有且仅有一个直接前驱和一个直接后继

(2) 对单链表存储结构，以下说法错误的是_______。

A. 数据域用于存储线性表的一个数据元素

B. 指针域用于指向本结点的直接后继结点

C. 所有数据通过指针的链接而组成单链表

D. NULL 称为空指针，它不指向任何结点只起标识作用

(3) 对一个长度为 n 的顺序表，在第 i 个元素(1≤i≤n+1)之前插入一个新元素时需向右

移动____个元素。

A. n−i　　B. n−i+1　　C. n−i−1　　D. i

(4) 线性表采用链式存储时，其地址____。

A. 必须连续　　B. 部分地址必须连续

C. 一定不连续　　D. 连续与否均可

(5) 用链表表示线性表的优点是____。

A. 便于随机存取　　B. 存储空间比顺序存储方式少

C. 便于插入和删除　　D. 数据元素的存储顺序与逻辑顺序相同

(6) 下面关于线性表叙述错误的是____。

A. 线性表采用顺序存储，必须占用一段地址连续的单元

B. 线性表采用顺序存储，便于进行插入和删除操作

C. 线性表采用链式存储，不必占用一段地址连续的单元

D. 线性表采用链式存储，便于进行插入和删除操作

(7) 对长度为 n 且顺序存储的线性表，在任何位置上操作都是等概率的情况下，插入一个元素平均需要移动表中的____元素。

A. $\frac{n}{2}$　　B. $\frac{n+1}{2}$　　C. $\frac{n-1}{2}$　　D. n

(8) 在某线性表中最常用的操作是在最后一个元素之后插入一个新元素或者删除第一个元素，则最好采用____。

A. 单链表　　B. 仅有头指针的循环链表

C. 双向链表　　D. 仅有尾指针的循环链表

(9) 以下说法错误的是____。

A. 对循环链表来说，从表中任一结点出发都可以通过前后移操作查找整个循环链表

B. 对单链表来说，只有从头结点开始才能查找链表中的全部结点

C. 双向链表的特点是查找结点的前驱和后继都很容易

D. 对双向链表来说，结点*P 的存储位置既保存于其前驱结点的后继指针中，又保存于其后继结点的前驱指针中

(10) 若某线性表中最常用的操作是取第 i 个元素和查找第 i 个元素的前驱，则采用____存储方法最节省时间。

A. 顺序表　　B. 单链表　　C. 双向链表　　D. 循环链表

2. 多项选择题

(1) 对表长为 n 的顺序表，当在任何位置上插入或删除一个元素的概率都相等时，插入一个元素所需移动的元素平均个数为________，删除一个元素所需移动的平均个数为______。

A. $\frac{n-1}{2}$　　B. n　　C. n+1　　D. n−1

E. $\frac{n}{2}$　　F. $\frac{n+1}{2}$　　G. $\frac{n-2}{2}$

(2) 便于插入和删除操作的是________。

A. 静态链表 B. 单链表 C. 双向链表 D. 循环链表 E. 顺序表

(3) 从表中任一结点出发都能扫描整个表的是________。

A. 静态链表 B. 单链表 C. 顺序表 D. 双向链表 E. 循环链表

3. 填空题

(1) 在单链表中设置头结点的作用是____。

(2) 设单链表的结点结构为(data，next)，next为指针域。已知指针px指向单链表中data为x的结点，指针py指向data为y的新结点。若将结点y插入到结点x之后，则需要执行以下语句__________；__________。

(3) 在两个结点之间插入一个新结点时，双向链表需要修改的指针共有___个，单链表则为___个。

(4) 顺序存储结构使线性表中逻辑上相邻的数据元素在物理位置上也相邻。因此，这种表便于____访问，是一种______结构。

(5) 对一个线性表分别进行遍历和逆置运算，其最好的时间复杂度量级分别为____和____。

(6) 在一循环链表中，表尾结点指针域的值与表头指针的值____。

(7) 求顺序表和单链表长度的时间复杂度量级分别为____和____。

(8) 在一个不带头结点的单链表中，在表头插入或删除与在其他位置上插入或删除其操作过程____。

(9) 在线性表的顺序存储中，元素之间的逻辑关系是通过______决定的；在线性表的链式存储中，元素之间的逻辑关系是通过____决定的。

(10) 单链表表示法的基本思想是用____表示结点的逻辑关系。

4. 判断题

(1) 线性表的逻辑顺序和存储顺序总是一致的。

(2) 在具有头结点的链式存储结构中，头指针指向链表中的第一个数据结点。

(3) 顺序存储的线性表可以随机存取。

(4) 在单链表中要访问某个结点，只要知道指向该结点的指针即可。因此，单链表是一种随机存取的存储结构。

(5) 在线性表的顺序存储结构中，插入和删除时移动元素的个数与该元素的位置有关。

5. 线性表有两种存储结构：一是顺序表，二是链表。试问：

(1) 如果有 n 个线性表同时共存，并且在处理过程中各表的长度会动态地发生变化，线性表的总数也会自动地改变。在此情况下，应选用哪种存储结构？为什么？

(2) 若线性表的总数基本稳定，且很少进行插入和删除，但要求以最快的速度存取线性表中的元素，那么应采用哪种存取结构？为什么？

6. 线性表的顺序存储结构有三个弱点：其一，在做插入或删除操作时需要移动大量的元素；其二，由于事先难以估计线性表的大小，因此必须预先分配较大的存储空间，这往往使存储空间不能够充分利用；其三，表的容量难以扩充。那么，线性表的链式存储结构是否一定都能克服上述三个弱点，试讨论之。

7. 在单链表和双向链表中，能否从当前结点出发访问到任一结点？

8. 链表所表示的元素是否是有序的？如果有序，则有序性体现在何处？链表所表示的元素是否一定要在物理上是相邻的？顺序表的有序性又如何理解？

9. 对有头结点的单链表L，设计算法实现对表L中任一值只保留一个结点，删除其余值相同的结点。

10. 假设一单循环链表，其结点含有三个域pre、data和next。其中，data为数据域；pre为指针域并始终为空(NULL)；next为指针域，它指向后继结点。请设计一个算法将此表改成双向循环链表。

11. 给定(已生成)一个带头结点的单链表，设head为头指针，链表结点的data域为整型数据，next域为指向后继结点的指针。试写出算法，按递增次序输出单链表中各结点的数据值并释放结点所占用的存储空间，并且算法的实现不允许使用数组作为辅助空间。

12. 设计一个将双向循环链表逆置的算法。

第3章 栈和队列

栈和队列是两种特殊的线性表。栈和队列的逻辑结构与线性表相同，但运算规则与线性表相比则增加了某些限制。如栈的存取只能在线性表的一端进行，而队列则只能在线性表的一端存入而在另一端取出。栈实际上是按“后进先出”的规则进行操作的，而队列实际上是按“先进先出”的规则进行操作的，所以，栈和队列又称操作受限的线性表。

3.1 栈

3.1.1 栈的定义及基本运算

栈是限定仅在表的一端进行操作的线性表。对栈而言，允许进行插入和删除元素操作的这一端称为栈顶(top)，而固定不变的另一端则称为栈底(bottom)。不含元素的栈称为空栈。由于只能在栈顶进行插入和删除操作，因此新插入的元素一定放在栈顶，而要删除的元素也只能是刚插入的栈顶元素，故最后入栈的元素一定最先出栈。也即，栈中元素的操作是按“后进先出”的规则进行。因此，栈也被称作后进先出(或先进后出)线性表。当栈中没有任何数据元素时称为栈空，此时不能再进行出栈操作；当栈的存储空间被用完时称为栈满，此时不能再进行入栈操作。图 3-1 给出了栈的示意图。

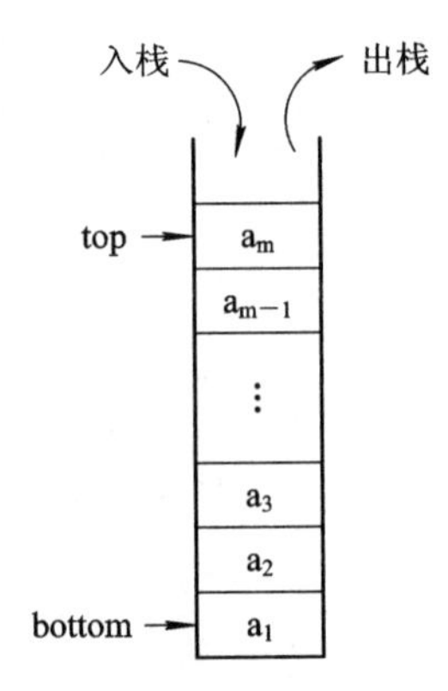

图 3-1　栈的示意图

对栈进行的基本操作如下：

(1) 栈初始化：Init_Stack(s)。操作结果是生成一个空栈。

(2) 判栈空：Empty_Stack(s)。操作结果是若栈为空则返回 1，否则返回 0。

(3) 入栈：Push_Stack(s, x)。操作结果是在栈 s 的顶部插入一个新元素 x，使 x 成为新的栈顶元素，栈发生变化。

(4) 出栈：Pop_Stack(s, x)。在栈 s 非空的情况下，操作结果是将栈 s 的顶部元素从栈中删除，并由 x 返回栈顶元素值，即栈中少了一个元素，栈发生变化。

(5) 读栈顶元素：Top_Stack(s, x)。在栈 s 非空的情况下，操作结果是将栈 s 的顶部元素读到 x 中，栈不发生变化。

3.1.2　栈的存储结构和运算实现

由于栈是运算受限的线性表，因此线性表的存储结构对栈也是适用的，两者只是操作不同。线性表操作不受任何限制，而栈的操作只能在栈顶进行。

1. 顺序栈

顺序栈即栈的顺序存储结构，它利用一组地址连续的存储单元来依次存放由栈底到栈顶的所有元素，同时附加一个 top 指针来指示栈顶元素在顺序栈中的位置。因此，可预设一个长度足够的一维数组 data[MAXSIZE]来存放栈的所有元素，并将下标 0 设为栈底。由于栈顶位置随着插入和删除操作而变化，我们用 top 作为栈顶指针指明当前栈顶的位置，并且将数组 data 和指针 top 组合到一个结构体内。顺序栈的类型定义如下：

```
typedef struct
{
    datatype data[MAXSIZE];          //栈中元素存储空间
    int top;                         //栈顶指针
}SeqStack;
```

假定已定义了一个顺序栈 SeqStack s;，由于栈底的下标为 0，故空栈时栈顶指针 top=−1；入栈时先使栈顶指针“s->top++;”，然后将数据入栈；出栈时栈顶指针减 1，即“s->top--;”，也即，top 指针除栈空外始终指向栈顶元素的存放位置。栈操作示意图如图 3-2 所示。

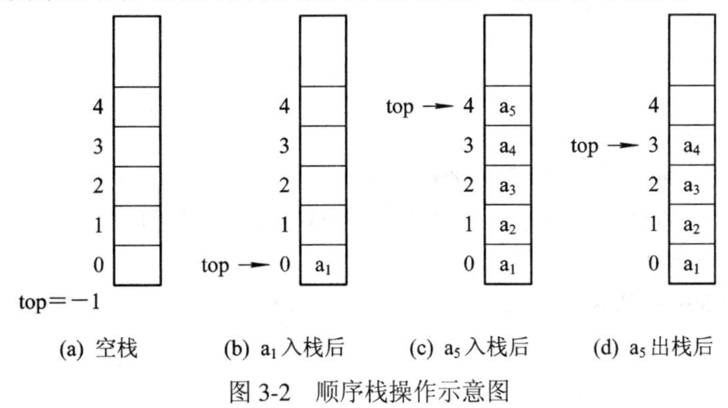

图 3-2　顺序栈操作示意图

顺序栈的基本操作实现如下：

1) 置空栈

首先建立栈空间，然后初始化栈顶指针。

算法如下：

```
void Init_SeqStack(SeqStack **s)
{
    *s=(SeqStack*)malloc(sizeof(SeqStack));   //在主调函数中申请栈空间
```

```
        (*s)->top=-1;                         //置栈空标志
    }
```

2) 判栈空

算法如下：

```
    int Empty_SeqStack(SeqStack *s)
    {
        if(s->top==-1)                        //栈为空时返回 1 值
            return 1;
        else
            return 0;                         //栈不空时返回 0 值
    }
```

3) 入栈

算法如下：

```
    void Push_SeqStack(SeqStack *s,datatype x)
    {
        if(s->top==MAXSIZE-1)
            printf("Stack is full!\n");       //栈已满
        else
        {
            s->top++;                         //先使栈顶指针 top 增 1
            s->data[s->top]=x;                //再将元素 x 压入栈*s 中
        }
    }
```

4) 出栈

算法如下：

```
    void Pop_SeqStack(SeqStack *s,datatype *x)
    {       //将栈*s 中的栈顶元素出栈并通过参数 x 返回给主调函数
        if(s->top==-1)
            printf("Stack is empty!\n");      //栈为空
        else
        {
            *x=s->data[s->top];               //栈顶元素出栈
            s->top--;                         //栈顶指针 top 减 1
        }
    }
```

5) 取栈顶元素

取栈顶元素操作除了不改变栈顶指针外，其余操作与出栈相同。

算法如下：

```
void Top_SeqStack(SeqStack *s,datatype *x)
{
    if(s->top==-1)
        printf("Stack is empty!\n");        //栈为空
    else
        *x=s->data[s->top];                 //取栈顶元素值赋给*x
}
```

2. 多个顺序栈共享连续空间

利用栈底位置相对不变这一特点，两个顺序栈可以共享一个一维数据空间来互补余缺。其实现方法是将两个栈的栈底分设在一维数据空间的两端，并让它们各自的栈顶由两端向中间延伸(如图 3-3 所示)。这样，两个栈就可以相互调剂，只有当整个一维数据空间被这两个栈占满时才发生上溢，因此上溢出现的频率要比将这个一维空间对半分配给两个栈使用要小得多。

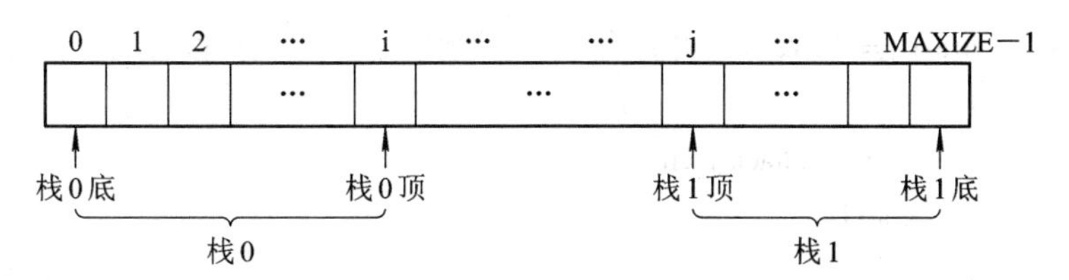

图 3-3　两个栈共享空间示意图

至于多个栈共享一维数据空间的问题就比较复杂，因为一个存储空间只有两端是固定的，所以对多个栈而言，除了设置栈顶指针外，还必须设置栈底指针。这种情况下当某个栈发生上溢时，如果此时整个一维数据空间未被占满，则必须移动某些(或某个)栈来腾出空间解决所发生的上溢。

例 3.1　检查一个算术表达式中的括号是否匹配，算术表达式保存于字符数组 ex 中。

【解】我们用顺序栈实现对算术表达式中括号是否配对的检查。首先对字符数组 ex 中的算术表达式进行扫描，当遇到“(”、“[”、或“{”时将其入栈。当遇到“)”、“]”或“}”时则检查顺序栈的栈顶数据是否是对应的“(”、“[”或“{”，若是，则出栈，否则表示不配对给出出错信息。当整个算术表达式扫描完毕时，若栈为空，则表示括号配对正确，否则不配对。算法设计如下：

```
void Correct(char ex[])
{
    SeqStack *p;
    char x,*ch=&x;
    int i=0;
    Init_SeqStack(&p);                      //顺序栈 P 初始化为空栈
    while(ex[i]!='\0')                      //扫描算术表达式未结束时
    {
        if(ex[i]=='('||ex[i]=='['||ex[i]=='{')//扫描字符为‘(’、‘[’、‘{’则入栈
```

```
                    Push_SeqStack(p,ex[i]);
                if(ex[i]==')'||ex[i]==']'||ex[i]=='}')
                {
                    Top_SeqStack(p,ch);                  //读出栈顶字符
                    if(ex[i]==')'&&*ch=='(')             //栈顶字符'('与当前扫描字符')'配对则出栈
                    {
                        Pop_SeqStack(p,ch);
                        goto l1;
                    }
                    if(ex[i]==']'&&*ch=='[')             //栈顶字符'['与当前扫描字符']'配对则出栈
                    {
                        Pop_SeqStack(p,ch);
                        goto l1;
                    }
                    if(ex[i]=='}'&&*ch=='{')             //栈顶字符'{'与当前扫描字符'}'配对则出栈
                    {
                        Pop_SeqStack(p,ch);
                        goto l1;
                    }
                    else
                        break;                           //不配对时则终止扫描
                }
        l1:     i++;
            }
            if(!Empty_SeqStack(p))
                //算术表达式扫描结束或非正常结束时若栈不为空则不配对
                printf("Error!\n");
            else
                printf("Right!\n");
        }
```

3. 链栈

栈的链式存储结构又称链栈。为了克服顺序栈容易出现上溢的问题，可采用链式存储结构来构造栈。由于链栈是动态分配元素存储空间的，因此操作时无需考虑上溢问题。这样，多个栈的共享问题也就迎刃而解了。

由于栈的操作仅限制在栈顶进行，也即元素的插入和删除都是在表的同一端进行的，因此不必设置头结点，头指针也就是栈顶指针。链栈的示意图如图 3-4 所示。

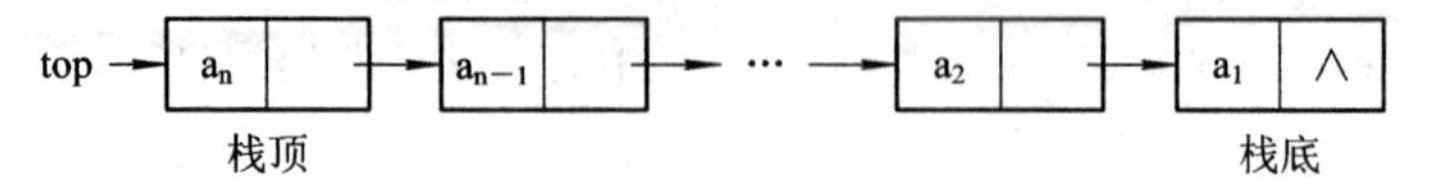

图 3-4　链栈示意图

通常链栈用单链表表示，因此其结点结构与单链表的结点结构相同。链栈的类型定义如下：

```
typedef struct node
{
    datatype data;                //data 为结点的数据信息
    struct node *next;            //next 为指向后继结点的指针
}StackNode;                       //链栈结点类型
```

链栈的基本操作实现如下：

1) 置空栈

算法如下：

```
void Init_LinkStack(StackNode **s)
{
    *s=NULL;                      //置栈顶指针*s 为空
}
```

2) 判栈空

算法如下：

```
int Empty_LinkStack(StackNode *s)
{
    if(s==NULL)
        return 1;                 //栈为空时返回 1 值
    else
        return 0;                 //栈不空时返回 0 值
}
```

3) 入栈

算法如下：

```
void Push_LinkStack(StackNode **top,datatype x)
{
    StackNode *p;
    p=(StackNode *)malloc(sizeof(StackNode)); //申请一个结点空间
    p->data=x;                    //读入结点数据
    p->next=*top;                 //该结点作为栈顶元素链入链栈
    *top=p;                       //栈顶指针指向这个新栈顶元素
}
```

4) 出栈

算法如下：

```
void Pop_LinkStack(StackNode **top,datatype *x)
{
    StackNode *p;
```

```
    if(*top==NULL)                        //栈顶指针为空时
        printf("Stack is empty!\n");
    else                                  //栈顶指针不为空时
    {
        *x=(*top)->data;                  //栈顶元素的数据赋给*x
        p=*top;                           //指针 p 指向栈顶元素
        *top=(*top)->next;                //栈顶指针指向栈顶元素出栈后的新栈顶元素
        free(p);                          //回收已出栈的原栈顶元素空间
    }
}
```

*3.2 栈与递归

3.2.1 递归及其实现

1. 递归的概念

一个对象(事物)的组成包含了自身，或者说对于一个对象的描述又用到了该对象本身的现象称为递归。递归是程序设计中最为重要的方法之一，它使得程序的结构清晰，形式简洁并易于阅读。

一般来说，一个问题采用递归算法求解时必须具备三个条件：

(1) 能将一个复杂的规模较大的问题转变成一个简单的规模较小的新问题，而新问题与原问题的解法相同或类同，所不同的仅是所处理的对象，且这些处理对象的变化是有规律的。

(2) 可以通过上述转化而使问题逐步简化。

(3) 必须有一个明确的递归出口(即递归的结束)，或称递归的边界。

2. 递归过程及其实现

在计算机中，通过使用一个栈来存放调用函数中的数据参数及其地址，特别是递归函数在尚未完成本次调用之前又递归调用了自身。为了确保新的递归调用不破坏前一次调用所使用的存储空间(即工作区，还要继续使用)，就必须为每一次调用分配各自独立的工作区，并在本次调用结束时释放为其分配的工作区。由于递归调用满足后进先出原则，因此在程序运行时必须设置一个运行工作栈来依次保存递归调用时产生的每一个工作区，而每一工作区通常包括返回地址、函数的局部变量以及调用时传递的参数等。递归函数调用的执行步骤可以归纳如下：

(1) 记录函数调用结束时应返回的地址以及前一次调用传递给本次调用的参数等信息。

(2) 无条件转移到本次调用的函数入口地址并开始执行。

(3) 传递返回的数据信息。

(4) 本次函数调用执行结束，取出所保存的返回地址并无条件返回，即返回到前一次调用函数(主调函数)继续执行。

3.2.2 递归调用过程分析

为了能够形式化地描述函数调用执行的全部过程，我们采用称之为动态图的方法来对程序的执行进行描述，即记录主函数和被调函数的调用、运行及撤消各个阶段的状态，以及程序运行期间所有变量和函数形参的变化过程。动态图规则如下：

(1) 动态图纵向描述主函数和其他函数各层之间的调用关系，横向由左至右按执行的时间顺序记录主函数和其他函数中各变量及形参值的变化情况。

(2) 函数的形参均看作是带初值的局部变量。其后，形参就作为局部变量参与函数中的操作。

(3) 主函数、其他函数按运行中的调用关系自上而下分层，各层说明的变量包括形参都依次列于该层首列，各变量值的变化情况按时间顺序记录在与该变量对应的同一行上。

例 3.2

```
#include<stdio.h>
int max(int x,int y)
{
    int z;
    z=x>y?x:y;
    return (z);
}
void main()
{
    int a=5,b=6,c;
    c=max(a,b);
    printf("%d\n",c);
}
```

【解】 函数 max 的形参为 x、y，在函数调用时 y、x 分别接受了实参 b、a 的值 6 和 5。注意，在 VC++6.0 中参数传递是由右→左进行的(参见例 3.3)。此外，函数 max 还定义了一个局部变量 z 来保存 x 和 y 值中较大的那一个值，最终将这个 z 值返回给主调函数 main。在图 3-5 中以动态图的方式描述了整个程序的执行情况，其中包括函数 max 因调用而创建、运行及运行结束后撤消的全过程。由动态图可知该程序的输出结果为 6。

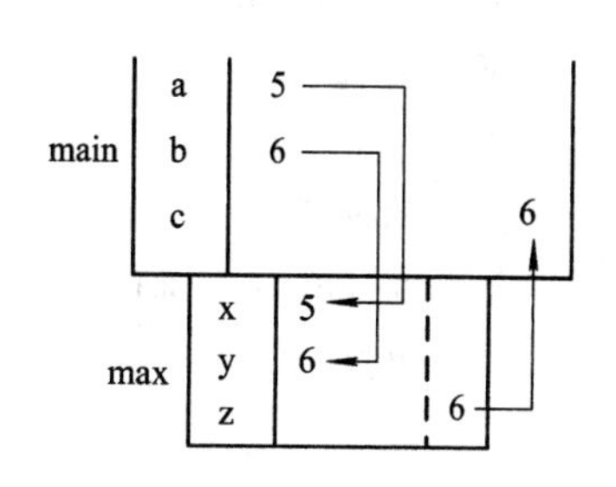

图 3-5 程序运行和函数调用动态图

例 3.3

```
#include<stdio.h>
int add(int x,int y)
{
```

```
        int z;
        z=x+y;
        return (z);
    }
    void main()
    {
        int i=1,sum;
        sum=add(i,++i);
        printf("%d\n",sum);
    }
```

运行结果：4

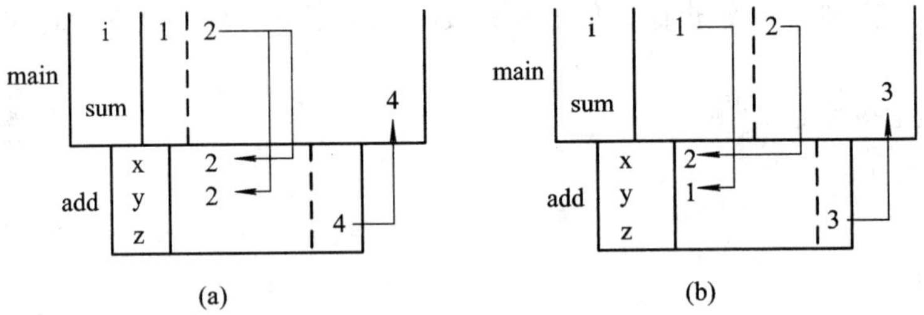

(a)　　(b)

图 3-6　程序运行和函数调用动态图

【解】主调函数 main 调用被调函数 add 的实参依次为 i 和++i，根据参数传递由右向左的原则，则先执行++i，即 i 值变为 2 后传递给形参 y，接着再将 i 值(已为 2)传给 x。图 3-6(a)中的动态图描述了整个程序的执行情况，因此最终的输出结果是 4 而不是 3，程序上机执行也证实了这种结果。

如果调用函数的语句改为 sum=add(++i,i)；则最终输出结果是 3 而不是 4，这也证实了参数传递是由右向左进行的。程序的执行情况见图 3-6 (b)的动态图描述。

例 3.4　输入：abc↙，分析下面程序的执行过程。

```
#include<stdio.h>
void out1()
{
    char ch;
    scanf("%c",&ch);
    if(ch!='\n')
    {
        out1();
        printf("%c",ch);
    }
}
void main()
{
```

```
        out1();
        printf("\n");
    }
```

【解】程序的执行过程及函数递归调用示意图如图 3-7 所示。由图 3-7 可以看出：(1)、(2)、(3)、(4)为程序中函数 out1 的 4 次递归调用。

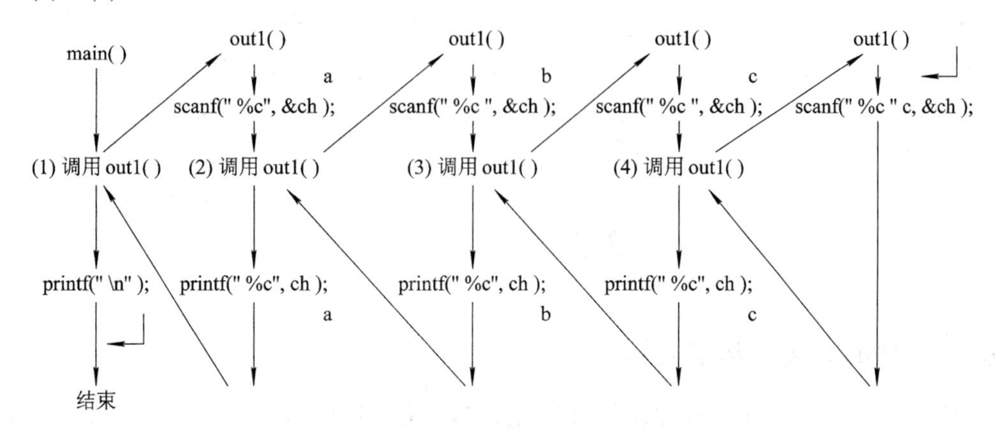

图 3-7　程序执行过程及函数递归调用示意图

同样，我们也可以用动态图来描述程序执行过程及函数的递归调用(如图 3-8 所示)。

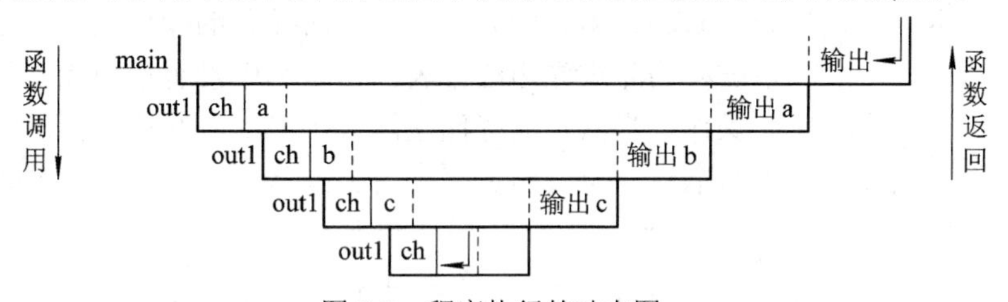

图 3-8　程序执行的动态图

由图 3-7 可以看出，函数 out1 的执行代码只有一组，函数 out1 的递归过程就是多次调用这组代码。由于第(4)次调用 out1 函数时，输入的字符是回车符“↙”，它使 out1 函数体中 if 语句的条件“ch!='\n'”为假，故第(4)次函数 out1 的调用不执行任何操作而结束并返回到主调函数(上一层调用它的 out1)。

从图 3-8 的动态图可知，函数 out1 每次调用就进入了新的一层，并且每一层都重新定义了局部变量 ch，且上一层的 ch 和下一层的 ch 不是同一个变量。在哪一层执行，则哪一层的变量 ch 起作用。当返回到上一层时，下一层的变量 ch 就不再存在(被系统收回)。

递归函数的调用可以引起自身的进一步调用。产生进一步的调用时，主调函数并不释放自己的工作空间(即该函数定义的变量仍然存在)，而是为进一步调用的函数(可以是主调函数自身)开辟新的工作空间，这在动态图上表现为又产生了一个新的函数层并在其上建立新的变量如 ch 等。只有当最后一次调用的函数运行结束时，才撤消这最后一次函数调用时所建立的工作区，然后返回到它的调用者——上一层函数的工作环境下继续执行。这样，每当一次函数调用结束时，就回收其对应的工作区，然后返回到它的主调函数(即上一层)处继续执行。这种建立与撤消的关系就如同先进后出的栈一样。反映到本题中的程序，就是函数最后一次调用(4)最先结束，而最先调用(1)则最后结束(如图 3-7 所示)。因此，程序的输出结果正好与读入的字符顺序 abc 相反：cba。

采用递归算法得到的程序结构简单，但执行递归函数的效率较低且需要更多的存储空间。通常是当一个问题中蕴含着递归关系且非递归解法又比较复杂的情况下才采用递归方法。

通过分析可以发现：递归函数的函数体部分通常仅由一条 if 语句组成。递归函数正是通过 if 语句来判断是否继续进行递归的，如果没有 if 语句，则递归函数将永远无法终止。构造递归函数，除了要使用 if 语句外，还需考虑在该 if 语句中最终能结束递归的方法：方法一是在递归调用的过程中，逐渐向形成结束递归的条件发展，最终结束递归；方法二是通过一个特殊的条件判断来终止递归。

3.3 队 列

3.3.1 队列的定义及基本运算

同栈一样，队列也是一种操作受限的线性表，即只能在线性表的一端进行插入，而在线性表的另一端进行删除。我们把只能删除的这一端称为队头(front)，而把只能插入的另一端称为队尾(rear)。队列的基本操作是入队与出队，并且只能在队尾入队、队头出队。显然，最先删除的元素一定是最先入队的元素。因此，队列中对元素的操作实际上是按“先进先出”规则进行的，故队列也被称为先进先出线性表。当队列中没有任何元素时，该队列为空，即此时不能再进行出队操作；当队列的存储空间被用完时，则称为队满，此时不能再进行入队操作。队列中元素的个数称为队列长度。图 3-9 给出了队列的示意图。

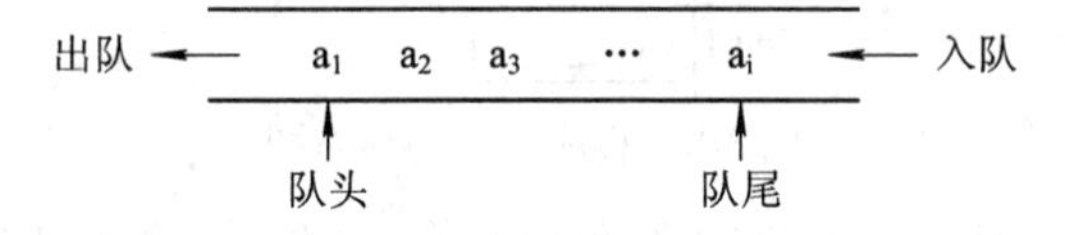

图 3-9 队列示意图

队列和栈的关系是：用两个栈可以实现一个队列，即第一个栈实现先进后出，第二个栈实现后进先出，这样经过两个栈即得到先进先出的队列。

在队列上进行的基本操作如下：

(1) 队列初始化：Init_Queue(&q)。操作结果是生成一个空队列 q。

(2) 判队空操作：Empty_Queue(q)。当队 q 存在时，操作结果若 q 为空队则返回 1 值，否则返回 0 值。

(3) 入队操作：In_Queue(q,x)。队 q 存在时，操作结果是将元素 x 插到队尾，队列发生变化。

(4) 出队操作：Out_Queue(q,x)。队 q 非空时，操作结果是删除队头元素并由 x 返回队头元素的值，队列发生变化。

(5) 读队头元素：Front_Queue(q,x)。队 q 非空时，操作结果是读出队头元素并由 x 返回队头元素的值，队列不发生变化。

3.3.2　队列的存储结构和运算实现

与线性表和栈类似，队列也有顺序存储和链式存储两种存储方法。

1. 顺序队列与循环队列

队列的顺序存储结构又称顺序队列，它也是利用一组地址连续的存储单元来存放队列中的元素。由于顺序队列中元素的插入和删除是分别在表的不同端进行的，因此除了存放队列元素的一维数组外，还必须设置队头指针和队尾指针来分别指示当前的队头元素和队尾元素。

顺序队列的类型定义如下：

```
typedef struct
{
    datatype data[MAXSIZE];          //队中元素存储空间
    int rear,front;                   //队尾和队头指针
}SeQueue;
```

首先，我们定义一个指向队列的指针变量，然后再申请一个顺序队列的存储空间。

```
SeQueue *q;
q=(SeQueue *)malloc(sizeof(SeQueue));
```

此时队列的数据区为：q->data[0]～q->data[MAXSIZE−1];

通常设队头指针 q->front 指向队头元素的前一个位置，队尾指针 q->rear 指向队尾元素(这样设置是为了使运算更加方便)。则有：

(1) 队空：q->front＝q->rear。

(2) 队满：q->rear＝MAXSIZE。

(3) 队中元素个数：(q->rear)-(q->front)。

在不考虑溢出的情况下，入队操作时可使队尾指针加 1 指向新位置后再使元素入队到该位置。

操作如下：

```
q->rear++;
q->data[q->rear]=x;              //元素 x 入队
```

在不考虑队空的情况下，出队操作时使队头指针加 1，表明队头元素已出队。

操作如下：

```
q->front++;
x=q->data[q->front];             //队头元素出队并送 x
```

按照上述思想建立的空队以及入队、出队示意图如图 3-10 所示(设 MAXSIZE=8)。

从图 3-10 可以看出，随着入队、出队的进行，会使整个队列整体向上移动，这样就出现了图 3-10(d)的现象：队尾指针已经移到了队列空间的最大值(数组 data 下标为 7)，再有元素入队就会出现溢出。而实际上此时数组 data 并未真正装满队列元素，这种现象称之为“假溢出”，这是由于只能从队尾入队且只能从队头出队的限制造成的。

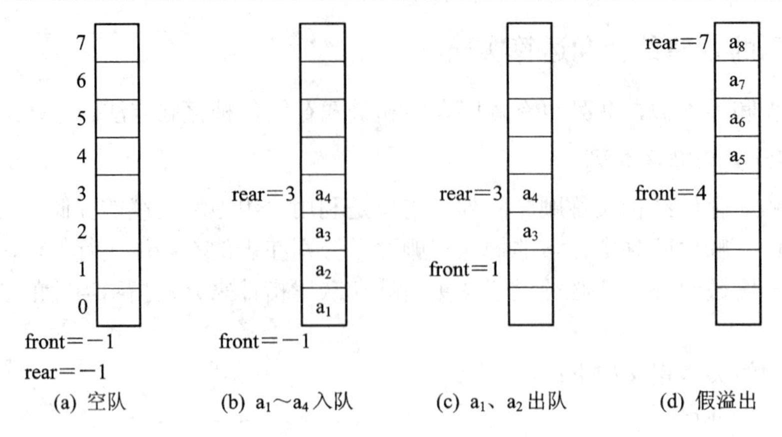

图 3-10　队列操作示意图

队列在顺序存储下会发生溢出。队空时再进行出队的操作称为“下溢”，而在队满时再进行入队的操作称为“上溢”。上溢有两种情况：一种是真正的队满，即存放队列元素的一维数组空间已全部占用，此时队尾指针和队头指针存在着 q->rear－q->front = MAXSIZE，也即，这时已不再有可供队列使用的数据空间；另一种是假溢出，即 q->rear－q->front<MAXSIZE 但 q->rear = MAXSIZE−1，此时仍有可用的数据空间，只不过队尾指针 q->rear 已到达队列空间的最大值而无法再存放等待入队的元素了。产生假溢出现象是由于出队的元素空间无法再次使用造成的。

解决假溢出的方法是将顺序队列假想为一个首尾相接的圆环，称之为循环队列(如图 3-11 所示)。但此时会出现队空、队满的条件均为

q->rear＝q->front

为了解决这一问题。采取的方法是损失一个数据元素的存储空间而将队满条件改为

(q->rear+1)%MAXSIZE＝q->front

而队空条件则维持不变，仍是 q->rear＝q->front。此外，循环队列的元素个数为

(q->rear－q->front+MAXSIZE)%MAXSIZE

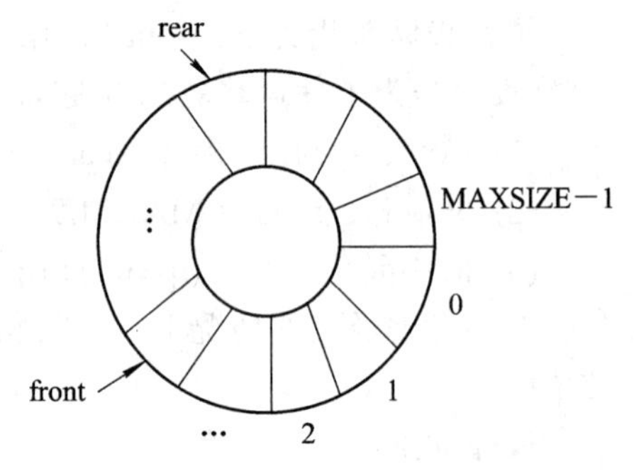

图 3-11　循环队列示意图

因为是头尾相连的循环结构，此时入队的操作改为

```
q->rear=(q->rear+1)%MAXSIZE;
q->data[sq->rear]=x;
```

而出队的操作改为

```
q->front=(q->front+1)%MAXSIZE;
x=q->data[q->front];
```

循环队列的类型定义与队列相同，只是操作方式按循环队列进行。

下面介绍循环队列的基本操作实现。

1) 置空队

算法如下：

```
void Init_SeQueue(SeQueue **q)
{
    *q=(SeQueue*)malloc(sizeof(SeQueue)); //申请队空间
    (*q)->front=0; //队头指针值和队尾指针值相等则队为空
    (*q)->rear=0;
}
```

2) 入队

算法如下：

```
void In_SeQueue(SeQueue *q,datatype x)
{
    if((q->rear+1)%MAXSIZE==q->front)
        printf("Queue is full!\n");              //队满，入队失败
    else
    {
        q->rear=(q->rear+1)%MAXSIZE;             //队尾指针加 1
        q->data[q->rear]=x;                      //将元素 x 入队
    }
}
```

3) 出队

算法如下：

```
void Out_SeQueue(SeQueue *q,datatype *x)
{
    if(q->front==q->rear)
        printf("Queue is empty");                //队空，出队失败
    else
    {
        q->front=(q->front+1)%MAXSIZE;           //队头指针加 1
        *x=q->data[q->front];                    //队头元素出队并由 x 返回队头元素值
    }
}
```

4) 判队空

算法如下：

```
int Empty_SeQueue(SeQueue *q)
{
    if(q->front==q->rear)
        return 1;                                //队空
    else
        return 0;                                //队不空
}
```

2. 链队列

队列的链式存储结构称为链队列。链队列也要有标识队头和队尾的指针。为了操作方便，也给链队列添加一个头结点，并令队头指针指向头结点。因此，队空的条件是队头指针和队尾指针均指向头结点。图 3-12 给出了链队列示意图。

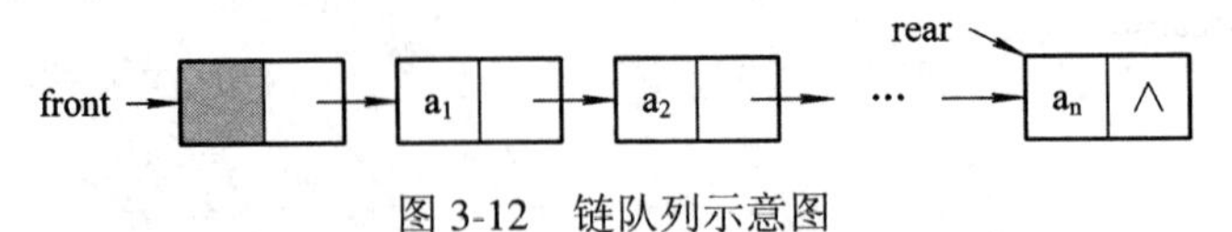

图 3-12　链队列示意图

在图 3-12 中，队头指针 front 和队尾指针 rear 是两个独立的指针变量，从结构上考虑，通常将二者放入一个结构体中。

链队列的类型定义如下：

```
typedef struct node
{
    datatype data;
    struct node *next;
}QNode;                          //链队列结点的类型
typedef struct
{
    QNode *front,*rear;          //将头、尾指针纳入到一个结构体的链队列
}LQueue;                         //链队列类型
```

我们定义一个指向链队列的指针：LQueue *q;，则建立的带头结点的链队列如图 3-13 所示。

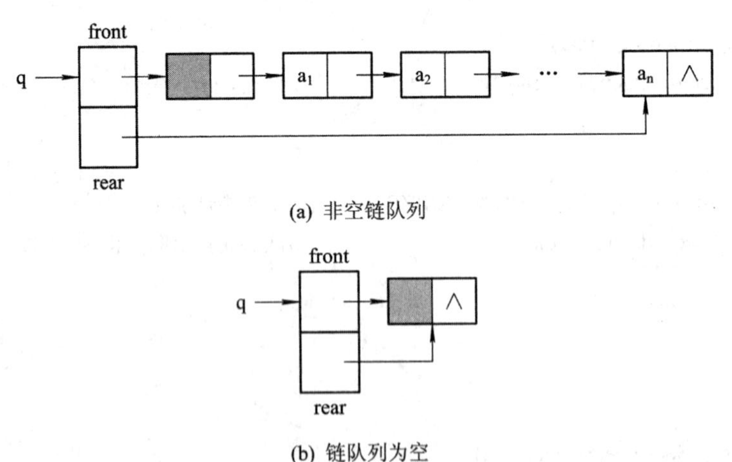

(a) 非空链队列

(b) 链队列为空

图 3-13　头、尾指针纳入到一个结构体的链队列

下面介绍链队列的基本操作实现。

1) 创建一个带头结点的空队列

算法如下：

```
void Init_LQueue(LQueue **q)
```

```
{          //形参**q 是为了保证返回到主调函数时仍能够访问该队列
    QNode *p;
    *q=(LQueue *)malloc(sizeof(LQueue));        //申请链队列的头、尾指针
    p=(QNode*)malloc(sizeof(QNode));            //申请链队列的头结点
    p->next=NULL;                               //头结点的 next 指针置为空
    (*q)->front=p;                              //链队列队头指针指向头结点
    (*q)->rear=p;                               //链队列队尾指针指向头结点
}
```

2) 入队

算法如下：

```
void In_LQueue(LQueue *q,datatype x)
{
    QNode *p;
    p=(QNode *)malloc(sizeof(QNode));           //申请新链队列结点
    p->data=x;
    p->next=NULL;                               //新结点*p 作为队尾结点时其 next 域为空
    q->rear->next=p;                            //将新结点*p 链到原队尾结点之后
    q->rear=p;                                  //使队尾指针指向新的队尾结点*p
}
```

3) 判队空

算法如下：

```
int Empty_LQueue(LQueue *q)
{
    if(q->front==q->rear)
        return 1;                               //队为空
    else
        return 0;                               //队不空
}
```

4) 出队

算法如下：

```
void Out_LQueue(LQueue *q,datatype *x)
{
    QNode *p;
    if(Empty_LQueue(q))
        printf("Queue is empty!\n");        //队空，出队失败
    else
    {
      p=q->front->next;                     //指针 p 指向链队列第一个数据结点(即队头结点)
```

```
        q->front->next=p->next;
        //头结点的 next 指针指向链队列第二个数据结点(即删除第一个数据结点)
        *x=p->data;                    //将删除的队头结点数据经由*x 返回
        free(p);
        if(q->front->next==NULL)       //出队后队为空，则置为空队列
            q->rear=q->front;
    }
}
```

例 3.5　已知 q 是一非空队列，编写一个算法，仅用队列和栈及少量工作变量完成将队列 q 中的所有元素逆置。

【解】 逆置的方法是：顺序取出队列中的元素并压入栈中，当队中所有元素均入栈后再从栈中逐个弹出元素进入队列。由于栈的后进先出特性，此时进入队中的元素已经实现了逆置。算法中采用顺序栈和顺序队列(循环队列)来实现逆置。算法设计如下：

```
void Revers_Queue(SeQueue *q,SeqStack *s)
{                                   //用栈*s 逆置队列*q
    char x,*p=&x;
    Init_SeqStack(&s);              //栈*s 初始化为空栈
    while(!Empty_SeQueue(q))        //当队列*q 非空时
    {
        Out_SeQueue(q,p);           //取出队头元素*p
        Push_SeqStack(s,*p);        //将队头元素*p 压入栈 s
    }
    while(!Empty_SeqStack(s))       //当栈 s 非空时
    {
        Pop_SeqStack(s,p);          //栈顶元素*p 出栈
        In_SeQueue(q,*p);           //将栈顶元素*p 入队
    }
}
```

*3.4　递归转化为非递归的研究

3.4.1　汉诺塔问题递归解法

汉诺塔(Tower of Hanoi)问题描述为：有 A、B、C 三个柱子和 n 个大小都不一样且能套进柱子的圆盘(编号由小到大依次为：1，2，…，n)，这 n 个圆盘已按由大到小的顺序套在 A 柱上(如图 3-14 所示)。要求将这些圆盘按如下规则由 A 柱移到 C 柱上：

(1) 每次只允许移动柱子最上面的一个圆盘；

(2) 任何圆盘都不得放在比它小的圆盘上；

(3) 圆盘只能在A、B、C三根柱子上放置。

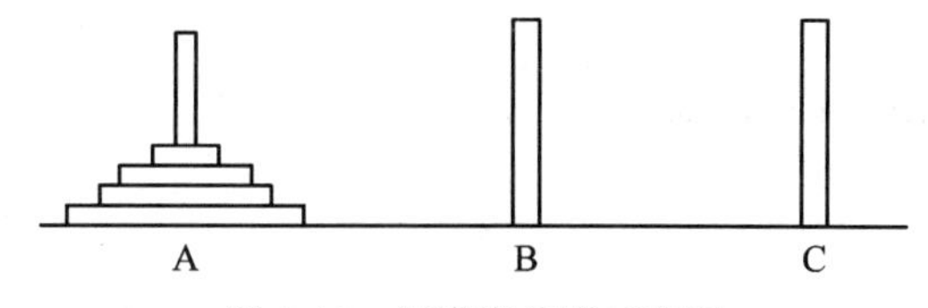

图3-14　汉诺塔问题示意图

假如只有两个盘子，则移动就非常简单。如果有3个盘子，则可采用两个盘子的移动方法，即先将上面的两个盘子移到B柱上，然后把A柱上余下的最大盘子移至C柱上。此后可采用移动两个盘子的方法将已经放置在B柱上的两个较小盘子移到C柱上。由此我们得到这样一个思路：对3个盘子的移动可以将上面两个盘子看做一个整体，它与下面的最大盘子构成了两个“盘子”的移动，这两个“盘子”的移动次序很容易确定。然后，我们再考虑作为一个整体的上面两个盘子如何移动，这又是非常简单的移动。最后，我们将分解的这两部分移动步骤合并起来就完成了3个盘子的移动。

当盘子有n个时，依照上面的思路可将下面最大的盘子与上面的n−1个盘子当作两个盘子的移动来处理，然后将上面的n−1个盘子继续分解为第n−1个盘子与其上面的n−2个盘子的移动过程。依次类推，直至最上面两个盘子的移动(可以看出具有明显的递归特点)。待这些移动步骤确定之后，就可由最上面的盘子开始进行移动直到最下面的第n个盘子，即由分解从盘子n到盘子1的移动过程倒推出由盘子1到盘子n的移动，这种移动方法具有栈(先进后出)的特点，因而递归实现就特别方便。盘子的移动可归纳为如下三个步骤：

(1) 从A柱将上面的1～n−1号盘移至B柱上，C柱作为辅助柱协同移动；

(2) 将A柱上剩余的第n号盘移至C柱上；

(3) 再将B柱上的1～n−1号盘移至C柱上，A柱作为辅助柱协同移动。

对n−1号至1号盘的处理方法同上，因此可递归实现。从上述的三个步骤可以看出：(2)只需一步即可完成，而(1)、(3)处理类似，仅移动的柱子不同。因此，实现移动的递归函数hanoi应包含以下三步：

(1) 执行hanoi(n-1,A,C,B);　　　//将A柱上的n−1个盘子移至B柱，C柱为辅助柱

(2) 移动A柱上第n号盘至C柱;　　//即输出A→C

(3) 执行hanoi(n-1,B,A,C);　　　//将B柱上的n−1个盘子移至C柱，A柱为辅助柱

三个盘子的移动示意图如图3-15所示。

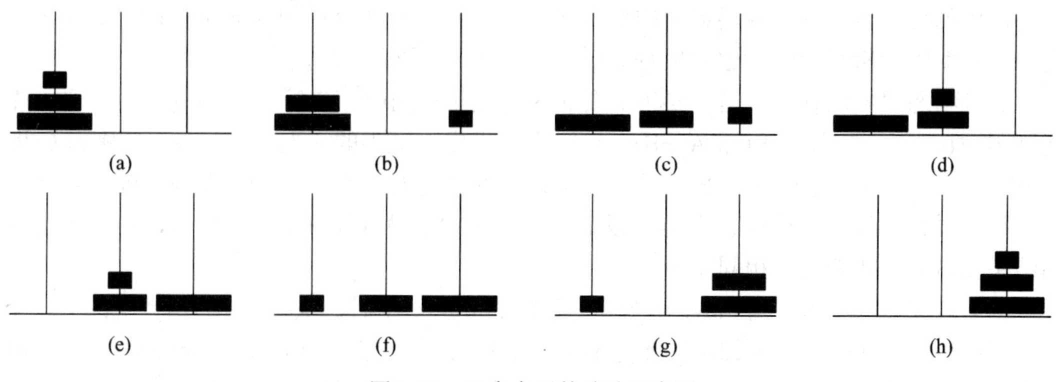

图3-15　三个盘子的移动示意图

递归解法的程序如下：

```
#include<stdio.h>
void move(int n,char a,char b,char c)
{
    if(n>0)
    {
        move(n-1,a,c,b);
        printf("%c(%d)->%c\n",a,n,c);
        move(n-1,b,a,c);
    }
}
void main()
{
    int n;
    char a='A',b='B',c='C';
    printf("Input a number of disk:");
    scanf("%d",&n);
    move(n,a,b,c);
}
```

运行结果：

```
Input a number of disk:3↙
        A(1)->C
        A(2)->B
        C(1)->B
        A(3)->C
        B(1)->A
        B(2)->C
        A(1)->C
```

动态图分析 3 个圆盘的移动过程如图 3-16 所示。为了简单起见仅在动态图最左端列出各层调用的变量名，右方各层调用的变量名顺序与左端所列变量相同而不再标出。各层调用 move 函数的移动输出情况(如果有的话)也略去盘号后写在动态图上。

通过动态图可以看出：当需要将最大的 3 号盘(n=3)由 A 移至 C(即 A→C)时，必须先使 2 号盘(n=2)由 A 移至 B(即 A→B)，这时又要求先将最小的 1 号盘(n=1)由 A 移到 C(即 A→C)后方可，待 2 号盘移到 B 之后才能把最大的 3 号盘移至 C。动态图自上而下描述了这种移动过程，移动的顺序由左至右以输出形式(略去盘号)标识在动态图上，与程序运行的结果相对照，两者完全相同。

由动态图还可看出，当 move 函数递归调用到 n 等于 1 时，执行 move 函数中的第一个函数调用语句“move(n−1,a,c,b);”将使 n−1 等于 0。这样，当再次调用“move(0,a,b,c);”时就不执行任何操作而结束。接下来是在 n 等于 1 的情况下，执行调用语句“move(n−1,a,c,b;)”

之后的printf语句来输出盘子的移动。从动态图可以看出：每当函数move调用出现n等于0的情况时，就返回到上一层(n等于1这一层)输出此时的a值到c值的指向(最后一次n等于0的情况是返回到主函数main故不再输出)，然后接着执行位于printf语句之后(即第二个)“move(n-1,a,c,b);”语句。

由动态图可归纳出：第i层输出前的下一层属于第一个move语句的调用，其特点是上、下层和b和c交换参数而a保持不变；第i层输出后的下一层则属于第二个move语句的调用，其特点是上、下层a和b交换参数而c保持不变。这些特点在构造非递归程序时很有用。

通过汉诺塔递归程序的分析可以得出构造递归函数的一般方法：假定在n−1以下时能够实现，在此基础上考虑为n时的算法。例如汉诺塔递归程序就是先将n−1个盘子看做一个整体(假定可解)，然后在此基础上考虑第 n 个盘子的移动。这种构造方法很像数学中的归纳法：在用数学归纳法证明性质p_n对于一般的n≥1都成立时，首先证明当n=1时p_1成立，然后再证明n>1时若p_{n-1}成立则p_n成立。

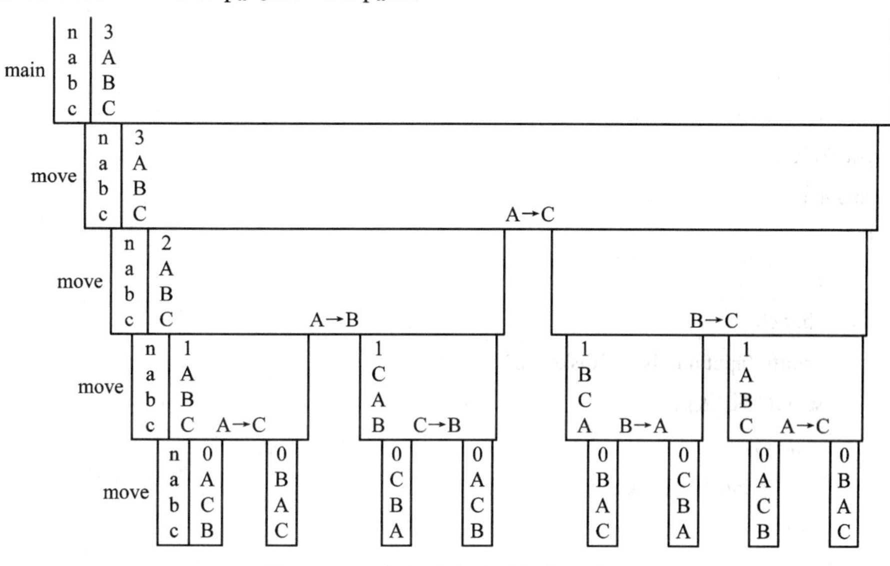

图3-16 3个盘子移动过程的动态图

3.4.2 汉诺塔问题非递归解法

分析图3-16的动态图可知：盘子的移动输出是在两种情况下进行的，其一是当递归到n等于1时进行输出；其二是返回到上一层函数调用(返回到主函数main除外)且有n≥1时进行输出。因此，我们可以使用一个stack数组来实现汉诺塔问题的非递归解法。具体步骤如下：

(1) 将初值n 、‘A’、 ‘B’、 ‘C’送stack[1]中的成员stack[1].id、stack[1].x、stack[1].y、stack[1].z(含义与递归解法中的参数n、a、b、c相同)；

(2) n−1(n值保存在id中)并交换y、z值后将n、x、y、z值送stack数组元素对应的成员。这一过程直到n=1时为止(它相当于递归解法move函数中的第一个move调用语句内的参数交换)；

(3) 当n=1时输出x值指向z值(相当于执行递归函数move中的printf语句)；

(4) 回退到 stack 的前一个数组元素，如果此时这个数组元素下标值 i≥1，则输出 x 值指向 z 值(相当于图 5-12 动态图返回到上一层时的输出)；当 i≤0 时，程序结束。

(5) 对 n−1，如果 n≥1 则交换 x、y 值(它相当于递归解法 move 函数中第二个 move 调用语句内的参数交换)，并且：

① 如果此时 n=1，则输出 x 值指向 z 值并继续回退到 stack 的前一个数组元素处(相当于图 3-16 动态图返回到上一层)；如果 i≥1，则输出 x 值指向 z 值(即与(4)的操作相同)；

② 如果此时 n>1，则转②处继续执行(相当于递归解法 move 函数中第二个 move 调用语句继续调用的情况)；

由图 3-16 还可以看出：n=0 的操作是多余的，因此在非递归程序中略去了 n=0 时的操作，即只执行到 n=1 时为止。汉诺塔非递归程序如下：

```
#include<stdio.h>
struct hanoi
{
    int id;
    char x,y,z;
}stack[30];
void main()
{
    int i=1,n;
    char ch;
    printf("Input number of diskes:\n");
    scanf("%d",&n);
    if(n==1)                                //只有一个盘子时
        printf("A(1)->C\n");
    else
    {
        stack[1].id=n;                      //第(1)步
        stack[1].x='A';
        stack[1].y='B';
        stack[1].z='C';
        do
        {
            while(n>1)                      //第(2)步
            {
                n--;
                i++;
                stack[i].id=n;
                stack[i].x=stack[i-1].x;
                stack[i].y=stack[i-1].z;
```

```
                stack[i].z=stack[i-1].y;
            }
            printf("%c(%d)->%c\n",stack[i].x,stack[i].id,stack[i].z);    //第(3)步
            i--;                                    //第(4)步
            do
            {
                if(i>=1)
                    printf("%c(%d)->%c\n",stack[i].x,stack[i].id,stack[i].z);
                stack[i].id--;
                n=stack[i].id;                      //第(5)步
                if(n>=1)
                {
                    ch=stack[i].x;
                    stack[i].x=stack[i].y;
                    stack[i].y=ch;
                }
                if(n==1)                            //第(5)步的①
                {
                    printf("%c(%d)->%c\n",stack[i].x,stack[i].id,stack[i].z);
                    i--;
                }
            }while(n<=1&&i>0);
        }while(i>0);
    }
}
```

最后，我们将盘数为3(即n=3)时数组stack随程序执行发生变化的情况描述如图3-17所示。

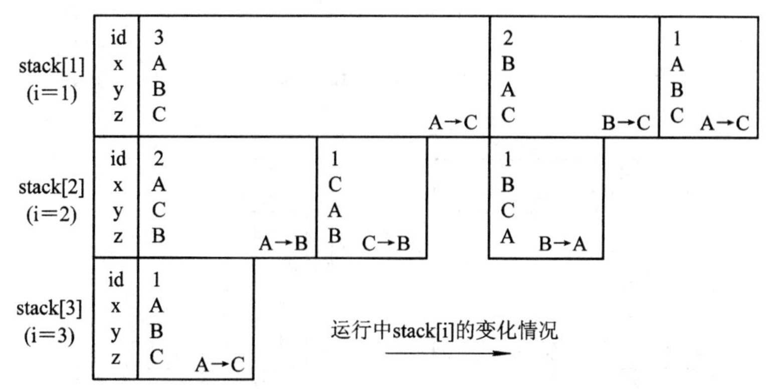

图3-17　3个盘子移动过程中stack数组的变化示意图

对比图3-16和图3-17，我们可以看出这两种解法在功能上是完全等效的。此外，如果对每次移动时的输出进行统计，则会发现n个盘子的移动数是2^n-1。

3.4.3 八皇后问题递归解法

八皇后问题描述为：在8×8格的国际象棋盘上放置8个皇后，要求没有一个皇后能够“吃掉”任何其他一个皇后，即任意两个皇后都不处于棋盘的同一行、同一列或同一对角线上。八皇后问题是高斯(Gauss)于1850年首先提出来的，高斯本人当时并未完全解决这个问题。图3-18就是满足要求的一种布局。

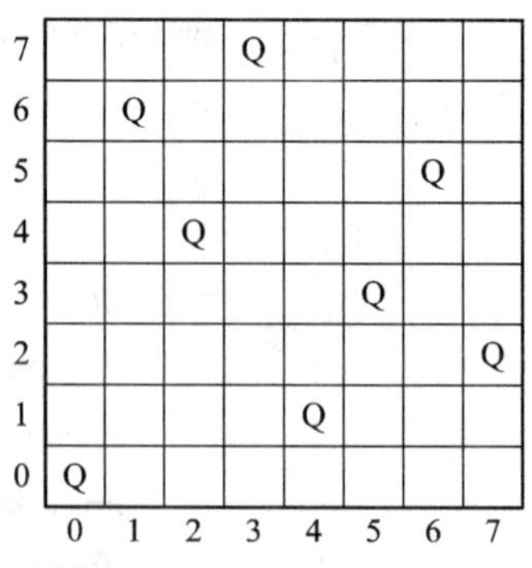

图3-18　满足要求的一种八皇后问题布局

在用递归方法求解八皇后问题之前，我们先做如下规定：

(1) 棋盘中行的编号由下向上为0～7，列的编号由左向右为0～7，位于第i行第j列的方格记为[i，j]。

(2) 整型数组x表示皇后所占据的方格位置，即x[i]的值表示第i行中皇后所占据的列编号。如x[2]的值为6则表示第2行中皇后位于第6列。

(3) 为判断方格[i，j]是否安全，需对上对角线“↗”和下对角线“↙”分别进行编号。由于沿上对角线的每一方格其行号与列号之差 i–j 为一常量；沿下对角线的每一方格其行号与列号之和i+j为一常量(如图3-19(a)所示)。因此，可以用这个差数常量与和数常量分别作为上对角线和下对角线的编号，即上对角线编号是–7～7(如图3-19(b)所示)，下对角线编号是0～14(如图3-19(c)所示)。

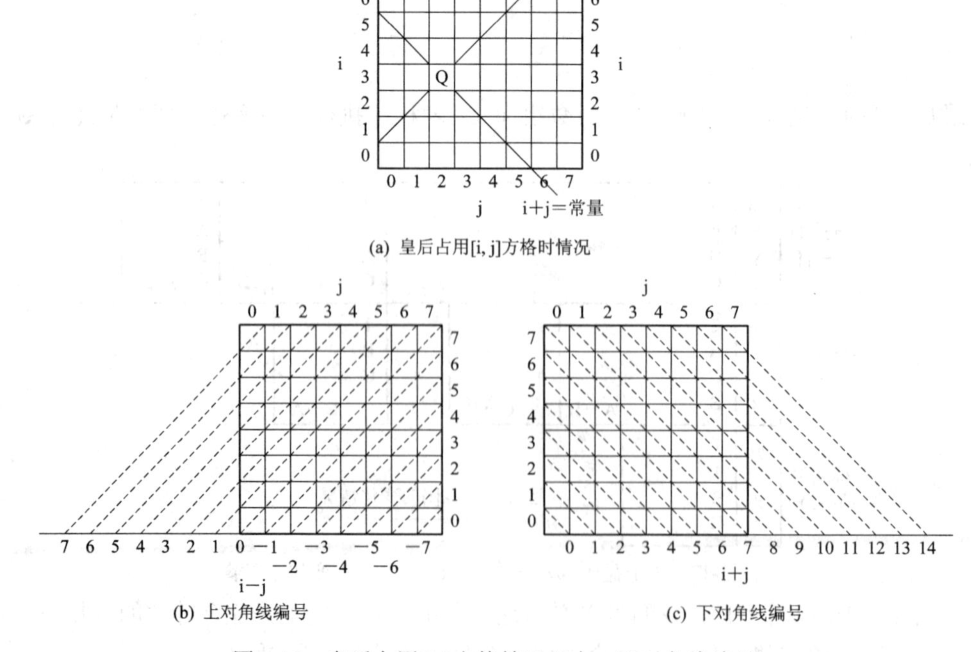

图3-19　皇后占用[i,j]方格情况及上、下对角线编号

由此，引入3个数组：

(1) 列数组a。其中，a[k]为“1”时表示第k列无皇后。

(2) 上对角线数组b。其中，b[k]为“1”时表示第k−7个上对角线上无皇后(因b数组下标只能以0开始)。

(3) 下对角线数组c。其中，c[k]为“1”表示第k个下对角线上无皇后。

这样，方格[i，j]是安全的就意味着布尔表达式：

a[j]&&b[7+(i-j)]&&c[i+j]　为真(即“1”)

而将皇后放置于方格[i，j]或从方格[i，j]移去皇后，则应该使 a[j]、b[7+(i−j)]、c[i+j]这3个数组元素同时为“0”或同时为“1”。

八皇后问题递归程序如下：

```
#include<stdio.h>
int a[8],b[15],c[15],x[8];
void print()
{
    int i;
    for(i=0;i<=7;i++)
        printf("(%d,%d),",i,x[i]);
    printf("\n");
}
void try1(int i)
{
    int j;
    for(j=0;j<=7;j++)
        if(a[j]&&b[7+(i-j)]&&c[i+j])
        {
            x[i]=j;
            a[j]=0;
            b[7+(i-j)]=0;
            c[i+j]=0;
            if(i<7)
                try1(i+1);
            else
                print();
            a[j]=1;
            b[7+(i-j)]=1;
            c[i+j]=1;
        }
}
void main()
```

```
    {
        int i;
        for(i=0;i<=7;i++)
            a[i]=1;
        for(i=0;i<=14;i++)
            b[i]=c[i]=1;
        try1(0);
    }
```

运行结果：

```
(0,0),(1,4),(2,7),(3,5),(4,2),(5,6),(6,1),(7,3),
(0,0),(1,5),(2,7),(3,2),(4,6),(5,3),(6,1),(7,4),
(0,0),(1,6),(2,3),(3,5),(4,7),(5,1),(6,4),(7,2),
(0,0),(1,6),(2,4),(3,7),(4,1),(5,3),(6,5),(7,2),
...     ...     ...     ...
```

函数 try1 为第 i 个皇后寻找一个合适的放置位置。如果方格[i，j]是安全的(即a[j]&&b[7+(i-j)]&&c[i+j]为真)，则将第 i 个皇后放入方格[i，j](即语句“x[i]=j;”)，然后查看棋盘上是否已经放置了 8 个皇后。由于放置皇后的计数是通过行号 i 来完成的(i 取 0～7)，因此应做 i<7 的判断，即 i<7 时必然还有未放入棋盘的皇后，此时应递归调用 try1 函数为下面第 i+1 个皇后再选择另一个合适的放置位置。这样，当找出一组 8 个皇后的放法时就调用输出函数 print 来输出这组解。对于无法安全放下 8 个皇后的情况以及可以安全放下且已输出之后都应使棋盘恢复最初的安全状态，以便再从下一个位置开始继续寻找新的一组八皇后放法。这时应将 a、b、c 三个数组中所有置“0”值的数组元素重新赋“1”值。

3.4.4 八皇后问题非递归解法

在八皇后问题的非递归解法中，皇后总是从第 0 行开始顺序放置直到第 7 行，如果要将皇后放置到第 i 行，则前 i–1 行必然都已放置了皇后，而大于第 i 行的所有行均没有放置过皇后。所以，只需检查第 i 行将要放置皇后的位置与前 i–1 行上的每一个皇后是否发生冲突。这种检查由变量 k 完成，即 k 总是从第 0 行开始顺序扫描已放置皇后的前 i–1 行。在此，每行皇后放置的位置仍由 x[k]表示(x[k]的值即为第 k 行皇后放置的列号)。如果此时皇后放置到方格[i，j](i 行 j 列)中，则方格[i，j]安全的条件是：

```
(k<i)&&(j!=x[k])&&(i+j!=k+x[k])&&(i-j!=k-x[k])
```

即：

(1) j!=x[k]表示待放方格[i，j]内皇后的当前列号 j 不与第 k 行皇后发生列的冲突。

(2) i+j!=x[k]表示待放方格[i，j]内皇后不与第 k 行皇后发生下对角线的冲突(即待放皇后的方格[i，j]其行号与列号之和 i+j 这个常量值不与第 k 行皇后的行号 k 与列号 x[k]之和 k+x[k]这个常量值发生冲突)。

(3) i–j!=k-x[k]表示待放方格[i，j]内的皇后不与第 k 行皇后发生上对角线的冲突(如图 3-20 所示)

(4) k<i 表示对已经放置在 0～i–1 行上的皇后进行(1)～(3)不冲突条件的检查。如果出

现不满足条件，则循环测试安全条件的 while 语句退出时的 k 值必然小于 i。如果 0～i−1 行所有的皇后均满足不冲突条件，则 while 循环结束时 k 值为 i，即方格[i，j]放置第 i 个皇后是安全的，此时置 safe 为“1”。只有在 safe 为“1”的条件下才放置皇后于[i，j]方格(即语句“x[i]=j;”)。如果此时正好放置了 8 个皇后(i 等于 7)，则输出这一组皇后的放法，然后将行号回退一格(即语句“i--;”)，再重新选择新的列号(第二重 while 循环中的“j++;”语句)来寻找满足不冲突条件的下一组八皇后放法。如果此时放置的皇后没有达到 8 个，则行号增 1(即语句“i++;”)，并且列号再重新由 0～7 中寻找一个能够安全放置第 i+1 个皇后的位置。

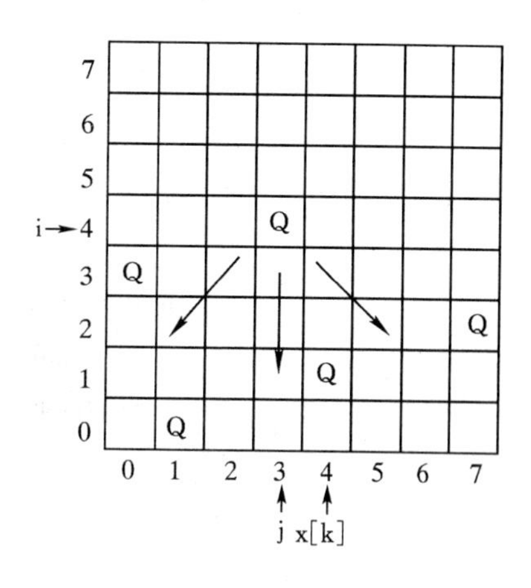

图 3-20　方格[i, j]安全示意图

如果 safe 值为 0，则意味着第 i 行中 0～7 这 8 个列号已经没有一个是安全位置，因此无法放置第 i 个皇后了，这说明在前面 i−1 个皇后的放法中存在着错误，故试探着先回朔到前一个行号(即语句“i--;”)，重新调整第 i−1 个皇后放置的列号(仍需保证安全性)，然后再检查此时第 i 个皇后能否找到一个安全的放置位置。若存在这样的位置，则将第 i 个皇后放置于此并继续进行后继皇后(第 i+1 个皇后)的放置，否则继续调整第 i−1 个皇后的位置(必须是安全的)。如果第 i−1 行所有安全位置都调整过但还是无法放置第 i 个皇后，那么就要回朔到 i−2 行甚至是 i−3 行继续进行位置调整，直至找到一组新的八皇后放置位置。

八皇后问题非递归程序如下：

```
#include<stdio.h>
void main()
{
    int i,j,k,safe,x[8];
    i=0;
    j=-1;
    while(i>=0)
    {
        safe=0;
        while((j<7)&&(!safe))
        {
            j++;
            k=0;
            while((k<i)&&(j!=x[k])&&(i+j!=k+x[k])&&(i-j!=k-x[k]))
                k++;
            if(i==k)
                safe=1;
```

```
            }
            if(safe)
            {
                x[i]=j;
                if(i==7)
                {
                    for(i=0;i<=7;i++)
                        printf("(%d,%d),",i,x[i]);
                    printf("\n");
                }
                else
                {
                    i++;
                    j=-1;
                }
            }
            else
            {
                i--;
                if(i>=0)
                    j=x[i];
            }
        }
    }
```

如果设置一个全局变量(递归解法和非递归解法都可)来对每组八皇后放法进行计数，那么在主函数 main 结束之前输出该变量的计数值时，就会发现八皇后问题的所有安全放置方法共有 92 种。

习　题　3

1. 单项选择题

(1) 栈和队列都是特殊的线性表，其特殊性在于____。

A. 它们具有一般线性表所没有的逻辑特性

B. 它们的存储结构比较特殊

C. 对它们的使用方法作了限制

D. 它们比一般线性表更简单

(2) 若队列采用顺序存储结构，则元素的排列顺序____。

A. 与元素值的大小有关

B. 由元素进入队列的先后顺序决定

C. 与队头指针和队尾指针的取值有关

D. 与作为顺序存储结构的数组大小有关

(3) 设栈的输入序列为 1, 2, 3, …, n，输出序列为 $a_1, a_2, \cdots, a_n$，若存在 1≤k≤n，使得 a_k=n，则当 k≤i≤n 时，a_i 为____。

A. n−i+1　　B. n−i　　C. n−(i−k)　　D. 不确定

(4) 设栈的输入序列为 1，2，3，4，则____不可能是其出栈序列。

A. 1243　　B. 1432　　C. 4312　　D. 3214

(5) 设栈 S 和队列 Q 的初始状态为空，元素 $a_1, a_2, a_3, a_4, a_5, a_6$ 依次通过栈 S，一个元素出栈后即进入队列 Q。若 6 个元素出队的序列是 $a_2, a_4, a_3, a_6, a_5, a_1$，则栈 S 的容量至少应该是_______。

A. 6　　B. 4　　C. 3　　D. 2

(6) 一般情况下，将递归算法转换成等价的非递归算法应该设置____。

A. 栈　　B. 队列　　C. 栈或队列　　D. 数组

(7) 设栈的输入序列是 1，2，3，…，n，若输出序列的第一个元素是 n，则第 i 个输出元素是____。

A. 不确定　　B. n−i+1　　C. i　　D. n−i

(8) 若用单链表来表示队列，则应该选用____。

A. 带尾指针的非循环链表　　B. 带尾指针的循环链表

C. 带头指针的非循环链表　　D. 带头指针的循环链表

(9) 若用一个大小为 6 的数组来实现循环队列，且当前 rear 和 front 值分别为 0 和 3。当从队列中删除一个元素后再加入两个元素，这时的 rear 和 front 值分别为____。

A. 1 和 5　　B. 2 和 4　　C. 4 和 2　　D. 5 和 1

(10) 如图 3-21 所示的循环队列中元素个数是____。其中，rear=32 指向队尾元素，front=15 指向队头元素的前一个空位置，队列空间 m=60。

A. 42　　B. 16　　C. 17　　D. 41

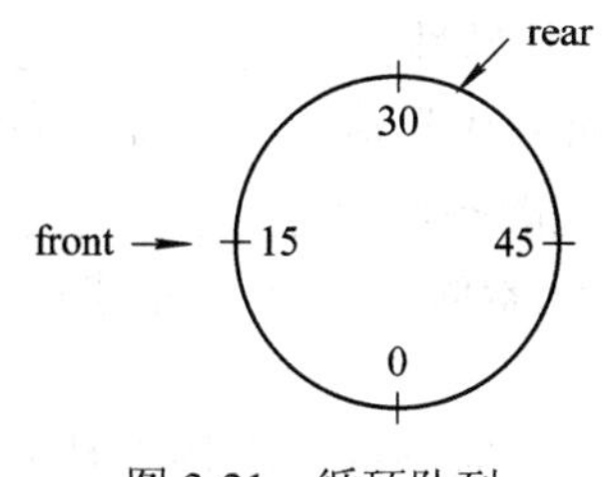

图 3-21　循环队列

(11) 假定一个顺序循环队列的队头和队尾指针分别用 front 和 rear 表示，则判队空的条件是____。

A. front+1==rear　　B. front==rear+1　　C. front==0　　D.front==rear

(12) 假定一个顺序循环队列存储于长度为 n 的一维数组中，其队头和队尾指针分别用 front 和 rear 表示，则判断队满的条件是____。

A. (rear−1)%n==front　　B. (rear+1)%n==front

C. rear==(front−1)%n　　D. rear==(front+1)%n

2. 多项选择题

(1) 依次将数据元素序列：a，b，c，d，e，f，g 进栈，每入栈一个元素则可要求下一个元素入栈或当前栈顶元素出栈；如此进行下去，则栈空时出栈的元素序列是以下________序列。

A. decfbga　B. fegdacb　C. efdgbca　D. cdbefag　E. gfedcba

(2) 循环队列是____。

A. 顺序存储结构　B. 不会产生下溢　C. 不会产生上溢

D. 队满时 rear==front　E. 不会产生假溢出

(3) 一个输入序列 abcd 经过一个栈到达输出序列，并且一旦离开输入序列后就不能再返回到输入序列，则下面________为正确的输出序列。

A. bcad　B. cbda　C. dabc　D . acbd　E. dcba

(4) 已知输入序列为 1234，则输入受限(仅允许由一端输入)但输出不受限(两端均可输出)的双端队列不能够得到________输出序列。

A. 4231　B. 1324　C. 3214　D. 4213　E. 2341

3. 填空题

(1) 用 S 表示入栈操作，X 表示出栈操作，若元素入栈顺序为 1234，为了得到 1342 出栈顺序，相应的 S 和 X 操作串为____________。

(2) 由下标 0 开始且元素个数为 n 的一维数组实现循环队列时，为实现下标变量 m 加 1 后在该数组的有效下标范围内循环，可采用的表达式是 m________。

(3) 表达式求值是____应用的一个典型例子。

(4) 用数组 Q(其下标在 0～n−1 中，共有 n 个元素)表示一个环形队列，f 为当前队头元素的前一个位置，r 为队尾元素的位置。假定队列元素个数总小于 n，求队列中元素个数的公式是________。

(5) 用循环链表表示的队列其长度为 n，若只设头指针，则出队和入队的时间复杂度分别是____和____。

(6) 队列是特殊的线性表，其特殊性在于________________________。

(7) 一个循环队列存储于下标由 0 开始且长度为 m 的一维数组中，假定队头和队尾指针分别为 front 和 rear，则判断队空的条件为____________，判断队满的条件为__________。

(8) 向一个循环队列存入新元素时，需要首先移动________，然后再向它所指位置______新元素。

(9) 栈的逻辑特点是________，队列的逻辑特点是________。二者的共同点是只允许在它们的____处插入和删除数据元素，区别是____________________________________。

(10) 如图 3-22 所示，设输入元素的顺序为 1，2，3，4，5，要在栈 S 的输出端得到 43521，则应进行栈的基本运算表示应为：Push(S,1)，Push(S,2)，Push(S,3)，Push(S,4)，Pop(S)，________________，Pop(S)，Pop(S)，Pop(S)。

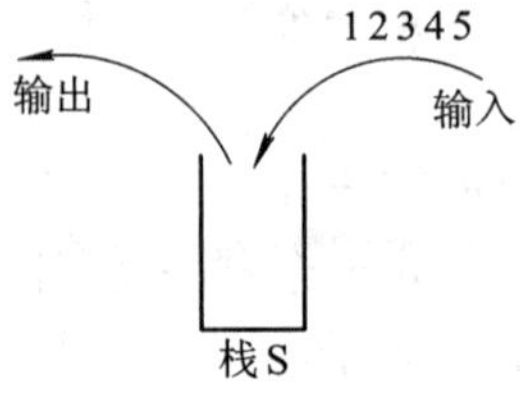

12345
输出
输入
栈 S

图 3-22　栈 S 示意图

4. 判断题

(1) 在栈满的情况下不能做进栈操作，否则将产生“上溢”。

(2) 栈和队列都是限制存取位置的线性表。

(3) 即使对不含相同元素的同一输入序列进行两组不同的入栈和出栈操作，所得到的输出序列也一定相同。

(4) 栈可作为函数调用的一种数据结构。

(5) 用栈这种数据结构可以实现队列这种数据结构，反之亦然。

(6) 在循环队列中，front 指向队头元素的前一个位置，rear 指向队尾元素的位置，则队满条件是 front==rear。

5. 试论述栈的基本性质。

6. 何谓队列的上溢现象和假溢出现象？解决它们有哪些方法？

7. 证明：从初始输入序列 1，2，3，…，n，通过一个栈得到输出序列 p_1，p_2，…，p_n(即 p_1，p_2，…，p_n 是 1，2，…，n 的一种排列)的充分必要条件是：不存在这样的 i，j，k，使得当 $i<j<k$ 时有 $p_j<p_k<p_i$ 成立。

8. 设输入元素为 1，2，3，P，A，输入次序为 123PA(如图 3-23 所示)。元素经过栈后到达输出序列，当所有元素均到达输出序列后，有哪些序列可以作为高级语言的变量名？

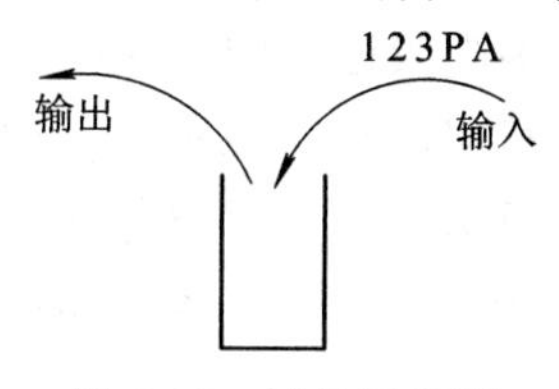

图 3-23 栈的示意图

9. 回文是指正读和反读均相同的字符序列，如“abba”和“abcba”均是回文，但“aabc”不是回文。试用栈实现判断给定的字符序列是否为回文的算法。

10. 假设用带头结点的循环链表表示队列，并且只设一个指向队尾结点的指针，但不设头指针(如图 3-24 所示)。请写出相应的入队和出队算法。

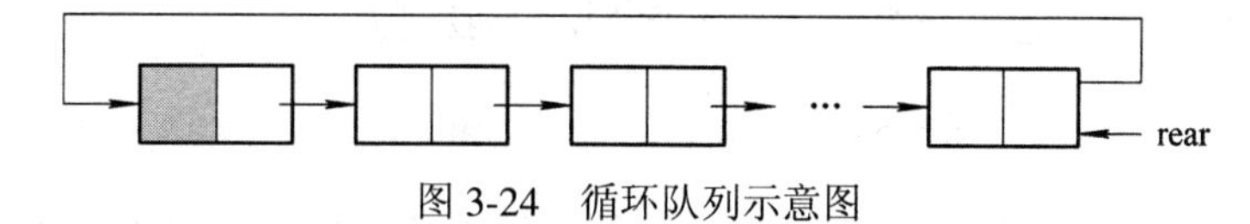

图 3-24 循环队列示意图

11. 编写用两个栈 s1 和 s2 来模拟一个队列 q 的算法。

12. 楼梯有 n 阶台阶，上楼可以一步上一阶，也可以一步上二阶，设计一递归算法计算共有多少种不同的走法。

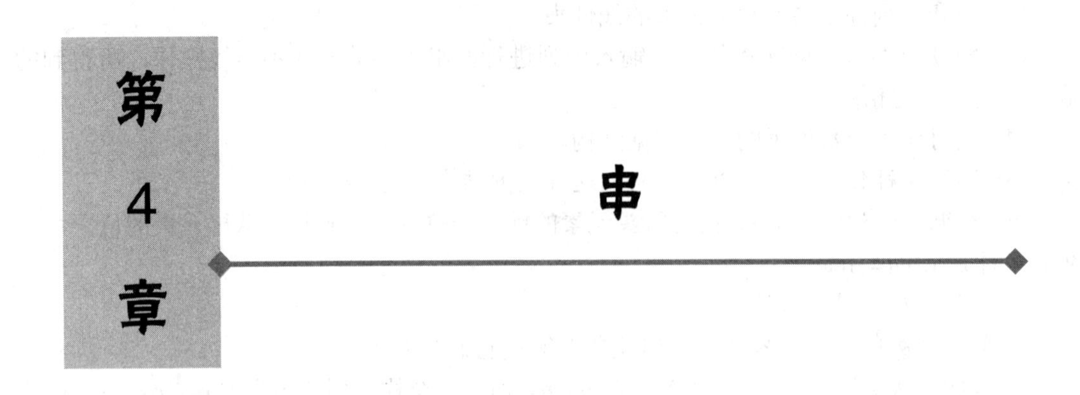

串又称字符串，是一种特殊的线性表，它的每个数据元素仅由一个字符组成，计算机大量的应用主要在非数值计算领域，而该领域处理的基本对象都是字符串数据。串在文字编辑、信息检索、词法扫描、符号处理及定理证明等许多领域都得到了广泛的应用，因此串也就作为一种变量类型出现在许多高级语言中，这样就可以对串进行各种操作和运算。

对于不同的应用，所处理的字符串的特点也不同。由于处理字符串数据要比处理整型数据和浮点型数据复杂的多，因此有必要把字符串作为独立的数据结构予以介绍。本章主要介绍串的有关概念、串的存储方法、串的基本运算和实现以及串的模式匹配算法。

4.1　串的概念及基本运算

4.1.1　串的基本概念

串是由零个或多个任意字符组成的字符序列，一般记为

$$S="a_0a_1a_2\cdots a_{n-1}" \qquad n\geqslant 0$$

其中，S 是串名；并用双引号“" "”作为串开始和结束的定界符，双引号“" "”中引起来的字符序列为串值，双引号“"”本身不属于串的内容；$a_i(0\leqslant i\leqslant n-1)$是串中的任意一个字符并称为串的元素，它是构成串的基本单位，i 是 a_i 在整个串中的序号(序号由 0 开始)；n 为串的长度，表示串中所包含的字符个数，当 n 等于 0 时称为空串，通常记为 φ。

下面是一些串的例子：

(1) "123"

(2) "Beijing"

(3) "2011-CHINA"

(4) "DATA STRUCTURES"

(5) " "

需要说明的是，串值必须用双引号“" "”(有的书中也采用单引号“' '”)括起来，否则无法得知一个串的起点和终点。此外，还要注意由一个或多个空格字符组成的串与空串的区别：空串不包含任何字符，因而长度为 0；而一个空格本身就是一个字符，即由空格组成的串称之为空格串，它的长度是串中空格字符的个数。

此外，还要注意串的以下几个概念：

(1) 子串与主串：串中任意个连续字符组成的子序列称为该串的一个子串，包含子串的串称为主串。

(2) 字符和子串的位置：单个字符在串中的序号称为该字符在串中的位置，子串的第一个字符在主串中首次出现的序号称为子串的位置。

(3) 串相等：指参加比较的两个串长度相等且对应位置上的字符均相同。

(4) 串的比较：两个串的大小比较实际上是以字符的 ASCII 码值进行比较。两个串从第一个位置上的字符开始比较，当比较中第一次出现了 ASCII 码值大的字符时则该字符所在的串值为大；若比较过程中出现一个串结束的情况，则另一个较长的串值为大。

4.1.2　串的基本运算

串是一种特殊的线性表，在逻辑结构上与一般线性表的区别仅在于串的数据对象限制为字符集。但是串的基本操作和线性表的基本操作相比差别较大。在线性表的基本操作中，主要是针对线性表中的某个元素进行的，如线性表的元素插入、删除等；而在串的基本操作中，通常是对串的整体或某一部分进行的，如求串的长度、子串等。下面我们介绍串的部分基本运算。

(1) StrLength(s)：求串长。操作结果是求出串 s 的长度。

(2) StrCopy(s1, s2)：串赋值。s1 是一个串变量，s2 或是一个串常量或是一个串变量。操作结果是将 s2 的串值赋给 s1，s1 原来的串值被覆盖掉。

(3) StrCat(s1, s2)：串连接。两个串的连接是将串 s2 的串值紧接着放在 s1 的串值后面，即 s1 改变而 s2 不变。

例如，s1="CHINA"，s2="Beijing"，StrCat(s1,s2)操作的结果是 s1 ="CHINABeijing"，而 s2="Beijing"。

(4) SubStr (s, t, i, len)：求子串。串 s 存在且 0≤i≤StrLength(s)−1，0≤len≤StrLength(s)−i，操作结果是求得从串 s 的第 i 个字符开始的长度为 len 的子串并将其赋给 t。如果 len 值为 0，则赋给 t 的是空串。

例如，SubStr("students", t, 4, 3)="den"，即 t="den"。

(5) StrCmp(s1, s2)：串比较。操作结果若 s1=s2，则返回 0 值，若 s1＜s2，则返回小于 0 的值，若 s1＞s2，则返回大于 0 的值。

(6) StrIndex(s, t)：子串定位。s 为主串，t 为子串，操作结果若 t 是 s 的子串，则返回 t 在 s 中首次出现的位置，否则返回−1 值。

例如，StrIndex("Data Structures","ruct")=8。

(7) StrInsert(s, i, t)：串插入。串 s 和 t 均存在且 0≤i≤StrLength(s)。操作结果是将串 t 插入到串 s 的第 i 个字符位置上，s 的串值被改变。

例如，S="You are a student"，则执行 StrInsert(S,4,"r teacher")后 S="Your teacher are a student"。

(8) StrDelete(s,i,len)：串删除。串 s 存在且 0≤i≤StrLength(s)−1，0≤len≤StrLength(s)−i。操作结果是删除串 s 中从第 i 个字符开始的长度为 len 的子串，即 s 的串值被改变。

(9) StrRep(s,t,r)：串替换。串 s、t、r 均存在且 t 不空，操作结果是用串 r 替换串 s 中出现的所有与串 t 相同的不重叠子串，s 的串值被改变。

以上是串的几个基本操作，其中前 5 个操作是最基本的，这 5 个操作不能通过其他操作来合成，将这 5 个基本操作称为最小操作集。

4.2 串的顺序存储结构及基本运算

4.2.1 串的顺序存储结构

因为串是字符型的线性表，所以线性表的存储方式仍然适用于串，顺序存储结构存储的串简称为顺序串。在顺序串中，用一组地址连续的存储单元存储串值中的字符序列。通常采用一个字节(8 位)表示一个字符(即该字符的 ASCII 码)的方式，因此一个内存单元可以存储多个字符。例如，一个 32 位的内存单元可以存储 4 个字符。所以，串的顺序存储有两种方式：一种是每个单元只存放一个字符(如图 4-1(a)所示)，称为非紧缩格式；另一种是每个单元的空间放满字符(如图 4-1(b)所示)，称为紧缩格式(图 4-1 中有阴影的字节为空闲部分)。

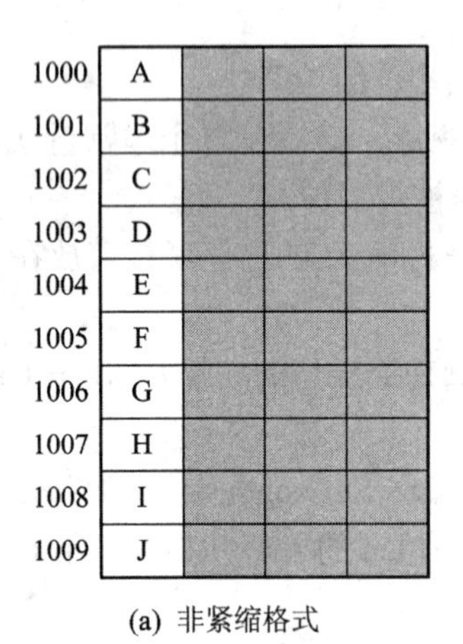

(a) 非紧缩格式

1000	A	B	C	D
1001	E	F	G	H
1002	I	J		

(b) 紧缩格式

图 4-1 字符串存储的紧缩格式与非紧缩格式示意

顺序串一般采用非紧缩的定长存储，所谓定长是指按预定义的大小，为每一个串变量分配一个固定长度的存储区。例如：

```
#define MAXSIZE 256
char s[MAXSIZE];
```

则串的最大长度不能超过 256。

顺序串实际长度的标识可以有以下三种方法：

(1) 类似于顺序表，用一个指针来指向最后一个字符。这样表示的顺序串描述如下：

```
typedef struct
{
    char data[MAXSIZE];              //存放顺序串串值
    int len;                         //顺序串长度
}SeqString;                          //顺序串类型
SeqString s;                         //定义一个串变量
```

在这种存储方式下可以直接得到顺序串的长度为 s.len，其存储示意图如图 4-2 所示。

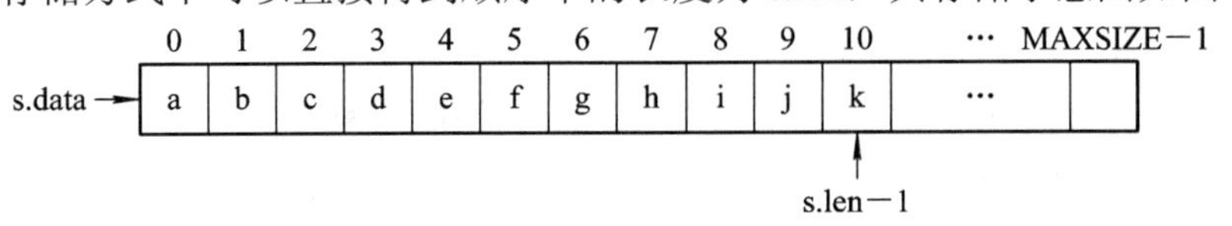

图 4-2　顺序串的存储方式 1

(2) 在串尾存储一个不会在串中出现的特殊字符来作为串的结束标志。例如，C 语言中就是采用特殊字符'\0'来表示串的结束。这种存储方法不能直接得到串的长度，而必须判断当前字符是否为'\0'来确定串的结束从而求得串的长度。如果已经定义了字符数组：char s[MAXSIZE];，则图 4-3 给出了此种存储方式下的顺序串示意。

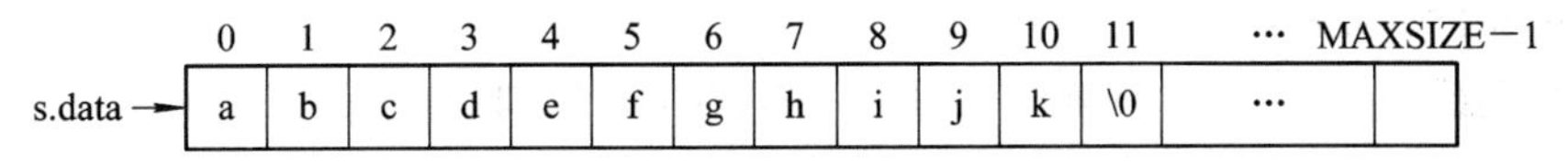

图 4-3　顺序串存储方式 2

(3) 设置顺序串存储空间：char s[MAXSIZE+1];，用 s[0]存放串的实际长度，而串值则存放在 s[1]～s[MAXSIZE]中，这样使字符的序号与存储位置一致，使用起来更加方便。

4.2.2　顺序串的基本运算

在此主要讨论顺序串的求串长、串连接、求子串、串比较和串插入等算法，串定位在模式匹配一节讨论，识别串的结束采用'\0'来标识。

1. 求串长

求顺序串 s 的长度(即字符个数)算法如下：

```
int StrLength(char *s)
{
    int i=0;
    while(s[i]!='\0')              //对串 s 中的字符个数计数直到遇到'\0'为止
      i++;
    return i;                      //返回串 s 的长度值
}
```

2. 串连接

串连接是把两个串 s1 和 s2 首尾连接成一个新的串 s1。串连接算法如下：

```
int StrCat(char s1[ ],char s2[ ])
{
```

```
    int i,j,len1,len2;
    len1=StrLength(s1);
    len2=StrLength(s2);
    if(len1+len2>MAXSIZE-1)
        return 0;                   //串 s1 存储空间不够，返回错误代码 0
    i=0;j=0;
    while(s1[i]!='\0')              //寻找串 s1 的串尾
        i++;
    while(s2[j]!='\0')              //将串 s2 的串值复制到串 s1 的串尾
        s1[i++]=s2[j++];
    s1[i]='\0';                     //置串结束标志
    return 1;                       //串连接成功
}
```

3. 求子串

求子串算法如下：

```
int SubStr(char *s, char t[], int i,int len)
{ //用数组 t 返回串 s 中从第 i 个字符开始长度为 len 的子串(1≤i≤串长)
    int j,slen;
    slen=StrLength(s);
    if(i<1||i>slen||len<0||len>slen-i+1)        //给定参数有错，返回错误代码 0
        return 0;
    for(j=0;j<len;j++)                          //复制串 s 中的指定子串到串 t
        t[j]=s[i+j-1];
    t[j]='\0';                                  //给子串 t 置结束标志
    return 1;                                   //求子串成功返回 1 值
}
```

4. 串比较

串比较算法如下：

```
int StrCmp(char *s1,char *s2)
{
    int i=0;
    while(s1[i]==s2[i]&&s1[i]!='\0')            //两串对应位置上的字符进行比较
        i++;
    return (s1[i]-s2[i]);
}
```

返回值分两种情况：第一种是串 s1 和串 s2 都到达串尾，此时 s1[i]−s2[i]的值为 0，即两串相等；第二种返回首个对应位置为不同字符时的 ASCII 码差值 s1[i]−s2[i]，若为正值则串 s1 大于串 s2，若为负值则串 s1 小于串 s2。

5. 串插入

串插入算法如下：

```
int StrInsert(char *s,int i,char *t)
{//将串 t 插入到串 s 的第 i 个字符开始的位置上，指针 s 和 t 指向存储字符串的字符数组
    char str[MAXSIZE];
    int j, k, len1,len2;
    len1=StrLength(s);
    len2=StrLength(t);
    if(i<0||i>len1+1||len1+len2>MAXSIZE-1)
        return 0;              //参数不正确或主串 s 的数组空间插不下子串 t，返回错误代码 0
    k=i;
    for(j=0;s[k]!='\0';j++)    //将串 s 中由位置 i 开始一直到 s 串尾的子串赋给串 str
        str[j]=s[k++];
    str[j]='\0';               //置串 str 结束标志
    j=0;
    while(t[j]!='\0')          //将子串 t 插入到主串 s 的 i 位置处
        s[i++]=t[j++];
    j=0;
    while(str[j]!='\0')        //再将暂存于串 str 的子串连接到刚复制到串 s 的子串 t 后面
        s[i++]=str[j++];
    s[i]='\0';                 //给串 s 置串结束标志
    return 1;                  //串插入成功
}
```

4.3　串的链式存储结构及基本运算

4.3.1　串的链式存储结构

链式存储结构存储的串简称为链串。链串的组织形式与一般链表类似，其主要区别在于：链串中的一个结点可以存储多个字符。通常将链串中每个结点所存储的字符个数称为结点大小，图 4-4(a)和图 4-4(b) 分别给出了对同一个字符串"ABCDEFGHIJKLMN"的结点大小分别为 4 和 1 时的链式存储结构。

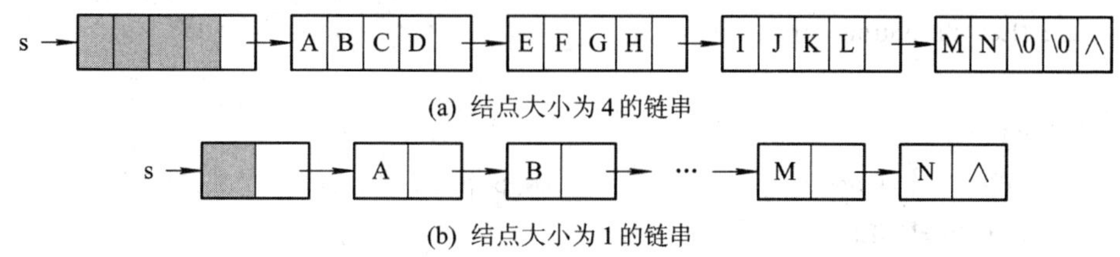

图 4-4　不同结点大小的链串示意图

当结点大小大于 1 时，链串的最后一个结点的各数据域不一定都被字符占满，对于那

些空闲的数据域应给予特殊的标记(如'\0' 字符)。链串的结点大小越大则存储密度越大，但插入、删除和替换等操作并不方便，因此适合于串值基本保持不变的场合；结点大小越小则存储密度下降，但操作相对容易。我们仅对结点大小为 1 的链串进行讨论。

链串的结点类型定义如下：

```
typedef struct snode
{
    char data;                  //data 为结点的数据信息
    struct snode *next;         //next 为指向后继结点得指针
}LiString;                      //链串结点类型
```

4.3.2　链串的基本运算

1. 串赋值

将一个存于一维数组 str 中的字符串赋给链串 s。赋值采用尾插法来建立链串 s。算法如下：

```
void StrAssingn(LiString **s, char str[])
{
    LiString *p,*r;
    int i;
    *s=(LiString*)malloc(sizeof(LiString));  //建立链串头结点
    r=*s;                                     //r 始终指向链串 s 的尾结点
    for(i=0;str[i]!='\0';i++)                 //将数组 str 中的字符逐个转化为链串 s 中的结点
    {
        p=(LiString *)malloc(sizeof(LiString));
        p->data=str[i];
        r->next=p;
        r=p;
    }
    r->next=NULL;                             //将最终生成的链串 s 其尾结点的指针域置空
}
```

2. 求串长

返回链串 s 的字符个数即长度值。算法如下：

```
int StrLength(LiString *s)
{
    int i=0;
    LiString *p=s->next;                      //使 p 指向链串 s 的第一个数据结点
    while(p!=NULL)
    {
        i++;
```

```
        p=p->next;
    }
    return i;                           //返回串长度值
}
```

3. 串连接

将两个链串 s 和 t 连接在一起形成一个新的链串 s，原链串 t 保持不变。算法如下：

```
void StrCat(LiString *s, LiString *t)
{
    LiString *p,*q,*r,*str;
    str=(LiString *)malloc(sizeof(LiString));
    r=str;                    //r 指向链串 str 的尾结点
    p=t->next;                //p 指向链串 t 的第一个数据结点
    while(p!=NULL)            //将链串 t 复制到链串*str
    {
        q=(LiString *)malloc(sizeof(LiString));
        q->data=p->data;
        r->next=q;
        r=q;
        p=p->next;
    }
    r->next=NULL;             //链串 str 中尾结点的指针域置空
    p=s;
    while(p->next!=NULL)      //寻找链串 s 的尾结点
        p=p->next;
    p->next=str->next;        //将链串 str(保存着链串 t 的串值)链到链串 s 的尾结点之后
    free(str);                //回收链串 str 的头结点
}
```

4. 求子串

将链串 s 中从第 i 个(1≤i≤StrLength(S))字符(结点)开始的且由连续 len 个字符组成的子串生成一个新链串 str，参数不正确时生成的新链串 str 为空。算法如下(采用尾插法建立链串 str)：

```
void SubStr(LiString *s,LiString **str,int i,int len)
{
    LiString *p,*q,*r;
    int k;
    p=s->next;                                  //p 指向链串 s 的第一个数据结点
    *str=(LiString*)malloc(sizeof(LiString));   //生成链串*str 的头结点
     (*str)->next=NULL;
    r=*str;                                     //指向链串*str 的尾结点
```

```
    if(i<1||i>StrLength(s)||len<0||i+len-1>StrLength(s))
        goto L1;                              //参数错误，生成空链串*str
    for(k=0;k<i-1;k++)
        p=p->next;                            //定位于链串 s 的 i 结点
    for(k=0;k<len;k++)
    {//将链串 s 由第 i 个结点开始的 len 个结点复制到链串 str 中
        q=(LiString *)malloc(sizeof(LiString));  //生成一个由 q 指向的新结点
        q->data=p->data;                      //复制链串 s 当前指针 p 所指的结点数据
        r->next=q;
        r=q;
        p=p->next;                            /*链串 s 的指针 p 顺序指向下一个结点，
                                              以便链串 str 中的指针 q 继续复制*/
    }
    r->next=NULL;                             //将链尾 str 中尾结点的指针域置空
L1: ;
}
```

5. 串插入

串插入算法如下：

```
void StrInsert(LiString *s, int i, LiString *t)
{                                   //将链串 t 插入到链串 s 的第 i 个结点开始的位置
    LiString *p,*r;
    int k;
    p=s->next;                      //p 指向链串 s 的第一个数据结点
    for(k=0;k<i-1;k++)              //在链串 s 中查找指向第 i 个结点的指针值
        p=p->next;
    r=p->next;                      //将链串 s 中由 i 结点开始的串暂由指针 r 指向
    p->next=t->next;                /*将链串 t 由第一个数据结点开始
                                    连接到链串 s 的第 i–1 个结点之后*/
    p=t;                            //p 指向链串 t 的头结点
    while(p->next!=NULL)            //查找链串 t 的尾结点
        p=p->next;
    p->next=r;                      /*将暂存于指针 r 的串链接到
                                    链串*t(已链入链串 s)的尾结点之后*/
}
```

4.4 串的模式匹配

串的模式匹配，即子串(模式串)在主串中的定位操作，是各种串处理运算中的最重要操作之一。

4.4.1 简单模式匹配

设有两个串：主串 S="$s_0s_1...s_{n-1}$"，子串 T="$t_0t_1...t_{m-1}$"且 $1\leqslant m\leqslant n$。最简单的模式匹配算法是 Brute-Force 算法，简称 BF 算法。该算法的基本思想是：从主串 S 中的第一个字符 s_0 开始和子串 T 中的第一个字符 t_0 比较，并分别用指针 i 和 j 指示当前串 S 和串 T 中正在比较的字符位置。如果比较相等，则继续比较两串当前位置的直接后继字符，否则从主串 S 的第二个字符 s_1 开始再重新与子串 T 的第一个字符 t_0 进行比较。依次类推，直至子串中的每个字符按顺序和主串中一个连续字符序列中的每个字符依次相等，则匹配成功并返回子串 T 中第一个字符 t_0 在主串 S 中的位置，否则匹配失败。串的简单匹配模式如图 4-5 所示。

如果在匹配过程中出现 $s_i\neq t_j$ 的情况，即匹配失败，那么新一趟的匹配应该让 t_0 与串 S 中哪一个字符比较？通过下面图 4-6 可知：新一趟匹配开始应让 t_0 与 s_{i-j+1} 进行比较，这是从当前串匹配失败信息中所得到的新一趟匹配中串 S 的起始位置。也即，当 t_j 与 s_i 比较失败时，新一趟匹配的开始位置应当使指针 j 等于 0(即指向 t_0)，而指针 i 则等于 i−j+1(即指向 s_{i-j+1})。这样，指针 i 必须由当前位置 i 回溯(回调)到 i−j+1 位置上。

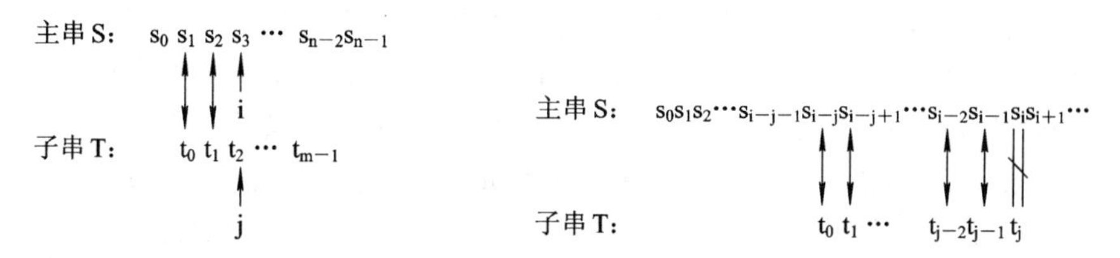

图 4-5 串的简单模式匹配示意图　　　图 4-6 $s_i\neq t_j$ 时的匹配情况示意图

依据简单模式匹配思想，得到 BF 算法如下：

```
int StrIndex_BF(SeqString *S,SeqString *T)   //简单模式匹配
{
    int i=0,j=0;                             //i 和 j 分别为指向串 S 和串 T 的指针
    while(i<S->len&&j<T->len)                //当未到达串 S 或串 T 的串尾时
    {
        if(S->data[i]==T->data[j])           //两串当前位置上的字符匹配时
        {
            i++;
            j++;                             //将 i、j 指针顺序下移一个位置继续进行匹配
        }
        else                                 //两串当前位置上的字符不匹配时
        {
            i=i-j+1;                         //将指针 i 调至主串 S 新一趟开始的匹配位置
            j=0;                             //将指针 j 调至子串 T 的第一个字符位置
        }
    }
    if(j>=T->len)                            //已匹配完子串 T 的最后一个字符
```

```
            return (i-T->len);                  //返回子串T在主串S中的位置
        else
            return (-1);                        //主串S中没有与子串T相同的子串
    }
```

在最好情况下，每趟不成功的匹配都发生在模式串(子串)T的第一个字符与主串S中相应字符的比较上。设从主串S的第i个位置开始与模式串T匹配成功，则在前i趟匹配(注意，位置序号由0开始，即0～i−1趟)中字符共比较了i次。若第i+1趟成功匹配的字符比较次数为m，则总的比较次数为i + m。对于成功匹配的主串S，其起始位置可由0到n−m(即共有n−m+1个起始位置)，假定这n−m+1个起始位置上的匹配成功概率均相等，则最好情况下匹配成功的平均比较次数为：

$$\sum_{i=0}^{n-m} p_i(i+m)=\frac{1}{n-m+1}\sum_{i=0}^{n-m}(i+m)=\frac{1}{2}(n+m)$$

因此，最好情况下BF算法的平均时间复杂度为O(n+m)。

在最坏情况下，每一趟不成功的匹配都发生在模式串T的最后一个字符与主串S中相应字符的比较时，则新一趟的起始位置为i−m+1。这时，若第i趟匹配成功，则前i−1趟不成功的匹配中每趟都比较了m次，而第i趟成功的匹配也比较了m次。所不同的是，前i−1趟均是在第m次比较时不匹配，而第i趟的m次比较都成功匹配。所以，第i趟成功匹配时共进行了i×m次比较。也即，最坏情况下匹配成功的比较次数为

$$\sum_{i=0}^{n-m} p_i(i\times m)=\frac{m}{n-m+1}\sum_{i=0}^{n-m} i=\frac{1}{2}m(n-m)$$

由于n>>m，故最坏情况下BF算法的平均时间复杂度约为O(n×m)。

4.4.2　无回溯的KMP匹配

KMP算法是D.E.Knuth、J.H.Morris和V.R.Pratt共同提出来的，所以称为Knuth-Morris-Pratt算法，简称KMP算法。该算法较BF算法有了较大改进，主要是消除了主串指针的回溯(回调)，从而使算法效率有了较大的提高。

造成BF算法执行速度较慢的原因是有回溯存在，而这些回溯并非是必要的。在匹配过程中，对于图4-6所示的情况，一旦出现 s_i 与 t_j 比较不相等，则有下列条件成立：

$$\begin{cases} \text{SubStr}(S, i-j, j)=\text{SubStr}(T, 0, j) \\ s_i \neq t_j \end{cases}$$

其中，SubStr(S, start, len)为求子串函数，它将得到串S中的一个子串，即从串S的第start位置开始长度为len的连续字符构成的子串序列。在此，SubStr(S, i−j, j)表示主串S由字符下标为i−j位置开始的j个字符与子串T字符下标为0～j−1的j个字符均匹配，而两者在第j+1个字符上不匹配(此时主串S的字符下标为i，而子串T的字符下标为j)。

KMP消除回溯的方法是：一旦出现图4-6的情况，应能确定子串T右移的位数及继续比较的字符。也即，当出现 $s_i \neq t_j$ 时，则无需将指针i回调到i−j+1位置，而是决定下一步

应由子串 T 中的那一个字符来和主串 S 中的字符 s_i 进行比较。我们将这个字符记作 t_k，显然应有 k<j，并且对不同的 j 所对应的 k 值也是不同的。为了保证下一步比较是有效的，此时应有图 4-7 成立。图中应使 $t_k \neq t_j$，而同时应使子串"$t_0t_1...t_{k-1}$"与子串"$t_{j-k}t_{j-k+1}...t_{j-1}$"相等，也就是说应使下式成立：

$$\text{SubStr(T,0,k)=SubStr(T,j-k,k)} \tag{4-1}$$

所以，在无回溯条件下子串 T 右移的位数与 k 值有关，而 k 值的确定则仅依赖于子串 T 本身，它与主串 S 无关。

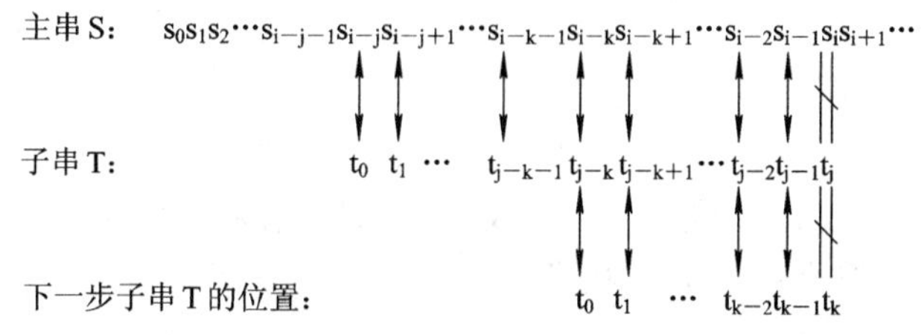

图 4-7　下一步由 t_k 与 s_i 比较时子串 T 下标移动示意图

为了使子串 T 右移不丢失任何匹配成功的可能，对可能同时存在的多个满足(4-1)式条件的 k 值应取最大的一个。这样才能保证子串 T 向右“滑动”的位数 j−k 最小，否则就有可能丢失成功的匹配。例如在图 4-8 中，只有 k 值取大值(即图 4-8 第一种右移方式)才能使子串右移位数较小。若 k 值取小值(即图 4-8 第二种右移方式)，就可能丢掉第一种右移方式的成功匹配。

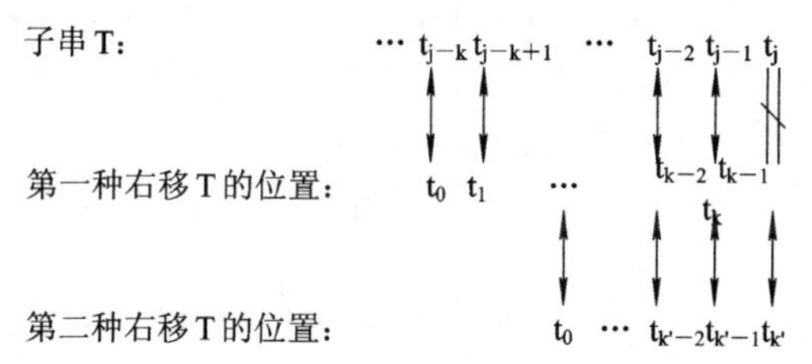

图 4-8　子串 T 匹配时的两种不同右移情况(图中用 k’代表第二种右移的 k 值)

由于 k 值仅与模式串 T 本身有关，因此我们可以预先求得不同 j 值下对应的 k 值并保存于 next 数组中。也即，next[j]表示与 j 对应的 k 值。当 next[j]=k 时，则 next[j]表示当子串 T 中的字符 t_j 与主串 S 中相应字符 s_i 不匹配时，在子串 T 中需要重新与主串 S 中字符 s_i 进行比较的字符是 t_k。子串 T 的 next[j]函数定义如下：

$$\text{next[j]}=\begin{cases}\max\{k \mid 0<k<j \text{ 且"}t_0t_1...t_{k-1}\text{"="}t_{j-k}t_{j-k+1}...t_{j-1}\text{"}\} & \text{当此集合非空时}\\ -1 & \text{当 j=0 时}\\ 0 & \text{其他情况}\end{cases} \tag{4-2}$$

注意：式(4-2)仅适合子串 T 中第一个字符的下标为 0 时的情况。

若子串 T 中存在匹配子串"$t_0t_1...t_{k-1}$"="$t_{j-k}t_{j-k+1}\cdots t_{j-1}$"且满足 0<k<j，则 next[j]表示当子串 T 中字符 t_j 与主串 S 中相应字符 s_i 不匹配时，子串 T 下一次与主串 S 中字符 s_i 进行比较的字符是 t_k。若子串 T 中不存在匹配的子串，即 next[j]=0，则下一次比较应从 s_i 和 t_0 开始。当 j=0 时，由于 k<j，故 next[0]=−1。此处−1 一是满足 k<j 的要求；一是作为一个标记，即下一次比较应由 s_{i+1} 和 t_0 开始。由 k<j 还可得知，next[1]的值只能为 0。可见，对于任何

子串 T，只要能确定 next[j](j=0, 1, …, m−1)的值，就可以用来加速匹配(无回溯匹配)过程。

由式(4-2)可知，求子串 T 的 next[j]的值与主串 S 无关，而只与子串 T 本身有关。假设 next[j]=k，则说明此时在子串 T 中有"$t_0t_1...t_{k-1}$"="$t_{j-k}t_{j-k+1}\cdots t_{j-1}$"，其中下标 k 满足 0<k<j 的某个最大值。此时计算 next[j+1]有两种情况：

(1) 若 $t_k = t_j$，则表明在子串 T 中有：

$$"t_0t_1t_2\cdots t_k"="t_{j-k}t_{j-k+1}t_{j-k+2}\cdots t_j"$$

并且不可能存在某个 k′> k 满足上式，因此有：

$$next[j+1]=next[j]+1=k+1$$

(2) 若 $t_k \neq t_j$，则表明在子串中有：

$$"t_0t_1t_2\ldots t_k"\neq"t_{j-k}t_{j-k+1}t_{j-k+2}\ldots t_j"$$

此时可把整个子串 T 既看成子串又看成主串，即将子串 T 向右滑动至子串 T(相当于主串)中的第 next[k]个字符来和子串 T(相当于主串)的第 i 个字符进行比较。即若 k'=next[k]，则有：

① $t_k=t_j$，则说明子串 T 的第 j+1 个字符之前存在一个长度为 k'+1 的最长子串，它与子串 T 中从首字符 t_0 起长度为 k'+1 的子串相等，即：

$$"t_0t_1t_2\ldots t_k"="t_{j-k'}t_{j-k'+1}t_{j-k'+2}\ldots t_j" \quad 0<k'<k<j \tag{4-3}$$

则有：

$$next[j+1]=next[k]+1=k'+1$$

② $t_k \neq t_j$，应将子串 T 继续向右滑动至将子串 T 中的第 next[k']字符和 t_j 对齐为止。依此类推，直到某次匹配成功或者不存在任何 k' (0<k'<j)满足(4-3)式时，则：

$$next[j+1]=0$$

实际上，求 next[j]值也可由式(4-1)使 k 值由 j−1 递减至 0 逐个试探得到。即式(4-2)也可以写成如下形式：

$$next[j]=\begin{cases} \max\{k \mid 0<k<j \text{ 且有 } SubStr(T, 0, k)=SubStr(T, j-k, k)\} & \\ -1 & \text{当 } j=0 \text{ 时} \\ 0 & \text{当 } k=0 \text{ 时} \end{cases} \tag{4-4}$$

因此，KMP 算法的基本思想是：假设 S 为主串而 T 为子串，并设指针 i 和指针 j 分别指向主串 S 和子串 T 正待比较的字符，令 i 和 j 的初值均为 0。若有 $s_i=t_j$，则 i 和 j 分别加 1；否则 i 不变，j 回退到 j=next[j]的位置(即子串 T 向右滑动)。接下来再次比较 s_i 和 t_j，若相等则 i 和 j 分别加 1；否则 i 不变，j 继续回退到 j=next[j]的位置。依此类推，直到出现下面两种情况之一：

(1) j 回退到某个 j=next[j]时有 $s_i=t_j$，则 i 和 j 分别加 1 后继续进行匹配。

(2) j 回退到 j=0 时，此时 j=next[0]=−1，令主串 S 和子串 T 的指针 i 和 j 各加 1，即从主串 S 的下一个字符 S_{i+1} 和子串 T 的第一个字符 t_0 开始重新匹配。

KMP 算法如下：

```
void GetNext(SeqString *T,int next[])
{                                          //由子串 T 求 next 数组
    int j=0,k=-1;
    next[0]=-1;
```

```
    while(j<T->len-1)
    {
        if(k==-1||T->data[j]==T->data[k])        //k 为-1 或子串 T 中的 tj 等于 tk 时
        {
            j++;
            k++;                                 //现 j、k 值已为原 j 值加 1 和原 k 值加 1
            next[j]=k;       //即 next[j+1]=next[j]+1=k+1(此处 j、k 值均指原 j、k 值，下同)
        }
        else
            k=next[k];       //当 tk≠tj 时找下一个 k'=next[k]
    }
}
int KMPIndex(SeqString *S,SeqString *T)
{                                      //KMP 算法
    int next[MAXSIZE],i=0,j=0;
    GetNext(T,next);                   //求 next 数组
    while(i<S->len&&j<T->len)
    {
        if(j==-1||S->data[i]==T->data[j])
        {                              //满足 j==-1 或 si==tj 都应使 i 和 j 各加 1
            i++;
            j++;
        }
        else
            j=next[j];                 //i 不变，j 回退至 j=next[j]
    }
    if(j==T->len)
        return i-T->len;               //匹配成功，返回子串 T 在主串 S 中的首字符的位置下标
    else
        return -1;                     //匹配失败
}
```

设主串 S 的长度为 n，子串 T 的长度为 m，在 KMP 算法中求 next 数组的时间复杂度为 O(m)，在随后的匹配中因主串 S 的下标 i 值并不减少(即不产生回溯)，故比较次数可记为 n，所以 KMP 算法总的时间复杂度为 O(n+m)。

例 4.1　已知字符串"cddcdececdea"，计算每个字符的 next 函数值。

【解】由式(4-4)求 next 函数值。已知 next[0]=−1 和 next[1]=0(j=1 时只能有 k=0)，其余 next[j]值求解过程如下(k<j)：

(1) 当 j=2，k=1 时有：SubStr(T, 0, k)="c"，SubStr(T, j−k, k)="d"；故只能取 k=0，即 next[2]=0。

(2) 当 j=3，k=2 时有：SubStr(T, 0, k)="cd"，SubStr(T, j−k, k)="dd"；k=1 时有：SubStr(T, 0,

k)="c"，SubStr(T, j−k, k)="d"；故只能取 k=0，即 next[3]=0。

(3) 当 j=4，k=3 时有：SubStr(T, 0, k)="cdd"，SubStr(T, j−k, k)="ddc"；k=2 时有：SubStr(T, 0, k)="cd"，SubStr(T, j−k, k)="dc"；k=1 时有：SubStr(T, 0, k)="c"，SubStr(T, j−k, k)="c"；故 next[4]=1。

以此类推，可得 next 函数值如表 4.1 所示。

表 4.1　next 函数值表

j	0	1	2	3	4	5	6	7	8	9	10	11
模式	c	d	d	c	d	e	c	e	c	d	e	a
next[j]	−1	0	0	0	1	2	0	1	0	1	2	0

例 4.2　已知目标串(主串)为 S="abcaabbabcabaacbacba"，模式串(子串)T="abcabaa"，next 函数如表 4.2 所示，画出用 KMP 算法进行模式匹配的每一趟匹配过程。

表 4.2　next 函数值表

j	0	1	2	3	4	5	6
模式	a	b	c	a	b	a	a
next[j]	−1	0	0	0	1	2	1

【解】利用 KMP 算法进行模式匹配时每一趟的匹配过程如下：

(1) 第一趟匹配：

S:　a b c a a b b a b c a b a a c b a c b a

T:　a b c a b

(2) 第二趟匹配(因 next[4]=1，故 s_4 与 t_1 比较)：

S:　a b c a a b b a b c a b a a c b a c b a

T:　b

(3) 第三趟匹配(因 next[1]=0，故下一步由 s_4 与 t_0 比较)：

S:　a b c a a b b a b c a b a a c b a c b a

T:　a b c

(4) 第四趟匹配(因 next[2]=0，故下一步由 s_6 与 t_0 比较)：

S:　a b c a a b b a b c a b a a c b a c b a

T:　a

(5) 第五趟匹配(因 next[0] = −1，故下一步由 s_7 与 t_0 比较)：

S:　a b c a a b b a b c a b a a c b a c b a

T:　a b c a b a a

即第五趟匹配成功，返回子串 T 在主串 S 的位置值 7。

*4.4.3 next 函数的改进

next 函数在某些情况下仍有缺陷。例如子串 T="aaaab"时的 next 函数值如表 4.3 所示。

表 4.3　next 函数值表

j	0	1	2	3	4
模式	a	a	a	a	b
next[j]	−1	0	1	2	3

在与主串 S="aaabaaaab"匹配时，当 i=3、j=3 时有 s_3=b 和 t_3=a，即 $s_3 \neq t_3$。查表 4.3 知 next[3]=2，即下一次应由 t_2 与 s_3 比较。又因 $s_3 \neq t_2$，而查表 4.3，知 next[2]=1，即继续进行 t_1 与 s_3 的比较。而 $s_3 \neq t_1$，再次查表 4.3，知 next[1]=0，即第三次进行 t_0 与 s_3 的比较。而 $s_3 \neq t_0$，继续查表知 next[0]=−1，即第四次重新开始用 t_0 和 s_{3+1} 即 s_4 的比较。实际上，由表 4.3 可看出模式中 t_0～t_3 字符都相等，当 t_3 与 s_3 不匹配时，相应的 t_2 、t_1 和 t_0 都与 s_3 不匹配，故无需再和主串 s 中的 s_3 进行比较，即可以将子串 T 向右滑动 4 个字符位置而直接进行 i=4、j=0 时字符 s_4 与 t_0 的比较。这就是说，若按上述定义得到 next[j]=k，而模式中存在 t_j=t_k，则当主串 S 中的 s_i 和子串 T 中的 t_j 比较不相等时，就不再进行 s_i 和 t_k 的比较，而直接进行 s_i 和 $t_{next[k]}$的比较。换句话说，此时的 next[j]应该具有 next[k]的值，这种改进的 next 方法称为 nextval 方法。与表 4.3 相对应的 nextval 函数值如表 4.4 所示。

表 4.4　next 与 nextval 函数值对照表

j	0	1	2	3	4
模式	a	a	a	a	b
next[j]	−1	0	1	2	3
nextval[j]	−1	−1	−1	−1	3

修改后的 nextval 数组算法如下：

```
void GetNextval(SeqString T,int nextval[])
{                                          //由子串 T 求 nextval
   int j=0,k=-1;
   nextval[0]=-1;
   while(j<T.len-1)
   {
      if(k==-1||T.data[j]==T.data[k])      //k 为–1 或子串 T 中的 tj 等于 tk
      {
         j++;
         k++; //现 j、k 值均已增 1，为了区别原 j、k 值将其标识为 j'和 k'
         if(T.data[j]!=T.data[k])          //当 tj 不等于 tk 时
            nextval[j]=k;                  // nextval[j']= nextval[j]+1=k+1
         else                              //当 tj 等于 tk 时
              nextval[j]=nextval[k];       // nextval[j']具有 nextval[k']的值
      }
```

```
            else
                k=nextval[k];                   //当 tj 不等于 tk 时将 nextval[k]赋给 k
        }
    }
```

例 4.3　根据例 4.1 中的表 4.1，计算每个字符的 nextval 的函数值。

【解】 nextval 求解的方法是：若 next[j]=k 而 $t_j=t_k$，这时应有 nextval [j]=next[k]。据此，由 next[j]的值求解 nextval[j]过程如下：

nextval[0]=−1;

next[1]=0 而 $t_1 \neq t_0$，故 nextval[1]=next[1]=0;

next[2]=0 而 $t_2 \neq t_0$，故 nextval[2]=next[2]=0;

next[3]=0 而 $t_3=t_0$，故 nextval[3]=next[0]=−1;

next[4]=1 而 $t_4=t_1$，故 nextval[4]=next[1]=0;

next[5]=2 而 $t_5 \neq t_2$，故 nextval[5]=next[5]=2;

next[6]=0 而 $t_6=t_0$，故 nextval[6]=next[0] =−1;

next[7]=2 而 $t_7 \neq t_2$，故 nextval[7]=next[7]=2;

next[8]=0 而 $t_8=t_0$，故 nextval[8]=next[0]=−1;

next[9]=1 而 $t_9=t_1$，故 nextval[9]=next[1]=0;

next[10]=2 而 $t_{10} \neq t_2$，故 nextval[10]=next[10]=2;

next[11]=0 而 $t_{11} \neq t_0$，故 nextval[11]=next[11]=0;

因此，最终所求得的 nextval 函数值与 next 函数值对照表如表 4.5 所示。

表 4.5　next 与 nextval 函数值对照表

j	0	1	2	3	4	5	6	7	8	9	10	11
模式	c	d	d	c	d	e	c	e	c	d	e	a
next[j]	−1	0	0	0	1	2	0	1	0	1	2	0
nextval[j]	−1	0	0	−1	0	2	−1	1	−1	0	2	0

习　题　4

1. 单项选择题

(1) 串是一种特殊的线性表，其特殊性体现在____。

A. 可以顺序存储　　B. 数据元素是一个字符

C. 可以链式存储　　D. 数据元素可以有多个

(2) 设有两个串 p 和 q，求 q 在 p 中首次出现的位置运算称作____。

A. 连接　　B. 模式匹配　　C. 求子串　　D. 求串长

(3) 若串 S="software"，其子串的数目是____。

A. 8　　B. 37　　C. 36　　D. 9

(4) 设串长为 n，模式串长为 m，则 KMP 算法所需的附加空间为____。

A. O(m)　　B. O(n)　　C. O(n×lbn)　　D. O(m×n)

(5) 设 S 为一个长度为 n 的字符串，其中的字符各不相同，则 S 中互异的非平凡子串(非空且不等于 S)的个数为____。

A. $\frac{n(n-1)}{2}-1$　　B. n^2　　C. $\frac{n(n+1)}{2}$　　D. $\frac{n(n+1)}{2}-1$

(6) 字符串匹配"ababaabab"的 nextval 为____。

A. −1,0,−1,0,−1,3,0,−1,0　　B. −1,0,−1,0,−1,1,0,−1,0

C. −1,0,−1,0,−1,−1,−1,0,0　　D. −1,0,−1,0,−1,0,−1,0,0

(7) 在字符串匹配中，主串和子串第一个字符下标为 0，则当模式串位 j 与主串位 i 比较失败时，新一趟匹配开始时主串的位移公式是____。

A. i=i+1　　B. i=j+1　　C. i=i−j+1　　D. i=i−j+2

(8) 已知模式串 S="aaab"，其 next 数组值为____。

A. −1，0，1，2　　B. 0，0，1，2　　C. 0，1，2，0　　D. 0，1，0，0

2. 多项选择题

(1) 串又称字符串，________。

A. 串中元素只能是字符　　B. 串中元素只能是字母　　C. 串是一种特殊的线性表

D. 串中可以含有空白字符　　E. 串长度不为零

(2) 模式串(子串)T="abcaabbcabcaabdab"，该模式串中的 next 数组值为____，nextval 数组的值为____。

A. −1,0,0,0,1,1,0,0,0,1,2,3,4,5,6,0,1　　B. −1,0,0,0,1,0,1,0,0,1,3,4,5,6,0,0,1

C. −1,0,0,0,−1,−1,0,2,0,−1,0,0,−1,−1,6,−1,1　　D. −1,0,0,0,1,1,2,0,0,1,2,3,4,5,6,0,1

E. −1,0,0,−1,−1,0,0,0,−1,0,0,−1,−1,0,6,−1,1　　F. −1,0,0,−1,1,0,2,0,−1,0,0,−1,1,0,6,−1,0

(3) 两个串相等必有________。

A. 串长度相等　　B. 串中各位置字符任意　　C. 串中各位置字符均对应相等

D. 串长度不等　　E. 串长度任意

3. 填空题

(1) 空串是________，其长度等于_______；空白串是________________________，其长度等于____________________。

(2) 模式串 P="abaabcac"的 next 函数值序列为________________________。

(3) 一个字符串中________________________________称为该串的子串。

(4) 设主串长度为 n，模式串长度为 m，则串匹配的 KMP 算法其时间复杂度为________。

(5) 空串与空白串的区别在于____。

(6) 在字符串运算中的“模式匹配”是常见的，KMP 匹配算法是有用的方法：

① 其基本思想是：____。

② 对模式串 $P(=p_1p_2\cdots p_n)$求 next 数组时，next[j]或为−1，或是满足下列性质 k 的最大值：____________________________。

(7) 串相等是指____。

(8) 串的两种最基本存储方式是________________________________。

4. 判断题

(1) 串是由有限个字符构成的连续序列，串长度为串中字符的个数，子串是主串中字符构成的有限序列。

(2) 简单模式匹配(BF)的时间复杂度在最坏情况下为 O(n×m)(n、m 分别为主串和子串的长度)，因此子串定位函数没有实际使用价值。

(3) KMP 算法的最大特点是指示主串的指针不需要回溯。

(4) 设模式串(子串)的长度为 m，目标串(主串)的长度为 n。当 n≈m 且处理只匹配一次的模式时，简单模式匹配(BF)算法所花费的时间代价也可能会更节省。

(5) 设有两个串 P 和 Q，其中 Q 是 P 的子串，把 Q 在 P 中首次出现的位置作为子串 Q 在 P 中的位置算法称为模式匹配。

5. 由例 4.2 可知，目标串为 S="abcaabbabcabaacbacba"，模式串 T="abcabaa"。

(1) 计算模式 T 的 next 函数值(写出计算过程)。

(2) 计算模式 T 的 nextval 函数值(写出计算过程)。

(3) 画出利用 nextval(函数值进行模式匹配时的每一趟匹配过程)。

6. 假设串的存储结构如下所示，编写算法实现串的置换操作：即将串 s1 中第 i 个字符到第 j 个字符之间的字符串(不包括第 i 个和第 j 个字符)用串 s2 替换。

```
typedef struct
{
    char ch[MAXSIZE];
    int curlen;
}SeqString;
```

7. 编写一个函数，计算一个子串在字符串中出现的次数，如果该子串未出现则为 0。

8. 设计一算法，测试一个串 T 的值是否为回文(即从左向右读出的内容与从右向左读出的内容一样)。

9. 如果字符串的一个子串(其长度大于 1)中的各个字符均相同，则称为等值子串。试设计一算法，输入一字符串到一维数组 S，字符串以“\0”作为结束标志。如果串 S 中不存在等值子串则输出“无等值子串”信息，否则输出长度最大的等值子串。例如，若 S="abc123abc123"，则输出“无等值子串”；若 S="abceebccadddddaaadd"，则输出“ddddd”。

10. 若 S 和 T 是用单链表存储的串，设计一个函数将串 S 中首次与串 T 匹配的子串逆置。

数组和广义表可以看成是含义拓展的线性表，即这种线性表中的数据元素自身又是一个数据结构。

5.1　数组的概念与存储结构

5.1.1　数组的基本概念

数组是我们很熟悉的一种数据结构，可以将它看做线性表的推广。数组作为一种数据结构其特点是：结构中的元素本身可以是具有某种结构的数据，但属于同一数据类型。一维数组$[a_1,a_2,\cdots,a_n]$由固定的 n 个元素构成，其本身就是一种线性表结构。对于二维数组：

$$A_{m\times n}=\begin{bmatrix} a_{11} & a_{12} & \cdots & a_{1n} \\ a_{21} & a_{22} & \cdots & a_{2n} \\ \vdots & \vdots & \vdots & \vdots \\ a_{m1} & a_{m2} & \cdots & a_{mn} \end{bmatrix}$$

数组中的每一个数据元素受到两个下标关系的约束，但可看作是“数据元素是一维数组”的一维数组，即每一维关系仍然具有线性特性，而整个结构则呈非线性。同样，三维数组可看作是“数据元素是二维数组”的一维数组这种特殊线性表。依此类推，n 维数组则是由 n−1 维数组定义的。

因此，n 维数组是一种“同构”的数据结构，即数组中的每一个元素类型相同结构也一致。n 维数组是线性表在维数上的拓展，即线性表中的元素又可以是一个线性表。从数据结构关系的角度看，n 维数组中每个数据元素都受到 n 个关系的约束。但在每个关系中，数据元素都有一个直接前驱(除去第一个元素)和一个直接后继(除去最后一个元素)。因此就单个关系而言，这 n 个关系仍然是线性关系。

数组具有以下性质：

(1) 数组中的元素个数固定。一旦定义了一个数组，其元素个数不再有增减变化。

(2) 数组中每个数据元素都具有相同的数据类型。

(3) 数组中每个元素都有一组唯一的下标与之对应，并且数组元素的下标具有上、下界约束且下标有序。

(4) 数组是一种随机存储结构，可随机存取数组中的任意元素。

也即，数组是一种元素个数固定的线性表，当维数大于 1 时可以看做是线性表的推广。

5.1.2 数组的存储结构

由于计算机的内存结构是一维的，因此多维数组的存储就必须按某种方式进行降维处理，最终将所有的数组元素排成一个线性序列。由于高维数组是由低维数组定义，并最终由一维数组定义，因此可通过递推关系将多维数组的数据元素转化为线性序列来存储。

对于一维数组，假定每个数据元素占用 k 个存储单元，一旦第一个数据元素 a_0 的存储地址 $LOC(a_0)$确定，则一维数组中的任一数据元素 a_i 的存储地址 $LOC(a_i)$就可以由下面式(5-1)求出。

$$LOC(a_i)=LOC(a_0)+i\times k \tag{5-1}$$

该式说明一维数组中任一数据元素的存储地址都可以直接计算得到。也即，一维数组中数据元素都可以直接存取。因此，一维数组是一种随机存储结构。由于二维乃至多维数组都可降至一维数组定义，因此，二维至多维数组也都满足随机存取特性。

对于二维数组，有以行为主序(行先变化)和以列为主序(列先变化)的两种存储方法(如图 5-1 所示)。设二维数组中的每个数据元素占用 k 个存储单元，m 和 n 为二维数组的行数和列数，则二维数组以行为主序的数据元素 $a_{i,j}$ 的存储地址计算公式(行、列下标均从 0 开始)为：

$$LOC(a_{i,j}) = LOC(a_{0,0}) + (i \times n + j) \times k \tag{5-2}$$

这是因为数据元素 $a_{i,j}$ 的前面有 i 行，每一行的元素为 n，在第 i 行中它的前面还有 j 个数据元素(如图 5-2 所示)。

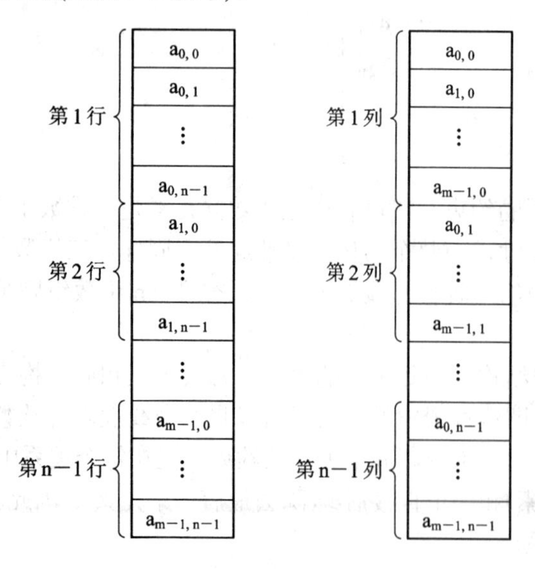

图 5-1　二维数组的两种存储方式

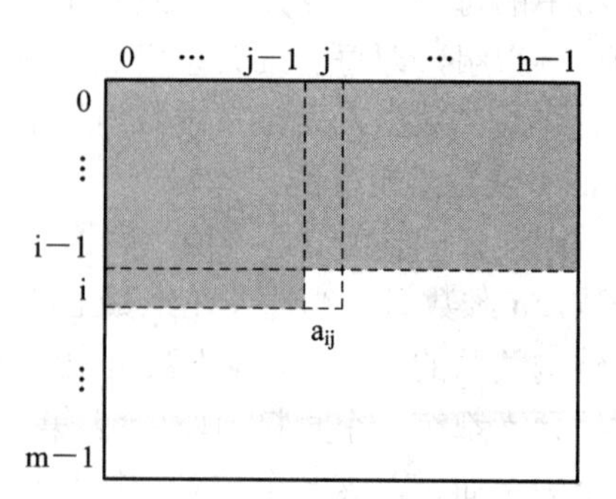

图 5-2　二维数组中 $a_{i,j}$ 位置示意图

二维数组以列为主序的数据元素 $a_{i,j}$ 存储地址计算公式为

$$LOC(a_{i,j}) = LOC(a_{0,0}) + (j \times m + i) \times k \tag{5-3}$$

上述公式和结论可推广至三维或多维数组。对三维数组 A_{mnp} 即 m×n×p 数组，以行为主序的数组元素 $a_{i,j,l}$ 的存储地址计算公式为

$$LOC(a_{i,j,l})=LOC(a_{0,0,0})+[i\times n\times p+j\times p+l]\times k$$

可以将三维数组看作一个三维空间，如图 5-3 所示，对 $a_{i,j,l}$ 来说，前面已经存放了 i 个面，每个面上有 m × p 个元素，对第 i 个面则类同于图 5-2，即前面有 j 行，每行有 p 个元素，第 j 行有 l 个元素。

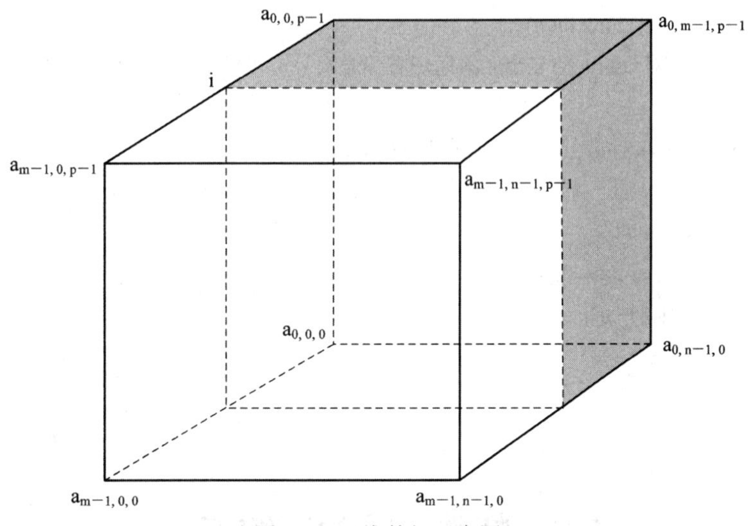

图 5-3　三维数组示意图

以上讨论均假定数组各维的下界为 0，更一般的情况下各维的上、下界是任意指定的。以二维数组为例，假定二维数组的行下界为 c_1，行上界为 d_1，列下界为 c_2，列上界为 d_2，则二维数组元素 $a_{i,j}$ 以行为主序的存储地址计算公式为

$$LOC(a_{i,j}) = LOC(a_{c1,c2}) + [(i-c_1) \times (d_2-c_2+1) + (j-c_2)] \times k \tag{5-4}$$

二维数组元素 $a_{i,j}$ 以列为主序的存储地址计算公式为

$$LOC(a_{i,j}) = LOC(a_{c1,c2}) + [(j-c_2) \times (d_1-c_1+1) + (i-c_1)] \times k \tag{5-5}$$

例 5.1　已知 C 语言二维数组定义如下

```
float a[8][5];
```

且每个 float 型数组元素均占用 4 个字节的内存空间。

(1) 求二维数组 a 的元素个数。

(2) 假定数组 a 的起始存储地址为 1000，求以行为主序的数组元素 a[6][3]的存储地址。

【解】(1) 由数组 a 定义 float a[8][5]可知，8 和 5 即为各维的长度，所以二维数组 a 的元素个数为：8×5=40。

(2) 已知 m=8、n=5，由式(5-2)可知，a[6][3]的计算如下(C 语言数组的行、列下界均为 0)：

$$LOC(a_{6,3}) = LOC(a_{0,0}) + (i \times n + j) \times k = 1000 + (6 \times 5 + 3) \times 4 = 1132$$

例 5.2　设计一个算法，对有 n 个元素的一维数组 a，使其数组元素循环右移 k 位，要

求算法尽量少使用辅助存储空间。

【解】由于只允许使用一个变量辅助实现数组元素的移动，因此将该题转化为每次将数组元素循环右移一位并且进行 k 次来实现。故需用两重 for 循环：外层的 for 循环控制 k 次移位，内层的 for 循环控制整个数组元素循环右移一位。数组元素循环右移一位的示意图如图 5-4 所示。

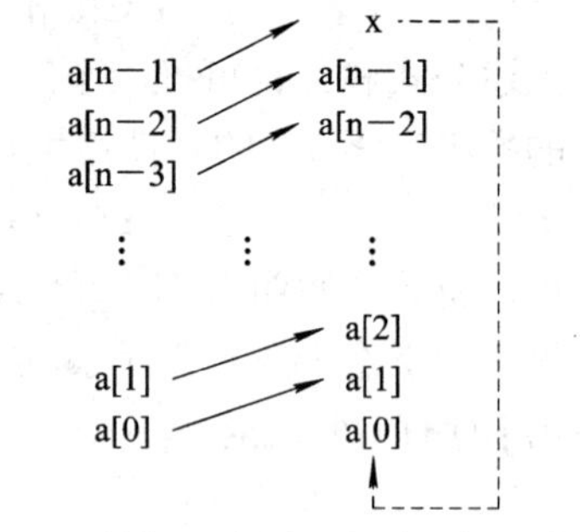

图 5-4　数组元素循环右移一位示意图

算法如下：

```
void Movek(int a[],int k,int n)
{               //对数组 a 的 n 个元素循环右移 k 次
    int i,j,x;
    for(i=1;i<=k;i++)              //循环右移 k 次
    {
        x=a[n-1];
        for(j=n-2;j>=0;j--)
         a[j+1]=a[j];
      a[0]=x;
    }
}
```

5.2　特殊矩阵的压缩存储

在科学计算和工程应用中经常要使用矩阵。由于矩阵具有元素个数固定且元素按下标关系有序排列这样的特点，因此对矩阵结构采用二维数组表示显然是非常恰当的。

特殊矩阵是指非零元素或零元素的分布有一定规律的矩阵。为了节省存储空间，特别是在高阶矩阵的情况下，可以利用特殊矩阵的规律对它们进行压缩存储。也就是说，使多个相同的非零元素共享同一存储单元，对零元素不分配存储空间。特殊矩阵的主要形式有对称矩阵、三角矩阵及对角矩阵等，它们都是方阵，即行数和列数相同。由于特殊矩阵其非零元素的分布都有明显的规律因而可以将其压缩后存储在一维数组中，并给出每一个非零元素在一维数组中的对应关系。

5.2.1　对称矩阵

在一个 n 阶方阵 A 中，若元素满足以下性质：

$$a_{i,j}=a_{j,i} \qquad (0\leqslant i, j<n)$$

则称 A 为 n 阶对称矩阵。

由于对称矩阵的元素关于主对角线对称，因此存储时只需存储矩阵的上三角或下三角中的元素，使得对称元素共享一个存储空间。这就可以将 n^2 个元素压缩存储到 $\frac{n(n+1)}{2}$ 个元素的空间中。我们对以行为主序且将下三角中的元素存储于一维数组的情况进行讨论。

假设以一维数组 B(下标由 $0\sim\frac{n(n+1)}{2}-1$)作为 n 阶对称矩阵 A 的存储结构，在 B 中只存储对称矩阵 A 的下三角元素 $a_{i,j}(i\geqslant j)$，其存储示意图如图 5-5 所示。

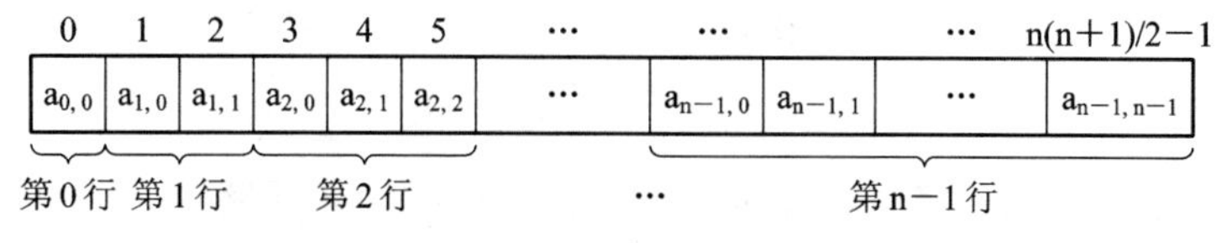

图 5-5　对称矩阵压缩存储示意图

对于对称矩阵 A 下三角中的任意元素 $a_{i,j}$ 在 B 数组中的存储位置计算如下：$a_{i,j}$ 前面共有 i 行(行下标为 0～i−1)，即行下标为 0 的行有一个元素，行下标为 1 的行有两个元素……行下标为 i−1 的行有 i 个元素，这 i 行共有 $1+2+\cdots+i=\frac{i(i+1)}{2}$ 个元素(下标为 $0\sim\frac{i(i+1)}{2}-1$)。而在 $a_{i,j}$ 所在的当前行中，在 $a_{i,j}$ 前仍有 j 个元素(列号为 0～j−1)。也就是说，对称矩阵 A 下三角中任一元素 $a_{i,j}$ 存储于一维数组 B 中的位置 k 与其下标 i、j 之间存在着如下关系：

$$k=\frac{i(i+1)}{2}+j$$

由于上三角元素 $a_{i,j}$ 等于下三角元素 $a_{j,i}$，因此可以将上式中的行、列下标互换就得到对称矩阵上三角中任一元素 $a_{i,j}$ 存储于一维数组 B 中的位置 k。因此，对称矩阵 A 中任一元素 $a_{i,j}$ 在一维数组 B 中的存储位置 k 与其下标 i、j 之间存在着如下对应关系：

$$k=\begin{cases}\frac{i(i+1)}{2}+j & \text{当 } i\geqslant j \text{ 时}\\ \frac{j(j+1)}{2}+i & \text{当 } i<j \text{ 时}\end{cases}\qquad(5\text{-}6)$$

图 5-6 给出了 5 阶矩阵及它压缩存储于一维数组的情况。

$$\begin{bmatrix}3 & 6 & 4 & 7 & 8\\ 6 & 2 & 8 & 4 & 2\\ 4 & 8 & 1 & 6 & 9\\ 7 & 4 & 6 & 0 & 5\\ 8 & 2 & 9 & 5 & 7\end{bmatrix}$$

0	1	2	3	4	5	6	7	8	9	10	11	12	13	14
3	6	2	4	8	1	7	4	6	0	8	2	9	5	7

图 5-6　5 阶对称矩阵及它的压缩存储

5.2.2　三角矩阵

以主对角线来划分，三角矩阵分为上三角矩阵和下三角矩阵两种。上三角矩阵是指矩阵的下三角(不包括主对角线)中的元素均为常数 c 或 0 的 n 阶矩阵，下三角矩阵则恰好相反。三角矩阵的示意图如图 5-7 所示。

$$\begin{bmatrix} 3 & c & c & c & c \\ 6 & 2 & c & c & c \\ 4 & 8 & 1 & c & c \\ 7 & 4 & 6 & 0 & c \\ 8 & 2 & 9 & 5 & 7 \end{bmatrix} \qquad \begin{bmatrix} 3 & 4 & 8 & 1 & 9 \\ c & 2 & 7 & 3 & 5 \\ c & c & 6 & 2 & 8 \\ c & c & c & 7 & 0 \\ c & c & c & c & 3 \end{bmatrix}$$

(a) 下三角矩阵　　(b) 上三角矩阵

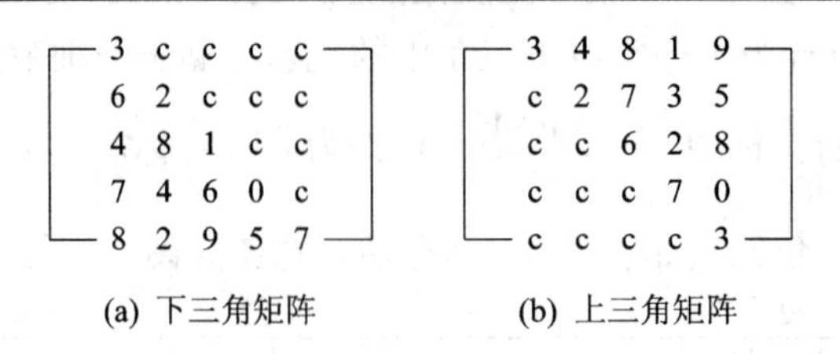

图 5-7　三角矩阵示意图

当三角矩阵采用压缩存储时，除了和对称矩阵一样，只存储其下三角或上三角中的元素外，再加上一个存储常数 c 的存储空间，即三角矩阵中的 n^2 个元素压缩存储到 $\frac{n(n+1)}{2}+1$ 个单元中。

1. 下三角矩阵

下三角矩阵的压缩存储示意图如图 5-8 所示，即存放完矩阵下三角中的元素之后，紧接着存放主对角线上方的常数 c，因为是同一个常数，故只存放一个即可。由图 5-8 可知，下三角矩阵中的 $a_{i,j}(i \geqslant j)$在一维数组中的存储位置关系与对称矩阵中的下三角元素 $a_{i,j}$ 完全相同，因此，下三角矩阵中的任意一元素 $a_{i,j}$ 压缩存储在一维数组中的位置 k 与其下标 i、j 之间的关系为

$$k=\begin{cases} \dfrac{i(i+1)}{2}+j & \text{当 } i \geqslant j \text{ 时} \\ \dfrac{n(n+1)}{2} & \text{当 } i < j \text{ 时} \end{cases} \tag{5-7}$$

0 1 2 3 4 5 … … … n(n+1)/2
a0,0 a1,0 a1,1 a2,0 a2,1 a2,2 … an−1,0 an−1,1 … an−1,n−1 c
第0行 第1行 第2行 … 第n−1行

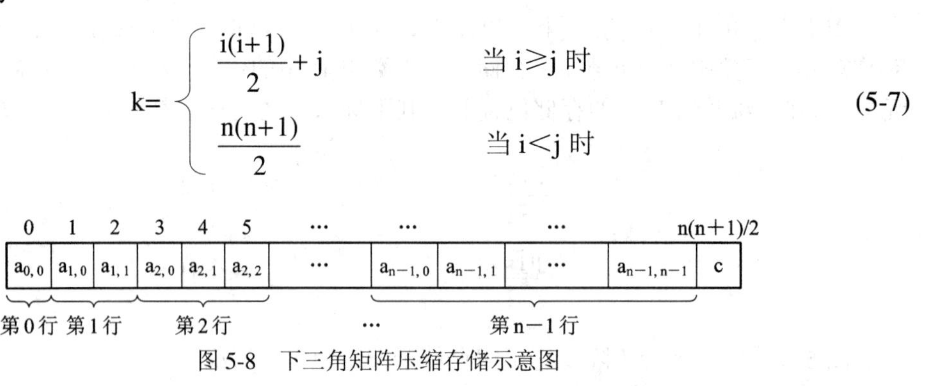

图 5-8　下三角矩阵压缩存储示意图

2. 上三角矩阵

上三角矩阵的压缩存储示意图如图 5-9 所示，它也是以行为主序依次存储矩阵上三角中的元素，最后一个位置存储主对角线下方的常数 c。由图 5-9 可知，$a_{i,j}$ 前面共有 i 行(行下标为 0～i−1)，即行下标为 0 的行有 n 个元素，行下标为 1 的行有 n−1 个元素……行下标为 i−1 的行有 n−(i−1)个元素，而在 $a_{i,j}$ 所在的当前行中，在 $a_{i,j}$ 之前仍有 j−i 个元素(列号为 i～j−1)。也即，在 $a_{i,j}$ 之前的元素个数为

$$n+(n-1)+\cdots+(n-i+1)+j-i=j-i+\sum_{p=0}^{i-1}(n-p)=j-i+\frac{i\times(2n-i+1)}{2}$$

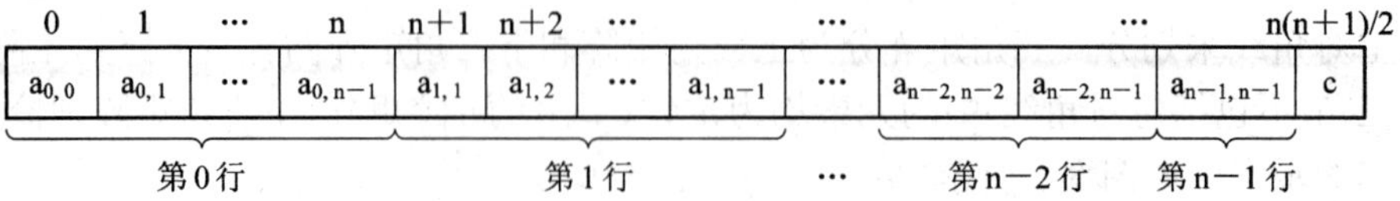

0 1 … n n+1 n+2 … … … n(n+1)/2
a0,0 a0,1 … a0,n−1 a1,1 a1,2 … a1,n−1 … an−2,n−2 an−2,n−1 an−1,n−1 c
第0行 第1行 … 第n−2行 第n−1行

图 5-9　上三角矩阵压缩存储示意图

由此得到上三角矩阵中的任意一个元素 $a_{i,j}$ 压缩存储在一维数组中的位置 k 与其下标 i、j 之间的关系为：

$$k=\begin{cases}\dfrac{i(2n-i+1)}{2}+j-i & \text{当 } i\leqslant j \text{ 时}\\ \dfrac{n(n+1)}{2} & \text{当 } i>j \text{ 时}\end{cases} \tag{5-8}$$

5.2.3　对角矩阵

对角矩阵又称带状矩阵，对角矩阵的所有非零元素都集中在以主对角线为中心的带状区域内，即除了主对角线上和主对角线两侧的若干对角线上的元素外，其他所有元素的值均为 0。最常见的三对角带状矩阵如图 5-10 所示。

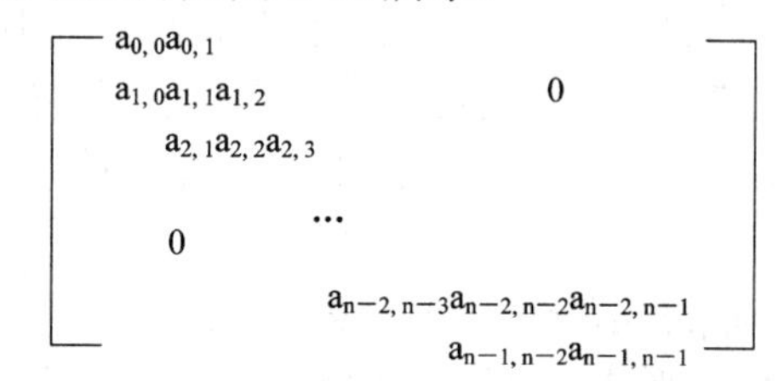

图 5-10　三对角带状矩阵示意图

三对角带状矩阵的压缩存储方法是：将带状区域的非零元素按行存储在一维数组中。在三对角带状矩阵中，除了第一行和最后一行只有两个非零元素外，其余各行均有三个非零元素。因此，所需压缩存储的一维数组空间大小为 2+2+3×(n−2)。图 5-10 的三对角带状矩阵压缩存储到一维数组的示意图如图 5-11 所示。

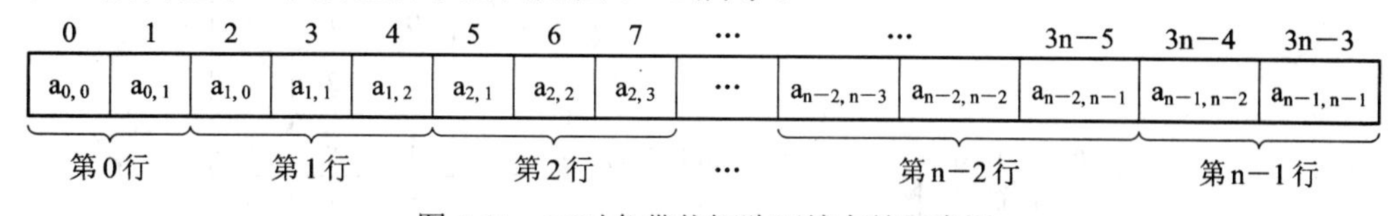

图 5-11　三对角带状矩阵压缩存储示意图

三对角带状矩阵中的非零元素 $a_{i,j}$ 压缩存储到一维数组的位置 k 与其下标 i、j 之间的关系分析如下：

(1) 主对角线左下角的对角线上元素，其下标具有 i=j+1 关系，而此时的位置 k 为

$$k=3i-1 \qquad (\text{当 } i=j+1 \text{ 时})$$

(2) 主对角线上元素下标具有 i=j 关系，而此时的位置 k 为

$$k=3i \qquad (\text{当 } i=j \text{ 时})$$

(3) 主对角线右上角的对角线上元素下标具有 i=j−1 关系，而此时的位置 k 为

$$k=3i+1 \qquad (\text{当 } i=j-1 \text{ 时})$$

综合(1)、(2)、(3)并参考图 5-10 和 5-11，我们得到三对角带状矩阵中非零元素 $a_{i,j}$ 压缩存储到一维数组的位置 k 与与其下标 i、j 之间的关系为

$$k=2i+j \quad (0\leqslant i<n \text{ 且 } i-1\leqslant j\leqslant i+1) \tag{5-9}$$

5.3　稀 疏 矩 阵

前面介绍的特殊矩阵其非零元素的分布都是有规律的，因此总可以找到矩阵中任一元素 $a_{i,j}$ 存储在一维数组中的位置与其下标之间的对应关系。此外，还有一类矩阵也含有少量的非零元素及较多的零元素，但非零元素的分布却没有任何规律，我们称这样的矩阵为稀疏矩阵。

5.3.1　稀疏矩阵的三元组表示

对一个 $m\times n$ 的稀疏矩阵，其非零元素的个数 $t<<m\times n$，如果采用常规的存储方法来存储矩阵的每一个元素的话，将会造成内存的很大浪费。为了节省存储空间，稀疏矩阵的存储必须采用压缩存储方式，即只存储非零元素。但是稀疏矩阵中的非零元素其分布无规律可循，所以除了存储非零元素的值外，还必须同时存储它所在的行和列位置，这样才能找到它。也即，每一个非零元素 $a_{i,j}$ 由一个三元组$(i, j, a_{i,j})$唯一确定，其中 i 和 j 分别代表非零元素 $a_{i,j}$ 所在的行和列位置。

除了用一个三元组$(i, j, a_{i,j})$表示一个非零元素 $a_{i,j}$ 之外，还需要记下稀疏矩阵的行数 m、列数 n 和非零元素个数 t，即也形成一个三元组(m, n, t)。若将所有三元组按行(或按列)的优先顺序排列，则得到一个数据元素为三元组的线性表，并将三元组(m, n, t)放置于该线性表的第一个位置。我们将这种线性表的顺序存储结构称为三元组表。图 5-12 给出了一个稀疏矩阵及其三元组表的示意图。

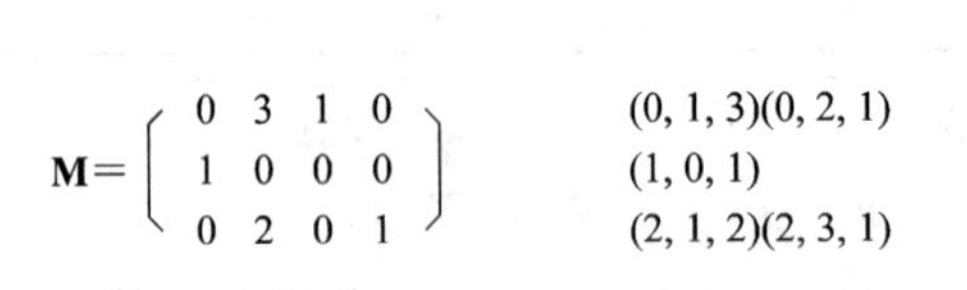

3	4	5
0	1	3
0	2	1
1	0	1
2	1	2
2	3	1

(a) 矩阵 **M**　　(b) **M** 的非零元素三元组　　(c) **M** 的三元组表

图 5-12　稀疏矩阵 M 及其三元组表示意图

一般来说，稀疏矩阵的三元组存储是以行为主序的。在这种方式下，三元组表中的行域 i 值递增有序，而对相同的 i 值列域 j 值也递增有序。

三元组表的顺序存储结构定义如下：

```
typedef struct
{
    int i;                  //行号
    int j;                  //列号
    int v;                  //非零元素值
}TNode;                     //三元组类型
```

```
typedef struct
{
    int m;                          //矩阵行数
    int n;                          //矩阵列数
    int t;                          //矩阵中非零元素个数
    TNode data[MAXSIZE];            //三元组表
}TSMatrix;      //三元组表类型
```

注意，在这种定义方式下，稀疏矩阵的行数 m、列数 n 和非零元素个数 t 并不放于三元组表中，而是专门设置三个域来存放。

1. 为存储于二维数组的稀疏矩阵建立三元组表存储

假定 m×n 的稀疏矩阵已存储在二维数组中，现以行为主序来扫描二维数组，将所有的非零元素存入到三元组表中。算法实现如下：

```
void CreatMat(TSMatrix *p,int *a,int m,int n)
{//p 指向三元组表，a 指向存储稀疏矩阵的二维数组，m、n 为矩阵的行数和列数
    int i,j;
    p->m=m;
    p->n=n;
    p->t=0;                    //p->t 初始指向三元组表 data 的第一个三元组位置 0
    for(i=0;i<m;i++)
    {
        for(j=0;j<n;j++)
          if(a[i][j]!=0)       //将非零元素存储于三元组表 data 中
          {
              p->data[p->t].i=i;
              p->data[p->t].j=j;
              p->data[p->t].v=a[i][j];
              p->t++;      //下标加 1 以便三元组表 a 存放下一个非零元素
          }
    }
}
```

2. 矩阵转置

转置是一种最简单的矩阵运算。对一个 m×n 的矩阵 A，它的转置矩阵为 n×m 的矩阵 B，且 $a_{i,j}=b_{j,i}(0\leqslant i<m,0\leqslant j<n)$，即 A 的行是 B 的列、A 的列是 B 的行。图 5-13 给出了图 5-12(a)稀疏矩阵 M 所对应的转置矩阵三元组表。

4	3	5
0	1	1
1	0	3
1	2	2
2	0	1
3	2	1

图 5-13　图 5-12(a) 中矩阵 M 转置后的三元组表

分析图 5-12(c)和图 5-13 可知，只要将

三元组表中的 i 域和 j 域的值交换，然后再按以行为主序的原则重新排列三元组表即可。但是，我们希望在交换行、列值的过程中就同时确定该三元组在行为主序的三元组表中的位置，而不必在交换结束后再重新去排列三元组表。对此，有下面两种处理方法。

1) *按列序递增转置法*

由于交换后的列变为了行，即以列为主序在原三元组表 a 中进行查找，才能使交换后生成的三元组表 b 做到以行为主序。因此，应从三元组表 a 的第一行开始依次按三元组表 a 中的 j 域(即列)值由小到大进行选择，将选中的三元组 i 和 j 交换后送入三元组表 b 中，直到 a 中的三元组全部放入 b 中为止。按这种顺序生成的三元组表 b 则已经是行为主序。算法实现如下：

```
void TranTat(TSMatrix *a,TSMatrix *b)
{          /*在三元组表的存储方式下，实现矩阵转置，
                        a 和 b 分别是指向转置前后两个不同三元组表的指针*/
   int k,p,q; //k 指向三元组表 a 的列号；p、q 分别为指示三元组 a 和 b 的下标
   b->m=a->m;
   b->n=a->n;
   b->t=a->t;
   if(b->t!=0)                        //当三元组表不为空时
   {
      q=0;                            //由三元组 b 的第一个三元组位置 0 开始
      for(k=0;k<a->n;k++)             //对三元组表 a 按列下标由小到大扫描
       {
         for(p=0;p<a->t;p++)          //按表长 t 扫描整个三元组表 a
            if(a->data[p].j==k)       //找到列下标与 k 相同的三元组
              {                       //将其复制到三元组表 b 中
               b->data[q].i=a->data[p].j;
               b->data[q].j=a->data[p].i;
               b->data[q].v=a->data[p].v;
               q++;                   //三元组 b 表的存放位置加 1，准备存放下一个三元组
              }
       }
   }
}
```

该算法的时间耗费主要在两重 for 循环上，其时间复杂度为 O(a->n×a->t)。

2) *快速转置法*

按列序递增转置算法效率不高的原因在于二重 for 循环的重复扫描，而快速转置法则只扫描一遍。快速转置法的基本思想是：在三元组表 a 中依次取出每一个三元组，并使其准确地放置在转置后的三元组表 b 中最终应该放置的位置上，当顺序取完三元组表 a 中的所有三元组时，转置后的三元组表 b 也就形成，而无需再调整 b 中三元组的位置。这种方

法的实现需要预先计算以下数据：

(1) 三元组表 a 中每一列非零元素的个数，它也是转置后三元组表 b 每一行非零元素的个数。

(2) 三元组表 a 中每一列的第一个非零元素在三元组表 b 中正确的存放位置，它也是转置后每一行第一个非零元素在三元组 b 中正确的存放位置。

为了避免混淆，我们将行、列序号与数组的下标统一起来，即用第 0 行、第 0 列来表示原第一行、第一列，依此类推。

设矩阵 A(在三元组表 a 中行数为 a->n)每一列 k(即转置后矩阵 B 的每一行 k)的第一个非零元素在三元组表 b 中的正确位置为 pot[k](0≤k＜a->n)，则对三元组表 a 进行转置时，只需将三元组按列号 k 放到三元组表 b 的 b->data[pot[k]]中即可，然后 pot[k]增 1 以指示下一个列号为 k 的三元组在表 b 中的存放位置。于是有：

$$\begin{cases} pot[0]=0 \\ pot[k]=pot[k-1]+\text{第 } k-1 \text{ 列非零元素的个数} \end{cases} \tag{5-10}$$

为了统计第 k−1 列非零元素的个数可以再引入一个数组，但为了节省存储空间，我们可以将第 k−1 列的非零元素个数暂时记录于 pot[k]中，也即 pot[1]～pot[a->n](注意 k 值此时可取到 a->n)实际存放的分别是第 0 列到第 a->n−1 列非零元素的个数，而 pot[0]存放的却是第 0 列的第一个非零元素应该放置在三元组表 b 中的位置(下标)，这样 k 值可按由 1 递增到 a->n−1 的次序，依次求出表 a 中每一列第一个非零元素应该在表 b 中的存放位置，即：

$$pot[k]=pot[k-1]+pot[k] \tag{5-11}$$

注意，式(5-11)中的 pot[k−1]此时已是按顺序求出的第 k−1 列第一个非零元素在表 b 中的存放位置，而赋值号“=”右侧的 pot[k]则是暂存的第 k−1 列非零元素个数。因此，pot[k−1]+pot[k]正好是待求的第 k 列第一个非零元素在表 b 中的存放位置，并将这个位置值赋给 pot[k]。

图 5-14(b)、(c)给出了图 5-14(a)所示矩阵 M 的 pot 数组变化情况。在图 5-14(b)中，pot[0]为第 0 列第一个非零元素在表 b 中的存放位置，而 pot[1]～pot[4]则为第 0 列～第 3 列的非零元素的个数。在图 5-14(c)中，pot[0]～pot[3]为根据 (5-11)式求得的第 0 列～第 3 列非零元素在表 b 中的起始存放位置，此时 pot[4]已经无用了。

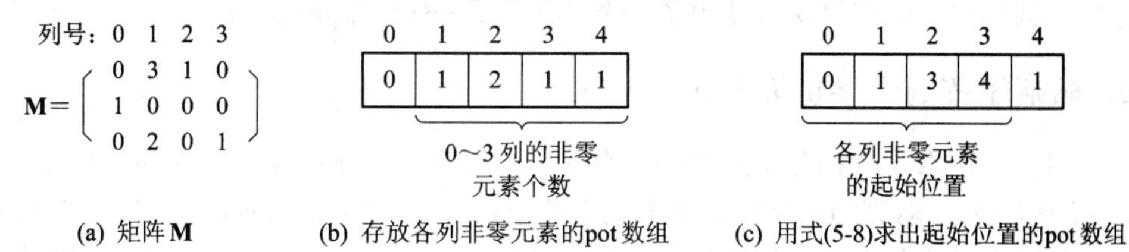

(a) 矩阵 **M**　(b) 存放各列非零元素的pot 数组　(c) 用式(5-8)求出起始位置的pot 数组

图 5-14　pot 数组变化示意图

快速转置算法如下：

```
void FastTranTat(TSMatrix *a,TSMatrix *b)
{
    int i,k,pot[MAXSIZE];
    b->m=a->m;
```

```
        b->n=a->n;
        b->t=a->t;
        if(b->t!=0)                     //当三元组表不为空时
        {
            for(k=1;k<=a->n;k++)
                pot[k]=0;               //pot 数组初始化
            for(i=0;i<a->t;i++)
            {
                k=a->data[i].j;
                pot[k+1]=pot[k+1]+1;    //统计第 k 列非零元素的个数并送入 pot[k+1]
            }
            pot[0]=0;                   //第 0 列第一个非零元素在表 b 中的存放位置
            for(k=1;k<a->n;k++)
                pot[k]=pot[k-1]+pot[k]; /*求第 1～第 n-1 列第一个非零元素
                                                在表 b 中的存放位置*/
            for(i=0;i<a->t;i++)
            {
                k=a->data[i].j;
                b->data[pot[k]].i=a->data[i].j;
                b->data[pot[k]].j=a->data[i].i;
                b->data[pot[k]].v=a->data[i].v;
                pot[k]=pot[k]+1;        /*第 k 列的存放位置加 1，
                                           准备存放第 k 列的下一个三元组*/
            }
        }
    }
```

从时间上看，该算法由 4 个单循环 for 决定，总的时间复杂度为 O(a->n+a->t)。从空间上看它比按列序递增转置算法多使用了一个长度为 a->n+1 的 pot 数组。

5.3.2 稀疏矩阵的十字链表表示

三元组表可以看作是稀疏矩阵的顺序存储，但是在进行某些矩阵运算时，比如矩阵的加法、减法和乘法，运算的结果将使非零元素的个数以及非零元素的位置发生较大的变化，这必将引起数据的大量移动。这种情况下如果还用顺序存储的三元组表来存放稀疏矩阵就不太合适了，而采用链式存储结构来表示三元组表则更为恰当。下面我们介绍稀疏矩阵的一种链式存储结构——十字链表。

用十字链表来表示稀疏矩阵的基本上思想是：将每个非零元素存储为一个结点，而每个结点由 5 个域组成，其结构如图 5-15 所示；其中 row、col 和 v 分别表示该非零元素所在的行、列和非零元素值。指针 right(向右)用以链接同一行中的下一个非零元素，指针 down(向下)用以链接同一列中下一个非零元素。图 5-14(a)的矩阵 M 所对应的十字链表存储示意图如图 5-16 所示。

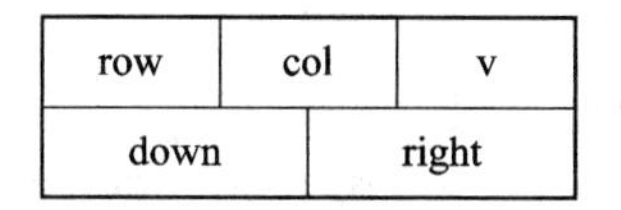

图 5-15　十字链表的结点结构

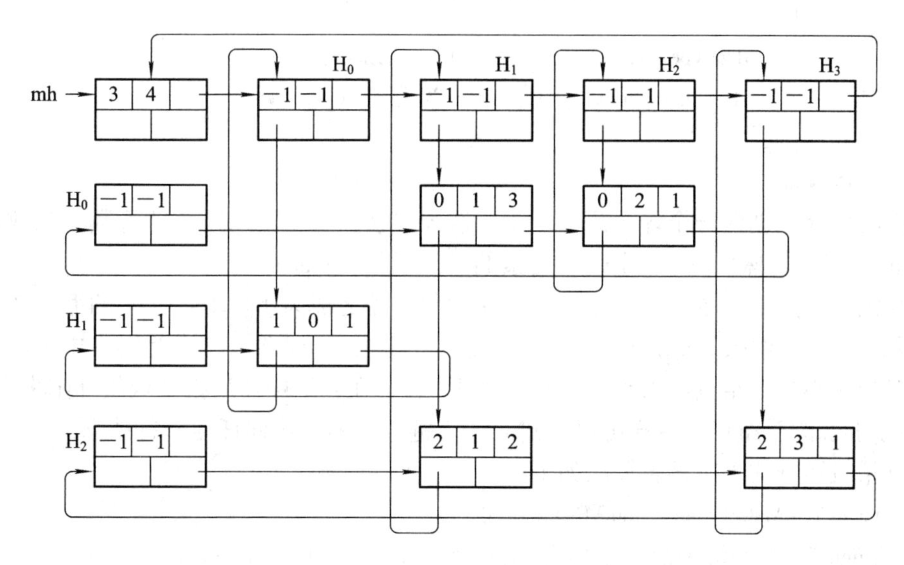

图 5-16　稀疏矩阵的十字链表示意图

注意，图 5-16 中最上面一行的头结点 H_0、H_1 和 H_2 与最左面一列的头结点 H_0、H_1 和 H_2 实际上是同一个头结点，分开表示主要是使十字链表示意更加清晰。

由图 5-16 可知，稀疏矩阵中每一行的非零元素结点按其列号由小到大依次由 right 指针链成一个带表头结点的循环行链表，同样，每一列中的非零元素结点按其行号由小到大依次由 down 指针链成一个带头结点的循环列链表。因此，每个非零元素 $a_{i,j}$ 既是第 i 行循环链表中的一个结点，又是第 j 列循环链表中的一个结点。链表头结点中的 row 和 col 置为 −1，指针 right 指向该行链表的第一个非零元素结点，指针 down 指向该列链表的第一个非零元素结点。为了方便地找到每一行或每一列，则将所有的头结点链起来形成一个头结点循环链表。

非零元素结点的值域是 datatype 类型，而表头结点则需要一个指针类型以方便头结点之间的链接，为了使整个十字链表结构的结点一致，我们规定头结点和其他结点一样具有相同的结构，因此值域采用一个共用体来表示，改进后的结点结构如图 5-17 所示。

<table>
<tr><td>row</td><td>col</td><td colspan="2">v/*next</td></tr>
<tr><td colspan="2">down</td><td colspan="2">right</td></tr>
</table>

图 5-17　十字链表中非零元素和表头共用的结点结构

这样，我们得到结点的结构定义如下：

```
typedef struct node
```

```
    {
        int row,col;                //row 和 col 为非零元素所在的行和列
        struct node *right,*down;
                                    //right 和 down 为非零元素结点的行、列指针
        union
        {
            datatype   v;           //v 为非零元素的值
            struct node *next;      //next 为头结点链表指针
        }tag;
    }MNode;                         //十字链表结点类型
```

下面我们介绍创建一个稀疏矩阵的十字链表算法。首先输入矩阵的行数、列数和非零元个数 m、n 和 t，然后输入 t 个非零元素的三元组值(i, j, $a_{i,j}$)。

该算法的思想是：首先对头结点链表初始化，使之成为不含非零元素的循环链表。然后每输入一个三元组(i, j, $a_{i,j}$)则将其结点按其列号的大小插入到第 i 个行链表中去，同时也按其行号的大小将该结点插入到第 j 个列链表中去。在算法中使用指针数组*h[i]来指向第 i 行(第 i 列)链表的头结点，这样可以在建立十字链表中随机访问任何一行或列。

建立稀疏矩阵的十字链表算法如下：

```
void CreatMat(MNode **mh,MNode *h[])
{//mh 为指向头结点循环链表的头指针，*h[]为存储头结点的指针数组
    MNode *p,*q;                //p 和 q 为暂存指针
    int i,j,k,m,n,t,v,max;      //设非零元素的值 v 为整型
    printf("Input m,n,t:");
    scanf("%d,%d,%d",&m,&n,&t);
    *mh=(MNode*)malloc(sizeof(MNode)); //创建头结点循环链表的头结点
    (*mh)->row=m;               //存储矩阵的行数
    (*mh)->col=n;               //存储矩阵的列数
    p=*mh;                      //指针 p 指向头结点*mh
    if(m>n)
        max=m;                  //如果行数大于列数则将行数值赋给 max
    else
        max=n;                  //如果列数大于行数则将列数值赋给 max
    for(i=0;i<max;i++)          //采用尾插法创建头结点 h[0]、h[1]、…、h[max-1]的循环链表
    {
        h[i]=(MNode*)malloc(sizeof(MNode));
        h[i]->down=h[i];        //初始时 down 指向头结点自身(即列为空)
        h[i]->right=h[i];       //初始时 right 指向头结点自身(即行为空)
        h[i]->row=-1;
        h[i]->col=-1;
        p->tag.next=h[i];       //将头结点链接起来形成一个链表
```

```
        p=h[i];
    }
    p->tag.next=*mh;            /*将最后插入的头结点(即链尾)中的 next 指针
                                再指向链头形成头结点循环链表*/
    for(k=0;k<t;k++)
    {
        printf("Input i,j,v:");
        scanf("%d,%d,%d",&i,&j,&v);                //输入一个三元组
        p=(MNode*)malloc(sizeof(MNode));
        p->row=i;
        p->col=j;
        p->tag.v=v;
        //以下实现将*P 插入到第 i 行链表中去，且按列号有序
        q=h[i];
        while(q->right!=h[i]&&q->right->col<j)       //按列号找到插入位置
            q=q->right;
        p->right=q->right;                         //完成插入
        q->right=p;
            //以下实现将*p 插入到第 j 列链表中去，且按行号有序
        q=h[j];
        while(q->down!=h[j]&&q->down->row<i)        //按行号找到插入位置
            q=q->down;
        p->down=q->down;                           //完成插入
        q->down=p;
    }
}
```

执行上述算法，当已经创建了头结点循环链表但还未输入三元组数据时的十字链表示意图如图 5-18 所示。

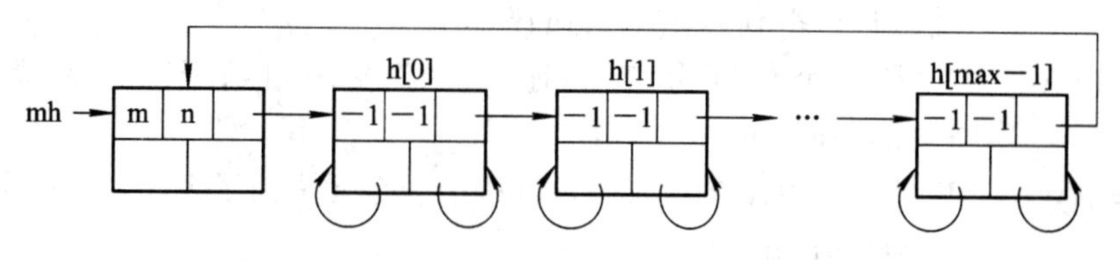

图 5-18　未输入非零元素时的十字链表示意图

上述算法中，建立头结点循环链表的时间复杂度为 O(max)。由于每个结点插入时都要在链表中寻找插入位置，因此每个结点插入到相应的行链表或列链表总的时间复杂度为 O(t×max) 。该算法对三元组的输入顺序没有要求。如果我们按行或按列为主序来输入三元组，则每次都将新结点插入到链表的尾部，这样对算法改进后可使时间复杂度为 O(max+t)(t 为非零元素个数)。

5.4 广 义 表

广义表(Lists)是线性表的一种推广，是广泛应用于人工智能等领域的一种重要的数据结构。

5.4.1 广义表的基本概念

在第 2 章中我们把线性表定义为 n≥0 个元素 $a_1,a_2,\cdots,a_n$ 的有限序列，线性表的每个元素 a_i (1≤i≤n)只能是结构上不可再分割的单元素，而不能是其他结构。如果放宽这个限制，允许表中的元素既可以是单元素，又可以是另外一个表，则称这样的表为广义表。

广义表是 n(n≥0)个数据元素 $a_1, a_2, \cdots, a_i, \cdots, a_n$ 的有序序列，一般记作：

$$LS = (a_1, a_2, \cdots, a_i, \cdots, a_n)$$

其中：LS 是广义表的名字；n 是它的长度；a_i(1≤i≤n) 是 LS 的成员，它可以是单个元素也可以是一个广义表，分别称为广义表 LS 的单元素和子表。当广义表 LS 非空时，称第一个元素 a_1 为 LS 的表头(Head)，并称其余元素组成的表($a_2,\cdots,a_i,\cdots,a_n$)为 LS 的表尾(Tail) 。因此，任何一个非空广义表的表头可能是单元素也可能是广义表，但其表尾一定是广义表。

显然，广义表的定义是递归的，因为在描述广义表时又用到了广义表自身的概念。广义表与线性表的主要区别在于：线性表的每个元素都是结构上不可再分的单元素，而广义表的每个元素既可以是单个元素，又可以是一个广义表。

为清楚起见，通常用大写字母表示广义表，用小写字母表示单元素。广义表用括号“( )”括起来，括号内的数据元素用逗号“,”隔开。

下面是一些广义表的例子：

(1) A=( )　　A 是长度为 0 的空表。

(2) B=(e)　　B 是一个长度为 1 且元素为单元素的广义表。

(3) C=(a,(b,c))　　C 是长度为 2 的广义表，它的第一个元素为单元素 a，第二个元素为子表(b,c)。

(4) D=(A,B,C)　　D 是长度为 3 的广义表，其中 3 个元素均为子表。显然，若将各子表带入后可得到 D=(( ),(e),(a,(b,c)))。

(5) E=(a,E)　　E 是一个长度为 2 的递归广义表，相当于一个无限的广义表 E=(a,(a,(a,⋯)⋯))。

(6) F=(A)　　F 是长度为 1 的广义表，其中的一个元素为子表。显然将子表带入后得到 F=(( ))。

注意，A=( )是一个无任何元素的空表，但 F=(A)=(( ))则不是空表，它有一个元素，只不过这个元素是一个空表而已。因此，A 的长度为 0 而 F 的长度为 1。

根据上述广义表的定义和例子可知广义表具有如下特点：

(1) 广义表是一种线性结构，其长度为最外层包含的元素个数。

(2) 广义表中的元素可以是子表，而子表的元素还可以是子表，因此广义表是一种多层次结构。

(3) 一个广义表也可以为其他广义表所共享，例如，在 D=(A，B，C)中，A、B、C 就是 D 的子表。

(4) 广义表可以是递归的，即广义表也可以是其自身的一个广义表，例如 E=(a,E)。

广义表的这些特点对于它的使用价值和应用效果起到了很大作用。广义表可以看成是线性表的推广，因此线性表只是广义表的一个特例。由于广义表的结构相当灵活，在某种前提下它可以兼容线性表、数组、树和有向图等各种常用的数据结构，如将二维数组的每行(或每列)作为子表处理时，二维数组即为广义表。由于广义表不仅集中了线性表、数组、树和图等常见数据结构的特点，而且可以有效地利用存储空间，因此在计算机的许多领域都得到了广泛的应用。

广义表的主要操作有求表的长度；查找表中满足条件的元素；在表中指定位置进行插入或删除等。另外，求广义表的深度、取广义表的表头或表尾等也都是广义表重要的基本操作。由于广义表结构比线性表复杂，因此广义表各种运算的实现也不如线性表简单。

所谓广义表的深度，是指广义表中所包含括号的重数，它是广义表的一种重要量度。前面例子中，B 的深度为 1，C 的深度为 2，D 的深度为 3。另外要注意的是空表的深度也为 1。

取表头 Head(LS)的操作是：取出的表头为非空广义表的第一个元素，该元素可以是单元素也可以是一个子表。取表尾 Tail(LS)的操作是：取出的表尾为除去表头元素之外，由其余元素构成的表。注意，表尾一定是一个表而不会是一个单元素。对前面的例子有：

Head(B)=e　　Tail(B)=( )
Head(C)=a　　Tail(C)=((b,c))
Head(D)=A　　Tail(D)=(B,C)
Head(E)=a　　Tail(E)=(E)
Head(F)=A　　Tail(F)=( )

5.4.2 广义表的存储结构

由于广义表中的元素本身又可以是一个表，因此它是一种带有层次的非线性结构，故难以用顺序存储结构来表示广义表。由于链式存储结构较为灵活，易于解决广义表的共享与递归问题，因此通常都采用链式存储结构来存储广义表。在这种存储方式下，每个数据元素可用一个结点来表示。

按照结点形式的不同，广义表的链式存储结构又可以分为两种不同的存储形式：头尾表示法和孩子兄弟表示法。

1. 头尾表示法

根据表头和表尾的定义，当广义表非空时可分解为表头和表尾两个部分。反之，一对确定的表头和表尾则可唯一地确定一个广义表。头尾表示法就是根据这一性质设计而成的一种存储方法。

由于广义表中的元素既可以是表元素也可以是单元素，故在头尾表示法中结点的结构形式也有两种：一种是表结点，用来表示表元素；另一种是元素结点，用来表示单元素。并且，在表结点中应该有一个指向表头的指针和一个指向表尾的指针，而在元素结点中则应表示单元素的元素值。除此之外，在每个结点中还要设置一个标志域 flag，并且有：

$$flag = \begin{cases} 1 & \text{表示本结点为表结点} \\ 0 & \text{表示本结点为元素结点} \end{cases}$$

头尾表示法的结点结构如图 5-19 所示。

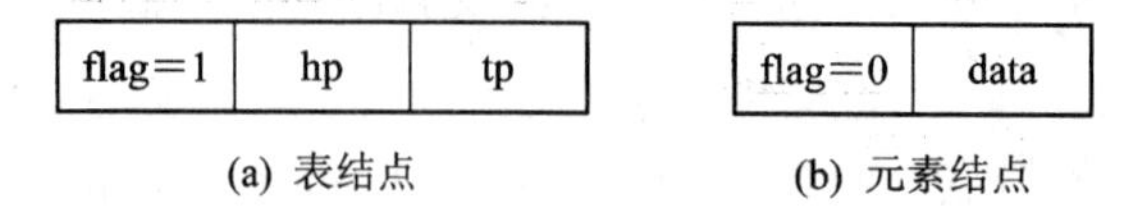

图 5-19　头尾表示法的结点结构

头尾表示法的结点类型定义如下：

```
typedef struct node
{
    int flag;                       //标志域
    union                           //元素结点和表结点共用内存
    {
        datatype data;              //元素结点的数据域
        struct                      //表结点
        {
            struct node *hp;        //表结点的表头指针
            struct node *tp;        //表结点的表尾指针
        }ptr;                       //ptr.hp 和 ptr.tp 分别指向子表的表头和表尾
    }
}HTNode;                            //广义表结点类型
```

对于 5.4.1 节所列举的广义表 A、B、C、D、E、F，若采用头尾表示法的存储方式，其存储结构如图 5-20 所示。

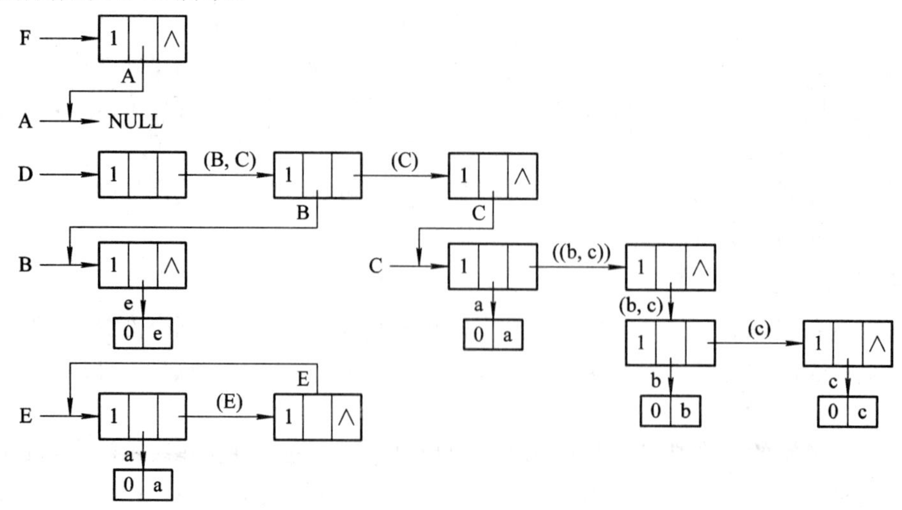

图 5-20　广义表头尾表示法存储结构示意图

由图 5-20 可以看出，该存储结构恰好是 5.4.1 节中对广义表 A、B、C、D、E、F 求出的 Head 和 Tail 值的一种表示。同样，由图 5-19 可以看出，头尾表示法存储结构有如下几个特点：

(1) 若广义表为空表则表头指针为空。否则表头指针总是指向一个表结点，且该表结点中的 hp 指针指向广义表的表头，tp 指针指向广义表的表尾。

(2) 容易分清广义表中单元素和子表所在的层次。如广义表 D 中，单元素 e 和 a 在同一层上，而单元素 b 和 c 在同一层上且比 e 和 a 低了一层。

(3) 最高层的表结点个数为广义表的长度。例如广义表 D 的最高层有三个表结点，其广义表的长度为 3；广义表 C 最高层有 2 个结点，其广义表长度为 2 。

2. 孩子兄弟表示法

广义表的另一种表示法称为孩子兄弟表示法。孩子兄弟表示法中也有两种结点形式：一种是有孩子结点，用来表示表元素；另一种是无孩子结点，用来表示单元素。在有孩子结点中包含一个指向第一个孩子(长子)的指针和一个指向兄弟的指针；而在无孩子结点中则含有该结点的数据值和一个指向兄弟的指针。如同头尾表示法一样，为了能区分这两类结点，在结点中还要设置一个标志域 flag，并且有：

$$\text{flag}=\begin{cases}1 & \text{表示本结点有孩子结点}\\ 0 & \text{表示本结点无孩子结点}\end{cases}$$

孩子兄弟表示法的结点结构如图 5-21 所示。

flag=1	hp	tp

flag=0	data	tp

图 5-21　孩子兄弟表示法的结点结构

孩子兄弟表示法的结点类型定义如下：

```
typedef struct node
{
    int flag;                    //标志域
    union                        //元素结点和表结点共用内存
    {
        char data;               //元素结点的数据域
        struct node *hp;         //表结点的表头指针
    }val;
    struct node *tp;             //指向下一个兄弟结点
}CBNode;                         //广义表结点类型
```

在这种广义表的存储结构中，tp 指针相当于线性表的 next 指针，它指向下一个元素结点。对于 5.4.1 节所列举的广义表 A、B、C、D、E、F，若采用孩子兄弟表示法的存储方式，其存储结构如图 5-22 所示。

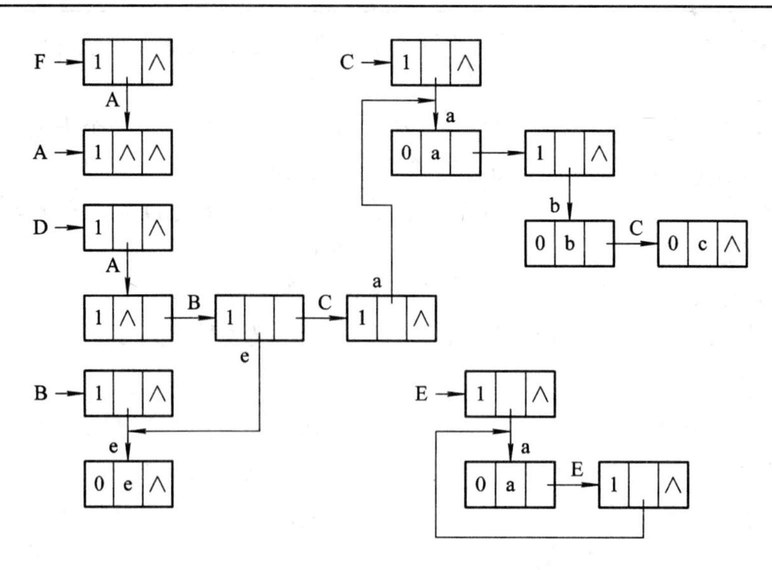

图 5-22　广义表的孩子兄弟表示法存储结构

由图 5-22 可以看出，表头指针总是指向一个表结点且该结点的 tp 指针为空，并且所有的兄弟结点都在同一层而孩子结点则在下面一层。

例 5.3　求如下广义表的运算结果。

Head(Tail(Tail(Head(((a,b,(c,d),e),f,(g,h))))))

【解】

广义表

Head(Tail(Tail(Head (((a,b,(c,d),e),f,(g,h)))))

表头

广义表

=Head(Tail(Tail((a,b, (c,d),e　))))

表尾中的元素

表尾元素构成的表

= Head(Tail((b,(c,d),e)))

表尾中的元素

表尾元素构成的表

=Head(((c,d),e))

表头

=(c,d)

例 5.4　根据头尾表示法和孩子兄弟表示法，画出广义表 LS=((a,b),c,((d)))在这两种方法下的存储结构示意。

【解】广义表 LS=((a,b),c,((d)))在头尾表示法下的存储结构示意图如图 5-23 所示。

广义表 LS=((a,b),c,((a)))在孩子兄弟表示法下的存储结构示意图如图 5-24 所示。

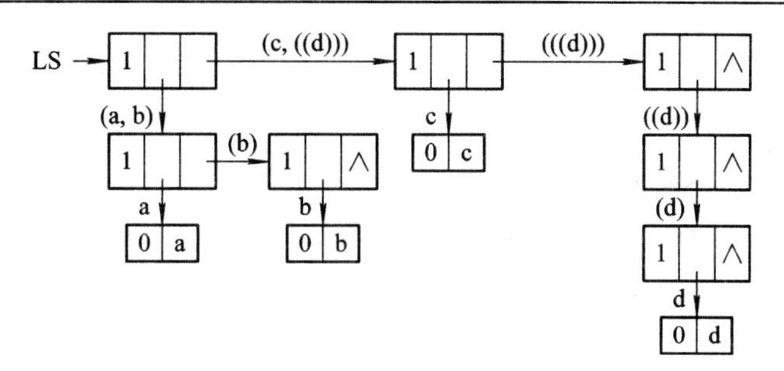

图 5-23　广义表头尾表示法存储结构示意图

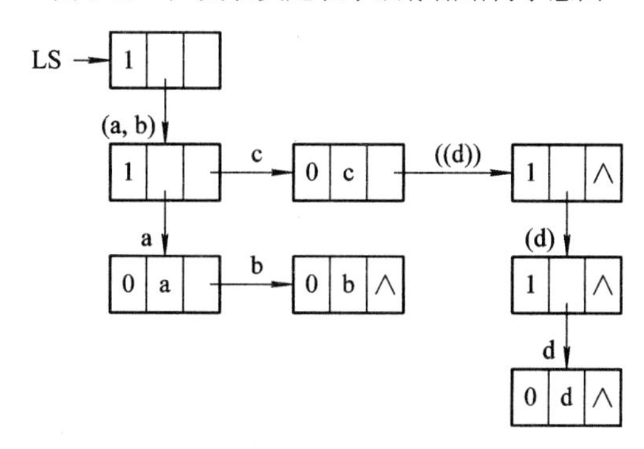

图 5-24　广义表孩子兄弟表示法存储结构示意图

5.4.3　广义表基本操作实现算法

1. 建立广义表的链式存储结构

采用孩子兄弟表示法来建立广义表的链式存储结构，并假定广义表中的元素类型 datatype 为 char 类型，每个单元素的值被限定为英文字母。并且广义表是一个表达式，其格式为：各元素之间用一个逗号“,”隔开，表元素的起始和结束符号分别为左括号“(”和右括号“)”，空表在“( )”内部不包含任何字符。例如“(a, (b, c, d), e)”就是一个符合规定的广义表格式。

建立广义表的存储结构的算法是一个非递归算法，该算法使用一个具有广义表格式的字符数组 ex，返回由它生成的广义表存储结构的头指针 h。

建立广义表链式存储结构的算法如下：

```
CBNode *Create(char ex[])                        //用孩子兄弟表示法建立广义表
{
   CBNode *p,*q=NULL,*h,*hp[MAXSIZE];            //h 为最终生成的广义表表头指针
   SeqStack *s;
   char x,*y=&x;                                  //出栈元素经过指针 y 传给 x
   int i=0,j=0,b=0,t=0,k=0;
   Init_SeqStack(&s);
   while(ex[i]!='\0')                             //是否到表达式串的串尾
   {
      if(ex[i]==' ')                              //当前字符为空格字符时
```

```
        i++;
    if(ex[i]=='(')                          //当前字符为左括号"("时
    {
        Push_SeqStack(s,ex[i]);             //将"("压入栈 s 中
        p=(CBNode*)malloc(sizeof(CBNode)); //创建一个新结点
        p->flag=1;                          //新结点作为表头结点
        p->tp=NULL;                         //表元素结点的 tp 指针暂置为空
        k=0;                                //表元素结点标志
        hp[j++]=p;                          //将指向表元素结点的指针 p 压入栈 hp 中
        if(q!=NULL)
            if(t==1)
            {
                t=0;
                q->tp=p;                    //结点*p 作为结点*q 兄弟结点链入表中
            }
            else
                q->val.hp=p;                //结点*p 作为结点*q 孩子结点链入表中
        else
            q=p;                            //指针 q 下移指向结点*p
        if(b==0)                            //刚生成的是广义表的第一个结点
        {
            h=p;b=1;                        //使广义表表头指针 h 指向该结点
        }
    }
    else
        if(ex[i]==')')                      //遇到")"字符则子表结束
        {
          Top_SeqStack(s,y);
            if(*y=='(')
            {
                p->tp=NULL;
                if(ex[i-1]=='('||(ex[i-1]==' '&&ex[i-2]=='('))  //空表时的处理
                    p->val.hp=NULL;         //子表是空表
                Pop_SeqStack(s,y);
                if(j!=0)                    //当栈 hp 未到栈底时
                {
                    q=hp[--j];              //将保存于栈 hp 的表元素结点指针弹出赋给 q
                    if(ex[i+1]==',')
                    {
```

```
                    if(ex[i+2]=='(')          //下一兄弟结点是表元素结点的处理
                    {
                        t=1; k=0; i++;
                        goto l2;
                    }
                    i++;
                }
                k=1;                          //下一兄弟结点是单元素结点的处理
            l2:   ;
            }
        }
        else
        {
            h=NULL;                           //输入的广义表字符串有错,置广义表为空
            printf("Error!\n");
            goto l1;
        }
    }
    else
        if(ex[i]!=',')                        //生成单元素结点的处理
        {
            if(k==0)                          //在此之前生成的*p 为表元素结点
            {
                q=p;                          //使 q 指向这个表元素结点
                k=0;
            }
            p=(CBNode*)malloc(sizeof(CBNode)); //创建一个新结点
            p->flag=0;                        //新结点作为单元素结点
            p->val.data=ex[i];
            if(ex[i-1]=='(')
                q->val.hp=p;                  //作为孩子结点链接到当前结点上
            else
                q->tp=p;                      //作为兄弟结点链接到当前结点上
        }
        else                                  //当 ex[i]等于","时的处理
        {
            q=p;
            t=1;
        }
i++;
```

```
    }
    if(!Empty_SeqStack(s))    //栈 s 不为空则"("与")"不匹配,即输入串有错
    {
        h=NULL;
        printf("Error!\n");
    }
l1:  return h;          //返回广义表的头指针
}
```

2. 输出广义表

对于带头结点的广义表 h，打印输出该广义表时需要对子表进行递归调用。当*h 结点为表结点时，应首先输出作为一个表的起始符号“(”，然后再输出以 h->hp 为表头指针的表；当*h 结点为单元素结点时，则直接输出其 data 值，当以 h->hp 为表头指针的表输出完后，则应再接着输出一个表结束符号“)”；当*h 结点输出结束后若存在后继结点，则应先输出一个逗号“,”作为广义表元素之间的分隔符，然后再递归输出由 h->tp 指针所指向的后继兄弟结点。

广义表输出算法如下：

```
void DispCB(CBNode *h)
{                                    //h 为广义表的头结点指针
    if(h!=NULL)                      //表非空
    {
        if(h->flag==1)               //为表结点时
        {
            printf("(");             //输出子表开始符号"("
            if(h->val.hp==NULL)
                printf(" ");         //输出空子表
            else
                DispcB(h->val.hp);   //递归输出子表
        }
        else
            printf("%c", h->val.data);   //为单元素时输出元素值
        if(h->flag==1)
            printf(")");             //输出子表结束符号
        if(h->tp!=NULL)              //有后继结点时
        {
            printf(",");             //输出元素之间的分隔符","
            DispcB(h->tp);           //递归调用输出后继元素的结点信息
        }
    }
}
```

3. 求广义表长度

在广义表中，同一层次的每一个结点(即兄弟结点)是通过 tp 指针链接起来的，所以可以把它看作是由 tp 指针链接起来的单链表。因此，求广义表的长度就是求单链表的长度。

求广义表长度递归算法如下：

```
int CBLength(CBNode *h)
{           //h 为广义表头结点指针
    int n=0;
    h=h->val.hp;              //h 指向广义表的第一个元素
    while(h!=NULL)
    {
        n++;
        h=h->tp;
    }
return n;                     //n 为广义表长度
}
```

4. 求广义表深度

对带头结点的广义表 h，广义表深度的递归定义是它等于所有子表中表的最大深度加 1。若 h 为单元素，则其深度为 0 。求广义表深度的递归公式如下：

$$f(h)=\begin{cases}0 & \text{若 h 为单元素} \\ 1 & \text{若 h 为空表} \\ \max\{f(subh)\}+1 & \text{其他情况}\end{cases}$$

其中，subh 为 h 的子表。

求广义表深度的算法如下：

```
int CBDepth(CBNode *h)
{             //h 为广义表头结点指针
    int max=0,dep;                //置深度 max 初值为 0
    if(h->flag==0)                //为单元素时返回 0 值
        return 0;
    h=h->val.hp;                  //h 指向广义表的第一个元素
    if(h==NULL)                   //子表为空时返回 1 值
        return 1;
    while(h!=NULL)                //遍历表中的每一个元素
    {
        if(h->flag==1)            //元素为表结点时
        {
            dep=CBDepth(h);       //递归调用求出子表的深度
            if(dep>max)           //max 为同一层所求子表中的深度最大值
                max=dep;
```

```
        }
        h=h->tp;                    //使 h 指向下一个元素
    }
    return max+1;                   //返回表的深度
}
```

习　题　5

1. 单项选择题

(1) 一维数组和线性表的区别是____。

A. 前者长度固定，后者长度可变　　B. 后者长度固定，前者长度可变

C. 两者长度均固定　　D. 两者长度均可变

(2) 二维数组 A 的每个元素是由 6 个字符组成的串，其行下标 i=0, 1, …, 8，列下标 j=1, 2, …, 10。若数组 A 以行为主序存储，元素 A[8][5]的起始地址与数组 A 以列为主序存储时的元素______的起始地址相同(设每个字符占一个字节)。

A. A[8][5]　　B. A[3][10]　　C. A[5][8]　　D. A[0][9]

(3) 已知二维数组的行下标 i = −3, −2, −1, 0, …, 5，列下标 j = 0, 1, …, 10，则该数组含有的元素个数为_____。

A. 88　　B. 99　　C. 80　　D. 90

(4) 已知一个三对角矩阵 A 的行、列下标均由 1 到 100，并以行为主序存入下标由 1 到 298 的一维数组 B 中。则 A 中元素 $a_{66,65}$(注：行、列下标由 1 开始，即该元素行下标为 66，列下标为 65)在数组 B 中的位置 k 为_____。

A. 198　　B. 195　　C. 197　　D. 185

(5) 稀疏矩阵一般的压缩方法有______两种。

A. 二维数组和三维数组　　B. 三元组和散列表

C. 三元组和十字链表　　D. 散列表和十字链表

(6) 设矩阵 A 是一对称矩阵，为了节省存储，将其下三角部分(如图 5-25 所示)以行为主序存放在一维数组 B(B 中下标由 0～$\frac{n(n+1)}{2}$)中，对下三角部分中任意元素 $a_{ij}(i \geqslant j)$在一维数组 B 中的下标位置 k 值是______。

A. $\frac{i(i-1)}{2}+j-1$　　B. $\frac{i(i-1)}{2}+j$　　C. $\frac{i(i+1)}{2}+j-1$　　D. $\frac{i(i+1)}{2}+j$

$$A=\begin{bmatrix} a_{0,0} & & & \\ a_{1,0} & a_{1,1} & & \\ & & \ddots & \\ a_{n-1,0} & a_{n-1,1} & \cdots & a_{n-1,n-1} \end{bmatrix}$$

图 5-25　矩阵 A 的下三角部分

(7) 对以行为主序的存储结构来说，在二维数组 A 中，c_1 和 d_1 分别为数组 A 第一维下标的下、上界，c_2 和 d_2 分别为第二维下标的下、上界，每个数组元素占 k 个存储单元，则二维数组中任一元素 a[i][j]的存储位置可由______确定。

A. $LOC(a_{i,j}) = [(d_2-c_2+1)(i-c_1)+(j-c_2)]\times k$

B. $LOC(a_{i,j}) = LOC(a_{c1,c2})+[(d_2-c_2+1)(i-c_1)+(j-c_2)]\times k$

C. $LOC(a_{i,j}) = A[c_1][c_2]+[(d_2-c_2+1)(i-c_1)+(j-c_2)]\times k$

D. $LOC(a_{i,j}) = LOC(a_{0,0})+[(d_2-c_2+1)(i-c_1)+(j-c_2)]\times k$

(8) 已知广义表 LS=((a, b, c), (d, e, f))，运用 Head 和 Tail 函数取出 LS 中元素 e 的运算是______。

A. Head(Tail(LS))　　　　B. Tail(Head(LS))

C. Head(Tail(Head(Tail(LS))))　　　　D. Head(Tail(Tail(Head(LS))))

(9) 若广义表 A 满足 Head(A)=Tail(A)，则 A 为______。

A. ( )　　B. (( ))　　C. (( ),( ))　　D. (( ),( ),( ))

(10) 广义表 A=(a,b,(c,d)),(e,(f,g)))，则 Head(Tail(Head(Tail(Tail(A)))))的值为______。

A. (g)　　B. (d)　　C. c　　D. d

(11) 图 5-26 所示的结构是一个______。

A. 线性表　　B. 树形结构　　C. 图结构　　D. 广义表

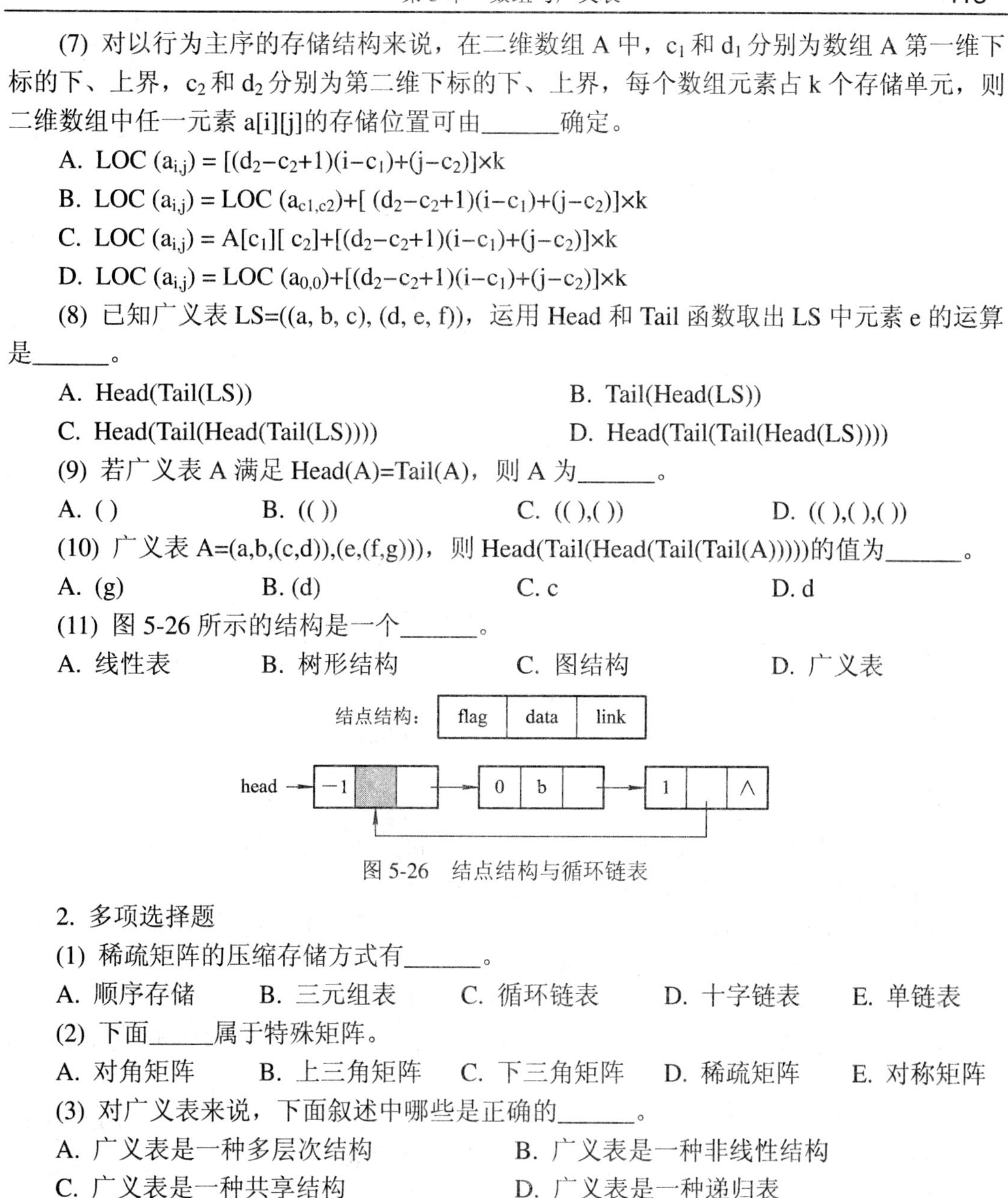

图 5-26　结点结构与循环链表

2. 多项选择题

(1) 稀疏矩阵的压缩存储方式有______。

A. 顺序存储　　B. 三元组表　　C. 循环链表　　D. 十字链表　　E. 单链表

(2) 下面_____属于特殊矩阵。

A. 对角矩阵　　B. 上三角矩阵　　C. 下三角矩阵　　D. 稀疏矩阵　　E. 对称矩阵

(3) 对广义表来说，下面叙述中哪些是正确的______。

A. 广义表是一种多层次结构　　B. 广义表是一种非线性结构

C. 广义表是一种共享结构　　D. 广义表是一种递归表

E. 广义表是一种单链表结构

3. 填空题

(1) 对行下标由 1 到 50、列下标由 1 到 80 的二维数组 a，若该数组的起始地址为 2000 且每个元素占 2 个存储单元，并以行为主序顺序存储，则元素 a[45][68]的存储地址为_____；若以列为主序顺序存储，则元素 a[45][68]的存储地址为______。

(2) 三维数组定义为 a[4][5][6](下标从 0 开始计，a 数组共有 4×5×6 个元素)，每个元素的长度为 2，则 a[2][3][4]的地址是______(设 a[0][0][0]的存储地址是 1000，且以行为主序存储)。

(3) 数组结构是由固定数量的且由一个值和一组下标组成的数据元素构成，其元素间的下标关系具有________________________。

(4) 一维数组的逻辑结构是______，存储结构是______。对二维或多维数组，分为______和______两种不同的存储方式。

(5) 需要压缩存储的矩阵可分为______矩阵和______矩阵两种。

(6) 设有一个 10 阶对称矩阵 A 采用压缩存储方式(以行为主序存储，行、列下标从 0 开始，第一个数据元素为 $a_{0,0}$)，则 $a_{8,5}$ 的存储地址为____(每个元素占一个字节)。

(7) 设有三对角矩阵如图 5-27 所示，将带状区域中的元素 $a_{i,j}$($|i-j|\leq 1$)放在一维数组 B 中，则 B 的大小为______。元素 $a_{i,j}$ 在 B 中的位置(下标)是______(下标从 0 开始)。

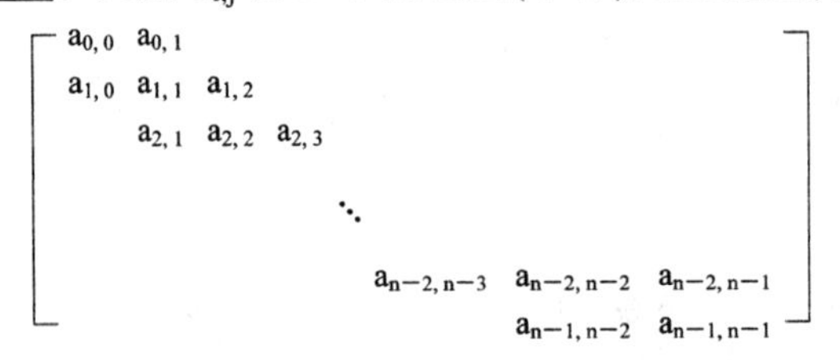

图 5-27　三对角矩阵

(8) 广义表的元素可以是一个广义表。因此，广义表是一个______的结构。

(9) 广义表((a))的表头是_____，表尾是_____。

(10) 广义表(a,(a,b),d,e,((i,j),k))的长度是___，深度是___。

4. 判断题

(1) 数组是同类型值的集合。

(2) 数组是一种复杂的数据结构；数组元素之间的关系既不是线性的，也不是树形的。

(3) 稀疏矩阵压缩存储后，必会失去随机存取功能。

(4) 一个稀疏矩阵 $A_{m\times n}$ 采用三元组形式表示。若把三元组中有关行下标与列下标的值互换，并把 m 和 n 值互换，就完成了 $A_{m\times n}$ 的转置运算。

(5) 广义表中的单元素(原子)个数即为广义表的长度。

(6) 线性表可以看成是广义表的特例，如果广义表中的每个元素都是单元素，则广义表便成为线性表。

(7) 广义表是由零个或多个单元素或子表所组成的有限序列，所以广义表可能为空表。

(8) 若一个广义表的表头为空表，则此广义表亦为空表。

(9) 广义表是线性表的推广，因此是线性数据结构。

(10) 任何一个非空广义表，其表头可能是单元素或广义表，但其表尾必定是广义表。

5. 简述数组与字符串属于线性表的理由。

6. 广义表有哪些重要特征？

7. 画出下列广义表的两种存储结构图。

(( ), A, (B, (C, D)), (E, F))

8. 利用广义表的 Head 和 Tail 运算，把原子(单元素)student 从下列广义表中分离出来。

(1) L1=(solder,teacher,student,worker,farmer)；

(2) L2=(solder,(teacher,student),worker,farmer)。

9. 设一系列正整数存放在一个数组中，试设计算法将所有奇数存放到数组的前半部分，所有的偶数存放到数组的后半部分。要求尽可能少用临时存储单元并使时间花费最少。

10. 有一长度为 n 的整型数组 T，要求“不用循环”按下标顺序输出数组元素的值。

11. 定义一个一维字符数组：char b[n](n 为常数)，b 中连续相等元素构成的子序列称为平台。试设计一个算法求出 b 中最长平台的长度。

12. 寻找 5×5 二维数组的鞍点，即该行位置上的元素在该行上值最大，在该列上值最小。

13. 编写一个算法求一个广义表的表头。

14. 编写一个算法求一个广义表的表尾。

第6章 树与二叉树

前面各章所涉及的线性表、栈和队列等数据结构都属于线性结构，它们的共同特点是：各元素之间的逻辑关系都呈现出简单的一对一关系。而非线性结构的各元素之间，其逻辑关系则呈现出一对多或多对多的关系。

树形结构是一类重要的非线性结构，其逻辑关系呈现出一对多的关系。树形结构中元素(结点)之间具有明确的层次关系，元素(结点)之间有分支，非常类似于自然界中的树。树结构在客观世界中是大量存在的，例如行政机构或家谱等都可用树来形象的表示。树在计算机领域中也有广泛的应用，例如在编译程序中，用树来表示源程序的语法结构；在数据库系统中用树来组织信息。本章重点讨论二叉树的存储表示和各种运算，并给出二叉树的应用——哈夫曼树及哈夫曼编码，最后介绍一般树、森林与二叉树的转换关系。

6.1　树的基本概念

6.1.1　树的概念与定义

现实生活中存在许多用树形结构描述的实际问题。例如，某家族的关系如下：张抗生有三个孩子：张卫红、张卫兵和张卫华；而张卫兵有两个孩子张明和张丽；张卫华有一个孩子张群。这个家族关系可以很自然的用图 6-1 所示的树形图来描述，它很像一棵倒置的树；其中“树根”是张抗生，树的“分支结点”是张卫兵和张卫华，而其他家族成员则构成了该树的“树叶”，而树枝(即图中的线条)则描述了家族成员之间的相互关系。从图 6-1 可以看出：以张抗生为根的树是一个大家庭，并可以分为张卫红、张卫兵、张卫华为根的三个小家庭，且每个小家庭又形成了一个树形结构。因此可以得出树的递归定义。

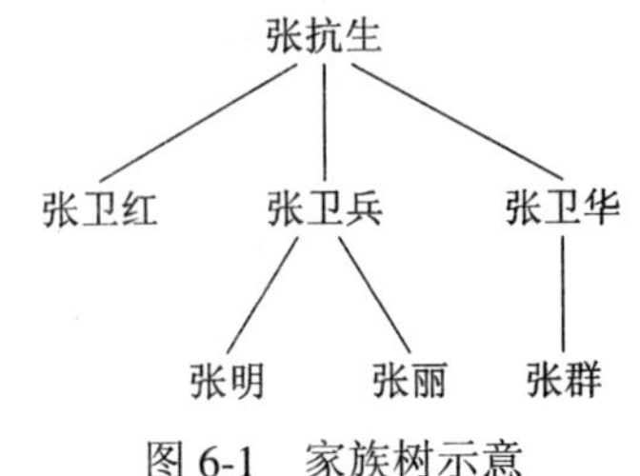

图 6-1　家族树示意

树的定义：树是 $n(n\geq 0)$ 个结点的有限集合 T，当 $n=0$(即 T 为空)时称为空树；当 $n>0$ 时非空。树 T 满足以下两个条件：

(1) 有且仅有一个称为根的结点。

(2) 其余结点可分为 m(m≥0)个互不相交的子集 T_1、T_2、…、T_m，其中每个子集 T_i 本身又是一棵树，并称为根的子树。

树的递归定义凸显了树的固有特性。即一棵非空树是由若干棵子树构成，而子树又可由更小的若干棵子树构成。树中结点呈现出明显的层次关系，一个结点必须且只能跟上一层的一个结点(双亲结点)有直接关系，并且可以跟下一层的多个结点(孩子结点)有直接关系。所以，凡是具有等级(层次)关系的的数据均可以用树来描述。

树的表示形式主要有树形表示法、凹入表示法、嵌套集合表示法及括号表示法(见图6-2)。我们主要采用树形表示法。

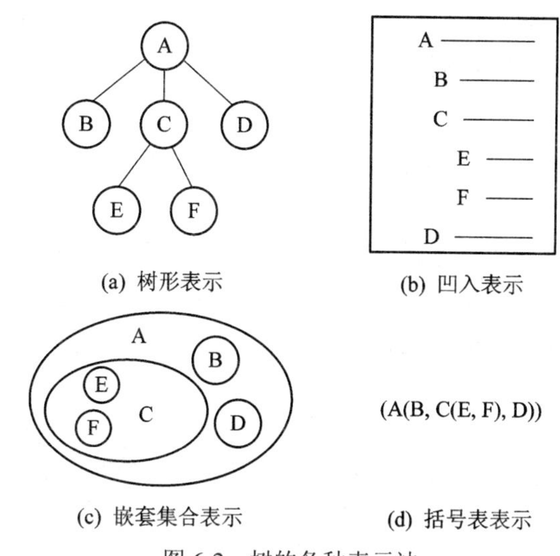

图6-2 树的各种表示法

6.1.2 树的基本术语

下面介绍树形结构中常用的基本术语。

(1) 树的结点：包含一个数据元素及若干指向其子树的分支。

(2) 结点的度：结点拥有子树的个数。如图6-2(a)中A的度为3，C的度为2，B、D、E、F的度为0。

(3) 树的度：树内个各结点度的最大值。如图6-2(a)所示的树的度为3。

(4) 叶子：度为0的结点，又称终端结点。如图6-2(a)所示树中的B、D、E、F。

(5) 分支结点：度不为0的结点，又称非终端结点。如图6-2(a)所示树中C。

(6) 孩子：结点的子树的根称为该结点的孩子。如图6-2(a)所示树中B、C、D是A的孩子，E、F是C的孩子。

(7) 双亲：若结点j是结点i的孩子，则结点i就是结点j的双亲。如图6-2(a)所示树中A是B、C、D的双亲，C是E、F的双亲。

(8) 兄弟：同一双亲的孩子之间互称兄弟。如图6-2(a)所示树中的B、C、D互为兄弟，E、F互为兄弟。

(9) 祖先：从根到该结点所经分支上的所有结点均为该结点的祖先。如图6-2(a)所示树中 A、C 是 E 或 F 的祖先。

(10) 子孙：以某结点为根的子树中任意结点称为该根的子孙。如图 6-2(a)所示树中 C 的子孙为 E 和 F。

(11) 结点层次：从根开始，根为第一层，根的孩子为第二层；若某结点在 L 层，则其子树的根则在第 L+1 层。

(12) 树的深度：树中结点的最大层次。图 6-2(a)所示树的深度为 3。

(13) 有序树或无序树：若树中每个结点的各个子树从左到右的次序不能互换，则称该树为有序树，否则为无序树。

(14) 森林：森林是 m(m≥0)棵互不相交的树构成的集合。删除一棵树的根，就得到由 m 棵子树构成的森林；反之，给 m 棵树的森林加上一个根结点，并且这 m 棵树都是该结点的子树，那么就由森林变为一棵树。

6.2 二 叉 树

二叉树是一种非常重要的非线性结构，许多实际问题抽象出来的数据结构往往都是二叉树的形式。与树相比，二叉树更加规范并更具有确定性，并且实现二叉树的存储结构及其算法都较为简单，因此二叉树就显得特别重要。

6.2.1 二叉树的定义

二叉树的定义：二叉树是 n(n≥0)个结点的有限集合，它或者是空树(n=0)，或者是由一个根结点及两棵互不相交、分别称做该根结点的左子树和右子树的二叉树组成。

二叉树的定义与树的定义一样，都是递归的。并且，二叉树具有如下两个特点：

(1) 二叉树不存在度大于 2 的结点。

(2) 二叉树每个结点至多有两棵子树且有左、右之分，次序不能颠倒。

二叉树与树的主要区别是：二叉树任何一个结点的子树都要区分为左、右子树，即使这个结点只有一棵子树时也要明确指出它是左子树还是右子树，而树则无此要求，即树中某个结点只有一棵子树时并不区分左右。根据二叉树的定义，二叉树具有如图 6-3 所示的五种基本形态：(a) 为空二叉树(用符号 φ 表示)；(b) 为只有一个根结点而无子树的的二叉树；(c) 为只有左子树而无右子树的二叉树；(d) 为只有右子树而无左子树的二叉树；(e) 为左、右子树均非空的二叉树。

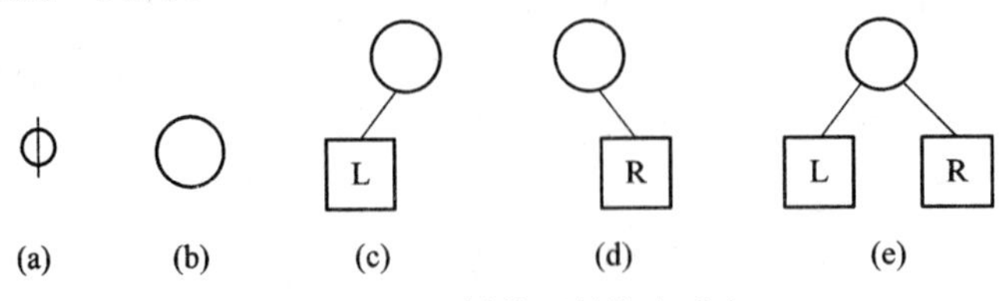

图 6-3 二叉树的五种基本形态

1. 满二叉树

我们称具有下列性质的的二叉树为满二叉树：

(1) 不存在度为 1 的结点，即所有分支结点都有左子树和右子树。

(2) 所有叶子结点都在同一层上。

例如，图 6-4(a)即为满二叉树，而图 6-4(b)则不是满二叉树，因为其叶子结点不在同一层上。

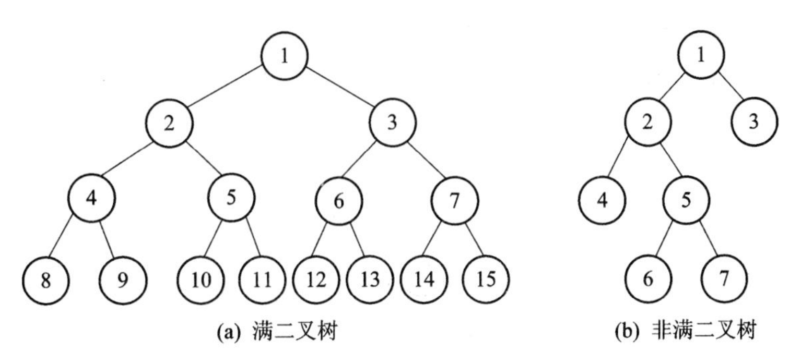

图 6-4　满二叉树与非满二叉树示意图

2. 完全二叉树

对一棵具有 n 个结点的二叉树，将树中的结点按从上至下，从左之右的顺序进行编号，如果编号 i(1≤i≤n)的结点与满二叉树中的编号为 i 的结点在二叉树中的位置相同，则这棵二叉树称为完全二叉树。

完全二叉树的特点是：叶子结点只能出现在最下层和次最下层，且最下层的叶子结点都集中在树的左部。如果完全二叉树中某个结点的右孩子存在，则其左孩子必定存在。此外，在完全二叉树中如果存在度为 1 的结点，则该结点的孩子一定是结点编号中的最后一个叶子结点。显然，一棵满二叉树必定是一棵完全二叉树，而一棵完全二叉树却未必是一棵满二叉树，(可能存在叶子结点不在同一层上或者有度为一的结点)。例如，在图 6-5(a)和图 6-5(b)均为完全二叉树，而图 6-5(c)则不是一棵完全二叉树。

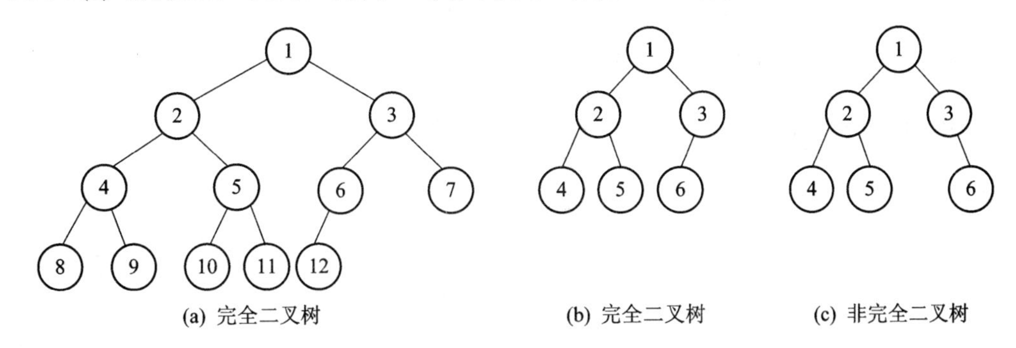

(a) 完全二叉树
(b) 完全二叉树
(c) 非完全二叉树

图 6-5　完全二叉树与非完全二叉树示意图

6.2.2　二叉树的性质

性质 1：非空二叉树的第 i 层上最多有 2^{i-1} 个结点(i≥1)。

证明：利用数学归纳法证明此性质。

i=1 时，只有一个根结点，显然 $2^{i-1}=2^0=1$，命题成立。

假设对所有的 j，1≤j≤i 时命题成立，即第 j 层上至多有 2^{j-1} 个结点。下面证明当 j = i

时命题也成立。根据归纳假设，第 $i-1$ 层上至多有 2^{i-2} 个结点，由于二叉树中每个结点至多有两个孩子，因此第 i 层上最大结点数应为第 $i-1$ 层上最大结点数的 2 倍，即 $2\times2^{i-2}=2^{i-1}$，即命题成立，证毕。

性质 2：深度为 k 的二叉树至多有 2^k-1 个结点($k\geqslant1$)。

证明：由性质 1 可知，深度为 k 的二叉树最多含有的结点数为每层最多结点数之和，即：

$$2^0+2^1+\cdots+2^{k-1}=\sum_{i=1}^{k}2^{i-1}=2^k-1$$

性质 3：在任意非空二叉树中，如果叶子结点(度为 0)数为 n_0，度为 2 的结点数为 n_2，则有

$$n_0=n_2+1$$

证明：设 n_1 为二叉树中度为 1 的结点数，则二叉树中全部结点数(设为 n)为：$n=n_0+n_1+n_2$。

从孩子结点考虑：除根结点之外，其余结点均属于孩子结点，故二叉树中的孩子结点总数为 $n-1$，由于二叉树中度为 1 的结点有 1 个孩子、度为 2 的结点有 2 个孩子，因此二叉树中孩子结点总数又为 n_1+2n_2，即有：$n-1=n_1+2n_2$。故可得方程如下：

$$\begin{cases}n=n_0+n_1+n_2\\n=n_1+2n_2+1\end{cases}$$

解之可得到：$n_0=n_2+1$。

性质 4：具有 n 个结点的完全二叉树的深度为 $\lfloor\log_2 n\rfloor+1$(注：$\lfloor x\rfloor$表示不大于 x 的最大整数，如$\lfloor 3.7\rfloor=3$；$\lceil x\rceil$表示不小于 x 的最小整数，如$\lceil 3.7\rceil=4$)。

证明：设二叉树的深度为 k，则根据完全二叉树的定义及性质 2 有：

$$2^{k-1}-1<n\leqslant2^k-1\quad 或\quad 2^{k-1}\leqslant n<2^k$$

则有：

$$k-1\leqslant \mathrm{lb}n<k$$

因为 k 是整数，故有 $k-1=\lfloor\log_2 n\rfloor$，即最终可得：

$$k=\lfloor \mathrm{lb}n\rfloor+1$$

性质 5：对一个具有 n 个结点的完全二叉树按层次自上而下且每层从左到右的顺序对所有结点从 1 开始到 n 进行编号，则对任一序号为 i 的结点有：

(1) 若 $i>1$，则 i 的双亲结点序号是$\left\lfloor\frac{i}{2}\right\rfloor$；若 $i=1$，则 i 为根结点序号。

(2) 若 $2i\leqslant n$，则 i 的左孩子序号是 2i，否则 i 无左孩子。

(3) 若 $2i+1\leqslant n$，则 i 的右孩子序号是 $2i+1$；否则 i 无右孩子。

证明略。

例 6.1　已知一棵完全二叉树共有 892 个结点，试求：

(1) 树的高度；

(2) 单支结点数；

(3) 叶子结点数；

(4) 最后一个分支(非叶子)结点的序号。

【解】(1) 已知深度为 k 的二叉树至多有 2^k-1 个结点($k\geq 1$)，由于：$2^9-1<892<2^{10}-1$，故树的高度为 10。

(2) 对完全二叉树来说，度为 1 的结点只能是 0 个或 1 个。由性质 3 可知：$n_0=n_2+1$，即 n_0+n_2 一定是奇数，由题设完全二叉树共有 892 个结点可知 n_1(即度为 1 的结点)=1。

(3) $892\div 2=446$，由 $n_0=n_2+1$ 可知 $n_0=446$，$n_2=445$。

(4) 最后一个分支结点恰为去掉全部叶子结点后的那个结点，即 892−446(叶子结点数)=446，故最后一个分支结点的序号为 446。

6.2.3　二叉树的存储结构

实现二叉树存储，不但要存储二叉树中各结点的数据信息，而且还要能够反映出二叉树结点之间的逻辑关系，如孩子、双亲关系等。

1. 顺序存储结构

二叉树的顺序存储是用一组地址连续的存储单元来存放二叉树中的结点数据。一般是按照二叉树结点自上而下、从左到右的顺序进行存储。但是在这种顺序存储方式下，结点在存储位置上的前驱、后继关系并不一定就能反映结点之间的孩子和双亲这种逻辑关系。也即，如果存在某种方法能够实现根据结点存放的相对位置就能反映结点之间的逻辑关系，这种顺序存储才有意义。由二叉树的性质可知，完全二叉树和满二叉树采用顺序存储比较合适，这是因为树中的结点序号可以唯一地反映出结点之间的逻辑关系，而用于实现顺序存储结构的数组元素下标又恰好与序号对应。因此，用一维数组作为完全二叉树的顺序存储结构既能节省存储空间，又能通过数组元素的下标值来确定结点在二叉树中的位置以及结点之间的逻辑关系。图 6-6 给出了一棵完全二叉树及其顺序存储结构的示意图。

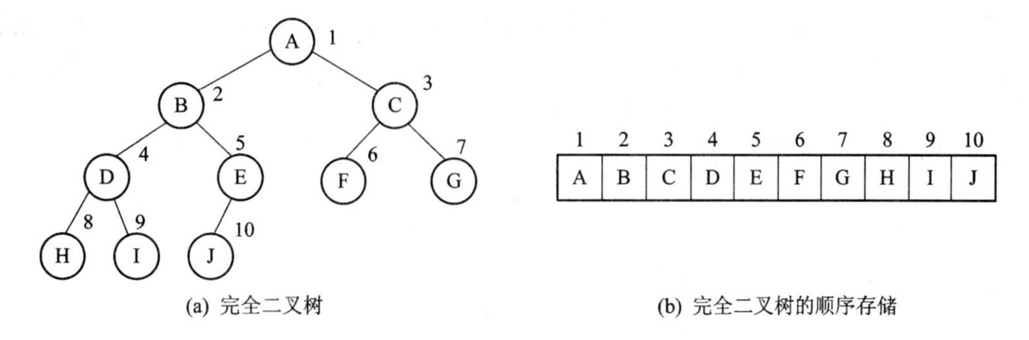

图 6-6　完全二叉树及其顺序存储结构示意图

在图 6-6(b)的顺序存储结构中，我们可以通过性质 5 找到任一结点的双亲或孩子结点，即结点之间的逻辑关系可通过结点在数组中的位置(数组元素的下标)准确地反映出来。注意，如果由数组的下标 0 开始顺序存放完全二叉树的结点数据，则相应的第 i 号结点的双亲结点编号为$\left\lfloor \frac{i-1}{2} \right\rfloor$，左孩子编号为 2i+1,右孩子编号为 2(i+1)。

对于一般二叉树，如果仍按自上而下、从左到右的顺序存放二叉树中的所有结点数据到一维数组中，则数组元素的下标并不能反映一般二叉树结点之间的逻辑关系。为了利用数组元素下标来反映结点之间的逻辑关系，则只能添加一些并不存在的“空结点”，从而将一般二叉树转化为完全二叉树，然后再用一维数组存储。图 6-7 给出了一棵一般二叉树以及改造后的完全二叉树及其顺序存储示意图。显然，这种改造后的存储造成了存储空间的浪费。因此，顺序存储适用于完全二叉树和满二叉树，但不适用于一般二叉树。最坏的情况是单支树，一棵深度为 k 的右单支树虽然只有 k 个结点，却需给其分配 2^k-1 个结点的存储空间。

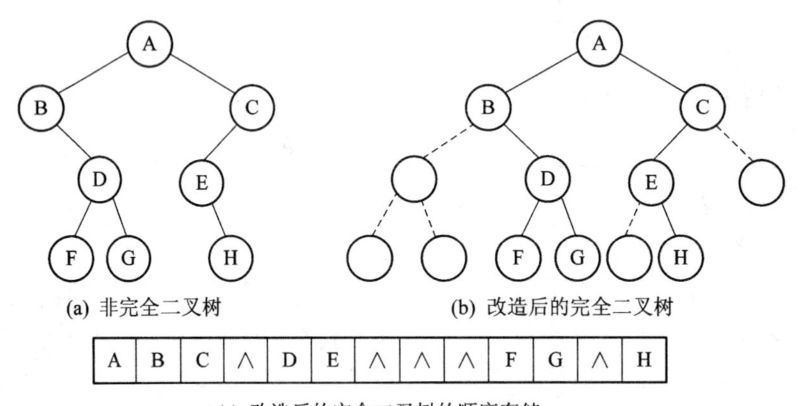

(a) 非完全二叉树　(b) 改造后的完全二叉树

A	B	C	∧	D	E	∧	∧	∧	F	G	∧	H

(c) 改造后的完全二叉树的顺序存储

图 6-7　一般二叉树及其顺序存储

2. 链式存储结构

二叉树的链式存储结构不但要存储结点的数据信息，而且要使用指针来反映结点之间的逻辑关系。最常用的二叉树链式存储结构是二叉链表，其结点的存储结构如下：

lchild	data	rchild

也即，二叉链表中每个结点由三个域(成员)组成：一个是数据域 data，用于存放结点的数据；另外两个是指针域 lchild 和 rchild，分别用来存放结点的左孩子结点和右孩子结点的存储地址。二叉链表的结点类型定义如下：

```
typedef struct node
{
    datatype data;                        //结点数据
    struct node *lchild,*rchild;          //左、右子孩子指针
}BSTree;
```

图 6-8(b)给出了图 6-8(a)所示二叉树的二叉链表存储表示，当左孩子或右孩子不存在时，相应指针域值为空(用符号“∧”或 NULL 表示)。此外，在图 6-8 中还给出了一个指针变量 tree 来指向根结点。

为了便于找到结点的双亲，也可以在结点中增加指向双亲结点的指针 parent，这就是三叉链表。三叉链表中每个结点由 4 个域组成：

lchild	data	rchild	parent

图 6-8(c)给出了图 6-8(a)所示二叉树的三叉链表表示。这种存储结构既便于查找孩子结点，又便于查找双亲结点，但相对于二叉链表，它增加了存储空间。

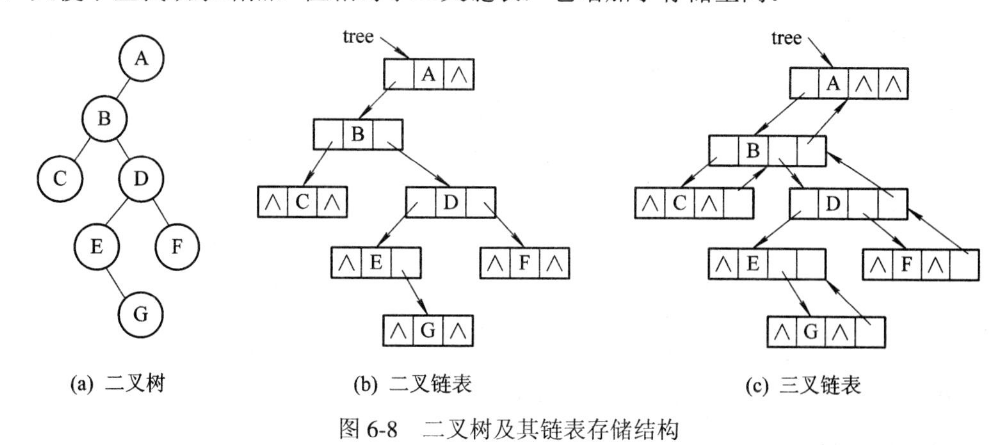

(a) 二叉树　(b) 二叉链表　(c) 三叉链表

图 6-8　二叉树及其链表存储结构

6.3　二叉树的遍历

6.3.1　二叉树的遍历方法

由于二叉树的定义是递归的，因此一棵非空二叉树可以看作是由根结点、左子树和右子树这三个基本部分组成。如果能依次遍历这三个部分的信息，也就遍历了整个二叉树。因此，二叉树的遍历就是按某种策略访问二叉树中每一个结点并且仅访问一次的过程。若以字母 D、L、R 分别表示访问根结点、遍历根结点的左子树、遍历根结点的右子树，则二叉树的遍历方式有 6 种：DLR、LDR、LRD、DRL、RDL 和 RLD。如果限定先左后右则只有前 3 种方式：即 DLR、LDR 和 LRD，分别被称之为先序(又称前序)遍历、中序遍历和后序遍历。

遍历二叉树的实质就是对二叉树线性化的过程，即遍历的结果是将非线性结构的二叉树中的结点排成一个线性序列，而且三种遍历的结果都是线性序列。遍历二叉树的基本操作就是访问结点，对含有 n 个结点的二叉树不论按哪种次序遍历，其时间复杂度均为 O(n)，这是因为在遍历过程中实际是按照结点的左、右指针遍历二叉树的每一个结点。此外，遍历所需的辅助空间为栈的容量，在遍历中每递归调用一次都要将有关结点的信息压入栈中，栈的容量恰为树的深度，最坏情况下是 n 个结点的单支树，这时树的深度为 n，所以空间复杂度为 O(n)。

二叉树三种遍历的方法如表 6.1 所示。

表 6.1　二叉树的三种遍历

遍历方式	操作步骤
先序遍历	若二叉树非空： (1) 访问根结点； (2) 按先序遍历左子树； (3) 按先序遍历右子树
中序遍历	若二叉树非空： (1) 按中序遍历左子树； (2) 访问根结点； (3) 按中序遍历右子树
后序遍历	若二叉树非空： (1) 按后序遍历左子树； (2) 按后序遍历右子树； (3) 访问根结点

此外，二叉树的遍历还可以采用层次遍历的方法。

6.3.2　遍历二叉树的递归算法及遍历示例

1. 先序遍历二叉树的递归算法

```
void Preorder(BSTree *p)                //先序遍历二叉树
{
    if(p!=NULL)
    {
        printf("%3c",p->data);          //访问根结点
        Preorder(p->lchild);            //先序遍历左子树
        Preorder(p->rchild);            //先序遍历右子树
    }
}
```

2. 中序遍历二叉树的递归算法

```
void Inorder(BSTree *p)                 //中序遍历二叉树
{
    if(p!=NULL)
    {
        Inorder(p->lchild);             //中序遍历左子树
        printf("%3c",p->data);          //访问根结点
        Inorder(p->rchild);             //中序遍历右子树
    }
}
```

3. 后序遍历二叉树的遍历算法

```
void Postorder(BSTree *p)              //后序遍历二叉树
{
    if(p!=NULL)
    {
        Postorder(p->lchild);          //后序遍历左子树
        Postorder(p->rchild);          //后序遍历右子树
        printf("%3c",p->data);         //访问根结点
    }
}
```

例 6.2　给出图 6-9 所示二叉树的先序、中序和后序遍历序列。

【解】因为二叉树的定义是递归的，所以一棵非空二叉树可以看作由根结点、左子树和右子树这三个基本部分组成，即依次遍历这三个部分就遍历了整个二叉树。对左子树或右子树又可看作为一棵二叉树并继续往下分为根结点、左子树和右子树三个部分，这种划分可以一直持续到叶子结点。图 6-10 的虚线框即为图 6-9 中二叉树不断递归划分为根结点、左子树和右子树这三个部分的示意图。

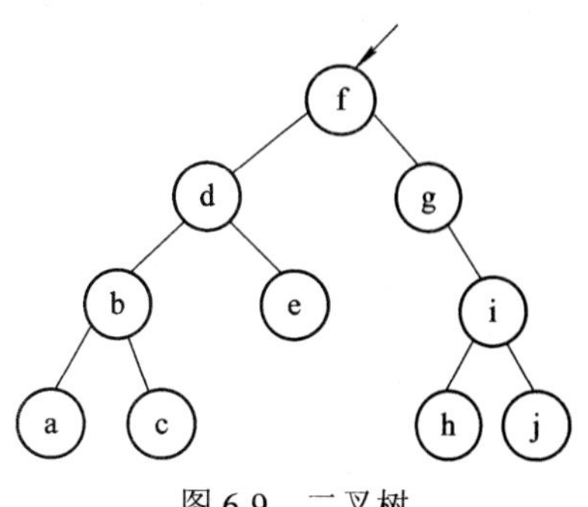

图 6-9　二叉树

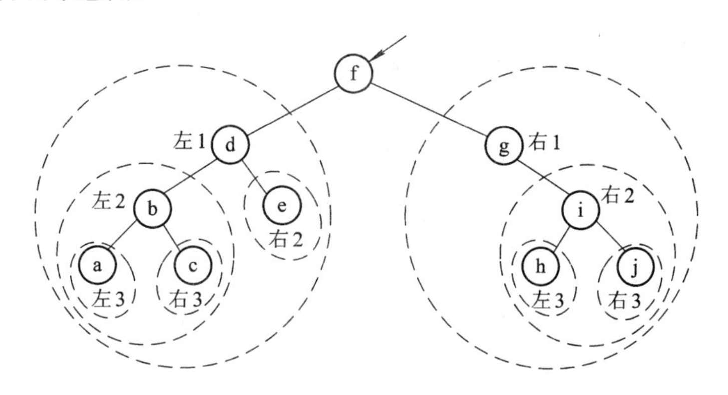

图 6-10　二叉树不断划分为根结点、左子树和右子树的示意图

(1) 先序为“根左右”，由图 6-10 可得到如图 6-11 所示的先序示意图。

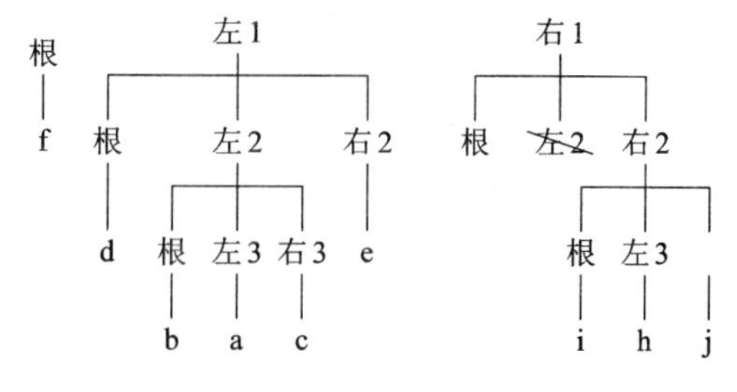

图 6-11　先序序列生成示意图

即从左到右排列的先序序列为：f d b a c e g i h j 。

(2) 中序为“左根右”，由图 6-10 可得如图 6-12 所示的中序示意图。

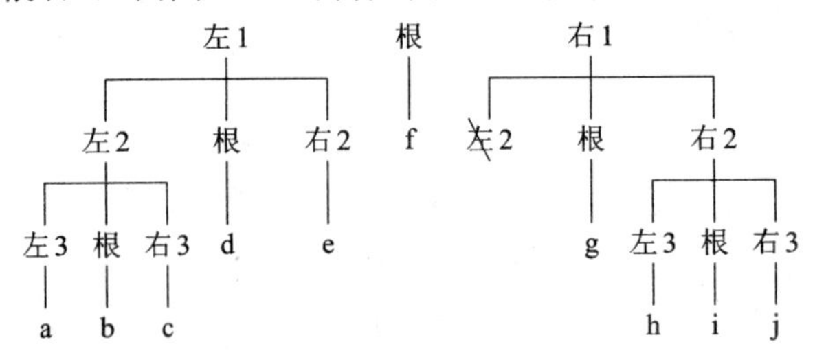

图 6-12　中序序列生成示意图

即从左到右排列的中序序列为：a b c d e f g h i j 。

(3) 后序为“左右根”，由图 6-10 可得如图 6-13 所示的后序示意图。

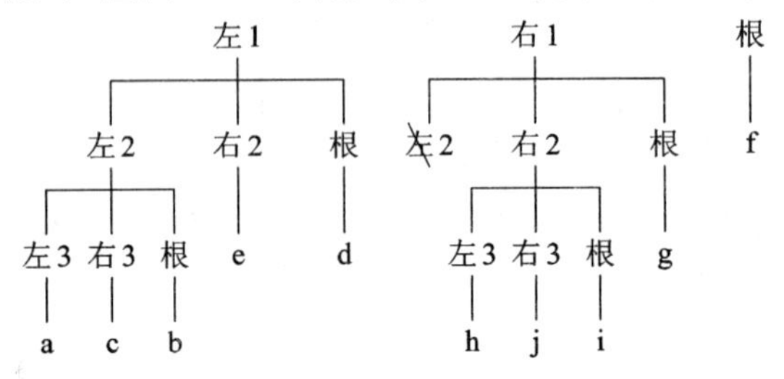

图 6-13　后序序列生成示意图

即从左到右排列的后序序列为：a c b e d h j i g f。

也可由图 6-10 所勾划出的层次以及二叉树不同遍历的顺序直接得到先序、中序和后序这三种遍历序列。

例 6.3　有一个二叉树，左、右子树均有三个结点，其左子树的先序序列与中序序列相同，其右子树的中序序列与后序序列相同，试构造该二叉树。

【解】根据题意，左子树的先序序列与中序序列相同，即有：

先序：　根　~~左~~　右

中序：　~~左~~　根　右

也即，以左子树为根的二叉树无左孩子。此外，右子树的中序序列与后序序列相同，即有：

中序：　左　根　~~右~~

后序：　左　~~右~~　根

也即，以右子树为根的二叉树无右孩子。由此构造该二叉树如图 6-14 所示。

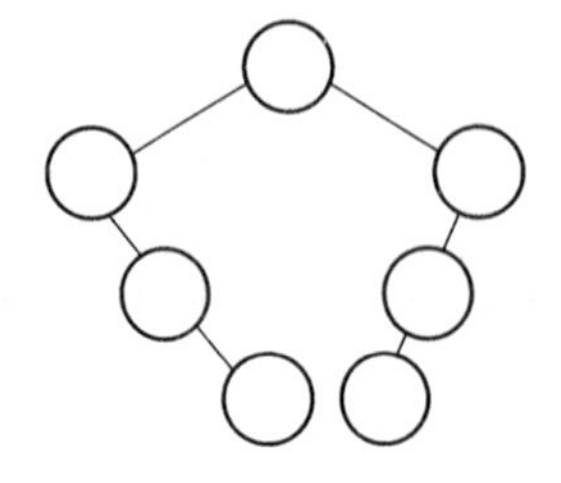

图 6-14　题设二叉树示意图

例 6.4 二叉树以二叉链表为存储结构，试设计一个算法，若结点左孩子的 data 域值大于右孩子的 data 值域，则交换其左右子树。

【解】因为是交换左右子树，所以只有先找到(定位于)某一符合条件的结点作为根结点时才能交换其左右子树，故采用先序遍历的方法实现。算法设计如下：

```
void Change(BSTree *p)
{
    BSTree *q;
    if(p!=NULL)
    {
        if(p->lchild!=NULL&&p->rchild!=NULL&&p->lchild->data>p->rchild->data)
        {                  //交换左、右孩子的指针
            q=p->lchild;
            p->lchild=p->rchild;
            p->rchild=q;
        }
        Change(p->lchild);
        Change(p->rchild);
    }
}
```

6.3.3 遍历二叉树的非递归算法

递归程序虽然简洁，但可读性较差且执行效率不高。因此，就存在着如何把遍历二叉树的递归算法转化为非递归算法的问题。

由二叉树的遍历可知，先序、中序和后序遍历都是从根结点开始的，并且在遍历过程中所经过的结点路线都是一样的，只不过访问结点信息的时机不同。也即，二叉树的遍历路线是从根结点开始沿左子树往下深入，当深入到最左端结点时，则因无法继续深入下去而返回，然后再逐一进入刚才深入时所遇结点的右子树，并重复前面深入和返回的过程，直到最后从根结点的右子树返回到根结点时为止。由于结点返回的顺序正好与结点深入的顺序相反，即后深入先返回，它恰好符合栈结构的后进先出特点，因此可以用栈来实现遍历二叉树的非递归算法。注意，在三种遍历方式中，先序遍历是在深入过程中凡遇到结点就访问该结点信息，中序遍历则是从左子树返回时访问结点信息，而后序遍历是从右子树返回时访问结点信息。

1. 先序遍历二叉树的非递归算法

先序非递归遍历二叉树的方法是：由根结点沿左子树(即 p->lchild 所指)一直遍历下去，在遍历过程中每经过一个结点时就输出(访问)该结点的信息并同时将其压栈。当某个结点无左子树时就将这个结点由栈中弹出，并从这个结点的右子树的根开始继续沿其左子树向下遍历(对此时右子树的根结点也进行输出和压栈操作)，直到栈中无任何结点时就实现了先序遍历。先序遍历二叉树的非递归算法如下：

```
void Preorder(BSTree *p)              //先序遍历二叉树
{
   BSTree *stack[MAXSIZE];            //MAXSIZE 为大于二叉树结点个数的常量
   int i=0;
   stack[0]=NULL;                     //栈初始化
   while(p!=NULL||i>0)                //当指针 p 不空或栈 stack 不空(i>0)时
     if(p!=NULL)                      //当指针 p 不空时
      {
         printf("%3c",p->data);       //输出结点的信息
         stack[++i]=p;                //将该结点压栈
         p=p->lchild;                 //沿左子树向下遍历
      }
     else                             //当指针 p 为空时
      {
         p=stack[i--];                //将这个无左子树的结点由栈中弹出
         p=p->rchild;                 //从该结点右子树的根开始继续沿左子树向下遍历
      }
}
```

2. 中序遍历二叉树的非递归算法

中序非递归遍历二叉树与先序非递归遍历二叉树的过程基本相同，仅是输出结点信息的语句位置发生了变化，即每当需要沿当前结点的右子树根开始继续沿其左子树向下遍历时(即此时已经遍历过当前结点的左子树了)，就先输出这个当前结点的信息。中序遍历二叉树非递归算法如下：

```
void Inorder(BSTree *p)               //中序遍历二叉树
{
   BSTree *stack[MAXSIZE];            //MAXSIZE 为大于二叉树结点个数的常量
   int i=0;
   stack[0]=NULL;                     //栈初始化
   while(i>=0)                        //当栈 stack 不空(i>0)时
   {
     if(p!=NULL)                      //当指针 p 不空时
     {
         stack[++i]=p;                //将该结点压栈
         p=p->lchild;                 //沿左子树向下遍历
     }
     else                             //当指针 p 为空时
     {
         p=stack[i--];                //将这个无左子树的结点由栈中弹出
```

```
            printf("%3c",p->data);          //输出结点的信息
            p=p->rchild;                    //从该结点右子树的根开始继续沿左子树向下遍历
        }
        if(p==NULL&&i==0)                   //当指针 p 为空且栈 stack 也为空时结束循环
            break;
    }
}
```

3. 后序遍历二叉树的非递归算法

后序非递归遍历二叉树与前面两种非递归遍历算法有所不同，它除了使用栈 stack 之外，还需使用一个数组 b 来记录二叉树中结点 i(i=1,2,3,…,n)当前遍历的情况：如果 b[i]为 0，则表示仅遍历过结点 i 的左子树，它的右子树还没遍历过；如果 b[i]为 1，则表示结点 i 的左、右子树都已经遍历过。

后序非递归遍历二叉树的过程仍然是由根结点开始沿左子树向下进行遍历，并且将遇到的所有结点顺序压栈。当某个结点 j 无左子树时就将结点 j 由栈 stack 中弹出，然后检查 b[j]是否为 0，如果 b[j]为 0 则表示结点 j 的右子树还未遍历过，也即必须遍历过结点 j 的右子树后方可输出结点 j 的信息，所以必须先遍历结点 j 的右子树，即将结点 j 重新压栈并置 b[j]为 1(作为遍历过左、右子树的标识)，然后再将结点 j 的右孩子压栈并沿右孩子的左子树继续向下遍历。直到某一时刻该结点 j 再次由栈中弹出，因为此时 b[j]已经为 1，即表示此时结点 j 的左、右子树都已遍历过(结点 j 的左、右子树上的所有结点信息都已输出)，或者结点 j 本身就是一个叶结点，这时就可以输出结点 j 的信息了。为了统一，对于前者，在输出了结点 j 的信息后即置结点 j 的父结点指向结点 j 的指针值为 NULL。这样，当某个结点的左、右孩子指针都为 NULL 时，则意味着或者该结点本身就为叶结点，或者该结点左、右子树中的结点信息都已输出过，此时就可以输出该结点的信息了。后序遍历二叉树非递归算法如下：

```
void Postorder(BSTree *p)               //后序遍历二叉树
{
    BSTree *stack[MAXSIZE];             //MAXSIZE 为大于二叉树结点个数的常量
    int b[MAXSIZE],i=0;                 //数组 b 用于标识每个结点是否已遍历过其左、右子树
    stack[0]=NULL;                      //栈初始化
    do
    {
        if(p!=NULL)                     //当指针 p 不空时
        {
            stack[++i]=p;               //将遍历中遇到的所有结点依次压栈
            b[i]=0;                     //置该结点右子树未访问过的标志
            p=p->lchild;                //沿该结点左子树继续向下遍历
        }
        else                            //当指针 p 为空时
```

```
        {
            p=stack[i--];            //将这个无左子树(或左子树已遍历过)的当前结点由栈中弹出
            if(!b[i+1])              //b[i+1]为 0 则当前结点的右子树未遍历
            {
                stack[++i]=p;        //将当前结点重新压栈
                b[i]=1;              //置当前结点右子树已访问过标志
                p=p->rchild;         //沿当前结点右孩子继续向下遍历
            }
            else                     //当前结点的左、右子树都已遍历(即这些结点信息都已输出过)
            {
                printf("%3c",p->data);   //输出当前结点的信息
                p=NULL;                  //将指向当前结点的指针置为空
            }
        }
    }while(p!=NULL||i>0);                //当指针 p 不空或栈 stack 不空(i>0)时继续遍历
}
```

这种后序遍历二叉树的非递归算法，其优点是只需一重循环即可实现。另一种需两重循环实现的后序遍历非递归算法如下：

```
void Postorder1(BSTree *p)
{
    BSTree *stack[MAXSIZE],*q;           //MAXSIZE 为大于二叉树结点个数的常量
    int b,i=-1;
    do
    {
        while(p!=NULL)                   //将*p 结点左分支上的所有左孩子入栈
        {
            stack[++i]=p;
            p=p->lchild;
        }
        //栈顶结点已没有左孩子或其左子树上的结点都已访问过
        q=NULL;
        b=1;                             //置已访问过的标记
        while(i>=0&&b)                   //栈 stack 不空且当前栈顶结点的左子树已经遍历过
        {
            p=stack[i];                  //取出当前栈顶结点
            if(p->rchild==q)             //当前栈顶结点*p 无右孩子或*p 的右孩子已访问过
            {
                printf("%3c",p->data);   //输出当前栈顶结点*p 的信息
```

```
            i--;
            q=p;                    //q 指向刚访问过的结点*p
        }
        else                        //当前栈顶结点*p 有右子树
        {
            p=p->rchild;            //p 指向当前栈顶结点*p 的右孩子结点
            b=0;                    //置该右孩子结点未遍历过其右子树标记
        }
    }
  }while(i>=0);                     //当栈 stack 非空时继续遍历
}
```

算法中，表达式“p->rchild==q”的含义是：若 q 等于 NULL，则表示结点*p 的右孩子不存在且*p 的左子树或不存在或已遍历过，所以现在可以访问结点*p 了；若 q 不等于 NULL，则表示*p 的右孩子已访问过(因为 q 指向 p 的右子树中刚被访问过的结点，而*q 此时又是*p 的右孩子，即意味着 p 的右子树中所有结点都访问过)，所以现在可以访问*p。

6.3.4 二叉树的层次遍历算法

二叉树的层次遍历是指从二叉树的第一层(即根结点)开始，对整棵二叉树进行自上而下的逐层遍历。在同一层中，则按从左至右的顺序逐个访问该层的每一个结点。例如，对图 6-9 所示的二叉树，按层次遍历所得到的遍历序列为：

f d g b e i a c h j

在进行层次遍历时，对某一层结点访问完后，再按照它们的访问次序对各个结点的左孩子和右孩子顺序访问。这样一层一层的进行，先访问的结点其左、右孩子也必定先访问，这恰好与队列的操作相吻合。因此，在进行层次遍历时可设置一个队列结构，遍历从二叉树的根结点开始，即首先访问根结点并同时将根结点的指针 t 入队，然后在队不为空的情况下循环执行下述操作：先从队头取出一个结点*p，若*p 有左孩子则访问左孩子并将指向左孩子的指针入队；若*p 有右孩子则访问右孩子并将指向右孩子的指针入队。这种不断入队、出队的操作一直持续到队空为止，而此时二叉树的所有结点都已遍历。

```
void Transleve(BSTree *t)               //层次遍历二叉树
{
    SeQueue *Q;
    BSTree *p;
    Init_SeQueue(&Q);                   //队列 Q 初始化
    if(t!=NULL)                         //二叉树 t 非空
        printf("%2c",t->data);          //输出根结点信息
    In_SeQueue(Q,t);                    //指针 t 入队
    while(!Empty_SeQueue(Q))            //队 Q 非空
    {
        Out_SeQueue(Q,&p);              //队头结点(即指针值)出队并赋给 p
```

```
            if(p->lchild!=NULL)                  //*p 有左孩子
            {
                printf("%2c",p->lchild->data);   //输出左孩子信息
                In_SeQueue(Q,p->lchild);         //*p 左孩子指针入队
            }
            if(p->rchild!=NULL)                  //*p 有右孩子
            {
                printf("%2c",p->rchild->data);   //输出右孩子信息
                In_SeQueue(Q,p->rchild);         //*p 右孩子指针入队
            }
        }
    }
```

6.3.5　由遍历序列恢复二叉树

由二叉树遍历算法可知：任意给定一棵二叉树，其遍历得到的先序序列和中序序列都是唯一的。反之，如果知道一棵二叉树的先序遍历序列和中序遍历序列，则根据这两个序列是否能唯一恢复这棵二叉树？

根据二叉树的定义，二叉树的先序遍历是先访问根结点，然后先序遍历根结点的左子树，最后再先序遍历根结点的右子树。因此，在先序遍历序列中的第一个结点一定是二叉树的根结点。此外，二叉树的中序遍历是先中序遍历根结点的左子树，然后访问根结点，最后再中序遍历根结点的右子树。由此可知，根结点在中序遍历序列中必然将该中序序列分割成两个子序列：根结点之前是根结点的左子树所对应的中序遍历序列；根结点之后是根结点的右子树所对应的中序遍历序列。根据这两个子树的中序序列，在先序遍历序列中找到对应的左子树序列和右子树序列，而此时左子树序列中的第一个结点就是左子树的根结点，右子树序列中的第一个结点就是右子树的根结点。这样，就确定了二叉树的根结点及其左、右子树的根结点。接下来再分别对左、右子树的根结点继续划分其左子树序列和右子树序列。如此递归划分下去，当取尽先序遍历序列中的结点时，就唯一恢复了这棵二叉树。

与此类似，由二叉树的后序遍历序列和中序遍历序列也可以唯一恢复这棵二叉树。因为后序遍历序列中的最后一个结点是二叉树的根结点(它就是先序遍历序列中的第一个结点)，即同样可将中序遍历序列分割成两个子序列：根结点之前是根结点的左子树所对应的中序遍历序列；根结点之后是根结点的右子树所对应的中序遍历序列。根据这两个子树的中序序列，在后序遍历序列中找到对应的左子树序列和右子树序列，而此时左子树序列中的最后一个结点就是左子树的根结点，右子树序列中的最后一个结点就是右子树的根结点。然后再分别对左、右子树的根结点继续划分其左子树序列和右子树序列。如此递归划分下去，当逆序取尽后序遍历序列中的结点时，就唯一恢复了这棵二叉树。

如果已知先序和后序的遍历序列，但先序是“根、左、右”，后序是“左、右、根”，即由这两种遍历序列仅可获得根结点的信息但却无法区分左、右子树，所以也就无法确定一棵二叉树。

根据二叉树的先序序列和中序序列恢复二叉树的递归思想是：先根据先序序列的第一个结点建立根结点，然后在中序序列中找到该结点，从而划分出根结点的左、右子树的中序序列。接下来再在先序序列中确定左、右子树的先序序列，并由左子树的先序序列与中序序列继续递归建立左子树，由右子树的先序序列与中序序列继续递归建立右子树。

为了能够将恢复的二叉树传回给主调函数，在函数 Pre_In_order 中使用了二级指针**p。在下面的算法中，二叉树的先序遍历序列和中序遍历序列分别存放在一维数组 pred 和 ind 中。算法如下：

```
void Pre_In_order(char pred[],char ind[],int i,int j,int k,int h,BSTree **p)
{         //i、j 和 k、h 分别为当前子树先序序列和中序序列的下、上界
    int m;
    *p=(BSTree*)malloc(sizeof(BSTree)); //在主调函数空间申请一个结点
    (*p)->data=pred[i];              //根据 pred 数组生成二叉树的根结点
    m=k;                //m 指向 ind 数组所存储的中序序列中第一个结点
    while(ind[m]!=pred[i])        //找到根结点在中序序列中所在的位置
        m++;
    if(m==k)            //根结点是中序序列的第一个结点时则无左子树
        (*p)->lchild=NULL;
    else
        Pre_In_order(pred,ind,i+1,i+m-k,k,m-1,&(*p)->lchild);
        //根据根结点划分出中序序列的两个部分继续构造左、右两棵子树
    if(m==h)            //根结点是中序序列的最后一个结点时则无右子树
        (*p)->rchild=NULL;
    else
        Pre_In_order(pred,ind,i+m-k+1,j,m+1,h,&(*p)->rchild);
        //根据根结点划分出中序序列的两个部分继续构造左、右两棵子树
}
```

例 6.5 已知一个非空二叉树，其中序和后序遍历的结果为

中序： C G B A H E D J F I

后序： G B C H E J I F D A

试将该二叉树构造出来。

【解】根据定义，二叉树的后序遍历为：左、右、根。也就是说，后序序列中的最后一个结点一定是二叉树的根结点。而二叉树的中序遍历为：左、根、右，因此，根结点在中序序列中必然把这个中序序列分割为两个子序列，根结点前面的子序列就是根结点的左子树，根结点后面的子序列就是根结点的右子树。对于各左、右子树，我们可以继续上述的划分，如此递归下去，最终就可以得到一棵二叉树，为了便于区分左、右子树，我们在左子树序列的下面加上下划线“~~~”，在右子树序列的下面加上下划线“__”，而加粗的字母则为当前子树的根结点。即有：

(1) 先由后序序列：GBCHEJIFDA (A 即为根结点)得到中序序列的划分：CGB**A**HEDJFI。

(2) 对左子树：CGB，由后序序列：GBC(C 为根结点)得到中序序列的划分：**C**GB。

(3) 对右子树：GB，由后序序列：GB(B 为根结点)得到中序序列的划分：**GB**。

(4) 对右子树：HEDJFI，由后序序列：HEJIFD(D 为根结点)得到中序序列的划分：**HEDJFI**。

(5) 对左子树：HE，由后序序列：HE(E 为根结点)得到中序序列的划分：**HE**。

(6) 对右子树：JFI，由后序序列：JIF(F 为根结点)得到中序序列的划分：**JFI**。

(1)～(6)的构造过程如图 6-15 所示。

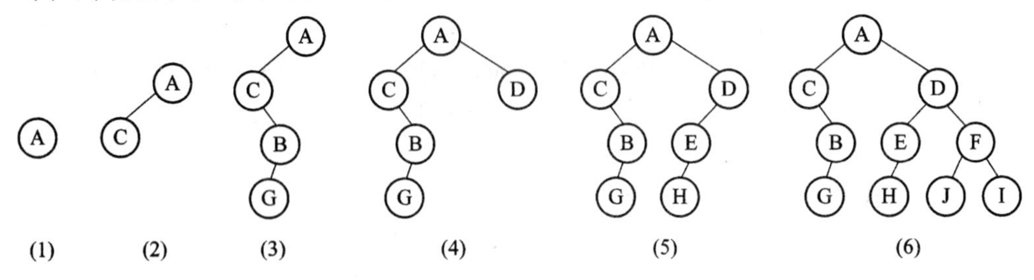

图 6-15　根据中序和后序序列构造的二叉树

6.3.6　二叉树遍历的应用

1. 查找数据元素

在 p 为根结点指针的二叉树中进行中序非递归遍历来查找数据元素 x(即结点数据)。查找成功时返回该结点的指针；查找失败时则返回空指针，算法实现如下：

```
BSTree *Search(BSTree *p,char x)        //中序遍历查找数据元素
{
    BSTree *stack[MAXSIZE];             //MAXSIZE 为大于二叉树结点个数的常量
    int i=0;
    stack[0]=NULL;                      //栈初始化
    while(i>=0)                         //当栈 stack 不空(i>0)时
    {

        if(p!=NULL)                     //当指针 p 不空时
        {
            if(p->data==x)
                return p;               //查找成功返回 p 指针值
            else
            stack[++i]=p;               //将该结点压栈
            p=p->lchild;                //沿左子树向下遍历
        }
        else                            //当指针 p 为空时
        {
            p=stack[i--];               //将这个无左子树的结点由栈中弹出
            p=p->rchild;                //从该结点右子树的根开始继续沿左子树向下遍历
```

```
            }
            if(p==NULL&&i==0)
                break;              //当指针 p 为空且栈 stack 也为空时结束循环
        }
    return NULL;                    //查找失败
    }
```

注意，用下面先序遍历二叉树的递归函数也可以查找数据元素。

```
    BSTree *Search(BSTree *bt,datatype x)       //查找数据元素
    {
        BSTree *p;
        if(bt!=NULL)                            //当指针 bt 非空时
        {
            if(bt->data==x)                     //如果当前结点*bt 的 data 值等于 x
                return bt;                      //查找成功返回 bt 指针值
            if(bt->lchild!=NULL)
            {                                   //在 bt->lchid 为根结点指针的二叉树中查找
                p=Search(bt->lchild,x);
                if(p!=NULL)
                    return p;                   //查找成功返回 p 指针值
            }
            if(bt->rchild != NULL)
            {                                   //在 bt->rchild 为根结点指针的二叉树中查找
                 p=Search(bt->rchild,x);
                 if(p!=NULL)
                     return p;                  //查找成功返回 p 指针值
            }
        }
        return NULL;                            //查找失败
    }
```

2. 统计二叉树中叶子结点的个数

算法实现如下：

```
    int Countleaf(BSTree *p)                    //统计二叉树中叶子结点的个数
    {
        if(p==NULL)
            return 0;                           //空二叉树
        if(p->rchild==NULL&&p->lchild==NULL)
            return 1;                           //只有根结点
        return (Countleaf(p->lchild)+Countleaf(p->rchild));
    }
```

3. 求二叉树深度

如果二叉树为空，则深度为 0；如果二叉树不为空，则令其深度等于左子树和右子树深度大者加 1，即：

$$\begin{cases} \text{Depth(p)=0} & \text{当 p=NULL} \\ \text{Depth(p)=MAX\{Depth(p->lchild),Depth(p->rchild)+1} & \text{其他情况} \end{cases}$$

算法实现如下(后序遍历)：

```
int Depth(BSTree *p)   //求二叉树深度(后序遍历)
{
    int lchild,rchild;
    if(p==NULL)
        return 0;                        //树的深度为 0
    else
    {
        lchild=Depth(p->lchild);         //求左子树高度
        rchild=Depth(p->rchild);         //求右子树高度
        return lchild>rchild ? (lchild+1) : (rchild+1);
    }
}
```

4. 建立二叉树的二叉链表并输出其中序遍历序列

建立二叉树的方法是：按二叉树带空指针的先序序列来输入结点值，结点值的类型为字符型，并且按先序输入中遇到的空指针一律输入“.”字符。例如，对图 6-16 所示的二叉树存储结构，则相应地输入为：abc. d. . e. . f g. . . ↙。

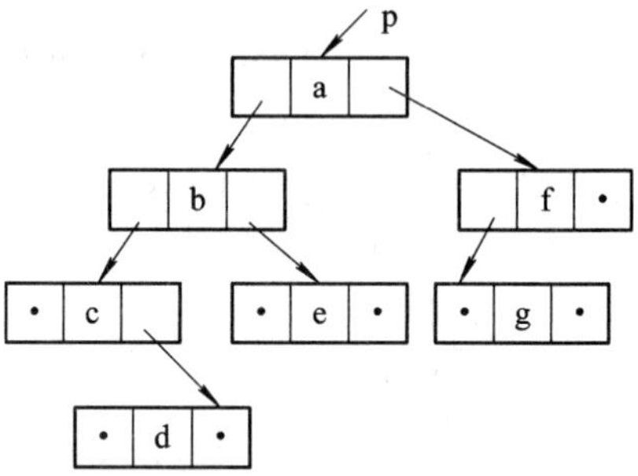

图 6-16　二叉树存储结构示意图

程序实现如下：

```
#include<stdio.h>
#include<stdlib.h>
#define MAXSIZE 30
typedef struct node
{
    char data;                           //结点数据
    struct node *lchild,*rchild;         //左、右子孩子指针
}BSTree;
void Inorder(BSTree *p)                  //中序遍历二叉树
{
    if(p!=NULL)
    {
```

```
        Inorder(p->lchild);                 //中序遍历左子树
        printf("%3c",p->data);              //访问根结点
        Inorder(p->rchild);                 //中序遍历右子树
    }
}
void Createb(BSTree **p)
{
    char ch;
    scanf("%c",&ch);                            //读入一个字符
    if(ch!='.')                                 //该字符不为'.'时
    {
        *p=(BSTree*)malloc(sizeof(BSTree));     //在主调函数空间申请一个结点
        (*p)->data=ch;                          //将读入的字符送结点**p 的数据域
        Createb(&(*p)->lchild);                 //沿结点**p 的左孩子分支继续生成二叉树
        Createb(&(*p)->rchild);                 //沿沿结点**p 的右孩子分支继续生成二叉树
    }
    else                                        //如果读入的字符为'.'时
        *p=NULL;                                //置结点**p 的指针域为空
}
void main()
{
    BSTree *root;
    printf("Preorder entet bitree with '. . ': \n");
    Createb(&root);                             //建立一棵以 root 为根指针的二叉树
    printf("Inorder output : \n");
    Inorder(root);                              //中序遍历二叉树
    printf("\n");
}
```

程序运行后得到的中序序列结果如下：a b c d e f g。

6.4　线索二叉树

6.4.1　线索二叉树的定义及结构

我们知道，二叉树遍历的实质是对非线性结构的树进行线性化的过程，它使得每个结点(除第一个和最后一个结点外)在这种线性序列中有且仅有一个直接前驱和一个直接后继。但是在二叉链表的存储方式中，我们只能找到每个结点的左、右孩子信息，而不能直接得到一个结点在先序、中序和后序遍历这任一序列中的前驱和后继信息，这些信息只有

在遍历二叉树的动态过程中才能获得。为了保留结点在某种遍历序列中其直接前驱和直接后继的位置信息，可以在每个结点中增加两个指针域来存放在遍历时所得到的有关前驱和后继的信息，但这种方法却降低了存储空间的利用率。

对于采用二叉链表存储结构的二叉树来说，如果该二叉树有 n 个结点，则存放这 n 个结点的二叉链表中就有 2n 个指针域，且只有 n−1 个指针域是用来存储孩子结点地址的，而另外 n+1 个指针域为空。因此，可以利用结点空的左指针域(lchild)来指向该结点在某种遍历序列中的直接前驱结点；利用结点空的右指针域(rchild)来指向该结点在某种遍历序列中的直接后继结点。对于那些非空的指针域，则仍然存放指向该结点左、右孩子的指针。这些指向直接前驱结点或直接后继结点的指针被称为线索(Thread)，加了线索的二叉树被称为线索二叉树。

将二叉树中所有结点排列成一个线性序列可采用不同的遍历方法(即先序、中序、后序)得到。因此，线索树有先序线索二叉树、中序线索二叉树和后序线索二叉树三种。并且，我们把二叉树改造成线索二叉树的过程称为线索化。

例如，对图 6-17(a)所示的二叉树进行线索化，得到的先序线索二叉树、中序线索二叉树和后序线索二叉树分别如图 6-17(b)、图 6-17(c)和 6-17(d)所示，图中的实线表示指针，虚线表示线索。

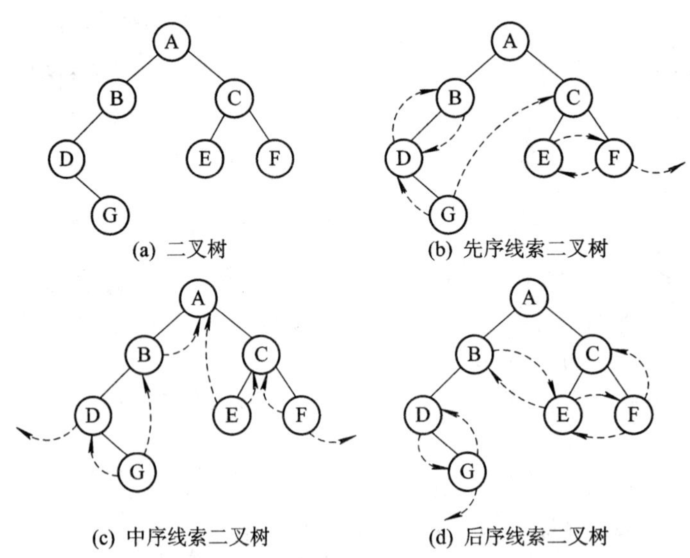

图 6-17　二叉树及线索后的三种线索二叉树

接下来的问题是：在二叉链表存储中如何区分一个结点的指针域存放的是指针还是线索？这种区分可以采用下面两种方法实现。

(1) 为每个结点增设两个标志位 ltag 和 rtag，并令：

$$ltag=\begin{cases}0 & \text{lchild 指向结点的左孩子}\\1 & \text{lchild 指向结点的直接前驱结点}\end{cases}$$

$$rtag=\begin{cases}0 & \text{rchild 指向结点的右孩子}\\1 & \text{rchild 指向结点的直接后继结点}\end{cases}$$

每个标志位只占一个 bit，这样就只需增加很少的存储空间。这种情况下的结点结构为：

ltag	lchild	data	rchild	rtag

(2) 不改变结点的结构，仅在作为线索的地址前加一个负号。也即，负地址表示线索而正地址表示指针。

在此，我们按第一种方法来介绍线索二叉树的存储。为了将二叉树中所有的空指针都利用起来以及操作方便的需要，在存储线索二叉树时通常增加一个头结点，其结构与其他线索二叉树的结点结构完全一样，只是其数据域不存放数据而已。这个头结点的左指针指向二叉树的根结点，而右指针则指向某种遍历序列的最后一个结点。并且，二叉树在某种遍历下的第一个结点的前驱线索和最后一个结点的后继线索都指向这个头结点。

图 6-18 给出了图 6–17(b)所示的先序线索二叉树的存储结构。

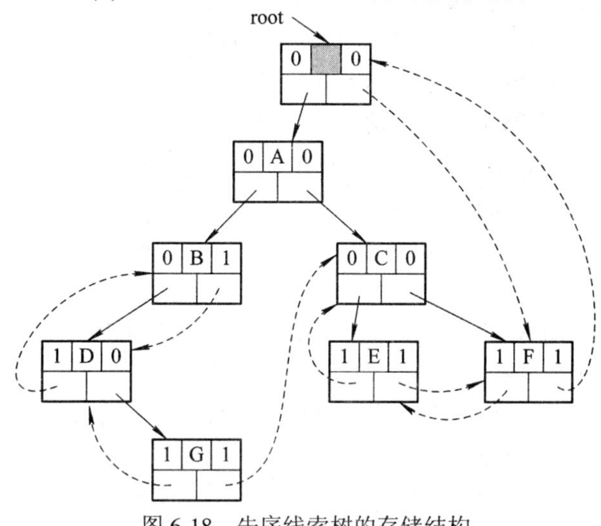

图 6-18　先序线索树的存储结构

6.4.2　线索化二叉树

为了实现线索化二叉树，我们将二叉树结点的类型定义修改为：

```
typedef struct node
{
    datatype data;                      //结点数据
    int ltag,rtag;                      //线索标记
    struct node *lchild;                //左孩子或直接前驱线索指针
    struct node *rchild;                //右孩子或直接后继线索指针
}TBTree;
```

将二叉树线索化的过程，实际上是在二叉树遍历过程中用线索取代空指针的过程。对同一棵二叉树遍历的方式不同，所得到的线索树也不同。但无论哪种遍历，实现线索的方法是一样的，即都是设置一个指针 pre 始终指向刚被访问过的结点，而指针 p 则用来指向正在访问的结点，由此记录下遍历过程中访问结点的先后关系，并对当前访问的结点*p 做如下处理：

(1) 若 p 所指结点有空指针域，则置相应标志位为 1。

(2) 若 pre≠NULL，则看 pre 所指结点的右标志是否为 1，若为 1 则 pre->rchild 指向 p 所指向的当前结点(即结点*p 为结点*pre 的直接后继)。

(3) 若 p 所指当前结点的左标志为 1，则 p->lchild 指向 pre 所指的结点(即结点*pre 为结点*p 的直接前驱)。

(4) 将指针 pre 指向刚访问的当前结点*p(即 pre=p;)，而 p 则下移指向新的当前结点。

需要注意的是，在给一棵二叉树添加线索时先要创建一个头结点，并建立头结点与二叉树根结点的线索。当二叉树线索化后，还需建立最后一个结点与头结点之间的线索。

下面，我们以建立中序线索二叉树的算法为例予以说明，该算法分为 Thread(p)算法和 CreatThread(b)算法两部分。

Thread(p)算法用于对以*p 为根结点的二叉树进行中序线索化。在该算法中，p 总是指向当前被线索化的结点，而 pre 作为全局变量则指向刚访问过的结点。也即，*pre 是*p 的前驱结点，而*p 是*pre 的后继结点。Thread(p)算法类似中序遍历的递归算法，在 p 指针不为 NULL 时，先对*p 结点的左子树线索化，若*p 结点没有左孩子结点，则将其 lchild 指针线索化为指向其前驱结点*pre 并将其标志位 ltag 置为 1；否则 lchild 指向左孩子结点。若*pre 结点的 rchild 指针为 NULL，则将 rchild 指针线索化为指向其后继结点*p 并将其标志位 rtag 置为 1；否则 rchild 指向其右孩子结点。然后将 pre 指向*p 结点，再对*p 结点的右子树进行线索化。

CreatThread(b)算法是对以二叉链表存储的二叉树 b 进行中序线索化，并返回线索化后的头结点指针 root。实现方法是：先创建头结点*root，其 rchild 域为线索，lchild 域为链指针并指向二叉树根结点*b。如果二叉树 b 为空，则将 lchild 指向头结点自身；否则将*root 的 lchild 指向*b 结点，并使 pre 也指向*root 结点。然后调用 Thread(b)对整个二叉树线索化，即将指针 b 传给形参指针 p，从而使得*pre 是*p 的前驱结点。最后，加入指向头结点的线索，并将头结点的 rchild 指针域线索化为指向最后一个结点(由于线索化过程是进行到 p 等于 NULL 为止，所以最后一个结点就是*pre)。

中序线索二叉树算法如下：

```
TBTree *pre;                          //全局变量
void Thread(TBTree *p)                //对二叉树进行中序线索化
{
    if(p!=NULL)
    {
        Thread(p->lchild);            //先对*p 的左子树线索化
        //到此，*p 结点的左子树不存在或已线索化，接下来对*p 线索化
        if(p->lchild==NULL)           //*p 的左孩子不存在则进行前驱线索
        {
            p->lchild=pre;            //建立当前结点*p 的前驱线索
            p->ltag=1;
        }
        else
```

```
            p->ltag=0;                      //置*p 的 lchild 指针为指向左孩子标志
        if(pre->rchild==NULL)               //*pre 的右孩子不存在则进行后继线索
        {
            pre->rchild=p;                  //建立结点*pre 的后继线索
            pre->rtag=1;
        }
        else
            pre->rtag=0;                    //置*p 的 rchild 指针为指向右孩子标志
        pre=p;                              //pre 移至*p 结点
        Thread(p->rchild);                  //对*p 的右子树线索化
    }
}
TBTree *CreatThread(TBTree *b)              //建立中序线索二叉树
{
    TBTree *root;
    root=(TBTree*)malloc(sizeof(TBTree));   //创建头结点
    root->ltag=0;
    root->rtag=1;
    if(b==NULL)                             //二叉树为空
        root->lchild=root;
    else
    {
        root->lchild=b;                     //root 的 lchild 指针指向二叉树根结点*b
        pre=root;                           //*pre 是*p 的前驱结点，pre 指针用于线索
        Thread(b);                          //对二叉树 b 进行中序线索化
        pre->rchild=root;                   //最后处理，加入指向头结点的线索
        pre->rtag=1;
        root->rchild=pre;                   //头结点的 rchild 指针线索化为指向最后一个结点
    }
    return root;                            //返回线索化后指向二叉树的头结点的指针
}
```

6.4.3　访问线索二叉树

线索二叉树建立之后，就可以通过线索访问某个结点的前驱结点或后继结点了。但是，由于这种线索是通过二叉树存储结构中的空指针实现的，因此这种线索只是不完整的部分线索，即并不是每个结点的前驱和后继结点都有指针指向。所以，在访问某个结点的前驱或后继结点时也要分有线索和无线索两种情况来考虑。

1. 在中序线索二叉树上查找任意结点的中序前驱结点

对中序线索二叉树上的任一结点*p，寻找其中序前驱结点可分为下面两种情况：

(1) 若 p->ltag 等于 1，则 p->lchild 即指向前驱结点(p->lchild 为线索指针)。

(2) 若 p->ltag 等于 0，则表明*p 有左孩子。根据中序遍历的定义，*p 的前驱结点是以*p 的左孩子为根结点的子树的最右结点。也即，沿*p 左子树的右指针链向下查找，直到某个结点的右标志 rtag 为 1 时，则该结点就是所找的前驱结点。

在中序线索树上寻找结点*p 的中序前驱结点算法如下：

```
TBTree *Inpre(TBTree *p)
{
    TBTree *pre;
    pre=p->lchild;
    if(p->ltag==0)                //*p 有左孩子时
        while(pre->rtag==0)       //沿*p 左子树的右指针链向下查找直到某结点的 rtag 为 1
            pre=pre->rchild;
    return pre;                   //返回指向*p 的中序前驱结点的指针值
}
```

2. 在中序线索二叉树上查找任意结点的中序后继结点

对中序线索二叉树上的任一结点*p，寻找其中序后继结点可分为下面两种情况：

(1) 若 p->rtag 等于 1，则 p->rchild 即指向后继结点。

(2) 若 p->rtag 等于 0，则表明*p 有右孩子。根据中序遍历的定义，*p 的后继结点是以*P 的右孩子为根结点的子树的最左结点。也即，沿*p 右子树的左指针链向下查找，直到某个结点的左标志 ltag 为 1 时，则该结点就是所找的后继结点。

在中序线索树上寻找结点*p 的中序后继结点算法如下：

```
TBTree *InPost(TBTree *p)
{
    TBTree *post;
    post=p->rchild;
    if(p->rtag==0)                //*p 有右孩子时
        while(post->ltag==0)      //沿*p 右子树的左指针链向下查找直到某结点的 ltag 为 1
            post=post->lchild;
    return post;                  //返回指向*p 的中序后继结点的指针值
}
```

3. 中序遍历中序线索二叉树

在中序线索二叉树中，开始结点就是根结点的最左下结点，而求当前结点在中序序列中的后继和前驱结点方法如前所述，并且最后一个结点的 rchild 指针被线索化为指向头结点。利用这些条件，在中序线索二叉树中实现中序遍历的算法如下：

```
void Inorder(TBTree *b)          //中序遍历中序线索二叉树
{                                //*b 为中序线索二叉树的头结点
    TBTree *p;
    p=b->lchild;                 //p 指向根结点
    while(p!=b)                  //当 p 不等于指向头结点的指针 b 时
```

```
    {
        while(p->ltag==0)              //寻找中序序列的第一个结点
            p=p->lchild;
        printf("%3c",p->data);         //输出中序序列的第一个结点数据
        while(p->rtag==1&&p->rchild!=b)
        {                              //后继线索存在且后继线索不为头结点时
            p=p->rchild;               //根据后继线索找到后继结点
            printf("%3c",p->data);     //输出后继结点信息
        }
        p=p->rchild;                   //无后继线索则 p 指向右孩子结点
    }
}
```

6.5 哈 夫 曼 树

6.5.1 哈夫曼树的基本概念及构造方法

哈夫曼(Huffman)树又称最优二叉树，是指对于一组带有确定权值的叶子结点所构造的具有带权路径长度最短的二叉树。哈夫曼树的应用十分广泛，如用于通信及数据传输中可构造传输效率很高的二进制编码(哈夫曼编码)，这种编码还可以应用于磁盘文件的压缩存储；在编写程序中也可以构造平均执行时间最短的最佳判断过程等。

从树中一个结点到另一个结点之间的分支构成了两结点之间的路径，路径上的分支个数称为路径长度，二叉树的路径长度则是指由根结点到所有叶子结点的路径长度之和。如果二叉树中的叶子结点都有一定的权值，则可将这一概念拓展：设二叉树具有 n 个带权值的叶结点，则从根结点到每一个叶子结点的路径长度与该叶子结点权值的乘积之和称为二叉树带权路径长度，记作：

$$WPL = \sum_{k=1}^{n} W_k L_k$$

其中，n 为二叉树中叶子结点的个数，W_k 为第 k 个叶子结点的权值，L_k 为第 k 个叶子结点的路径长度。如图 6-19(a)所示的二叉树，它的带权路径长度值 WPL=1×2+3×2+5×2+7×2=32。

给定一组具有确定权值的叶子结点就可以构造出不同的带权二叉树。例如，有权值分别为 1，3，5，7 的 4 个叶结点，则可构造出形状不同的多棵二叉树来。这些形状不同的二叉树其带权路径长度可能各不相同。图 6-19 给出了其中不同形态的 4 棵二叉树，且这 4 棵二叉树的带权路径长度分别为

(a) WPL=1×2+3×2+5×2+7×2=32

(b) WPL=1×3+3×3+5×2+7×1=29

(c) WPL=1×2+5×3+7×3+3×2=44

(d) WPL=7×1+1×3+3×3+5×2=29

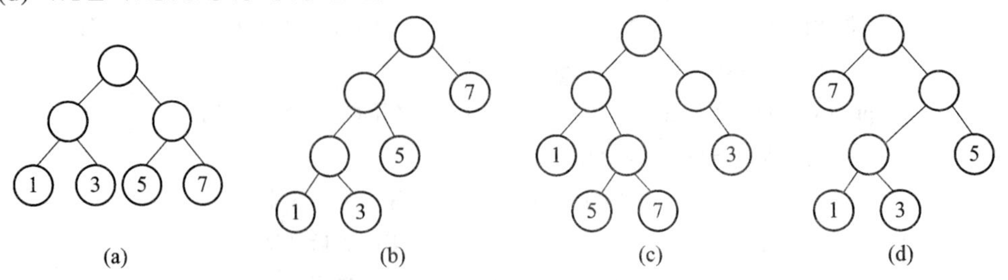

图 6-19　具有相同叶子结点的不同二叉树

若给定 n 个权值，如何构造一棵具有 n 个给定权值叶结点的二叉树，使得其带权路径长度 WPL 最小？哈夫曼根据“权值大的结点尽量靠近根”这一原则，给出了一个带有一般规律的算法，后称哈夫曼算法。哈夫曼算法如下：

(1) 根据给定的 n 个权值$\{w_1, w_2, \cdots, w_n\}$构成 n 棵二叉树的集合 $F=\{T_1, T_2, \cdots, T_n\}$。其中，每棵二叉树 $T_i(1\leqslant i\leqslant n)$只有一个带权值 w_i 的根结点，其左、右子树均为空。

(2) 在 F 中选取两棵根结点权值最小的二叉树作为左、右子树来构造一棵新二叉树，且置新二叉树根结点权值为其左、右子树根结点的权值之和。

(3) 在 F 中删除这两棵树，同时将新生成的二叉树加入到 F 中。

(4) 重复(2)、(3)，直到 F 中只剩下一棵二叉树为止，则这棵二叉树即为哈夫曼树。

从哈夫曼算法可以看出，初始时共有 n 棵二叉树，且均只有一个根结点。在哈夫曼树的构造过程中，每次都是选取两棵根结点权值最小的二叉树合并成一棵新二叉树，为此需要增加一个结点作为新二叉树的根结点，而这两棵权值最小的二叉树则作为根结点的左、右子树。由于要进行 n−1 次合并才能使初始的 n 棵二叉树最终合并为一棵二叉树，因此 n−1 次合并共产生了 n−1 个新结点，即最终生成的哈夫曼树共有 2n−1 个结点。由于每次都是将两棵权值最小的二叉树合并生成一棵新二叉树，因此生成的哈夫曼树中没有度为 1 的结点。并且，两棵权值最小的二叉树哪棵作为左子树、哪棵作为右子树，哈夫曼算法并没有要求，故最终构造出来的哈夫曼树并不唯一(如图 6-19(b)与图 6-19(d))都是哈夫曼树)，但是最小的 WPL 值是唯一的。所以，哈夫曼树具有如下几个特点：

(1) 对给定的权值，所构造的二叉树具有最小 WPL。

(2) 权值大的结点离根近，权值小的结点离根远。

(3) 所生成的二叉树不唯一。

(4) 没有度为 1 的结点。

具有 n 个结点的哈夫曼树共有 2n−1 个结点，这一性质也可由二叉树性质 $n_0=n_2+1$ 得到。由于哈夫曼树不存在度为 1 的结点，而由二叉树性质可知 $n_2 = n_0-1$，也即哈夫曼树的结点个数为

$$n_0 + n_1 + n_2 = n_0 + 0 + n_0-1 = 2n_0-1 = 2n-1$$

例 6.6　已知 8 个结点的权值分别为：7，19，2，6，32，3，21，10，试据此构造哈夫曼树并求其 WPL。

【解】为了便于手工构造哈夫曼树，我们对哈夫曼算法加以修改，即将 n 个权值结点按权值大小由小到大排序，然后按由左至右的顺序取出两个权值最小的结点作为左、右子树来构造一棵新的二叉树，且新二叉树根结点权值为其左、右子树根结点权值之和，并将

新根结点仍按升序插入到结点序列中，同时删去刚才两个权值最小的结点。接下来，重复上述操作过程直到结点序列只剩下一个结点为止，这个结点就是哈夫曼树的根。至此，哈夫曼树构造完成。构造过程如下：

(1) 初始为：2 3 6 7 10 19 21 32，第一次构造结果如图6-20(a)所示；插入新结点 5 删除结点 2 3 后得到(2)。

(2) 5 6 7 10 19 21 32，第二次构造结果如图6-20(b)所示；插入新结点 11 并删除结点 5 6 后得到(3)。

(3) 7 10 11 19 21 32，第三次构造结果如图6-20(c)所示；插入新结点 17 删除结点 7 10 后得(4)。

(4) 11 17 19 21 32，第四次构造结果如图6-20(d)所示，插入新结点 28 并删除结点 11 17 得到(5)。

(5) 19 21 28 32，第五次构造结果如图6-20(e)所示，插入新结点 40 并删除结点 19 21 后得到(6)。

(6) 28 32 40，第六次构造结果如图6-20(f)所示，插入新结点 60 并删除结点 28 32 后得到(7)。

(7) 40 60，第七次构造结果如图6-20(g)所示，插入新结点 100 并删除结点 40 60 后得到(8)。

(8) 100，此时仅剩下一个结点，故哈夫曼树构造完成。

哈夫曼树的生成过程如图6-20所示。

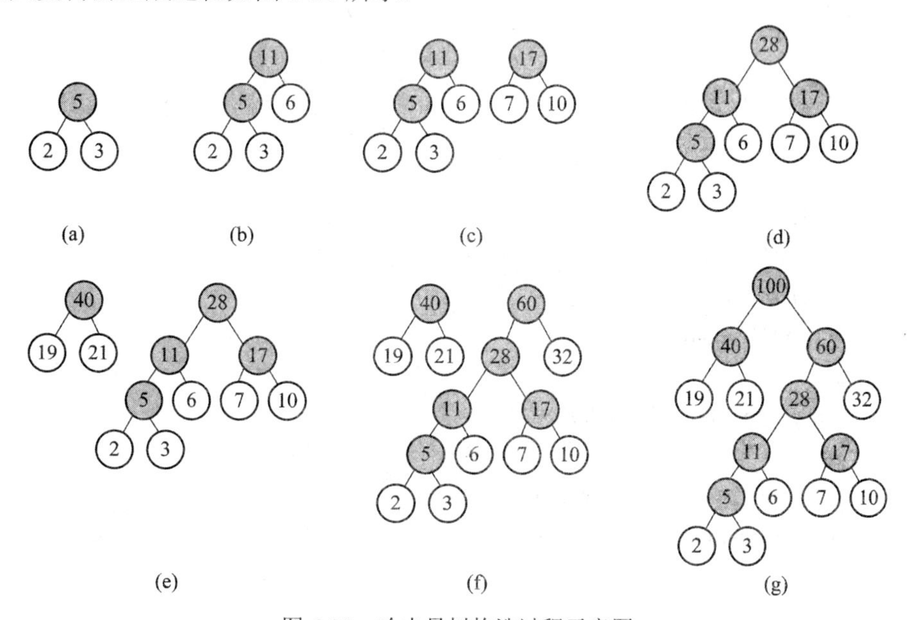

图6-20　哈夫曼树构造过程示意图

该哈夫曼树带权路径长度为

$$WPL = (2+3)\times 5 + (6+7+10)\times 4 + (19+21+32)\times 2 = 261$$

6.5.2 哈夫曼算法的实现

为了方便哈夫曼树的构造，我们采用静态链表(即数组)作为哈夫曼树的存储结构。也即，设置一个结构数组 Huff 保存哈夫曼树中各结点的信息。结点的结构形式如下：

weight	lchild	rchild	parent

其中，weight 域保存结点的权值，lchild 和 rchild 域分别保存该结点的左、右孩子结点在数组 Huff 中的序号(序号由 0 开始)，从而建立各结点之间的关系。此外，为了判断一个结点是否已纳入到生成的哈夫曼树中，可通过 parent 域值来判定。初始时所有结点的 parent 值都为-1，当一个结点加入到哈夫曼树中，则该结点 parent 值即为其双亲结点在数组 Huff 中的序号，即 parent 值已不是-1 了。因此，每次寻找未纳入到哈夫曼树且权值最小的两个结点时，其选择标准就是该结点的 parent 值为-1，且权值最小。

构造哈夫曼树时，首先将由 n 个权值构成的 n 棵仅有一个结点的二叉树(这 n 个结点即为最终生成的哈夫曼树中的 n 个叶结点)存放到数组 Huff 的前 n 个数组元素中；然后根据哈夫曼算法的基本思想，不断将两棵较小的子树合并为一棵较大的子树；并且，每次构成的新子树根结点都依次存放到数组 Huff 前 n 个数组元素的后面。

哈夫曼树构造算法实现如下：

```
typedef struct
{
    int weight,parent,lchild,rchild;
}HNode;
void HuffTree(HNode Huff[],int n)
{                                       //Huff[]为形参数组，n 为叶结点个数
    int i,j,m1,m2,x1,x2;
    for(i=0;i<2*n-1;i++)                //对数组 Huff 初始化
    {
        Huff[i].weight=0;
        Huff[i].parent=-1;
        Huff[i].lchild=-1;
        Huff[i].rchild=-1;
    }
    printf("Input 1~n value of leaf : \n");
    for(i=0;i<n;i++)                    //输入 n 个叶子结点的权值
        scanf("%d",&Huff[i].weight);
    for(i=0;i<n-1;i++)                  //构造哈夫曼树并生成该树的 n-1 个分支结点
    {
        m1=m2=32767;
        x1=x2=0;
        for(j=0;j<n+i;j++)
        {                               //选取最小和次小两个权值结点并将其序号送 x1 和 x2
```

```
            if(Huff[j].parent==-1&&Huff[j].weight<m1)
            {
                m2=m1;
                x2=x1;
                m1=Huff[j].weight;
                x1=j;
            }
            else
                if(Huff[j].parent==-1&&Huff[j].weight<m2)
                {
                    m2=Huff[j].weight;
                    x2=j;
                }
        }
            //将找出的两棵子树合并为一棵新的子树
        Huff[x1].parent=n+i;              //两棵子树根结点的双亲结点序号为 n+i
        Huff[x2].parent=n+i;
        Huff[n+i].weight=Huff[x1].weight+Huff[x2].weight;
            //新子树根结点的权值为两棵子树根结点权值之和
        Huff[n+i].lchild=x1;
        Huff[n+i].rchild=x2;
    }
    printf(" Huff weight      lchild      rchild       prent \n");
    for(i=0;i<2*n-1;i++)                  //输出哈夫曼树即数组 Huff 的信息
        printf("%3d %5d %10d%10d%10d\n", i, Huff[i].weight,
    Huff[i].lchild,Huff[i].rchild, Huff[i].parent);
}
```

例如，对 4 个权值分别为 3，5，1，7 的叶结点，执行上述哈夫曼树构造算法中数组 Huff 的变化以及所生成的哈夫曼树示意图如图 6-21 所示。

Huff	weight	lchild	rchild	parent
0	3	−1	−1	−1
1	5	−1	−1	−1
2	1	−1	−1	−1
3	7	−1	−1	−1
4	0	−1	−1	−1
5	0	−1	−1	−1
6	0	−1	−1	−1

(a) 数组 Huff 初始化

Huff	weight	lchild	rchild	parent
0	3	−1	−1	4
1	5	−1	−1	5
2	1	−1	−1	4
3	7	−1	−1	6
4	4	2	0	5
5	9	4	1	6
6	16	3	5	−1

(b) 生成哈夫曼树后的数组 Huff

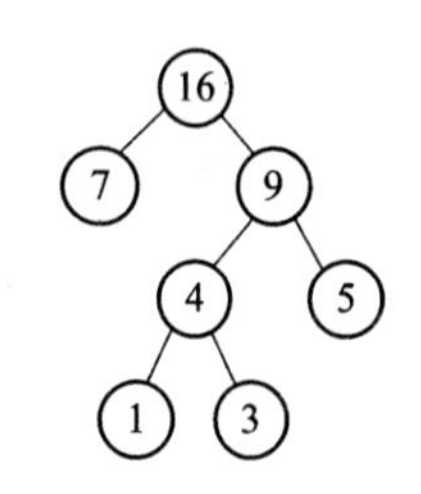

(c) 数组 Huff 对应的哈夫曼树

图 6-21　哈夫曼树构造算法执行过程与结果示意图

6.5.3　哈夫曼编码

1. 编码与哈夫曼编码

在数据通信中，要将传送的文字转换成由二进制 0、1 组成的二进制串，我们称之为编码。例如，需要传送的电文为“ABACCDA”，它只有 4 种字符，因此只需二位二进制数即可分辨。设 A、B、C、D 的编码分别为 00、01、10、和 11，则“ABACCDA”的电文代码为“00010010101100”，电文总长 14 位。对方接收到这串代码时则可按 2 位一组进行译码。当然，我们总是希望传递的电文长度尽可能短，例如对每个字符可采用不等长编码来减少传送电文的长度。如果我们设计 A、B、C、D 的编码分别为 0、00、1、01，则“ABACCDA”的电文代码就变成为“000011010”，这时电文的长度降低为 9。但是这样的电文是无法译码的，如代码中的前 4 个位“0000”就可能有“AAAA”、“ABA”、“BB”等多种译法，错译的原因是一个字符的编码恰好是另一个字符编码的前缀，如 A 的编码为 0 而 B 的编码为 00，若遇到代码“00”时就无法确定它到底译为“AA”还是“B”。因此，若要设计不等长的编码，则必须保证一个字符的编码不是另一个字符编码的前缀，这种编码称为前缀码(需要说明的是，应称为“非前缀码”更为合适，但基于习惯仍称为前缀码)。

利用哈夫曼树可形成通信上使用的二进制不等长码。这种编码的方式是：将需要传送的信息中各字符出现的频率作为叶子结点的权值，并以此来构造一棵哈夫曼树，即每个带权叶结点都对应一个字符，根结点到这些叶结点都有一条路径。规定哈夫曼树中的左分支代表 0、右分支代表 1，则从根结点到每个叶结点所经过的路径分支所组成的 0 和 1 的序列便为该叶结点对应字符的编码，我们称之为哈夫曼编码。

例如，对图 6-21(c)所示的哈夫曼树编码的结果如图 6-22 所示。其中，权值为 7 的字符编码为 0，权值为 1 的字符编码为 100，权值为 3 的字符编码为 101，权值为 5 的字符编码为 11。可以看出，权值越大编码长度越短，权值越小编码长度越长。由于出现频度大的字符编码短，出现频度小的字符编码长，即从总体上比等长码减少了传送的信息量，从而缩短了通信的时间。此外，用这种方式对文件进行压缩存储也是一种较好的方法。

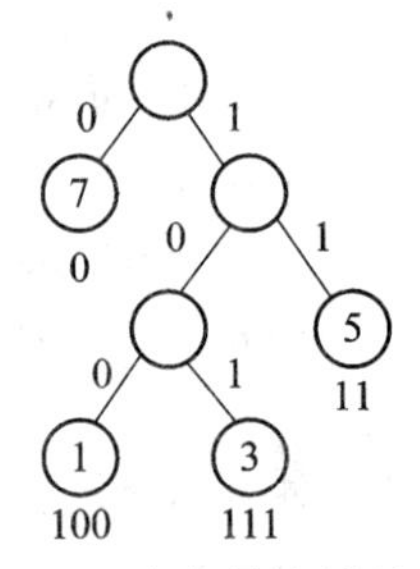

图 6-22　哈夫曼编码示意图

另外，采用哈夫曼树进行编码也不会产生一个字符编码是另一个字符编码的前缀这种二义性问题。因为在哈夫曼树中，每个字符结点都是叶子结点，即不可能出现一个叶结点是根结点到其他叶结点路径上的分支结点。所以，一个字符的哈夫曼编码不可能是另一个字符的哈夫曼编码的前缀，从而保证了译码无二义性。

2. 哈夫曼编码的算法

实现哈夫曼编码的算法分为两大部分：

(1) 构造哈夫曼树。

(2) 在哈夫曼树上求叶结点的编码。

求哈夫曼编码，实际上就是在已建好的哈夫曼树中，从叶子结点开始沿结点的双亲链域回退到根结点，每回退一步就走过了哈夫曼树的一个分支，从而得到一位哈夫曼编码(0

或1)。由于一个字符的哈夫曼编码是从根结点到对应叶子结点所经过的路径上各分支所组成的0、1序列，因此先得到的分支代码为所求编码的低位码，后得到的分支代码为所求编码的高位码。我们设置一个结构数组HuffCode来存放各字符的哈夫曼编码信息，每个数组元素的结构如下：

weight	bit	start

其中，分量一为整型变量weight，它用于存储叶结点的权值；分量二为一维数组bit，它用来保存为叶结点(即字符)所生成的哈夫曼编码；分量三是一整型变量start，它用来指示哈夫曼编码在数组bit中存放的起始位置，这是因为编码在数组bit中是由最后一个数组元素位置依次向前存放的，由于各字符生成的编码长度不等，因此不同的字符的编码在数组bit中的起始位置可能不同，故需要设置一个整型变量start来指示这个起始位置。

由图6-21(b)可知，从叶结点开始沿双亲链回退到根结点的操作过程实现起来比较容易，这是因为在结构数组Huff中，n个叶结点就是Huff[0]到Huff[n−1]这n个数组元素，并且可通过Huff[i].parent提供的双亲信息，沿着这个“双亲链”向上一直找到根结点(根结点的标志是parent值为−1)。也即，恰好走过了一条由叶结点到根结点的路径，在经过路径中每一条分支的同时也获得了该分支的编码(0或1)。当到达根结点时，这个叶结点字符的哈夫曼编码也就形成了(注意，形参数组Huff与下面算法中的数组HuffNode实际上是同一个数组)。

哈夫曼编码算法如下：

```
#define MAXBIT 10                                  //定义哈夫曼编码的最大长度
typedef struct
{
    int weight;                                    //存储叶结点权值
    int bit[MAXBIT];                               //存储该叶结点的哈夫曼编码
    int start;                                     //指示数组bit中哈夫曼编码的开始位置
}HCode;
void HuffmanCode()
{
    HNode HuffNode[MAXSIZE];                       // MAXSIZE为二叉树所有结点的最大个数
    HCode HuffCode[MAXSIZE/2],cd;                  // MAXSIZE/2为叶结点的最大个数
    int i,j,c,p,n;
    printf("Input numbers of leaf :\n");           //n为叶结点个数
    scanf("%d",&n);
    HuffTree(HuffNode, n);                         //建立哈夫曼树
    for(i=0;i<n;i++)                               //求每个叶结点的哈夫曼编码
    {
        HuffCode[i].weight=HuffNode[i].weight;     //保存叶结点权值
        cd.start=MAXBIT-1;
                //存放分支编码从数组cd.bit最后一个元素位置开始向前进行
        c=i;                                       //c为叶结点在数组HuffNod中的序号
        p=HuffNode[c].parent;
```

```
        while(p!=-1)          //从叶结点开始沿双亲链直到根结点，根结点的双亲值为-1
        {
            if(HuffNode[p].lchild==c)             //双亲的左孩子序号为 c
                cd.bit[cd.start]=0;               //该分支编码为 0
            else
                cd.bit[cd.start]=1;               //该分支编码为 1
            cd.start--;                           //前移一个位置准备存放下一个分支编码
            c=p;                                  //c 移至其双亲结点序号
            p=HuffNode[c].parent;                 //p 再定位于 c 的双亲结点序号
        }
        for(j=cd.start+1;j<MAXBIT;j++)            //保存该叶结点字符的哈夫曼编码
            HuffCode[i].bit[j]=cd.bit[j];
        HuffCode[i].start=cd.start;               //保存该编码在数组 bit 中的起始位置
    }
    printf("HuffCode weight      bit \n");        //输出数组 HuffCode 的有关信息
    for(i=0;i<n;i++)                              //输出各叶结点对应的哈夫曼编码
    {
        printf("%5d%8d        ",i,HuffCode[i].weight);
        for(j=HuffCode[i].start+1;j<MAXBIT;j++)
            printf("%d",HuffCode[i].bit[j]);
        printf("\n");
    }
}
```

对图 6-21(a)给出的 4 个叶结点(其权值分别为 3、5、1、7)，执行哈夫曼编码算法后数组 HuffCode 示意图如图 6-23 所示。

Huffcode	weight	bit										start
		0	1	2	3	4	5	6	7	8	9	
0	3								1	0	1	6
1	5									1	1	7
2	1								1	0	0	6
3	7										0	8

图 6-23　执行哈夫曼编码算法后数组 HuffCode 示意图

注意，当一个叶结点字符的编码完成并存入到数组 bit 时，start 实际上给出的是该编码在数组 bit 中起始位置的前一个位置，因此存储和输出数组 bit 中字符编码的起始位置应是 start+1(见上面算法)。此外，数组 HuffCode 中的数组元素依次对应图 6-21(b)中数组 Huff(实际上是数组 HuffNode)中前 4 行的 4 个叶子结点。也即，HuffCode[0].weight～HuffCode[3].weight 存储的叶结点权值分别为 3、5、1、7，而编码“101”、“11”、“100”和“0”也是对应这 4 个叶结点字符的哈夫曼编码。

6.6　树和森林

6.6.1　树的定义与存储结构

树是 n(n≥0)个结点组成的有限集合 T。当 n=0 时，称这棵树为空树。在一棵非空树 T 中：

(1) 有一个特殊的结点称为树的根结点，根结点没有前驱结点。

(2) 若 n＞1，则除根结点之外的其余结点被分成 m(m＞0)个互不相交的集合 T_1、T_2、…、T_n，其中每一个集合 $T_i(1\leq i\leq m)$本身又是一棵树，树 T_1、T_2、…、T_m 称为这个根结点的子树。

可以看出，在树的定义中用到了递归概念，即用树来定义树。因此，树结构的算法类同于二叉树结构的算法，也可以使用递归方法。二叉树中所介绍的有关概念在树中仍然适用。此外，从树的定义中还可以看出树具有如下两个特点：

(1) 树的根结点没有前驱结点，除根结点之外的所有结点有且仅有一个前驱结点。

(2) 树中所有结点可以有零个或多个后继结点。

因此，树中结点之间的关系是一对多的关系。图 6-24 给出了一棵树的示意图。树的存储既可以采用顺序存储结构，又可以采用链式存储结构。

树的常用存储结构有以下几种。

1. 双亲表示法

由树的定义可知，树中每个结点都有唯一的一个双亲结点。根据这一特性，可用一组连续的存储空间(一维数组)来存储树中的各个结点，即数组中的每一个元素表示树中的一个结点。

图 6-24 所示树的双亲表示法如图 6-25 所示。图中当 parent 域值为–1 时表示该结点无双亲结点，即该结点是一个根结点。在双亲表示法存储结构下，求某个结点的双亲结点非常方便，但求结点的孩子结点时则需要遍历整个一维数组。

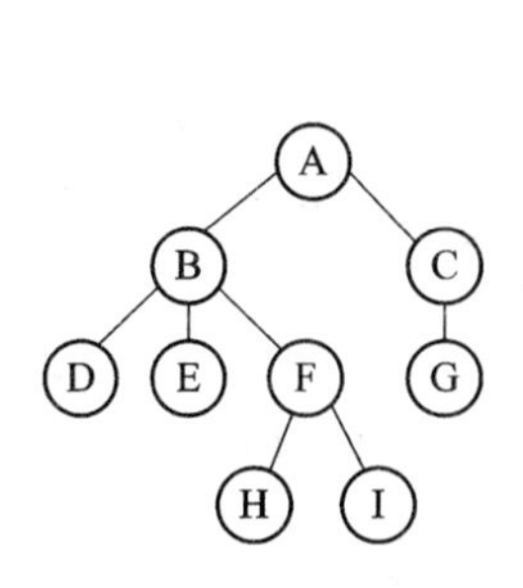

图 6-24　树的示意图

序号	data	parent
0	A	−1
1	B	0
2	C	0
3	D	1
4	E	1
5	F	1
6	G	2
7	H	5
8	I	5

图 6-25　图 6-24 所示树的双亲表示法存储示意图

2. 孩子表示法

孩子表示法采用的存储结构是：使用一个与树结点个数同样大小的一维数组，并且数组的每一个元素由两个域组成，一个域用于存放结点信息，另一个域是一个指针，它用来指向由该结点所有孩子结点组成的单链表中的第一个孩子结点。单链表结构也由两个域组成，一个域存放孩子结点在一维数组中的序号，另一个指针域用于指向下一个兄弟结点。图 6-24 所示树的孩子表示法如图 6-26 所示。在孩子表示法中查找双亲结点比较困难，但查找孩子结点却十分方便。

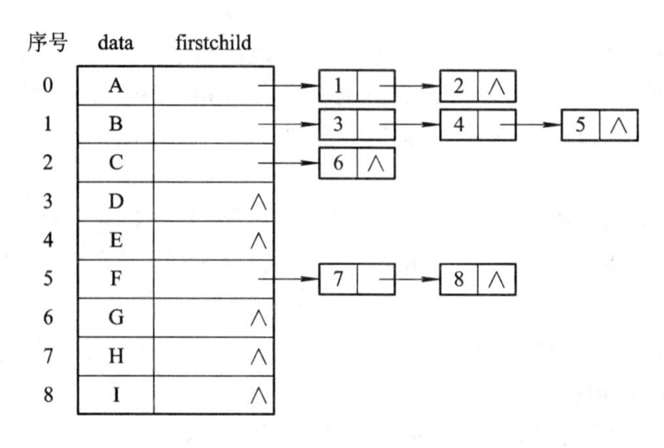

图 6-26　图 6-24 所示树的孩子表示法存储示意图

3. 双亲孩子表示法

双亲孩子表示法是将双亲表示法与孩子表示法结合在一起的结果，即仍然将各结点的所有孩子结点组成一个单链表，同时用一个一维数组顺序存储树中的各个结点。此时的数组元素不仅有包含结点本身的信息和指向由孩子结点构成的单链表的头指针，还增加了一个域用于存储该结点的双亲结点在数组中的序号。图 6-27 给出了图 6-24 所示树的双亲孩子表示法的存储示意图。在双亲孩子表示法中查找双亲和孩子都很容易。

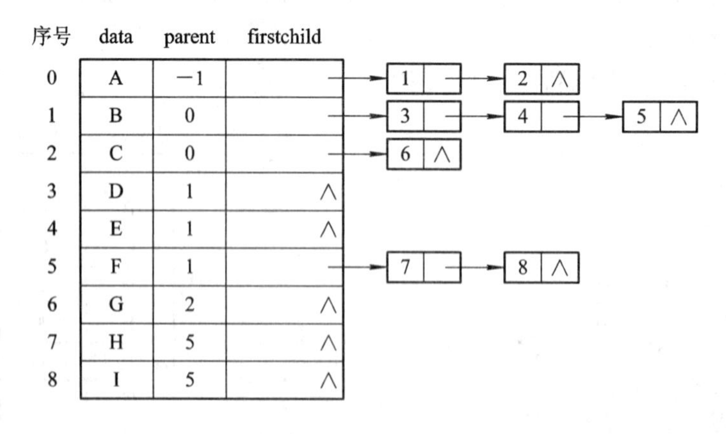

图 6-27　图 6-24 所示树的双亲孩子表示法存储示意图

4. 孩子兄弟表示法

孩子兄弟表示法又称树的二叉链表表示法，这种存储结构类似于二叉树的链式存储结构，所不同的是每个结点的左指针指向其第一个孩子结点，而右指针则指向该结点的兄弟结点，并且根结点因无兄弟而右指针为空。树的孩子兄弟表示法为实现树、森林与二叉树之间的转换提供了物质基础。图6-28给出了图6-24所示树在采用孩子兄弟表示法时的存储示意图。

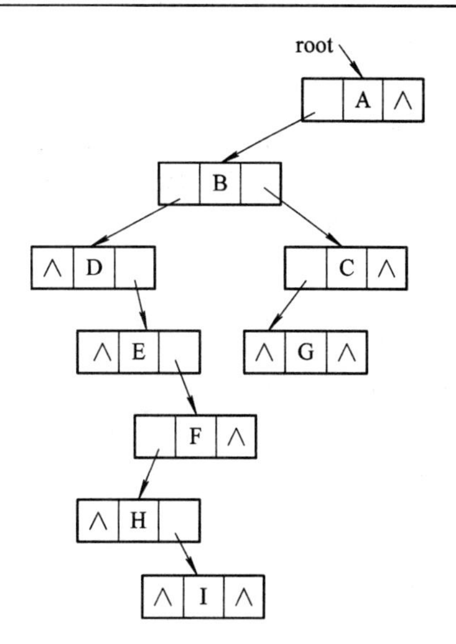

图6-28 图6-24所示树的孩子兄弟表示法存储示意图

6.6.2 树、森林与二叉树之间的转换

1. 树转换成二叉树

由于树和二叉树都可以采用二叉链表作为存储结构，因此可以找出它们之间的对应关系，从而实现树到二叉树的转换。即给定一棵树，则可以找到唯一的一棵二叉树与之对应，这种转换方法如下：

(1) 在树中所有兄弟结点之间加一条连线。

(2) 树中的每一个结点只保留它与第一个孩子结点的分支，删去该结点与其他孩子结点的分支。

(3) 以树根结点为轴心，将整棵树按顺时针转动一定角度，使树成为二叉树的层次形态。

图6-29给出图6-24所示树转换成二叉树的过程示意图。转换成二叉树后，二叉树的树根结点无右子树，并且二叉树中的左分支上各结点在原来的树中是父子关系，而右分支上的各结点在原来的树中是兄弟关系。同时我们可以看出：一棵树采用孩子兄弟表示法这种存储结构与该树转换成二叉树后的二叉链表存储结构是完全相同的。

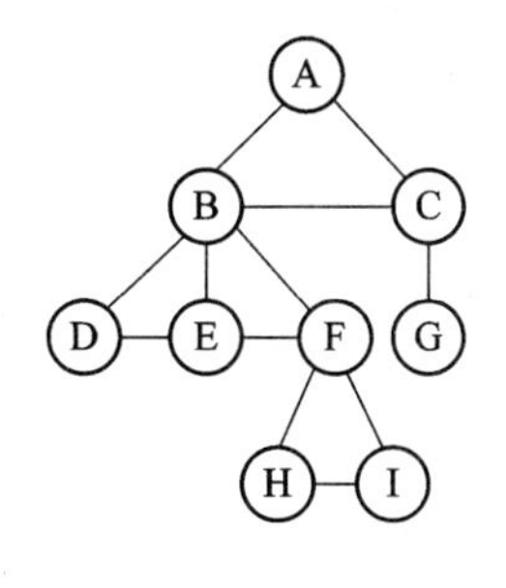

(a) 相邻兄弟之间加连线

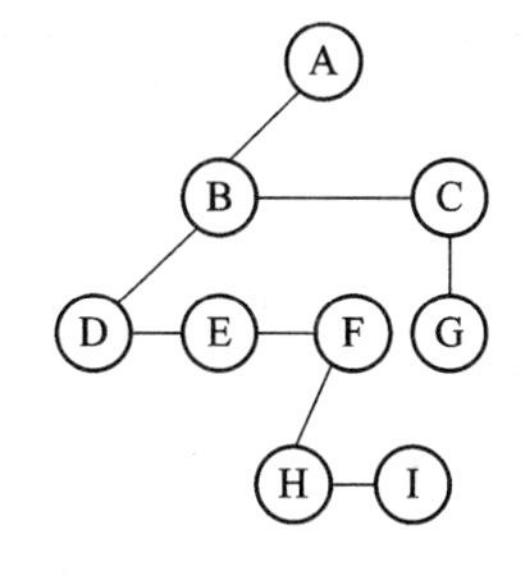

(b) 保留双亲与第一个孩子连线，其他双亲与孩子的连线被删除

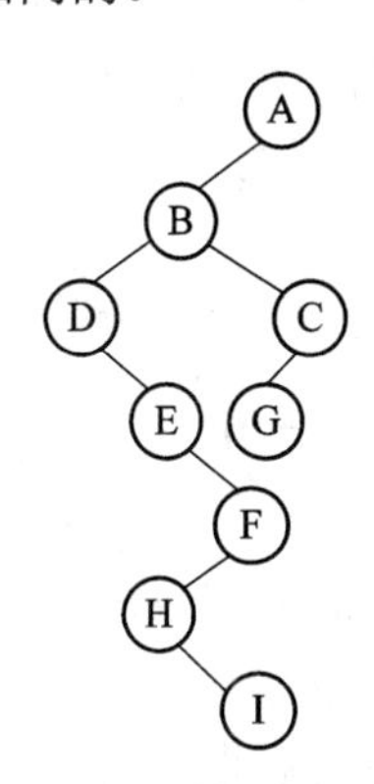

(c) 顺时针转动后得到的二叉树

图6-29 树转换成二叉树示意图

2. 森林转换为二叉树

由于树根没有兄弟，因此将树转换为二叉树后，二叉树的根一定没有右子树。根据这一特点，将森林转换为一棵二叉树的方法如下：

(1) 首先将森林中的每一棵树都转换成二叉树。

(2) 将第一棵二叉树(没有右子树)的根作为森林转化为二叉树之后的二叉树的根，第一棵二叉树的左子树作为森林转化为二叉树后的根的左子树。从第二棵二叉树开始，依次把后一棵二叉树的根结点作为前一棵二叉树根结点的右孩子。当所有二叉树都完全连接到一棵二叉树后，此时所得到的二叉树就是森林转换的二叉树。图 6-30 给出了森林转换成二叉树的示意图。

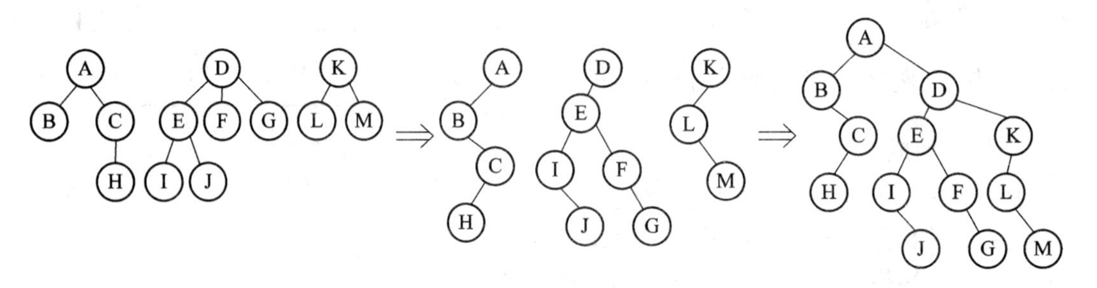

图 6-30　森林转换成二叉树示意图

3. 二叉树转换为树和森林

树和森林都可以转换为二叉树。二者的区别是：树转换成二叉树后，其根结点无右分支；而森林转换为二叉树后，其根结点有右分支。实际上，由根结点开始的右分支上有几个结点(包含根结点)，则原森林就有几棵树。因此，可以依据二叉树根结点有无右分支来将一棵二叉树还原为树或森林。具体方法是：若二叉树非空，则二叉树根及其左子树即为第一棵树的二叉树形式；二叉树根的右子树又可以看作是剩余的二叉树所构成的森林，再按上述方法分离出一棵树来……这样重复到一棵没有右子树的二叉树为止，就得到了整个森林。为了进一步得到树，可用树的二叉链表表示(即孩子兄弟表示法)的逆方法，即结点与结点的右子树根、右子树的右子树根……都是同一双亲结点的孩子，其转换过程实际上就是图 6-29 的逆过程。

6.6.3　树和森林的遍历

1. 树的遍历

由于树中每个结点都可以有两棵以上的子树，因此只有两种遍历树的方法。

(1) 树的先根遍历：先访问树的根结点，然后按从左到右的顺序依次先根遍历根结点的每一棵子树。

(2) 树的后根遍历：先按从左到右顺序依次后根遍历根结点的每一棵子树，然后再访问根结点。

例如，对图 6-31 所示的树进行先根遍历得到序列为：ABEFCDG，进行后根遍历得到的序列为：EFBCGDA。

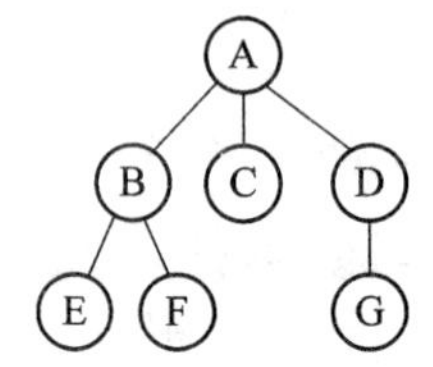

图 6-31　树

注意：① 先根遍历一棵树等价于先序遍历该树转换的二叉树，后根遍历一棵树等价于中序遍历该树转换的二叉树。因此，树的遍历也可以将树先转换为二叉树后再进行遍历。

② 树的遍历方法中无中根遍历。这是因为：如果在树的遍历方法

中有中根遍历，则对树根的访问就必须在某些子树之间进行，即先访问一些子树，然后再访问根结点，最后再访问其余的子树。但是，由于每个结点的子树可能有多个，因此在哪些子树之后访问根结点将无法确定，这正是树的遍历中没有中根遍历的原因。

2. 森林的遍历

按照森林和树的相互递归定义，可以得到森林的两种遍历方法：

(1) 先序遍历森林：若森林非空，访问森林中第一棵树的根结点，再先序遍历第一棵树根结点的子树森林，最后先序遍历去掉第一棵树后剩余的树所构成的森林。

(2) 中序遍历森林：若森林非空，中序遍历森林中第一棵树根结点的子树森林，再访问第一棵树的根结点，最后中序遍历去掉第一棵树后剩余的树所构成的森林。

例如，对图6-30(a)所示的森林进行先序遍历得到的序列为：ABCHDEIJFGKLM；进行中序遍历得到的序列为：BHCAIJEFGDLMK。

注意：① 先序遍历森林等价于先序遍历该森林所转换的二叉树，中序遍历森林等价于中序遍历该森林所转换的二叉树。

② 森林的遍历方法中无后序遍历。我们以森林转换的二叉树为例，根结点和左子树实际上是森林中第一棵树，而右子树则是除了第一棵树之外其余的树所构成的森林。按照后序遍历的方法，遍历过程为左子树、右子树、根结点的这种遍历方法将把第一棵树分割为不相连的两部分，对右子树构成的其余树也是如此。因此，在森林的遍历过程中无后序遍历。

习 题 6

1. 单项选择题

(1) 一棵非空的二叉树其先序遍历序列与后序遍历序列正好相反，则该二叉树一定满足_____。

A. 所有的结点均无左孩子　　B. 所有的结点均无右孩子

C. 只有一个叶子结点　　D. 是任意一棵二叉树

(2) 一棵完全二叉树上有1001个结点，其叶子结点的个数是_____。

A. 250　　B. 500　　C. 505　　D. A～C都不对

(3) 以下说法正确的是_____。

A. 若一个树叶是某二叉树先序遍历序列中的最后一个结点，则它必是该二叉树后序遍历序列中的最后一个结点

B. 若一个树叶是某二叉树先序遍历序列中的最后一个结点，则它必是该二叉树中序遍历序列中的最后一个结点

C. 在二叉树中，有两个孩子的父结点在中序遍历系列中，它的后继结点中必然有一个孩子结点

D. 在二叉树中，有一个孩子的父结点在中序遍历系列中，它的后继结点中没有该孩子结点

(4) 若二叉树采用二叉链表存储结构，要交换其所有分支结点左、右子树的位置，利

用_____遍历方法最合适。

A. 先序　B. 中序　C. 后序　D. 按层次

(5) 一棵有 124 个叶结点的完全二叉树最多有_____个结点。

A. 247　B. 248　C. 249　D. 250

(6) 任何一棵二叉树的叶结点在先序、中序和后序遍历序列中的相对次序_____。

A. 不发生改变　B. 发生改变　C. 不能确定　D. A～C 都不对

(7) 设 a、b 为一棵二叉树上的两个结点，则中序遍历时 a 在 b 前面的条件是_____。

A. a 在 b 的右方　B. a 在 b 的左方　C. a 是 b 的祖先　D. a 是 b 的子孙

(8) 在一棵具有 n 个结点的完全二叉树中，分支结点的最大编号为_____。

A. $\left\lfloor \frac{n+1}{2} \right\rfloor$　B. $\left\lfloor \frac{n-1}{2} \right\rfloor$　C. $\left\lceil \frac{n}{2} \right\rceil$　D. $\left\lfloor \frac{n}{2} \right\rfloor$

(9) 将图 6-32 所示的二叉树按中序线索化，则结点 X 的右指针和结点 Y 的左指针分别指向_____。

A. A，D　B. B，C　C. D，A　D. C，A

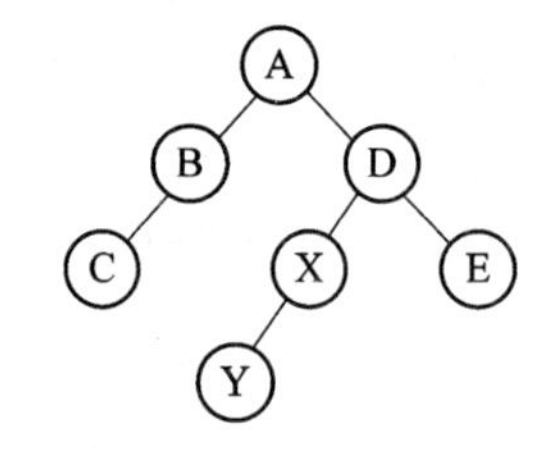

图 6-32　二叉树示意图

(10) 在 n 个结点的线索二叉树中，线索的数目为_____。

A. n−1　B. n　C. n+1　D. 2n

(11) 设深度为 k 的二叉树上只有度为 0 和度为 2 的结点，则这类二叉树所含的结点数至少为_____。

A. k+1　B. 2k　C. 2k−1　D. 2k+1

(12) 以下说法错误的是_____。

A. 哈夫曼树是带权路径长度最短的树，路径上权值较大的结点离根较近

B. 若一棵二叉树的叶结点是某子树中序遍历中的第一个结点，则它必是该子树后序遍历序列中的第一结点

C. 已知二叉树的先序遍历序列和后序遍历序列并不能唯一确定这棵二叉树，因为不知道树的根结点是哪一个

D. 在先序遍历二叉树的序列中，任何结点其子树的所有结点都直接跟在该结点之后

(13) 若想实现任意二叉树后序遍历的非递归算法而不使用栈，则最佳方案是二叉树采用_____存储结构。

A. 三叉链表　B. 广义表　C. 二叉链表　D. 顺序表

(14) 设有 13 个值，用它们组成一棵哈夫曼树，则该哈夫曼树共有_____个结点

A. 13　B. 12　C. 26　D. 25

(15) 下面 4 棵二叉树都有 4 个叶子结点 a、b、c、d，分别带权 7、5、2、4，其中是哈

夫曼树的是_____。

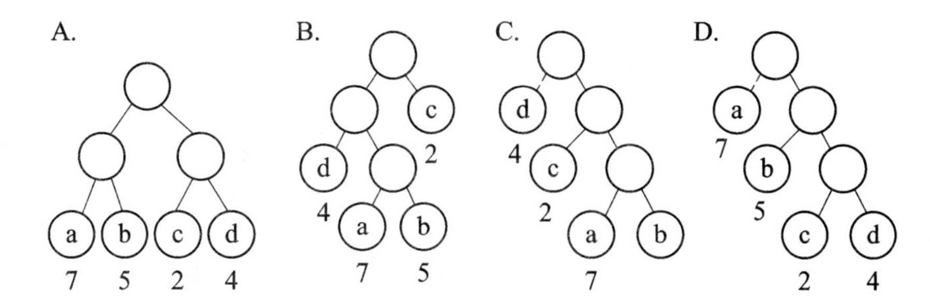

(16) 下面几个符号串编码集合中，不是前缀编码的是______。

A. {0，10，110，1111}　　B. {11，10，001，101，0001}

C. {00，010，0110，1000}　　D. {b，c，aa，ac，aba，abb，abc}

(17) 后序遍历序列为 dabec，中序遍历序列为 debac，则先序遍历序列为______。

A. cbeda　　B. decab　　C. deabc　　D. cedba

(18) 以下说法错误的是______。

A. 存在这样的二叉树，对它采用任何次序遍历得到的结点访问序列均相同

B. 二叉树是树的特殊形式

C. 由树转换成二叉树，其根结点的右子树总是空的

D. 在二叉树只有一棵子树的情况下也要指出该子树是左子树还是右子树

(19) 树的基本遍历策略可分为先根遍历和后根遍历，而二叉树的基本遍历策略可分为先序、中序和后序这三种遍历。我们把由树转化得到的二叉树称为该树对应的二叉树，则下面___是正确的。

A. 树的先根遍历与其对应的二叉树先序遍历序列相同

B. 树的后根遍历与其对应的二叉树后序遍历序列相同

C. 树的先根遍历与其对应的二叉树中序遍历序列相同

D. 以上都不对

(20) 设F是一森林，B是由F变换得到的二叉树，若F有n个非终端结点(即分支结点)，则B中右指针域为空的结点有_____个。

A. n−1　　B. n　　C. n+1　　D. n+2

2. 多项选择题

(1) 设高为h的二叉树只有度为0和2的结点，则此类二叉树的结点至少为__①__，至多为__②__。

A. 2h　　B. 2h−1　　C. 2h+1　　D. h+1

E. 2^{h-1}　　F. 2^h-1　　G. $2^{h+1}+1$　　H. 2^k+1

(2) 先序遍历与中序遍历结果相同的二叉树为__①__，先序遍历与后序遍历结果相同的二叉树为__②__。

A. 一般二叉树　　B. 只有根结点的二叉树

C. 根结点无左孩子的二叉树　　D. 根结点无右孩子的二叉树

E. 所有结点只有左子树的二叉树　　F. 所有结点只有右子树的二叉树

(3) 完全二叉树_____。

A. 适合于顺序存储结构存储　　B. 不一定适合顺序存储结构存储

C. 叶子结点可在任一层出现　　D. 某些结点有左子树时则必有右子树

E. 某些结点有右子树时则必有左子树

3. 填空题

(1) 一棵有 n 个结点的满二叉树有___个度为 1 的结点，有____个分支(非终端)和_____个叶结点，该满二叉树的深度为_______。

(2) 设 F 是由 T_1、T_2、T_3 三棵树组成的森林，与 F 对应得二叉树为 B。已知 T_1、T_2、T_3 的结点数分别为 n_1、n_2 和 n_3，则二叉树 B 的左子树中有_____结点，二叉树右子树中有______个结点。

(3) 线索二叉树的左线索指向其_______________，右线索指向其_________________。

(4) 若一棵二叉树的叶子结点是某子树的中序遍历序列中的最后一个结点，则它必是该子树的_______序列中的最后一个结点。

(5) 深度为 k(设根所在的层数为 1)的完全二叉树至少有____个结点，至多有____结点，k 和结点数 n 之间的关系是_________。

(6) 包含结点 A、B、C 的二叉树有___种不同的形态，___种不同的二叉树。

(7) 包含结点 A、B、C 的树有___种不同的形态，___种不同的树。

(8) 若二叉树有 n 个结点，对它们分别进行先序遍历、中序遍历和后序遍历时，为遍历所开辟的栈分别为____个单元、_____个单元和____个单元。

(9) 有 n 个结点并且高度为 n 的二叉树有___个。

(10) 一棵具有 n 个结点的二叉树，若它有 n_0 个叶结点，则该二叉树上度为 1 的结点个数 n_1=________。

(11) 若一棵二叉树的叶子数为 n_0,则该二叉树中左、右子树都非空的结点个数为_____。

(12) 设 n_0 为哈夫曼树叶子结点的数目，则该哈夫曼树共有_______个结点。

4. 判断题

(1) 完全二叉树的某结点若无左孩子，则它必是叶结点。

(2) 存在这样的二叉树，对它采用任何次序进行遍历得到的结果都相同。

(3) 二叉树就是结点度为 2 的有序树。

(4) 若一个结点是二叉树子树的中序遍历序列中的最后一个结点，则它必是该子树的先序遍历序列中的最后一个结点。

(5) 若一个结点是二叉树子树的中序遍历序列中的第一个结点，则它必须是该子树后序遍历序列中的第一个结点。

(6) 对 n 个结点的二叉树用递归程序进行中序遍历，最坏情况下需要附加 n 个辅助存储空间。

(7) 当 k≥1 时，高度为 k 的二叉树至多有 2^{k-1} 个结点。

(8) 一棵含有 n 个结点的完全二叉树，它的高度是 $\lfloor \log_2 n \rfloor + 1$。

(9) 在哈夫曼编码中，当两个字符出现的频率相同时其编码也相同，对于这种情况应做特殊处理。

(10) 后根遍历树和中序遍历与该树对应的二叉树其结果不同。

5. 从概念上讲，树、森林和二叉树是三种不同的数据结构，将树、森林转换为二叉树的基本目的是什么？指出树与二叉树的主要区别。

6. 试分别画出具有3个结点的树以及具有3个结点的二叉树的所有不同形态。

7. 设m和n分别为二叉树中的两个结点，问：

(1) 当n在m的左方，先序遍历时n在m的前面吗？中序遍历时n在m的前面吗？

(2) 当n在m的右方，中序遍历时n在m 的前面吗？

(3) 当n是m 的祖先，先序遍历时n在m的前面吗？后序遍历时n在m的前面吗？

(4) 当n是m的子孙，中序遍历时n在m的前面吗？后序遍历时n在m的前面吗？

8. 已知二叉树左、右子树均含有3个结点，试构造满足下面条件的所有二叉树：

(1) 左、右子树的先序序列与中序序列相同。

(2) 左子树的中序序列与后序序列相同，右子树的先序序列与中序序列相同。

9. 对于二叉树的两个结点n_1和n_2，我们应该选择该二叉树结点的先序、中序和后序中的哪两个序列来判断结点n_1必定是结点n_2的祖先，并给出判断的方法(不需要证明判断方法的正确性)。

10. 有n个结点的二叉树，已知叶结点个数为n_0，写出求度为1结点的个数n_1的计算公式；若此树是深度为k的完全二叉树，写出n为最小的公式；若二叉树中仅有度为0和度为2的结点，写出求二叉树结点个数n的公式。

11. 在一棵二叉树的先序序列、中序序列和后序序列中，任意两种序列的组合可以唯一地确定这棵二叉树吗？若可以，则有哪些组合，证明之；若不可以，则有哪些组合，证明之。

12. 已知一棵二叉树的中序序列为BDCEAFHG，先序序列为ABCDEFGH，画出这棵二叉树。

13. 假设一棵二叉树的层次序列为ABCDEFGHIJ，中序序列为DBGEHJACIF，请画出这棵二叉树。

14. 什么是哈夫曼树？试证明有n_0个叶子结点的哈夫曼树共有$2n_0-1$个结点。

15. 将图6-33所示的森林转换为二叉树，然后对森林进行先序遍历和后序遍历。

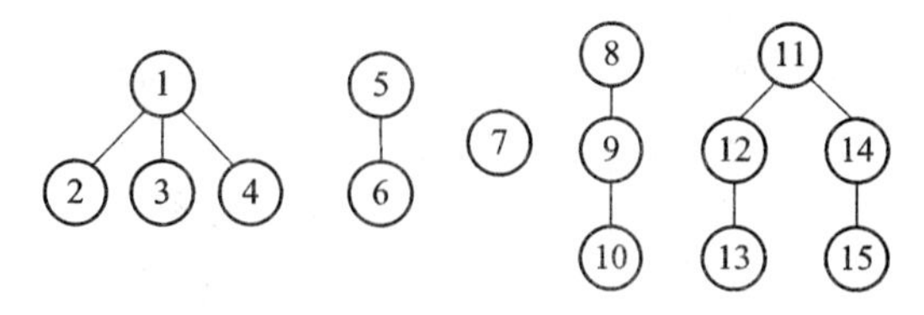

图6-33 森林示意图

16. 如果已知森林的先根序列和后根序列分别为ABCDEFIGJH和BDCAIFJGHE，请画出该森林。

17. 编写一个将二叉树中每个结点的左、右孩子交换的算法。

18. 编写统计二叉树所有叶结点数目的非递归算法。

19. 编写一算法，判断给定的二叉树是否为完全二叉树。

20. 编写算法，求任意二叉树中第一条最长的路径，并输出此路径上各结点的值。

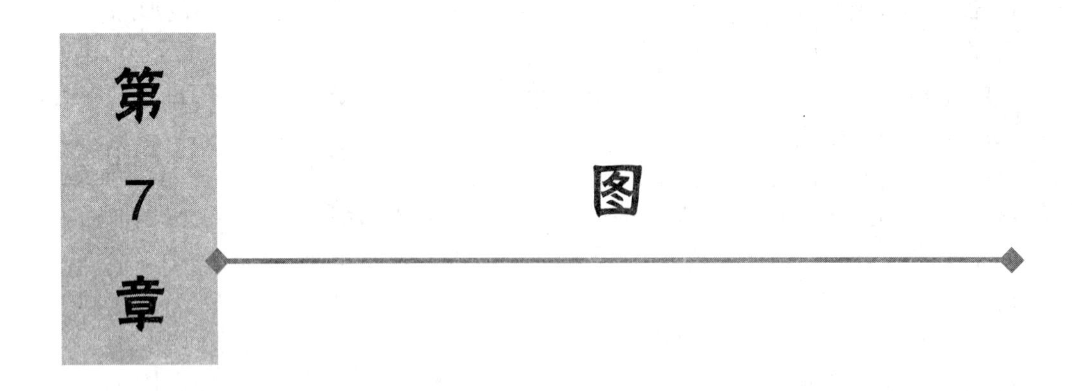

图形结构是一种比树形结构更复杂的非线性结构。树形结构中的结点之间具有明显的层次关系，且每一层上的结点只能和上一层中的一个结点相关，并可能和下一层的多个结点相关。在图形结构中，任意两个结点之间都可能相关，即结点与结点之间的邻接关系可以是任意的。因此，图形结构可用来描述更加复杂的对象。

7.1　图的基本概念

7.1.1　图的定义

图(Graph)是由非空的顶点集合 V 与描述顶点之间关系——边(或者弧)的集合 E 组成，其形式化定义为

$$G = (V, E)$$

如果图 G 中的每一条边都是没有方向的，则称 G 为无向图。无向图中边是图中顶点的无序偶对。无序偶对通常用圆括号“( )”表示。例如，顶点偶对(v_i, v_j)表示顶点 v_i 和顶点 v_j 相连的边，并且(v_i, v_j)与(v_j, v_i)表示同一条边。

如果图 G 中的每一条边都是有方向的，则称 G 为有向图。有向图中的边是图中顶点的有序偶对，有序偶对通常用尖括号“< >”表示。例如，顶点偶对$<v_i,v_j>$表示从顶点 v_i 指向顶点 v_j 的一条有向边，其中，顶点 v_i 称为有向边$<v_i,v_j>$的起点，顶点 v_j 称为有向边$<v_i,v_j>$的终点。有向边也称为弧，对弧$<v_i,v_j>$来说，v_i 为弧的起点，称为弧尾；v_j 为弧的终点，称为弧头。

本章仅讨论简单的图，不考虑顶点到其自身的边。也就是说，若(v_i,v_j)或$<v_i,v_j>$是图 G 的一条边，则有 $v_i \neq v_j$。此外，也不讨论一条边在图中重复出现的情况。

图 7-1(a)所示的 G_1 是一个无向图，即有：

$$G_1 = (V_1, E_1)$$

其中：

$$V_1=\{v_1,v_2,v_3,v_4\}$$

$$E_1=\{(v_1,v_2),(v_1,v_4),(v_2,v_4),(v_3,v_4)\}$$

图 7-1(b)所示的 G_2 是一个有向图，即有；

$$G_2 = (V_2, E_2)$$

$$V_2 = \{v_1, v_2, v_3, v_4, v_5\}$$

$$E_2 = \{<v_1, v_3>, <v_1, v_5>, <v_2, v_1>, <v_4, v_2>, <v_4, v_3>, <v_5, v_2>\}$$

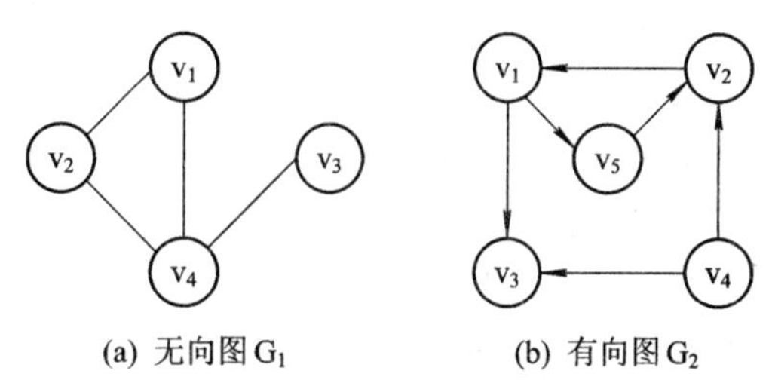

(a) 无向图 G_1　　　　(b) 有向图 G_2

图 7-1　图的示意图

若(v_i, v_j)是一条无向边，则顶点 v_i 和顶点 v_j 互为邻接点，或称 v_i 与 v_j 相邻接，并称边(v_i, v_j)依附于顶点 v_i 和顶点 v_j。若$<v_i, v_j>$是一条有向边，则称顶点 v_i 邻接到顶点 v_j，顶点 v_j 邻接于顶点 v_i，并称边$<v_i, v_j>$依附于顶点 v_i 和顶点 v_j。

7.1.2　图的基本术语

(1) 无向完全图：若一个无向图具有 n 个顶点且每个顶点与其他 n−1 个顶点之间都有边存在，即任意两个顶点之间都有一条边连接，则称该图为无向完全图。显然，含有 n 个顶点的无向完全图共有 $\frac{n(n-1)}{2}$ 条边。

(2) 有向完全图：在有 n 个顶点的有向图中，如果任何两个顶点之间都有方向相反的两条弧存在，则称该图为有向完全图。显然，含有 n 个顶点的有向完全图共有 n(n−1)条弧。

(3) 顶点的度、入度和出度：顶点的度是指依附于某顶点 v 的边数，通常记为 D(v)。在有向图中，要区别顶点的入度和出度概念。顶点 v 的入度是指以顶点 v 为终点的弧的个数，记为 ID(v)；顶点 v 的出度是指以顶点 v 为起点的弧的个数，记为 OD(v)。有向图顶点 v 的度定义为该顶点的入度和出度之和，即 D(v)＝ID(v)＋OD(v)。

例如，在图 7-1(a)所示的无向图 G 中：

$$D(v_1)=2，D(v_2)=2，D(v_3)=1，D(v_4)=3$$

在图 7-1(b)所示有向图中：

$$D(v_1)=ID(v_1)+OD(v_1)=1+2=3 \qquad D(v_2)=ID(v_2)+OD(v_2)=2+1=3$$

$$D(v_3)= ID(v_3)+OD(v_3)=2+0=2 \qquad D(v_4)=ID(v_4)+OD(v_4)=0+2=2$$

$$D(v_5)=ID(v_5)+OD(v_5)=1+1=2$$

无论是无向图还是有向图，一个图的顶点数 n、边数 e 和各顶点的度之间存在如下关系：

$$e=\frac{1}{2}\sum_{i=1}^{n}D(v_i)$$

(4) 路径、路径长度：若 G 为无向图，则从顶点 v_p 到顶点 v_q 的路径是指存在一个顶点序列，$v_p, v_{i1}, v_{i2}, \cdots ,v_{in}, v_q$，使得$(v_p, v_{i1}), (v_{i1}, v_{i2}), \cdots, (v_{in}, v_q)$分别为图 G 中的边；若 G 为有向图，其路径也是有方向的，它由图 G 中的有向边$<v_p, v_{i1}>, <v_{i1}, v_{i2}>, \cdots, <v_{in}, v_q>$组成。路径长度是路径上边或弧的个数。例如，图 7-1(a)所示的无向图 G_1 中，$v_1 \to v_2 \to v_4 \to v_3$ 和 $v_1 \to v_4 \to v_3$ 是从顶点 v_1 到顶点 v_3 的两条路径，其路径长度分别为 3 和 2。在带权图(网)中，路径长度则为路径上边或弧的权值之和。

(5) 回路、简单路径、简单回路：若一条路径上的起点和终点相同，则称该路径为回路或环。若路径中的顶点不重复出现，则称该路径为简单路径。(4)中提到的顶点 v_1 到顶点 v_3 的两条路径都是简单路径。除第一个顶点和最后一个顶点之外，其他顶点不重复出现的回路称为简单回路或简单环。如图 7-1(b)中的 $v_1 \to v_5 \to v_2 \to v_1$ 就是一个简单回路。

(6) 子图：对图 G=(V, E)和图 G'=(V', E')，若存在 V'是 V 的子集，E'是 E 的子集，且 E'中的边都依附于 V'中的顶点，则称图 G'是 G 的一个子图。图 7-2 给出了图 7-1 中 G_1 和 G_2 的两个子图 G'_1 和 G'_2。

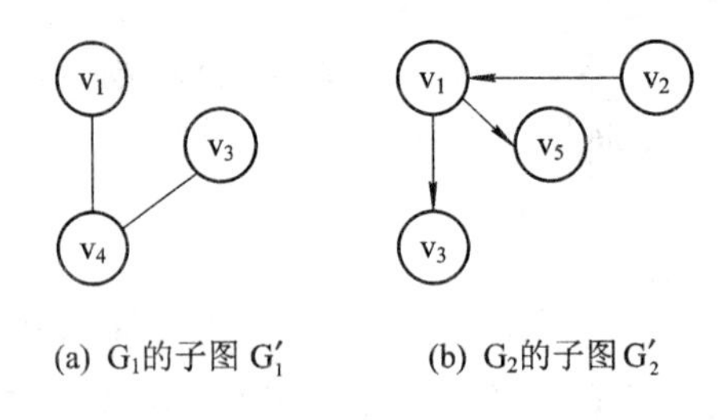

(a) G_1的子图 G'_1　　(b) G_2的子图G'_2

图 7-2　图 7-1 中 G_1 和 G_2 的两个子图示意图

(7) 连通、连通图和连通分量：在无向图中，如果从顶点 v_i 到另一顶点 $v_j(i \neq j)$有路径，则称顶点 v_i 和顶点 v_j 是连通的。如果图中任意两个顶点都是连通的，则称该图是连通图。无向图的极大连通子图称为连通分量。显然，任何连通图的连通分量只有一个，即其自身，而非连通图则有多个连通分量。

例如，图 7-1(a)所示的 G_1 就是一个连通图，而图 7-3(a)所示的 G_3 是非连通图，并且 G_3 有两个连通分量如图 7-3(b)和图 7-3(c)所示。

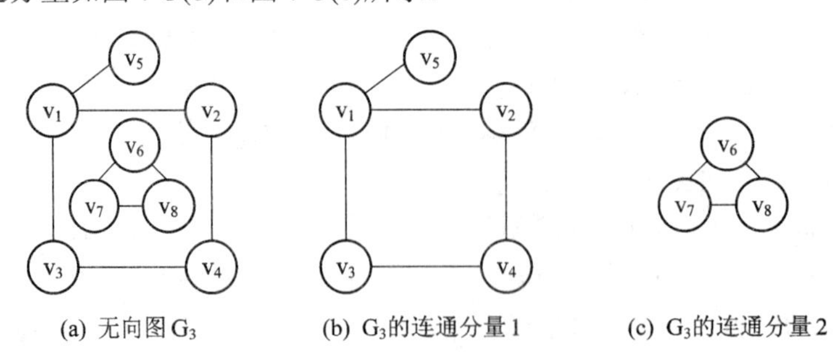

(a) 无向图G_3　　(b) G_3的连通分量 1　　(c) G_3的连通分量 2

图 7-3　无向图及其连通分量

(8) 强连通、强连通图和强连通分量：在有向图中，如果从顶点 v_i 到另一个顶点 $v_j(i \neq j)$有路径，则称顶点 v_i 到顶点 v_j 是连通的。若图中任意一对顶点 v_i 和 $v_j(i \neq j)$均有从顶点 v_i 到顶点 v_j 的路径，也有从顶点 v_j 到顶点 v_i 的路径，则称该有向图是强连通图。有向图的极大强连通子图称为强连通分量。显然，任何连通图的强连通分量只有一个，即其自身，而非强连通图则有多个强连通分量。

例如，在图 7-4(a)中，G_4 不是一个强连通图，它有 3 个强连通分量分别如图 7-4(b)、图 7-4(c)和图 7-4(d)所示。

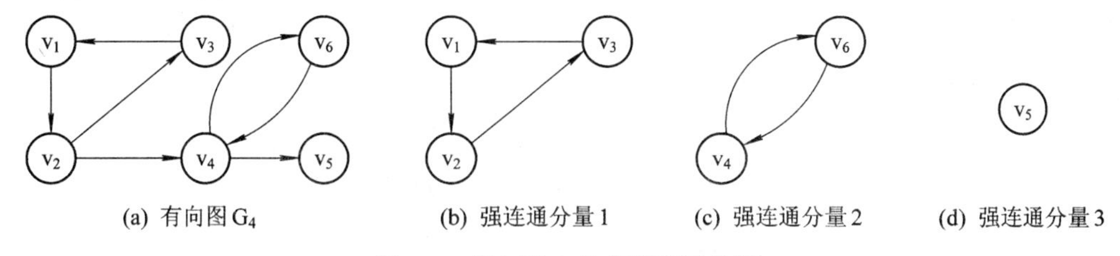

图 7-4　有向图 G 及其强连通分量

(9) 生成树：一个连通图的生成树是一个极小连通子图，它含有图中全部 n 个顶点，但只有连接这 n 个顶点的 n−1 条边。图 7-5 是图 7-3(b)所示 G_3 的连通分量 1 的两棵生成树。由此也可看出：一个连通图的生成树可能不唯一。

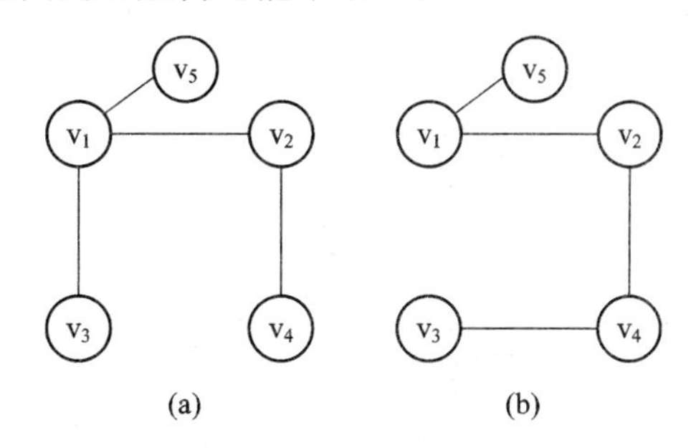

图 7-5　图 7-3(b)所示无向图的两棵生成树

对一个有 n 个顶点的无向图，如果边数小于 n−1 条则一定是非连通图；若它的边数多于 n−1 条，则一定有环。所以，一棵有 n 个顶点的生成树有且仅有 n−1 条边，但有 n−1 条边的图却不一定是生成树。

(10) 生成森林：在非连通图中，每个连通分量都可得到一个极小连通子图，即一棵生成树。这些生成树就构成了这个非连通图的生成森林。

(11) 带权图和网：在实际应用中，图的每条边或弧具有某种实际意义的数值，这种与边或弧相关的数值叫做权。通常，权可以表示从一个顶点到另一个顶点的距离、代价、时间和费用的数值。我们将每条边或弧都带权的图称为带权图或网。

7.2　图的存储结构

图是一种复杂的数据结构，表现在不仅各顶点的度可以不同，而且顶点之间的逻辑关系也错综复杂。从图的定义可知一个图的信息包括两个部分：图中顶点的信息，以及描述顶点之间的关系——边或弧的信息。因此无论采取什么方法来建立图的存储结构，都要完整、准确地反映这两部分的信息。为适于用 C 语言描述，从本节起顶点序号由 0 开始，即图的顶点集的一般形式为：$V=\{v_0, v_1, \cdots, v_{n-1}\}$。

下面介绍几种常用的图的存储结构。

7.2.1 邻接矩阵

所谓邻接矩阵存储结构，就是用一维数组存储图中顶点的信息，并用矩阵来表示图中各顶点之间的邻接关系。假定图 G=(V, E)有 n 个顶点，即 V={v_0, v_1, …, v_{n-1}}，则表示 G 中各顶点相邻关系需用一个 n×n 的矩阵，且矩阵元素为

$$A[i][j]=\begin{cases} 1 & 若(v_i, v_j)或<v_i, v_j>是 E 中的边 \\ 0 & 若(v_i, v_j)或<v_i, v_j>不是 E 中的 \end{cases}$$

若 G 是带权图(网)，则邻接矩阵可定义为

$$A[i][j]=\begin{cases} w_{ij} & 若(v_i, v_j)或<v_i, v_j>是 E 中的边 \\ 0 或\infty & 若(v_i, v_j)或<v_i, v_j>不是 E 中的边 \end{cases}$$

其中，w_{ij} 表示(v_i, v_j)或<v_i, v_j>上的权值；∞则为计算机上所允许的大于所有边上权值的数值。无向图的邻接矩阵表示如图 7-6 所示。

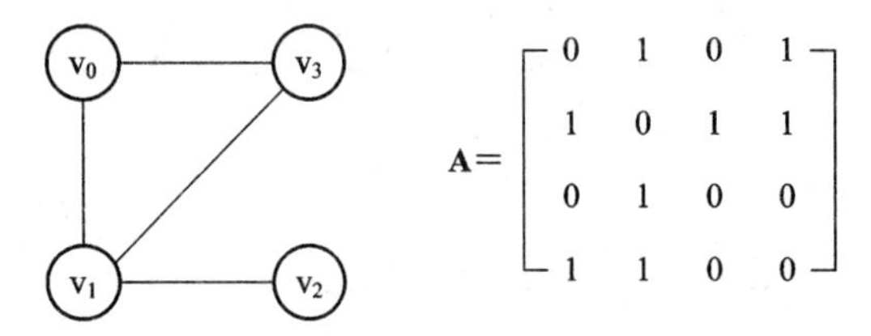

图 7-6 无向图及邻接矩阵表示

有向图的邻接矩阵表示如图 7-7 所示。

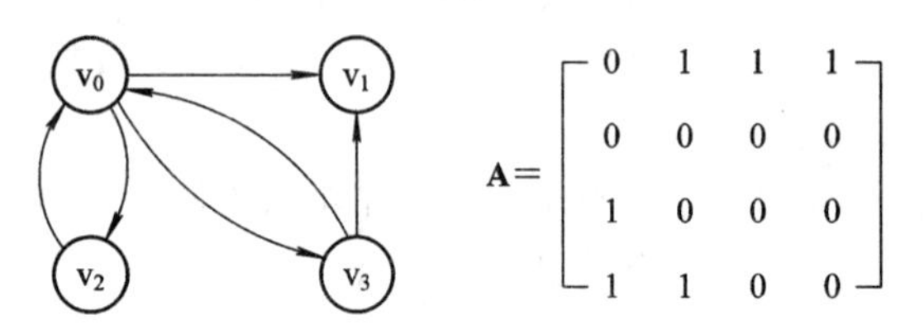

图 7-7 有向图及邻接矩阵表示

带权图的邻接矩阵表示如图 7-8 所示。

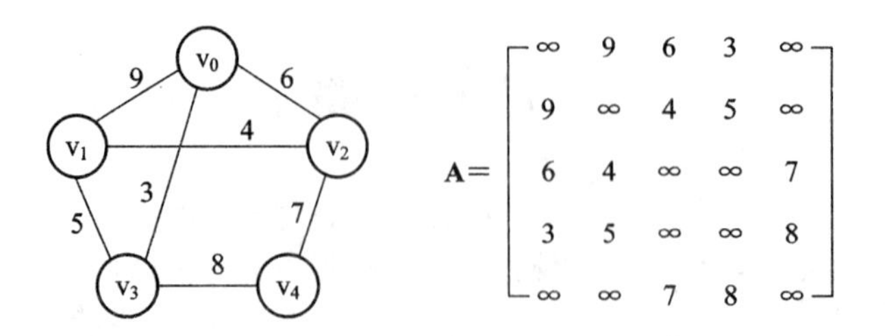

图 7-8 带权图及邻接矩阵表示

从图的邻接矩阵可以看出以下特点：

(1) 无向图(包括带权图)的邻接矩阵一定是一个按对角线对称的对称矩阵。因此，在具

体存放邻接矩阵时只需存放上(或下)三角矩阵的元素即可。

(2) 对于无向图，邻接矩阵的第 i 行或第 i 列的非零元素(或非∞元素)个数正好是第 i 个顶点的度 $D(v_i)$。

(3) 对有向图，邻接矩阵的第 i 行非零元素(或非∞元素)的个数正好是第 i 个顶点的出度 $OD(v_i)$，第 i 列非零元素(或非∞元素)的个数正好是第 i 个顶点的入度 $ID(v_i)$。

(4) 用邻接矩阵存储图，很容易确定图中任意两个顶点之间是否有边相连。但是，要确定图中具体有多少条边，则必须按行、按列对每一个元素进行查找后方能确定，因此花费的时间代价较大，这也是用邻接矩阵存储图的局限性。

在采用邻接矩阵方式表示图时，除了用一个二维数组存储用于表示顶点相邻关系的邻接矩阵之外，还需要用一个一维数组存储顶点信息。这样，一个图在顺序存储结构下的类型定义为

```
typedef struct
{
    char vertex[MAXSIZE];                 //顶点为字符型且顶点表的长度小于 MAXSIZE
    int edges[MAXSIZE][MAXSIZE];          //边为整型且 edges 为邻接矩阵
}MGraph;                                  //MGraph 为采用邻接矩阵存储的图类型
```

建立一个无向图的邻接矩阵存储算法如下：

```
void CreatMGraph(MGraph *g,int e,int n)
{   //建立无向图的邻接矩阵 g->egdes，n 为顶点个数，e 为边数
  int i,j,k;
  printf("Input data of vertexs(0~n-1):\n");
  for(i=0;i<n;i++)
      g->vertex[i]=i;              //读入顶点信息
  for(i=0;i<n;i++)
      for(j=0;j<n;j++)
          g->edges[i][j]=0;        //初始化邻接矩阵
  for(k=1;k<=e;k++)                //输入 e 条边
  {
      printf("Input edge of(i,j): ");
      scanf("%d,%d",&i,&j);
      g->edges[i][j]=1;
      g->edges[j][i]=1;
  }
}
```

建立邻接矩阵的时间复杂度为 $O(n^2)$。

7.2.2 邻接表

邻接表是图的一种顺序存储与链式存储相结合的存储方法。邻接表表示法类似于树的孩子表示法。也即，对于图 G 中的每个顶点 v_i，将所有邻接于 v_i 的顶点 v_j 链成一个单链表，

这个单链表就称为顶点 v_i 的邻接表。然后，将所有顶点的邻接表表头指针放入到一个一维数组中，就构成了图的邻接表。用邻接表表示的图有两种结构，如图 7-9 所示。一种是用一维数组表示的顶点表的结点(即数组元素)结构，它由顶点域(vertex)和指向该顶点第一条邻接边的指针域(firstedge)(也即，这个指针指向该顶点的邻接表)所构成。另一种是邻接表结点(边结点)，它由邻接点域(adjvex)和指向下一条邻接边的指针域(next)所构成。对带权图(网)的邻接表结点则需增加一个存储边上权值信息的一个域。因此，带权图的邻接表结点结构如图 7-10 所示。

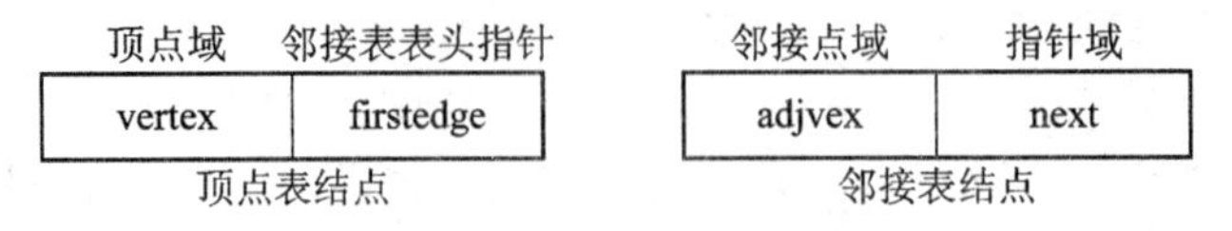

图 7-9　邻接表表示的结点结构

adjvex	info	next

图 7-10　带权图(网)的邻接表结点结构

图 7-11 给出了图 7-6 所示的无向图所对应的邻接表表示。

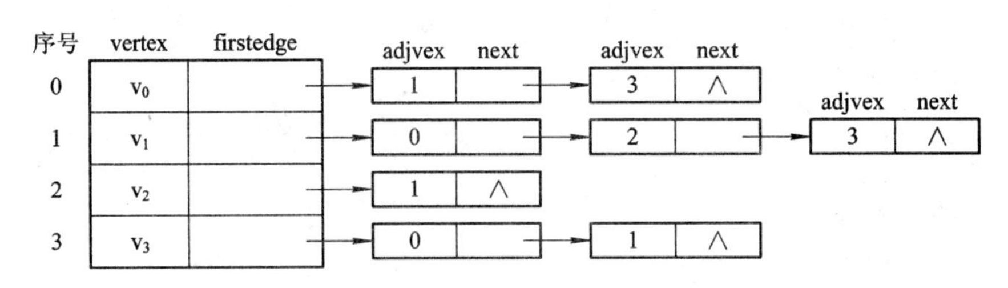

图 7-11　无向图的邻接表表示

邻接表表示下的类型定义为：

```
typedef struct node             //邻接表结点
{
    int adjvex;                 //邻接点域
    struct node *next;          //指向下一个邻接边结点的指针域
}EdgeNode;                      //邻接表结点类型
typedef struct vnode            //顶点表结点
{
    int vertex;                 //顶点域
    EdgeNode *firstedge;        //指向邻接表第一个邻接边结点的指针域
}VertexNode;                    //顶点表结点类型
```

建立一个无向图的邻接表存储算法如下：

```
void CreatAdjlist(VertexNode g[],int e,int n)
{//建立无向图的邻接表，n 为顶点数，e 为边数，g[]存储 n 个顶点表结点
    EdgeNode *p;
```

```
    int i,j,k;
    printf("Input date of vetex(0~n-1);\n");
    for(i=0;i<n;i++)                    //建立有 n 个顶点的顶点表
    {
        g[i].vertex=i;                  //读入顶点 i 信息
        g[i].firstedge=NULL;            //初始化指向顶点 i 的邻接表表头指针
    }
    for(k=1;k<=e;k++)                   //输入 e 条边
    {
        printf("Input edge of(i,j): ");
        scanf("%d,%d",&i,&j);
        p=(EdgeNode *)malloc(sizeof(EdgeNode));
        p->adjvex=j;                    //在顶点 vi 的邻接表中添加邻接点为 j 的结点
        p->next=g[i].firstedge;         //插入是在邻接表表头进行的
        g[i].firstedge=p;
        p=(EdgeNode *)malloc(sizeof(EdgeNode));
        p->adjvex=i;                    //在顶点 vj 的邻接表中添加邻接点为 i 的结点
        p->next=g[j].firstedge;         //插入是在邻接表表头进行的
        g[j].firstedge=p;
    }
}
```

对有 n 个顶点和 e 条边的无向图来说，它的邻接表需要 n 个顶点结点和 2e 个邻接表结点。显然，在边稀疏($e<<\frac{n(n-1)}{2}$)的情况下，用邻接表表示图比用邻接矩阵表示图要节省存储空间。此外要注意的是：当顶点个数 n 和 e 条边确定后，一个图的邻接矩阵表示是唯一的，但其邻接表的表示并不唯一，它与边输入的先后次序有关。并且，邻接表表示中每个顶点的邻接表对应邻接矩阵中该顶点所对应的行，即表中的结点个数与该行中的非零元素个数相同。

对于无向图邻接表，顶点 v_i 的度为其邻接表中的结点个数；而在有向图中，顶点 v_i 的邻接表其结点个数只是顶点 v_i 的出度。为求顶点 v_i 的入度必须遍历整个邻接表：即在所有邻接表中其邻接点域的值为 i 的结点个数才是顶点 v_i 的入度。因此，为了便于确定顶点的入度或以顶点 v_i 为弧头(弧的终点)的弧，可以建立一个有向图的逆邻接表，即对每个顶点 v_i 建立一个以 v_i 为弧头的邻接表。

例如，我们可将图 7-12(a)中的有向图逆置有向边的指向后得到图 7-13(a)的有向图，然后为其建立邻接表，而这个邻接表正是图 7-12(a)有向图的逆邻接表。

在建立邻接表或逆邻接表时，若输入的顶点信息即为顶点编号(即顶点在顶点表中的下标)，则建立邻接表的复杂度为 O(n+e)，否则需要通过查找才能得到顶点在图中的位置，而时间复杂度则增至 O(n×e)。

在邻接表上很容易找到任一个顶点的第一个邻接点和下一个邻接点，但要判断任意两

个顶点 v_i 和 v_j 之间是否有边或弧相连，则需要搜索第 i 个顶点或第 j 个顶点的邻接表。因此，这一点不如邻接矩阵方便。

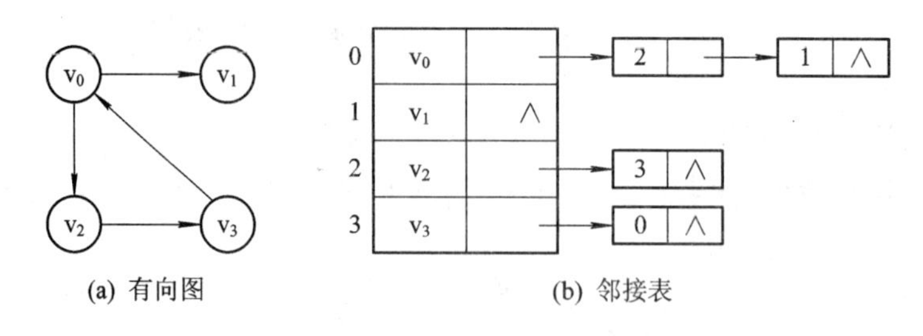

(a) 有向图　　(b) 邻接表

图 7-12　有向图与邻接表表示

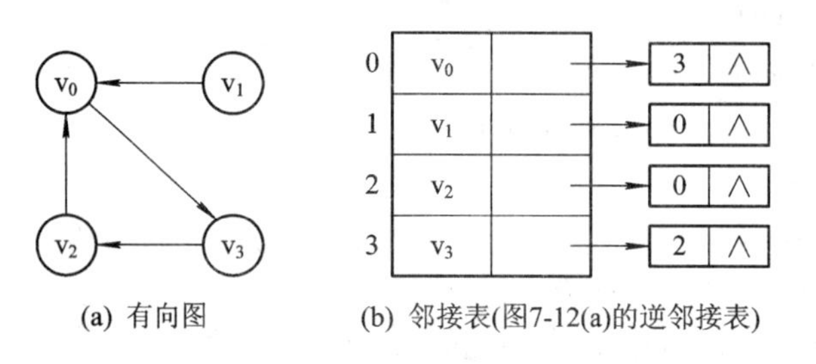

(a) 有向图　　(b) 邻接表(图7-12(a)的逆邻接表)

图 7-13　图 7-12(a)有向图的逆邻接表示意图

*7.2.3　有向图的十字链表存储方法

十字链表是有向图的一种存储方法，它实际上是邻接表与逆邻接表的结合，即把每一条边的边结点分别组织到以弧尾顶点为表头结点的链表和以弧头顶点为表头结点的链表中。在十字链表之中，顶点表和边表(邻接表)的结点结构分别如图 7-14(a)和图 7-14(b)所示。

顶点值域	指针域	指针域
vertex	firsin	firstout

(a) 十字链表中顶点表的结点结构

弧尾结点	弧头结点	弧上信息	指针域	指针域
tailvex	headvex	info	hlink	tlink

(b) 十字链表中边表的弧结点结构

图 7-14　十字链表中顶点表的结点和边表的弧结点结构示意图

弧结点共有五个域：尾域(tailvex)和头域(headvex)分别指示弧尾和弧头这两个顶点在图中的位置；链域 hlink 指向弧头相同的下一条弧；链域 tlink 指向弧尾相同的下一条弧；info 域为指向与该弧相关的各种信息的指针域。并且，弧头相同的弧在同一链表上，弧尾相同的弧也在同一链表上，它们的头结点即为顶点结点。顶点结点由三个域组成：vertex 域存储和顶点相关的信息，如顶点的名称等；firstin 和 firstout 为两个链域，它们分别指向以该顶点为弧头或弧尾的第一个弧结点。

图 7-15(a)所示的有向图其十字链表如图 7-15(b)所示。从该图可以看出：从顶点表中一个顶点结点的 firstout 出发，沿着边表中弧结点的 tlink 域链接下去就构成了该顶点的邻接表(即链表)；从顶点表中的一个顶点结点的 firstin 出发，沿着边表中弧结点的 hlink 域链接下去就构成了该顶点的逆邻接表。

显然，在十字链表中容易找到以 v 为弧尾结点的弧，也容易找到以 v 为弧头结点的弧，因而容易求得顶点的出度和入度。由 7-15(b)也可看出，弧结点所在的链表不是循环链表，结点之间的相对位置由输入决定，而并不一定按顶点序号有序。表头结点即顶点结点，顶点表采用顺序存储结构。并且，若将有向图的邻接矩阵看成是稀疏矩阵的话，则十字链表也可以看成是邻接矩阵的链表存储结构。

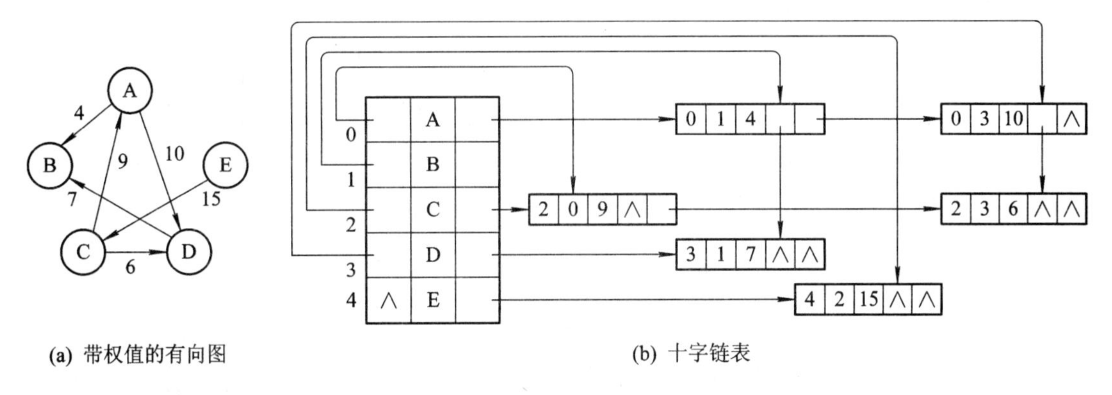

图 7-15　有向图及其十字链表示意图

*7.2.4　无向图的邻接多重表存储方法

邻接多重表存储仅适用于无向图而不适用于有向图。在无向图的邻接表中，每条边的两个边结点分别位于以该边所依附的两个顶点作为头结点的邻接表(即链表)中，这会给图的某些操作带来不便。例如，对已访问过的边要做标记，或者要删除图中某一条边，则必须同时找到表示该边的两个顶点。而在邻接多重表存储方法中，图中的每条边只用一个边结点来表示，并且使这个边结点同时连接在两个邻接表(即链表)中，这两个邻接表分别以该边所依附的两个顶点所对应的顶点结点(在顶点表中)来作为邻接表的头结点。

邻接多重表的存储结构与十字链表类似，也是由顶点表和边表(邻接表)组成，每一条边用一个结点表示，其顶点表结点结构和边表结点结构如图 7-16 所示。其中，顶点表由两个域组成：vertex 域存储与该顶点相关的信息；firstedge 域指示第一条依附于该顶点的边。边表结点由六个域组成：mark 为标记域，可用来标记该边是否被搜索过；ivex 和 jvex 为该边依附的两个顶点在图中的位置；ilink 指向下一条依附于顶点 ivex 的边；jlink 指向下一条依附于顶点 jvex 的边；info 为指向和边相关的各种信息的指针域。

(a) 邻接多重表中顶点表的结点结构

标记域	顶点位置	指针域	顶点位置	指针域	边上信息
mark	ivex	ilink	jvex	jlink	info

(b) 邻接多重表中边表的结点结构

图 7-16　无向图及其邻接多重表示意图

图 7-17(a)所示无向图的邻接多重表如图 7-17(b)所示(略去了表结点中的 info 域)。在邻接多重表中，所有依附于同一顶点的边都在同一链表中。由于每条边依附于两个顶点，则每个边结点同时链在两个邻接表中。因此，对无向图来说，其邻接多重表和邻接表的差别是：在邻接表中同一条边用两个边结点表示，而在邻接多重表中则只用一个边结点表示。

除了标志域外，邻接多重表所表示的信息与邻接表相同。

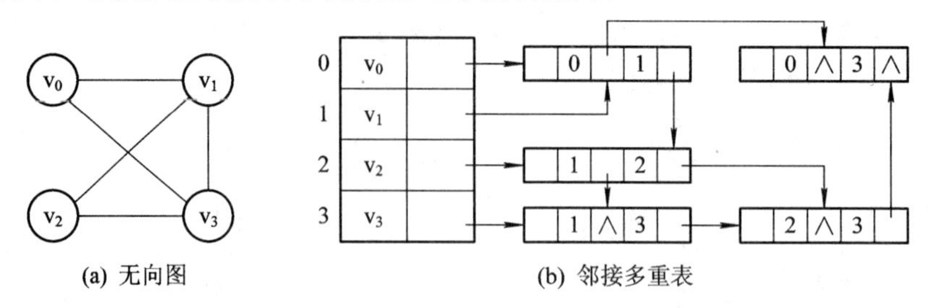

图 7-17　无向图及其邻接多重表示意图

7.3 图的遍历

图的遍历是指从图中的任一顶点出发，按照事先确定的某种搜索方法依次对图中所有顶点进行访问且仅访问一次的过程。图的遍历要比树的遍历复杂得多，其复杂性主要表现在以下四个方面：

(1) 在图结构中，没有象树根结点那样“自然”的首结点，即图中的任何一个顶点都可以作为第一个被访问的结点。

(2) 在非连通图中，从一个顶点出发只能访问它所在的连通分量上的所有顶点。因此，还需考虑如何选取下一个未被访问的顶点来继续访问图中其余的连通分量。

(3) 在图结构中如果有回路存在，则一个顶点被访问后有可能沿回路又回到该顶点。

(4) 在图结构中一个顶点可以和其他多个顶点相邻，当该顶点访问过后则存在如何从众多相邻顶点中选取下一个要访问的顶点问题。

图的遍历是图的一种基本操作，它是求解图的连通性问题、拓扑排序以及求关键路径等算法的基础。图的遍历通常采用深度优先搜索(Depth First Search，DFS)和广度优先搜索(Breadth First Search，BFS)两种方式，这两种方式对无向图和有向图的遍历都适用。

7.3.1 深度优先搜索

深度优先搜索对图的遍历类似于树的先根遍历，是树的先根遍历的一种推广。也即，搜索顶点的次序是沿着一条路径尽量向纵深发展。深度优先搜索的基本思想是：假设初始状态是图中所有顶点都未曾访问过，则深度优先搜索可以从图中某个顶点 v 出发即先访问 v，然后依次从 v 的未曾访问过的邻接点出发，继续深度优先搜索图，直至图中所有和 v 有路径相通的顶点都被访问过。若此时图中尚有顶点未被访问过，则另选一个未曾访问过的顶点作为起始点，重复上述深度优先搜索的过程，直到图中的所有顶点都被访问过为止。

我们以图 7-18 的无向图为例进行图的深度优先搜索。假定从顶点 v_0 出发，在访问了顶点 v_0 后选择邻接点 v_1 作为下一个访问的顶点。由于 v_1 未曾访问过，则访问 v_1 并继续由 v_1 开始搜索下一个邻接点 v_3 作为访问顶点。v_3 同样没有访问过，则访问 v_3 并继续搜索下一个邻接点 v_6。v_6 也未访问过，则访问 v_6 再继续搜索下一个邻接点 v_4。v_4 未曾访问过，则访问 v_4 并继续搜索下一个邻接点 v_1。此时，由于 v_1 已被访问过则回退至 v_4 继续搜索 v_4 的下一个邻接点。由于 v_4 已无未被访问过的邻接点，则继续回退到 v_6 再搜索 v_6 的未被访问邻接点……这种回退一直持续到 v_0，此时可搜索到 v_0 的未被访问邻接点 v_2，即访问 v_2 并继续搜索下一个邻接点 v_5。由于 v_5 未被访问，则访问 v_5 并继续搜索 v_5 的邻接点。因 v_5 已无未被访问过的邻接点故回退至 v_2，继续搜索 v_2 的未被访问邻接点，但 v_2 已无未被访问过的邻接点，则回退至 v_0，而 v_0 也无未被访问的邻接点。由于 v_0 为搜索图时的出发结点，故到此搜索结束。由此得到深度优先搜索遍历图的结点序列为

$$v_0 \to v_1 \to v_3 \to v_6 \to v_4 \to v_2 \to v_5$$

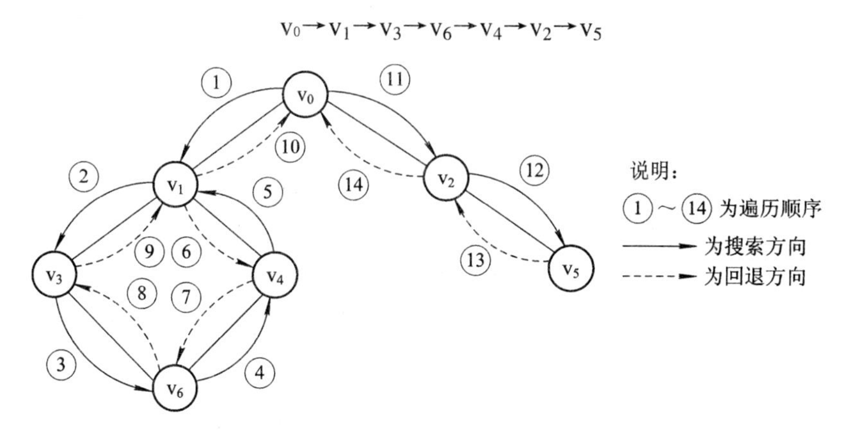

图 7-18　无向图深度优先搜索过程示意图

显然，深度优先搜索遍历图的过程是一个递归过程，我们可以用递归算法来实现。在算法中为了避免在访问过某顶点后又沿着某条回路回到该顶点这种重复访问的情况出现，就必须在图的遍历过程中对每一个访问过的顶点进行标识，这样才可以避免一个顶点被重复访问的情况出现。所以，我们在遍历算法中对 n 个顶点的图设置了一个长度为 n 的访问标志数组 visited[n]，每个数组元素被初始化为 0，一旦某个顶点 i 被访问则相应的 visited[i] 就置为 1 来做为访问过的标志。

对以邻接表为存储结构的图(可为非连通图)进行深度优先搜索的算法如下：

```
int visited[MAXSIZE];                //MAXSIZE为大于或等于无向图顶点个数的常量
void DFS(VertexNode g[],int i)
{
    EdgeNode *p;
    printf("%4d",g[i].vertex);        //输出顶点i信息，即访问顶点i
    visited[i]=1;                     //置顶点i为访问过标志
    p=g[i].firstedge;
        //根据顶点i的指针firstedge查找其邻接表的第一个邻接边结点
    while(p!=NULL)                    //当邻接边结点不为空时
    {
        if(!visited[p->adjvex])       //如果邻接的这个边结点未被访问过
            DFS(g,p->adjvex);         //对这个边结点进行深度优先搜索
        p=p->next;                    //查找顶点i的下一个邻接边结点
    }
}
```

```
void DFSTraverse(VertexNode g[],int n)
{//深度优先搜索遍历用邻接表存储图，其中 g 为顶点表，n 为顶点个数
    int i;
    for(i=0;i<n;i++)
        visited[i]=0;           //访问标志置 0
    for(i=0;i<n;i++)            //对 n 个顶点的图查找未访问过的顶点并由该顶点开始遍历
        if(!visited[i])         //当 visited[i]等于 0 时即顶点 i 未访问过
            DFS(g,i);           //从未访问过的顶点 i 开始遍历
}
```

例 7.1　已知一无向图如图 7-19 所示，试给出该无向图的邻接表，并根据深度优先搜索算法分析搜索过程，最后给出顶点搜索的序列。

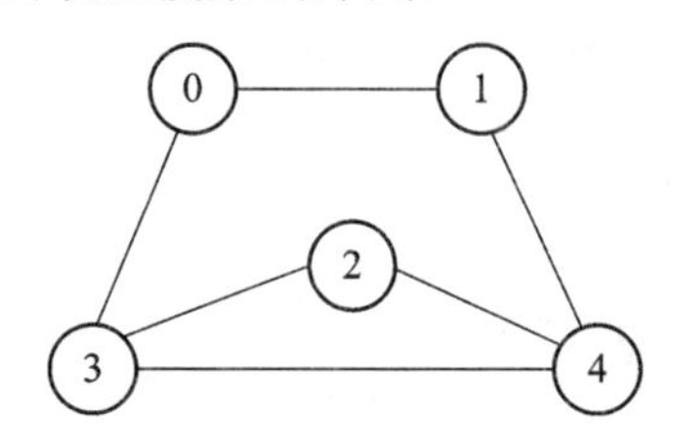

图 7-19　无向图示意图

【解】图 7-19 所示无向图的邻接表及深度优先搜索过程如图 7-20 所示。

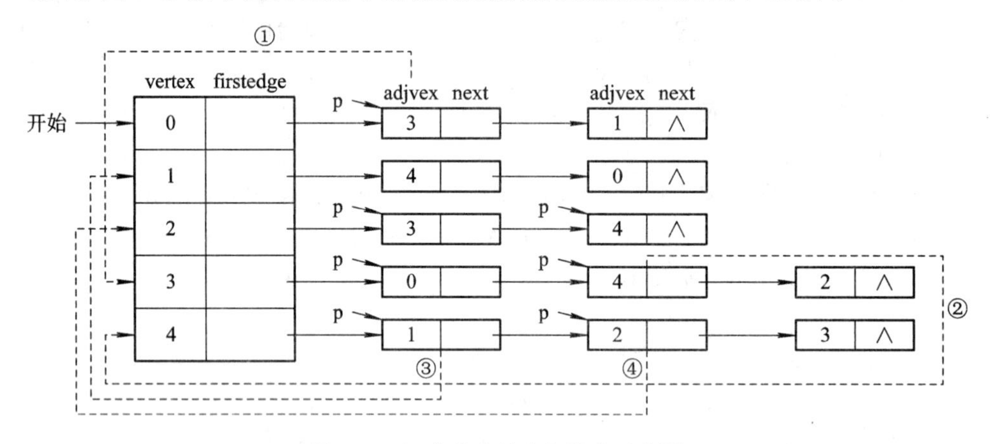

图 7-20　深度优先搜索邻接表示意图

在图 7-20 中，虚线箭头为递归调用 DFS 函数的示意，而①～④为 4 次递归调用 DFS 函数的顺序。首先，由顶点 0 开始，先输出顶点 0 信息，然后根据 g[0].firstedge 找到其邻接边结点 3。由于 visited[3]不等于 1(即未被访问过)，则调用 DFS 对顶点 3 进行深度优先搜索(图 7-20 的虚线①箭头转向顶点 3)，在输出顶点 3 信息后，由 g[3].firstedge 找到顶点 3 的邻接边结点 0。但顶点 0 已访问过，由“p=p->next;”继续查找顶点 3 的后继邻接边结点 4，顶点 4 未被访问过，则调用 DFS 对顶点 4 进行深度优先搜索(虚线②箭头转向顶点 4)。输出了顶点 4 信息后查找到顶点 4 的邻接边结点 1，由于顶点 1 未被访问过，则调用 DFS 对顶点 1 进行深度优先搜索(图 7-20 的虚线③箭头转向顶点 1)。输出了顶点 1 信息后查找顶点 1 的邻接表，而顶点 1 的邻接表中的邻接边结点 4 和邻接边结点 0 都访问过，则只能

返回到 DFS 递归调用的上一层：即顶点 4 的邻接表中的邻接边结点 1 处(上一次虚线③的调用处)执行“p=p->next;”语句，使 p 指向边结点值为 2 的结点。由于顶点 2 未被访问过则对顶点 2 继续进行深度优先搜索(图 7-20 的虚线④箭头转向顶点 2)。输出顶点 2 信息，然后查找顶点 2 的邻接边结点 3 和邻接边结点 4，它们都被访问过，故只能返回到虚线④的 DFS 调用处，继续查找顶点 4 的邻接边结点 3。而顶点 3 也访问过，则只能返回到虚线②(即调用 DFS 对顶点 4 进行搜索处)继续查找顶点 3 的最后一个邻接边结点 2……这样逐层返回直到在顶点 0 的邻接表查找邻接边结点 1 也被访问过时为止，整个 DFS 递归调用结束。因此，最终得到的顶点搜索序列如下：

$$0\to3\to4\to1\to2$$

通过图 7-20 可知，深度优先搜索对图中的每个顶点至多调用一次 DFS 函数，因为一旦某个顶点被标识为访问过，就不再从这个顶点出发进行搜索了。因此，搜索图的过程实质上就是对每个顶点查找其邻接边结点的过程。由于每个顶点只能调用一次 DFS，所以 n 个顶点总共调用了 n 次 DFS。但对每个顶点都要检查其所有的邻接边结点，若图采用邻接表存储结构，则它的 e 条边所对应的边结点总数为 2e，调用 DFS 时间则为 O(e)，即深度优先搜索遍历图的时间复杂度为 O(n+e)。若图采用邻接矩阵存储结构，则确定一个顶点的邻接边结点要进行 n 次测试，此时深度优先搜索遍历图的时间复杂度为 $O(n^2)$。

7.3.2　广度优先搜索

广度优先搜索遍历图类似于树的按层次遍历。广度优先搜索的基本思想是：从图中某顶点 v 出发，访问顶点 v 后再依次访问与 v 相邻接的未曾访问过的其余邻接边结点 v_1，v_2，…，v_k。接下来再按上述方法访问与 v_1 邻接的未曾访问过的各邻接边结点，与 v_2 邻接的未曾访问过的各邻接边结点……与 v_k 邻接的未曾访问过的各邻接边结点。这样逐层下去直至图中的全部顶点都被访问过。广度优先搜索遍历图的特点是尽可能先进行横向搜索，即先访问的顶点其邻接边结点也先访问，后访问的顶点其邻接边结点也后访问。

例如，对图 7-19 所示的无向图进行广度优先搜索遍历，首先访问 v_0，然后访问 v_0 未被访问的邻接边结点 v_1 和 v_3(注意，先是 v_1 然后才是 v_3)，接下来访问 v_1 未被访问的邻接边结点 v_4，再访问 v_3 未被访问邻接边结点 v_2(v_3 的邻接边结点 v_4 已被访问过)。此时，图中所有顶点都被访问过即完成了图的遍历，所得到的顶点访问序列为：

$$v_0\to v_1\to v_3\to v_4\to v_2$$

为了实现图的广度优先搜索，必须引入队列结构来保存已访问过的顶点序列，即从指定的顶点开始，每访问一个顶点就同时使该顶点进入队尾。然后由队头取出一个顶点并访问该顶点的所有未被访问过的邻接边结点并且使该邻接边结点进入队尾。如此进行下去直到队空时为止，则图中所有由开始顶点所能到达的全部顶点均已访问过。

对以邻接表为存储结构的图进行广度优先搜索的算法如下：

```
int visited[MAXSIZE];                    //MAXSIZE 为大于或等于无向图顶点个数的常量
void BFS(VertexNode g[],LQueue *Q,int i)
{//广度优先搜索遍历用邻接表存储图，g 为顶点表，Q 为队指针，i 为第 i 个顶点
    int j,*x=&j;                         //出队顶点将由指针 x 传给 j
    EdgeNode *p;
```

```
    printf("%4d",g[i].vertex);        //输出顶点i信息，即访问顶点i
    visited[i]=1;                     //置顶点i为访问过标志
    In_LQueue(Q,i);                   //顶点i入队Q
    while(!Empty_LQueue(Q))           //当队Q非空时
    {
      Out_LQueue(Q,x);                //队头顶点出队并经由指针x送给j(暂记为顶点j)
      p=g[j].firstedge;               //根据顶点j的表头指针查找其邻接表的第一个邻接边结点
      while(p!=NULL)
      {
         if(!visited[p->adjvex])                  //如果邻接的这个边结点未曾访问过
         {
            printf("%4d",g[p->adjvex].vertex);    //输出这个邻接边结点的顶点信息
            visited[p->adjvex]=1;                 //置该邻接边结点为访问过标志
            In_LQueue(Q,p->adjvex);               //将该邻接边结点送入队Q
         }
         p=p->next;                   //在顶点j的邻接表中查找j的下一个邻接边结点
      }
    }
}
```

例 7.2　试对图 7-19 所示的无向图及所存储的邻接表(图 7-20 所示)分析执行广度优先搜索算法时的遍历过程，最后给出顶点的搜索序列。

【解】　由广度优先搜索算法可知：外层 while 循环首先使队头顶点出队，然后由内层 while 循环查找该顶点的邻接表，并对邻接表中未被访问过的邻接边结点进行访问(输出)，然后使这个邻接边结点入队。执行 BFS 算法的过程示意如图 7-21 所示。

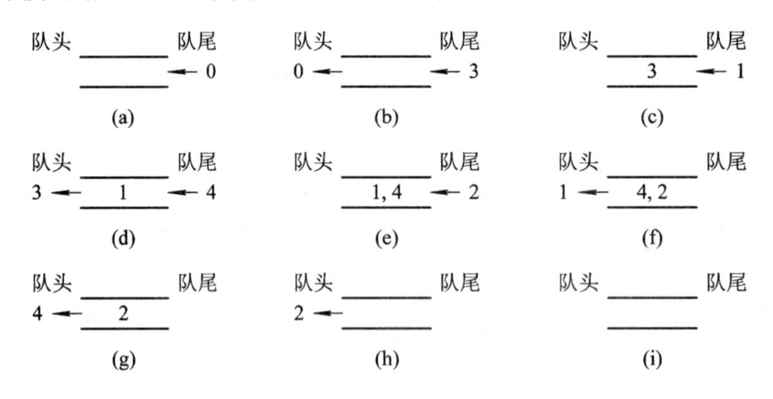

图 7-21　广度优先搜索算法执行过程示意图

图中(a)～(i)步说明如下：

(a) 输出 0 且顶点 0 入队。

(b) 顶点 0 出队并由顶点 0 的邻接表查找到邻接边结点 3，由于未访问过邻接边结点 3，因此输出 3 且使顶点 3 入队。

(c) 继续查找顶点 0 的下一邻接边结点 1，由于未访问过邻接边结点 1，因此输出 1 并使顶点 1 入队。此时继续查找顶点 0 的邻接表因无待查的邻接边结点而查找结束并返回到外层的 while 循环。

(d) 由于队非空则顶点 3 出队，并由顶点 3 的邻接表查找到邻接边结点 0。由于顶点 0 已访问过，则在此邻接表继续查找下一个邻接边结点 4。由于未访问过邻接边结点 4，故输出 4 并使顶点 4 入队。

(e) 在顶点 3 的邻接表中继续查找，这时查找到邻接边结点 2，由于未访问过邻接边结点 2，故输出 2 并使顶点 2 入队。此时，顶点 3 的邻接表因无待查的邻接边结点而查找结束，返回到外层的 while 循环。

(f) 由于队非空则顶点 1 出队，并由顶点 1 的邻接表查找到邻接边结点 4。由于顶点 4 已访问过，则在该邻接表中继续查找下一个邻接边结点 0。由于顶点 0 已访问过则继续查找。此时邻接表已无待查的邻接边结点而查找结束，返回到外层的 while 循环。

(g) 由于队非空则顶点 4 出队，并由顶点 4 的邻接表查找邻接边结点，由于查遍该邻接表已无未访问过的邻接边结点，因此返回到外层的 while 循环。

(h) 由于队非空则顶点 2 出队，并由顶点 2 的邻接表查找邻接边结点，由于查遍该邻接表已无未访问过的邻接边结点，因此返回到外层的 while 循环。

(i) 此时队已为空，即执行 BFS 的算法结束。

因此，最终得到的顶点搜索序列如下：

$$0\to3\to1\to4\to2$$

由例 7.2 可知，在广度优先搜索算法中，每个顶点至多进入队列一次，遍历图的过程实质上是通过边或弧寻找邻接边结点的过程。因此广度优先搜索和深度优先搜索遍历图的时间复杂度相同，即当以邻接表为存储结构时，时间复杂度为 O(n+e)；当以邻接矩阵为存储结构时，时间复杂度为 $O(n^2)$。但是，广度优先搜索和深度优先搜索在遍历图的过程中对顶点的访问顺序是不同的。

7.3.3　图的连通性问题

判断一个图的连通性是图的应用问题，我们可以利用图的遍历算法来求解这一问题。

1. 无向图的连通性

在对无向图进行遍历时，对连通图仅需从图中任一顶点出发进行深度优先搜索或广度优先搜索，就可访问到图中的所有顶点。对于非连通图，则需要由不连通的多个顶点开始进行搜索，且每一次从一个新的顶点出发进行搜索过程中所得到的顶点访问序列，就是包含该出发顶点的这个连通分量中的顶点集。

因此，要想判断一个无向图是否为连通图，或者有几个连通分量，则可增加一个计数变量 count 并设其初值为 0，在深度优先搜索算法 DFSTraverse 函数里的第二个 for 循环中，每调用一次 DFS 就给 count 增 1，这样当算法执行结束时的 count 值即为连通分量的个数。

无向图连通分量的计算算法如下：

```
int visited[MAXSIZE];          //MAXSIZE 为大于或等于无向图顶点个数的常量
int count=0;                   //计数变量 count 初值为 0;
```

```
void DFS(VertexNode g[],int i)
{
    EdgeNode *p;
    printf("%4d",g[i].vertex);          //输出顶点 i 信息，即访问顶点 i
    visited[i]=1;                       //置顶点 i 为访问过标志
    p=g[i].firstedge;
      //根据顶点 i 的指针 firstedge 查找其邻接表的第一个邻接边结点
    while(p!=NULL)                      //当邻接边结点不为空时
    {
        if(!visited[p->adjvex])         //如果邻接的这个边结点未被访问过
            DFS(g,p->adjvex);           //对这个边结点进行深度优先搜索
        p=p->next;                      //查找顶点 i 的下一个邻接边结点
    }
}
void ConnectEdge(VertexNode g[],int n)
{//深度优先搜索遍历用邻接表存储图，其中 g 为顶点表，n 为顶点个数
    int i;
    for(i=0;i<n;i++)
        visited[i]=0;               //访问标志置 0
    for(i=0;i<n;i++)                //对 n 个顶点的图查找未访问过的顶点并由该顶点开始遍历
        if(!visited[i])             //当 visited[i]等于 0 时即顶点 i 未访问过
        {
            DFS(g,i);               //从未访问过的顶点 i 开始遍历
            count++;                //访问过一个连通分量则 count 加 1
        }
}
```

2. 有向图的连通性

有向图的连通性不同于无向图的连通性，对有向图强连通性以及强连通分量的判断，可以通过以十字链表为存储结构的有向图进行深度优先搜索来实现。

由于强连通分量中的顶点相互可有弧到达，因此可以先按出度进行深度优先搜索记录下访问顶点的顺序和连通子集的划分，再按入度进行深度优先搜索对前一步的结果再次划分，最终得到各强连通分量。若所有结点在同一个强连通分量中，则该图为强连通图。

7.4　生成树与最小生成树

7.4.1　生成树和生成森林

对于连通的无向图和强连通的有向图 G=(V, E)，如果从图中任一顶点出发遍历图时，

必然会将图中边的集合 E(G)分为两个子集 T(G)和 B(G)。其中，T(G)为遍历中所经过的边的集合，而 B(G)为遍历中未经过的边的集合。显然，T(G)和图 G 中所有顶点一起构成了连通图 G 的一个极小连通子图。也即，G'=(V, T)是 G 的一个子图。按照生成树的定义，图 G'为图 G 的一棵生成树。

连通图的生成树不是唯一的。从不同顶点出发进行图的遍历，或者虽然从图的同一个顶点出发但图的存储结构不同都可能得到不同的生成树。当一个连通图具有 n 个顶点时，该连通图的生成树就包含图中的全部 n 个顶点但却仅有连接这 n 个顶点的 n−1 条边。生成树不具有回路，在生成树 G'=(V, T)中任意添加一条属于 B(G)的边则必定产生回路。

我们将由深度优先搜索遍历图所得到的生成树称为深度优先生成树；将由广度优先搜索遍历图所得到的生成树称为广度优先生成树。图 7-22(b)和图 7-22(c)就是由图 7-22(a)所得到的深度优先生成树和广度优先生成树。图中，虚线为集合 B(G) 中的边，而实线为集合 T(G)中的边。

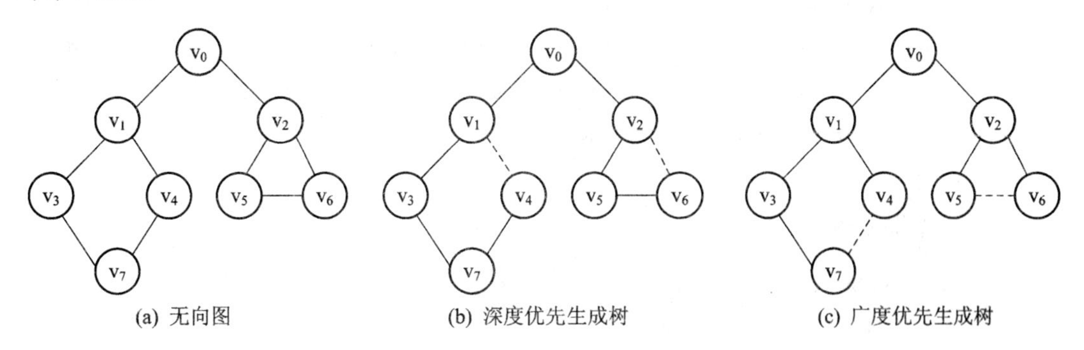

图 7-22　无向图及其生成树示意图

对非连通图，通过对各连通分量的遍历将得到一个生成森林。

深度优先生成树求解可在 DFS 算法中添加一条语句得到，因为在 DFS(g,i)中递归调用 DFS(g,p->adjvex)时，i 是刚访问过顶点 v_i 的序号，而 p->adjvex 是 v_i 未被访问过且正准备访问的邻接边结点序号。所以，只要在 DFS 算法中的 if 语句里，在递归调用 DFS(g,p->adjvex)语句之前将边“(i,p->adjvex)”输出即可。同样，也可在 BFS 算法中插入输出边的语句，即可求得广度优先生成树算法。

深度优先生成树算法如下：

```
int visited[MAXSIZE];              //MAXSIZE 为大于或等于无向图顶点个数的常量
void DFSTree(VertexNode g[],int i)
{
    EdgeNode *p;
    visited[i]=1;                  //置顶点 i 为访问过标志
    p=g[i].firstedge;
     //根据顶点 i 的指针 firstedge 查找其邻接表的第一个邻接边结点
    while(p!=NULL)                 //当邻接边结点不为空时
    {
```

```
        if(!visited[p->adjvex])       //如果邻接的这个边结点未被访问过
        {
            printf("(%d,%d),",i,p->adjvex);     //输出生成树中的一条边
            DFSTree(g,p->adjvex);               //对这个边结点进行深度优先搜索
        }
        p=p->next;                              //查找顶点 i 的下一个邻接边结点
    }
}
void DFSTraverse(VertexNode g[],int n)
{//深度优先搜索遍历用邻接表存储图，其中 g 为顶点表，n 为顶点个数
    int i;
    for(i=0;i<n;i++)
        visited[i]=0;               //访问标志置 0
    for(i=0;i<n;i++)                //对 n 个顶点的图查找未访问过的顶点并由该顶点开始遍历
        if(!visited[i])             //当 visited[i]等于 0 时即顶点 i 未访问过
            DFSTree(g,i);           //从未访问过的顶点 i 开始遍历
}
```

广度优先生成树算法如下：

```
int visited[MAXSIZE];               //MAXSIZE 为大于或等于无向图顶点个数的常量
void BFSTree(VertexNode g[],int i)
{//广度优先搜索遍历用邻接表存储图，g 为顶点表，Q 为队指针，i 为第 i 个顶点
    int j,*x=&j;                    //出队顶点将由指针 x 传给 j
    SeQueue *q;
    EdgeNode *p;
    visited[i]=1;                   //置顶点 i 为访问过标志
    Init_SeQueue(&q);               //队初始化
    In_SeQueue(q,i);                //顶点 i 入队 q
    while(!Empty_SeQueue(q))        //当队 q 非空时
    {
        Out_SeQueue(q,x);           //队头顶点出队并经由指针 x 送给 j(暂记为顶点 j)
        p=g[j].firstedge;           //根据顶点 j 的表头指针查找其邻接表的第一个邻接边结点
        while(p!=NULL)
        {
            if(!visited[p->adjvex])       //如果邻接的这个边结点未曾访问过
            {
                printf("(%d,%d),",j,p->adjvex);     //输出生成树中的一条边
                visited[p->adjvex]=1;               //置该邻接边结点为访问过标志
```

```
                In_SeQueue(q,p->adjvex);            //将该邻接边结点送入队 q
            }
            p=p->next;                          //在顶点 j 的邻接表中查找 j 的下一个邻接边结点
        }
    }
}
```

对图 7-19 的无向图执行上述两种生成树算法得到的生成树如图 7-23 所示。

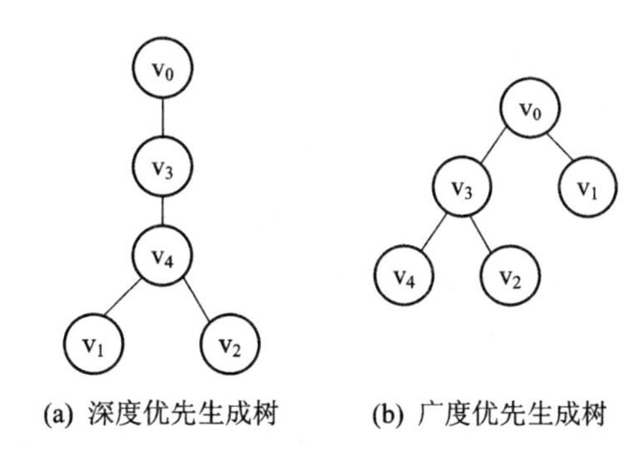

图 7-23　图 7-19 的无向图执行两种生成树算法得到的生成树示意图

7.4.2　最小生成树与构造最小生成树的 Prim 算法

由于生成树的不唯一性，即从不同的顶点出发可能得到不同的生成树，对不同的存储结构从同一顶点出发也可能得到不同的生成树。在连通网中边是带权值的，则连通网的生成树各边也是带权值的，我们把生成树各边权值总和称为生成树的权。那么，对无向连通图构成的连通网，则它的所有生成树中必有一棵边的权值总和为最小的生成树，我们称这棵生成树为最小生成树。

最小生成树有许多重要的应用，如以尽可能低的总造价建立 n 个城市间的通讯网络。我们可以用连通网来表示 n 个城市以及 n 个城市之间可能设置的通讯线路。其中，网的顶点表示城市，边表示两城市之间的线路，边的权值表示该线路的造价。要想使总的造价最低，实际上就是寻找该网络的最小生成树。

构造最小生成树必须解决好以下两个问题：

(1) 尽可能选取权值小的边，但不能构成回路。

(2) 选取合适的 n−1 条边将连通网的 n 个顶点连接起来。

构造最小生成树的算法主要是利用最小生成树的一种简称为 MST 的性质：设 G=(V, E)是一个连通网络，U 是顶点集合 V 的一个真子集。若(u, v)是 G 的所有边中一个顶点在 U(即 u∈U)里，而另一个顶点不在 U(即 v∈V−U)里且具有最小权值的一条边，则最小生成树必然包含边(u, v)。

普里姆(Prim)算法就是一种依据 MST 性质构造最小生成树的方法。假设 G=(V，E)为一连通网，其中，V 为网中所有顶点的集合，E 为网中所有带权边的集合。设置两个新的集合 U 和 T，其中，集合 U 用于存放 G 的最小生成树中的顶点，集合 T 存放 G 的最小生成树中的边。令集合 U 的初值为 U={u_0}(假设构造最小生成树时是从顶点 u_0 出发)，集合 T 的初值为 T={}。Prim 算法的思想是：在连通网中寻找一个顶点落入 U 集，另外一个顶点落入 V-U 集，并且权值最小的边将其加入到集合 T 中，而且将该边的属于 V-U 集的这个顶点加入到 U 集中，然后继续上述寻找一顶点在 U 集而另一顶点在 V-U 集，且权值最小的边放入 T 集。如此不断重复，直到 U=V 时，最小生成树就已经生成，这时集合 T 中包含了最小生成树中的所有边。

Prim 算法能够实现最小生成树构造的理由如下：

(1) 构造过程中对正在生成的最小生成树来说，处于 U 集中的顶点都是有边相连的顶点，而 V-U 集中的顶点都是没有边相连的顶点，故一个顶点在 V-U 集的边则保证了这个顶点是第一次连接，因此不产生回路；另一个顶点在 U 集，则保证了生成树构造的连通性，即不会出现不连通的情况。

(2) 最小生成树的构造过程要进行到 U 集等于 V 集为止，即此时 U 集中的顶点已包含连通网中的全部顶点，由(1)可知这些顶点都有边相连且又不产生回路，故必为一生成树。

(3) 在保证(1)的前提下每次都是选取权值最小的边来构造生成树，故最终生成的树为最小生成树。

Prim 算法可用下述过程描述(w_{uv} 表示连接顶点 u 与顶点 v 的这条边上的权值)：

```
（1）    U={u0}，T={ }；
（2）    while(U≠V)
         {(u,v)=min{wuv; u∈ U, v∈ V-U}
          T=T+{(u,v)}
          U=U+{v}
         }
（3）    结束。
```

为实现 Prim 算法，需要设置两个一维数组 lowcast 和 closevertex。其中，数组 lowcost 用来保存集合 V-U 中各顶点与集合 U 中各顶点所构成的边中具有最小权值的边的权值，并且一旦将 lowcost[i]置为 0，则表示顶点 i 已加入到集合 U 中，即该顶点不再作为寻找下一个最小权值边的顶点(只能在 V-U 集中寻找)，否则将形成回路。也即，数组 lowcost 有两个功能：一是记录边的权值；一是标识 U 集中的顶点。数组 closevertex 也有两个功能：一是用来保存依附于该边在集合 U 中的顶点，即若 closevertex[i]的值为 j，则表示边(i,j)中的顶点 j 在集合 U 中；一是保存构造最小生成树过程中产生的每一条边，如 closevertex[i]的值为 j，则表示边(i,j)是最小生成树的一条边。

我们先设定初始状态 U={u_0}(u_0 为出发的顶点)，这时置 lowcost[0]为 0 则表示顶点 u_0 已加入到 U 集中，数组 lowcost 其他的数组元素值则为顶点 u_0 到其余各顶点边的权值(没有边相连则取一个极大值)，同时初始化数组 closevertex[i]所有数组元素值为 0(即先假定所有顶点包括 u_0 都与 u_0 有一条边)。然后不断选取权值最小的边(u_i,u_k)(u_i∈ U，u_k∈ V-U)，每选取一条边就将 lowlost[k]置为 0，表示顶点 u_k 已加入到集合 U 中。由于 u_k 从集合 V-U 进入到集合 U，故这两个集合中的顶点发生了变化，因此需要依据这些变化修改数组 lowcost 和数组 closevertex 中的相关内容。最终数组 closevertex 中的边即构成一个最小生成树。

当连通网采用二维数组存储邻接矩阵时，Prim 算法实现如下：

```
void Prim(int gm[][MAXNODE],int closevertex[],int n)
{/*从存储序号为 0 的顶点出发建立连通网的最小生成树，gm 是邻接矩阵，n 为顶
点个数(即有 0～n-1 个顶点)最终建立的最小生成树存于数组 closevertex 中*/
    int lowcost[MAXNODE];       //MAXNODE 为连通网的最大顶点数
    int i,j,k,mincost;
    for(i=1;i<n;i++)            //初始化
    {
        lowcost[i]=gm[0][i];    //边(u0,ui)的权值送 lowcost[i]
        closevertex[i]=0;       //假定顶点 ui 到顶点 u0 有一条边
    }
    lowcost[0]=0;    //从序号为 0 的顶点 u0 出发生成最小生成树，此时 u0 已经进入 U 集
    closevertex[0]=0;
    for(i=1;i<n;i++)    //在 n 个顶点中生成有 n-1 条边的最小生成树(共 n-1 趟)
    {
        mincost=MAXCOST;        //MAXCOST 为一个极大的常量值
        j=1;k=0;
        while(j<n)              //寻找未找到过(一顶点在 V-U 集中)的最小权值边
        {
            if(lowcost[j]!=0&& lowcost[j]<mincost)
            {                   // lowcost[j]不等于 0 表示该边依附的一顶点 j 在 V-U 集
                mincost=lowcost[j];     //记下最小权值边的权值
                k=j;                    //记下最小权值边在 V-U 集中的顶点序号 j 给 k
            }
            j++;                        //继续寻找
        }
        printf("Edge:(%d,%d),Wight:%d\n",k,closevertex[k],mincost);
                                        //输出最小生成树的边与权值
        lowcost[k]=0;                   //顶点 k 进入 U 集
        for(j=1;j<n;j++)
            if(lowcost[j]!=0&&gm[k][j]< lowcost[j])
            {       /*若顶点 k 进入 U 集后使顶点 k 和另一顶点 j(在 V-U 集中)
                        构成的边权值变小则改变 lowcost[j]为这个小值，并将此
                        最小权值的边(j,k)记入 closevertex 数组*/
                lowcost[j]=gm[k][j];
                closevertex[j]=k;
            }
    }
}
```

例 7.3　已知一连通网及对应的邻接矩阵如图 7-24 所示，试分析由顶点 0 开始执行 Prim 算法生成最小生成树的过程，并画出最小生成树的每一步生长示意图。

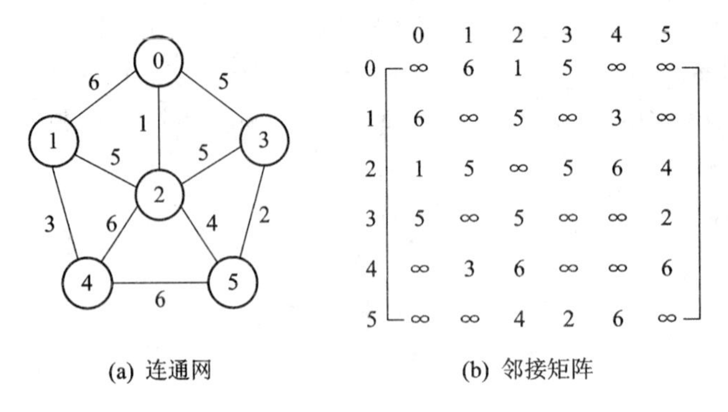

(a) 连通网　　(b) 邻接矩阵

图 7-24　连通网及其对应的邻接矩阵

【解】执行 Prim 算法产生最小生成树的分析过程如表 7.1 所示，下划线“_”标记的权值为每一趟所找到的最小权值。图 7-25 中最小生成树每一步生长示意(a)～(f)分别对应表 7.1 中的(1)～(6)趟：(1)为初始状态，(2)～(6)为生成 n−1 条边的 n−1 趟生长过程)。

表 7.1　Prim 算法执行过程分析

趟数 \ 顶点 v		0	1	2	3	4	5	U	V-U	T
(1)	lowcost	0	6	1	5	∞	∞	{0}	{1,2,3,4,5}	{}
	closevertex	0	0	0	0	0	0			
(2)	lowcost	0	5	0	5	6	4	{0,2}	{1,3,4,5}	{(2,0)}
	closevertex	0	2	0	0	2	2			
(3)	lowcost	0	5	0	2	6	0	{0,2,5}	{1,3,4}	{(2,0),(5,2)}
	closevertex	0	2	0	5	2	2			
(4)	lowcost	0	5	0	0	6	0	{0,2,3,5}	{1,4}	{(2,0),(5,2),(3,5)}
	closevertex	0	2	0	5	2	2			
(5)	lowcost	0	0	0	0	3	0	{0,1,2,3,5}	{4}	{(2,0),(5,2),(3,5),(1,2)}
	closevertex	0	2	0	5	1	2			
(6)	lowcost	0	0	0	0	0	0	{0,1,2,3,4,5}	{}	{(2,0),(5,2),(3,5),(1,2),(4,1)}
	closevertex	0	2	0	5	1	2			

最小生成树的每一步生长情况如图 7-25 所示。其中，带阴影的顶点属于 U 集；不带阴影的顶点属于 V-U 集；虚线边为待查的满足一顶点属于 U 集而另一顶点属于 V-U 集的边；而实线边则为已找到的最小生成树中的边。

由于 Prim 算法中有两重循环，因此对顶点数为 n 的网来说，其生成最小生成树的时间复杂度为 $O(n^2)$。

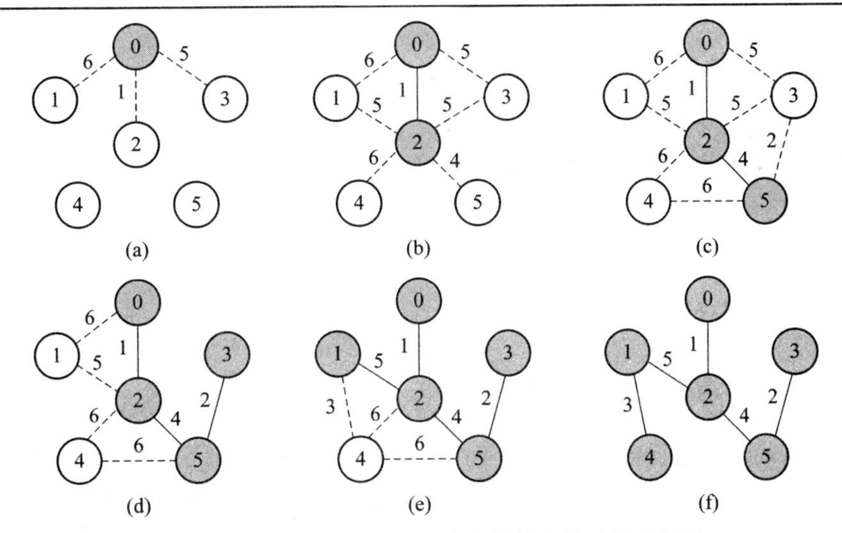

图 7-25　Prim 算法构造最小生成树的生长过程示意图

7.4.3　构造最小生成树的 Kruskal 算法

克鲁斯卡尔(Kruskal)算法是一种按照连通网中边的权值递增的顺序构造最小生成树的方法。Kruskal 算法的基本思想是：假设连通网 G=(V, E)，令最小生成树的初始状态为只有 n 个顶点而无边的非连通图 T=(V,{})，图中每个顶点自成一个连通分量。在 E 中选择权值最小的边，若该边依附的顶点落在 T 中不同的连通分量中，则将此边加入到 T 中。否则，舍去此边而选下一条权值最小的边。依此类推，直到 T 中所有顶点都在同一个连通分量上(此时含有 n−1 边)为止，这时的 T 就是一棵最小生成树。

注意，初始时 T 的连接分量为顶点个数 n，在每一次选取最小权值的边加入到 T 时一定要保证使 T 的连通分量减 1，也即选取最小权值边所连接的两个顶点必须位于不同的连通分量上，否则舍去此边而再选取下一条最小权值的边。

Kruskal 算法能够实现最小生成树的理由如下：

(1) 边的两个顶点落在 T 的不同分量保证了在最小生成树的构造中没有回路产生。

(2) 每次选择边加入 T 时要同时保证使 T 的连通分量减 1，这是为了确保所构造的树是连通的。

(3) 在保证(1)和(2)的前提下选取权值最小的边来构造生成树，则最终生成的树为最小生成树。

实现 Kruskal 算法的关键是如何判断所选取的边是否与生成树中已保留的边形成回路，这可通过判断边的两个顶点所在的连通分量的方法来解决。为此设置一个辅助数组 vest(数组元素下标为 0～n−1)，它用于判断两顶点之间是否连通，数组元素 vest[i](其初值为 i)代表序号为 i 的顶点所在连通分量的编号。当选中不连通的两个顶点相连的这条边时，则它们必分属于两个顶点集合(即两个连通分量)，此时按其中的一个集合编号重新统一编号(即合并成一个连通分量)。因此，当两个顶点的集合(连通分量)编号不同时，则加入这两个顶点所构成的边到最小生成树中就一定不会形成回路，因为这两个顶点分属于不同的连通分量。

在实现 Kruskal 算法时，需要用一个数组 E 来存放图 G 中的所有边，并要求它们是按权值由小到大的顺序排列的。为此，先从图 G 的邻接矩阵中获取所有边集 E(注意，在连接矩阵中顶点 i 和顶点 j 存在着(i, j)和(j, i)两条边，故只取 i<j 时的一条边)，然后再用冒泡排序法对边集 E 按权值递增排序。Kruskal 算法如下：

```
typedef struct
{
    int u;                              //边的起始顶点
    int v;                              //边的终止顶点
    int w;                              //边的权值
}Edge;
void Bubblesort(Edge R[],int e)         //冒泡排序
{                                       //对数组 R 中的 e 条边按权值递增排序
    Edge temp;
    int i,j,swap;
    for(i=0;i<e-1;j++)                  //进行 e-1 趟排序
    {
        swap=0;                         //置未交换标志
        for(j=0;j<e-i-1;j++)
          if(R[j].w>R[j+1].w)
          {
              temp=R[j];R[j]=R[j+1]; R[j+1]=temp;          //交换 R[j]和 R[j+1]
              swap=1;                                   //置有交换标志
          }
        if(swap==0) break;              //本趟比较中未出现交换则结束排序(已排好)
    }
}
void Kruskal(int gm[][MAXNODE],int n)
{  //在顶点个数为 n 的连通网中构造最小生成树，gm 为连通网的邻接矩阵
    int i,j,u1,v1,sn1,sn2,k;
    int vest[MAXSIZE];              //数组 vest 用于判断两顶点之间是否连通
    Edge E[MAXSIZE];                //MAXSIZE 为可存放边数的最大常量值
    k=0;
    for(i=0;i<n;i++)                //用数组 E 存储连通网中每条边的两个顶点及边上权值信息
        for(j=0;j<n;j++)
          if(i<j&&gm[i][j]!=MAXCOST)            //MAXCOST 为一个极大常量值
          {
              E[k].u=i;
              E[k].v=j;
              E[k].w=gm[i][j];
```

```
            k++;
        }
    Bubblesort(E,k);            //采用冒泡排序对数组 E 中的 k 条边按权值递增排序
    for(i=0;i<n;i++)            //初始化辅助数组
        vest[i]=i;              //给每个顶点置不同连通分量编号，即初始时有 n 个连通分量
    k=1;                        //k 表示当前构造生成树的第几条边，初值为 1
    j=0;                        //j 为数组 E 中元素的下标，初值为 0
    while(k<n)                  //产生最小生成树的 n-1 条边
    {
        u1=E[j].u;v1=E[j].v;    //取一条边的头尾顶点
        sn1=vest[u1];
        sn2=vest[v1];           //分别得到这两个顶点所属的集合(连通分量)编号
        if(sn1!=sn2)
        {//两顶点分属于不同集合(连通分量)则该边为最小生成树的一条边
            printf("Edge:(%d,%d),Wight:%d\n",u1,v1,E[j].w);//输出该边及边上权值
            k++;                //生成的边数增加 1
            for(i=0;i<n;i++)    //两个集合统一编号
                if(vest[i]==sn2)    //集合编号为 sn2 的第 i 号边其编号改为 sn1
                    vest[i]=sn1;
        }
        j++;                    //扫描下一条边
    }
}
```

例 7.4　按 Kruskal 算法画出图 7-24(a)连通网的最小生成树的每一步生长示意图。

【**解**】执行 Kruskal 算法中的冒泡排序函数 BubbleSort 后，存放连通网中所有边的数组 E 如图 7-26 所示。因数组 E 中前 4 条边的权值最小且又满足不在同一连通分量上的条件，故它们就是最小生成树的边(见图 7-27(a)、(b)、(c)、(d))。接着考虑当前权值最小边(0, 3)(如图 7-26 所示)，因该边所连接的两顶点在同一连通分量上(由图 7-27(d)也可看出)，故舍去此边，然后再选择下一权值最小的边(1, 2)(如图 7-26 所示)，因其满足顶点 1、2 分别在不同的连通分量上，则(1,2)也是最小生成树上的边(如图 7-27(e)所示)。这时 k 值已等于 n(即已找到 n−1 条边)，故终止 while 循环的执行。因此，最终生成的最小生成树如图 7-27(e)所示。

E	u	v	w
0	0	2	1
1	3	5	2
2	1	4	3
3	2	5	4
4	0	3	5
5	1	2	5
6	2	3	5
7	0	1	6
8	1	4	6
9	4	5	6

图 7-26　数组 E 示意图

如果连通网有 n 个顶点和 e 条边，则在 Kruskal 算法中，对边集 E 采用冒泡排序的时间复杂度为 $O(e^2)$，而 while 循环是在 e 条边中选取 n−1 条边，最坏情况下执行 e 次，而

while 中的 for 循环(需执行 n 次，故 while 循环的时间复杂度为 O(n×e)。由于连通网中 e≥n−1，因此 Kruskal 算法构造最小生成树的时间复杂度为 O(e²)。

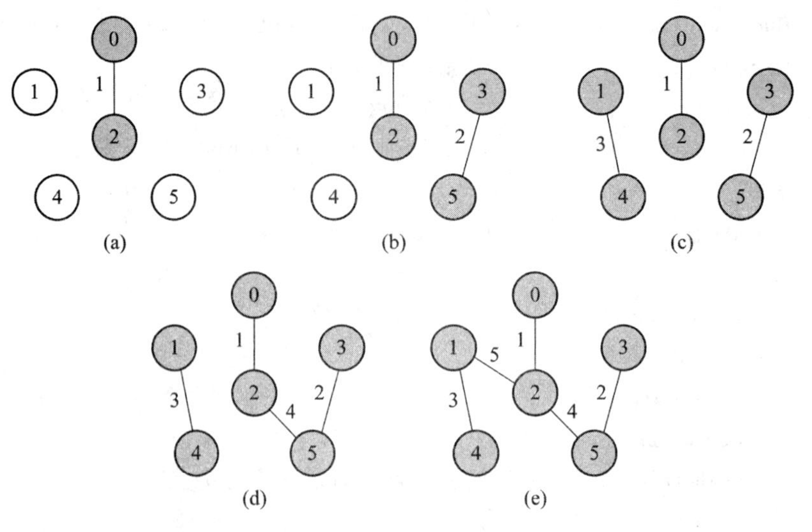

图 7-27　Kruskal 算法构造最小生成树的生长过程示意图

7.5　最 短 路 径

如果用带权图(网)表示一个公路交通网，图中的每个顶点代表一个地方(如城市、车站等)，边代表两地之间有一条可达的公路，边上的权值表示公路的长度或者表示通过这段公路所花费的时间或费用，那么，从一个地方到另一个地方的路径长度则为该路径上各边的权值之和。如果要从 A 地到达 B 地，则我们所关心的问题是：

(1) 从 A 地到 B 地是否有路可达？

(2) 如果从 A 地到 B 地有多条路径，那么哪一条路径最短？

上述问题可归结为在带权图(网)里求点 A 到点 B 所有路径中边的权值之和为最短的那一条路径，这条路径就是两点之间的最短路径，并称路径上的第一个顶点为源点(Source)，最后一个顶点为终点(Destination)。在无权图中，最短路径则是指两点之间经历的边数最少的路径。实际上，只要把无权图上的每条边都看成是权值为 1 的边，那么无权图和带权图的最短路径是一致的。下面讨论两种最常见的最短路径问题。

7.5.1　从一个源点到其他各点的最短路径

给定一个带权有向图 G=(V, E)，指定图 G 中的某一个顶点的 v 为源点，求出从 v 到其他各顶点之间的最短路径，这个问题称为单源点最短路径问题。

迪杰斯特拉(Dijkstra)根据若按长度递增的次序生成从源点 v_0 到其他顶点的最短路径，则当前正在生成的最短路径上除终点之外，其余顶点的最短路径均已生成这一思想，提出了按路径长度递增的次序产生最短路径的算法(在此，路径长度为路径上边或弧的权值之和)。Dijkstra 算法的思想是：对带权有向图 G=(V, E)，设置两个顶点集合 S 和 T=V−S，凡

以 v_0 为源点并已确定了最短路径的终点(顶点)都并入到集合 S，集合 S 的初态只含有源点 v_0；而未确定其最短路径的顶点均属于集合 T，初态时集合 T 包含除源点 v_0 之外的其余顶点。按照各顶点与 v_0 间最短路径长度递增的次序，逐个把集合 T 中的顶点加入到集合 S 中去，使得从源点 v_0 到集合 S 中各顶点的路径长度始终不大于 v_0 到集合 T 中各顶点的路径长度。并且，集合 S 中每加入一个新的顶点 u，都要修改源点 v_0 到集合 T 中剩余顶点的最短路径长度。也即，集合 T 中各顶点 v 新的最短路径长度值，或是原来最短路径长度值，或是顶点 u 的最短路径长度值，再加上顶点 u 到顶点 v 的路径长度值之和这二者中的较小值。这种把集合 T 中的顶点加入到集合 S 中的过程不断重复，直到集合 T 的顶点全部加入到集合 S 中为止。

注意，在向集合 S 中添加顶点时，总是保持从源点 v_0 到集合 S 中各顶点的最短路径长度不大于从源点 v_0 到集合 T 中任何顶点的最短路径长度。例如，若刚向集合 S 中添加的是顶点 v_k，对于集合 T 中的每一个顶点 v_u，如果顶点 v_k 到 v_u 有边(设权值为 w_2)，且原来从顶点 v_0 到顶点 v_u 的路径长度(设权值为 w_3)大于从顶点 v_0 到顶点 v_k 的路径长度(设权值为 w_1)与边(v_k,v_u)的权值 w_2 之和，即 $w_3>w_1+w_2$(如图 7-28 所示)。则将 $v_0 \rightarrow v_k \rightarrow v_u$ 这一路径作为 v_u 新的最短路径。

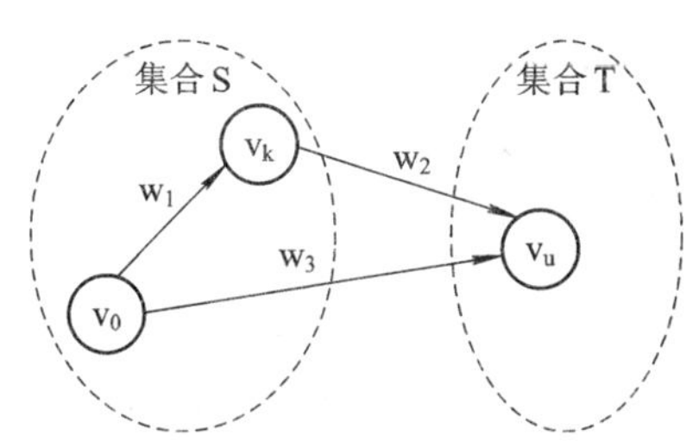

图 7-28　顶点 v_0 到顶点 v_u 不同路径长度的比较

Dijkstra 算法的实现是以二维数组 gm 作为 n 个顶点带权有向图 G=(V, E)的存储结构的，并设置一个一维数组 s(下标由 0～n−1)用来标记集合 S 中已找到最短路径的顶点，而且规定：如果 s[i]为 0，则表示未找到源点 v_0 到顶点 v_i 的最短路径，也即此时 v_i 在集合 T 中；如果 s[i]为 1，则已找到源点 v_0 到顶点 v_i 的最短路径(此时 v_i 在集合 S 中)。除了数组 s 外，还设置了一个数组 dist(下标由 0～n−1)，且 dist[i]用来保存从源点 v_0 到终点 v_i 的当前最短路径长度，它的初值为$<v_0,v_i>$边上的权值；若 v_0 到 v_i 没有边，则权值为∞。此后每当有一个新的顶点进入集合 S 中，则 dist[i]值可能被修改变小。一维数组 path(下标由 0～n−1)用于保存最短路径长度中路径上边所经过的顶点序列。其中，path[i]保存从源点 v_0 到终点 v_i 当前最短路径中前一个顶点的编号，它的初值是：如果 v_0 到 v_i 有边则置 path[i]为 v_0 的编号；如果 v_0 到 v_i 没有边则置 path[i]为−1。

Dijkstra 算法如下：

```
void Dijkstra(int gm[][MAXNODE],int v0,int n)
{                                   //MAXNODE 为带权图的最大顶点个数
   int dist[MAXSIZE],path[MAXSIZE],s[MAXSIZE];
                                    //MAXSIZE 为可存放边数的最大常量值
   int i,j,k,mindis;
```

```
    for(i=0;i<n;i++)
    {
        dist[i]=gm[v0][i];          //v0 到 vi 的最短路径初值赋给 dist[i]
        s[i]=0;                     //s[i]=0 表示顶点 vi 属于 T 集
        if(gm[v0][i]<INF)           //路径初始化，INF 为可取的最大常数
            path[i]=v0;             //源点 v0 是 vi 当前最短路径中的前一个顶点
        else
            path[i]=-1;             //v0 到 vi 没有边
    }
    s[v0]=1;path[v0]=0;             /v0 并入集合 S 且 v0 的当前最短路径中无前一个顶点
    for(i=0;i<n;i++)                //对除 v0 外的 n-1 顶点寻找最短路径，即循环 n-1 次
    {
        mindis=INF;
        for(j=0;j<n;j++)            //从当前集合 T 中选择一个路径长度最短的顶点 vk
            if(s[j]==0&&dist[j]<mindis)
            {
                k=j;
                mindis=dist[j];
            }
        s[k]=1;                     //顶点 vk 加入集合 S 中
        for(j=0;j<n;j++)            //调整源点 v0 到集合 T 中任一顶点 vj 的路径长度
            if(s[j]==0)             //顶点 vj 在集合 T 中
                if(gm[k][j]<INF&&dist[k]+gm[k][j]<dist[j])
                {                   //当 v0 到 vj 的路径长度小于 v0 到 vk 和 vk 到 vj 的路径长度时
                    dist[j]=dist[k]+gm[k][j];
                    path[j]=k;      //vk 是当前最短路径中 vj 的前一个顶点
                }
    }
    Dispath(dist,path,s,v0,n);      //输出最短路径
}
```

输出最短路径的 Dispath 函数如下：

```
void Ppath(int path[],int i,int v0)
{   //先序递归查找最短路径(源点为 v0)上的顶点
    int k;
    k=path[i];
    if(k!=v0)                       //顶点 vk 不是源点 v0 时
    {
        Ppath(path,k,v0);           //递归查找顶点 vk 的前一个顶点
```

```
            printf("%d,",k);                //输出顶点 vk
        }
    }
void Dispath(int dist[],int path[],int s[],int v0,int n)
{                                           //输出最短路径
    int i;
    for(i=0;i<n;i++)
    if(s[i]==1)                             //顶点 vi 在集合 S 中
    {
        printf("从%d 到%d 的最短路径长度为:%d, 路径为：",v0,i,dist[i]);
        printf("%d,",v0);                   //输出路径上的源点 v0
        Ppath (path,i,v0);                  //输出路径上的中间顶点 vi
        printf("%d\n",i);                   //输出路径上的终点
    }
    else
        printf("从%d 到%d 不存在路径\n",v0,i);
}
```

例 7.5　对图 7-29 所示带权有向图及其邻接矩阵，试通过 Dijkstra 算法分析由源点 0 开始产生最短路径的每一步过程。

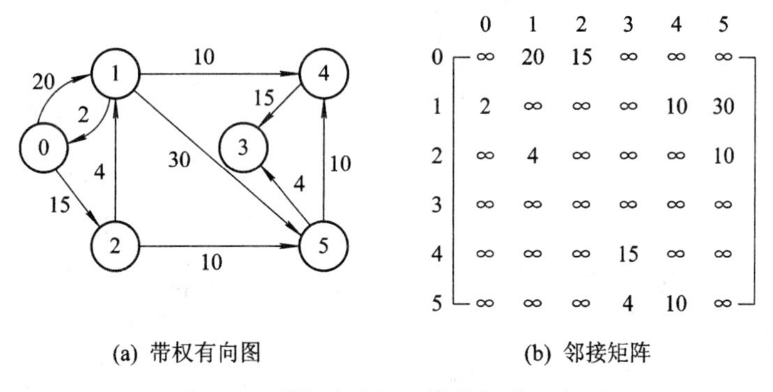

(a) 带权有向图　　　(b) 邻接矩阵

图 7-29　带权有向图及邻接矩阵示意图

【解】为了简单起见，我们只给出每个顶点路径长度中顶点序列的变化以及 dist[i]的变化，并以下划线“_”表示本次 for 循环找到的最短路径。此外，i 值由 1～n−1 表示了对除源点 0 外的其余 n−1 个顶点求最短路径的过程。用 Dijsktra 算法产生最短路径的分析过程如表 7.2 所示。求最短路径的每一步进展如图 7-30 所示。其中，虚线箭头为满足当前路径长度并小于 mindis 值的未被选中的顶点；实线箭头为当前已找到的最短路径；带阴影的顶点为已经确定了最短路径边上的顶点(在集合 S 中)；不带阴影的顶点为尚未确定其最短路径的顶点(在集合 T 中)。

由于 Dijkstra 算法中存在循环次数为 n 的两重 for 循环，故 Dijkstra 算法的时间复杂度为 $O(n^2)$。

表 7.2　产生最短路径的分析过程

终点与 dist 数组	从源点 0 到各终点的最短路径及 diat 值变化情况					最短路径	图 7-30
	i=1	i=2	i=3	i=4	i=5		
顶点 1 diat[1]	(0,1) 20	(0,2,1) 19				19	(b)
顶点 2 diat[2]	(0,2) 15					15	(a)
顶点 3 diat[3]	∞	∞	∞	(0,2,5,3) 29		29	(d)
顶点 4 diat[4]	∞	∞	(0,2,1,4) 29	(0,2,1,4) 29	(0,2,1,4) 29	29	(e)
顶点 5 diat[5]	∞	(0,2,5) 25	(0,2,5) 25			25	(c)
S	{0,2}	{0,2,1}	{0,2,1,5}	{0,2,1,5,3}	V		
找到的顶点 k	2	1	5	3	4		

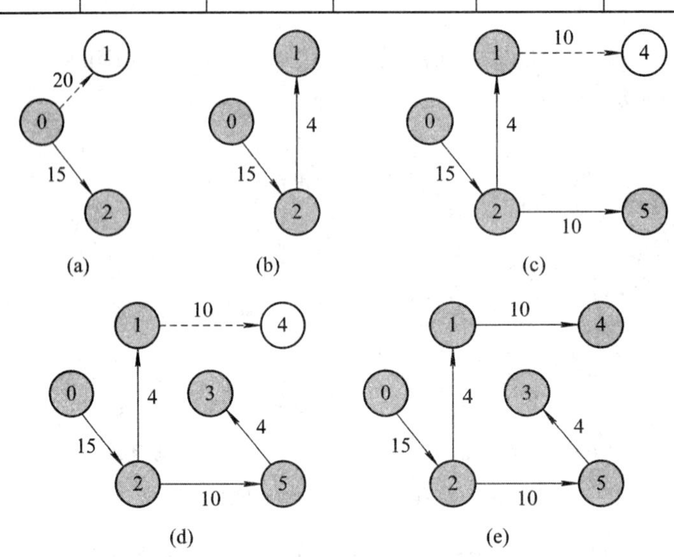

图 7-30　最短路径的每一步进展示意图

7.5.2　每一对顶点之间的最短路径

若要找到每一对顶点之间的最短路径，则可采取这种方法，即每次以一个顶点为源点执行 Dijkstra 算法，n 个顶点共重复执行 n 次 Dijkstra 算法，这样就可求得每一对顶点的最短路径。这种方法下算法的时间复杂度为 $O(n^3)$。

该问题的另一种解法是弗洛伊德(Floyd)算法，其算法的时间复杂性也是 $O(n^3)$，但形式上却相对简单。

假设带权有向图 G=(V, E)并采用邻接矩阵 gm 存储，另外设置一个二维数组 A 用于存放当前顶点之间的最短路径长度，数组元素 A[i][j]表示当前顶点 v_i 到顶点 v_j 的最短路径长度。Floyd 算法的基本思想是递推产生一个矩阵序列：$A_0,A_1,\cdots,A_k,\cdots,A_n$，其中，$A_k$[i][j]表示从顶点 v_i 到顶点 v_j 的路径上所经过的顶点编号不大于 k 的最短路径长度。

初始时置 A_{-1}[i][j]=gm[i][j]。当求从顶点 v_i 到顶点 v_j 的路径上所经过的顶点编号不大于 k+1 的最短路径长度时，要分两种情况考虑：一种情况是该路径不经过顶点编号为 k+1 的顶点，此时该路径长度与从顶点 v_i 到顶点 v_j 的路径上所经过的顶点编号不大于 k 的最短路径长度相同；另一种情况是从顶点 v_i 到顶点 v_j 的最短路径上经过编号为 k+1 的顶点，那么该路径可分为两段，一段是从顶点 v_i 到顶点 v_{k+1} 的最短路径，另一段是从顶点 v_{k+1} 到顶点 v_j 的最短路径，此时最短路径长度等于这两段路径长度之和。这两种情况中的较小值就是所求的从顶点 v_i 到顶点 v_j 的路径上所经过的顶点编号不大于 k+1 的最短路径。

Floyd 思想可用下式描述：

$$\begin{cases} A_{-1}[i][j] = gm[i][j] \\ A_{k+1}[i][j] = \min\{A_k[i][j],\ A_k[i][k+1]+A_k[k+1][j]\} & -1 \leqslant k \leqslant n-2 \end{cases}$$

该式是一个迭代公式，A_k 表示已考虑顶点 0、1、…、k 等 k+1 个顶点之后各顶点之间的最短路径，即 A_k[i][j]表示由 v_i 到 v_j 已考虑顶点 0、1、…、k 等 k+1 个顶点的最短路径。在此基础上再考虑顶点 k+1，并求出各顶点在考虑了顶点 k+1 之后的最短路径，即得到 A_{k+1}。每迭代一次，在从 v_i 到 v_j 的最短路径上就多考虑了一个顶点。经过 n 次迭代后所得到的 A_{n-1}[i][j]值，就是考虑所有顶点后从 v_i 到 v_j 的最短路径，也就是最终的解。

若 A_k[i][j]已经求出，且顶点 i 到顶点 j 的路径长度为 A_k[i][j]，顶点 i 到顶点 k+1 的路径长度为 A_k[i][k+1]，顶点 k+1 到顶点 j 的路径长度为 A_k[k+1][j]。现在考虑顶点 k+1(如图 7-31 所示)，如果 $A_k[i][k+1]+A_k[k+1][j]<A_k[i][j]$，则将原来顶点 i 到顶点 j 的路径改为：顶点 i 到顶点 k+1，再由顶点 k+1 到顶点 j；对应的路径长度为：$A_{k+1}[i][j]=A_k[i][k+1]+A_k[k+1][j]$。否则无需修改顶点 i 到顶点 j 的路径。

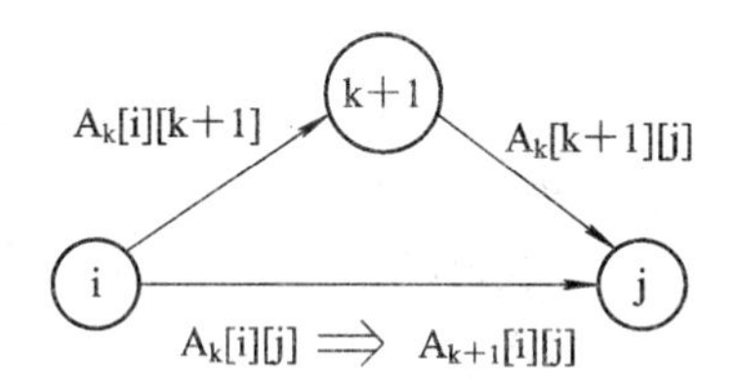

图 7-31　若 $A_k[i][k+1]+A_k[k+1][j]<A_k[i][j]$则修改路径

与 Dijkstra 算法类似，我们用二维数组 path 来保存最短路径，它与当前迭代的次数有关。在求 A_k[i][j]时，用 path[i][j]来存放从顶点 v_i 到顶点 v_j 的中间顶点编号不大于 k 的最短路径上前一个顶点的编号。在算法结束时，由二维数组 path 的值向前查找，就可得到从顶点 v_i 到顶点 v_j 的最短路径。若 path[i][j]值为-1，则表示没有中间顶点。

Floyd 算法如下：

```
void Floyd(int gm[][MAXSIZE],int n)          //Floyd 算法
{                                            //MAXSIZE 为可存放边数的最大常量值
   int A[MAXSIZE][MAXSIZE],path[MAXSIZE][MAXSIZE];
```

```
    int i,j,k;
    for(i=0;i<n;i++)                    //初始化
      for(j=0;j<n;j++)
      {
          A[i][j]=gm[i][j];             //A-1[i][j]置初值
          path[i][j]=-1;                //-1 表示初始时最短路径不经过中间顶点
      }
    for(k=0;k<n;k++)                    //按顶点编号 k 递增的次序查找当前顶点之间的最短路径长度
      for(i=0;i<n;i++)
        for(j=0;j<n;j++)
          if(A[i][j]>A[i][k]+A[k][j])
          {
              A[i][j]=A[i][k]+A[k][j];          //从 vi 到 vj 经过 vk 时路径长度更短
              path[i][j]=k;                     //记录中间顶点 vk 的编号
          }
    Dispath(gm,path,n);                         //输出最短路径
}
```

以下是输出最短路径的函数，即函数 Ppath 递归输出保存于数组 Path 中从顶点 v_i 到顶点 v_j 的最短路径。

```
void Ppath(int path[][MAXSIZE],int i,int j)
{                                       //前向递归查找路径上的顶点
    int k;
    k=path[i][j];
    if(k!=-1)                           //顶点 vk 不是起点
    {
        Ppath(path,i,k);                //找顶点 vi 的前一个顶点 vk
        printf("%d,",k);                //输出顶点 vk 的序号 k
        Ppath(path,k,j);                //找顶点 vk 的前一个顶点 vj
    }
}
void Dispath(int A[][MAXSIZE],int path[][MAXSIZE],int n)
{                                       //输出最短路径
    int i,j;
    for(i=0;i<n;i++)
      for(j=0;j<n;j++)
        if(A[i][j]==INF)                //INF 为一极大常数
        {
          if(i!=j)
            printf("从%d 到%d 没有路径!\n",i,j);
```

```
    }
            else                              //从 vi 到 vj 有最短路径
            {
                printf("从%d 到%d 的路径长度:%d,路径:",i,j,A[i][j]);
                printf("%d,",i);              //输出路径上的起点序号 i
                Ppath(path,i,j);              //输出路径上的各中间点序号
                printf("%d\n",j);             //输出路径上的终点序号 j
            }
    }
```

7.6　拓扑排序和关键路径

7.6.1　AOV 网与拓扑排序

1. AOV 网

在工程中，一个大的工程通常被划分为许多较小的子工程，这些较小的子工程被称为活动。当这些子工程完成时，整个工程也就完成了。我们可以用有向图来描述工程，即在有向图中以顶点来表示活动，用有向边(弧)表示活动之间的优先关系，并称这样的有向图为以顶点表示活动的网(Activity on vertex network)，简称 AOV 网。

在 AOV 网中，若从顶点 v_i 到顶点 v_j 之间存在一条有向路径，则称顶点 v_i 是顶点 v_j 的前驱，顶点 v_j 是顶点 v_i 的后继。若$<v_i,v_j>$是网中的一条弧，则称顶点 v_i 是顶点 v_j 的直接前驱，顶点 v_j 是顶点 v_i 的直接后继。AOV 网中的弧表示了活动之间的优先关系，也即前后制约关系。例如，计算机专业的学生必须完成一系列规定的基础课和专业课学习。学生按怎样的顺序来学习这些课程可以看作是一个大的工程，其活动就是学习每一门课程。这些课程的名称与相应的代号如表 7.3 所示。

表 7.3　计算机专业课程设置及其关系

课程代号	课程名称	先修课程代号	课程代号	课程名称	先修课程代号
C_0	高等数学	无	C_5	编译原理	C_3, C_4
C_1	程序设计基础	无	C_6	操作系统	C_3, C_8
C_2	离散数学	C_0, C_1	C_7	普通物理	C_0
C_3	数据结构	C_2, C_4	C_8	计算机原理	C_7
C_4	程序设计语言	C_1			

表 7.3 中，C_0、C_1 是独立于其他课程的基础课，而学习其他课程时其先修的课程必须均已学完，比如在学习过离散数学和程序设计语言课程后，才能学习数据结构课程。这些先修条件规定了各课程之间的优先关系，并且这种优先关系可以用图 7-32 的有向图来表示。其中，顶点表示课程；有向边表示前提条件。若课程 i 为课程 j 的先修课程，则必然存在有

向边<i,j>，在安排学习顺序时，必须保证在学习某门课程之前已经学习了该课程的全部先修课程。

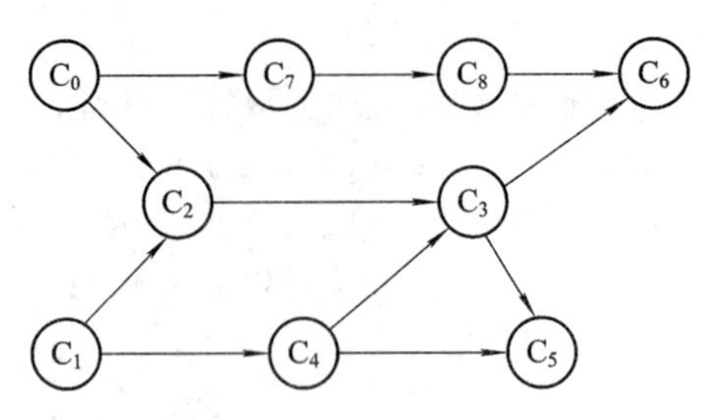

图 7-32　课程设置及其关系的 AOV 网

2. 拓扑排序

拓扑排序是将 AOV 网中所有顶点排成一个线性序列，该线性序列满足下述性质：

(1) 在 AOV 网中，若顶点 v_i 到顶点 v_j 有一条路径，则在该线性序列中，顶点 v_i 必定在顶点 v_j 之前。

(2) 对于网中没有路径的顶点 v_i 与顶点 v_j，在线性序列中也建立了一个先后关系：或者顶点 v_i 优先于顶点 v_j；或者顶点 v_j 优先于顶点 v_i。

例如，我们对图 7-32 的 AOV 网进行拓扑排序，至少可得到如下两个(可有多个)拓扑序列：

(1) $C_0,C_1,C_2,C_4,C_3,C_5,C_7,C_8,C_6$

(2) $C_0,C_7,C_8,C_1,C_4,C_2,C_3,C_6,C_5$

注意，AOV 网中不应该出现回路，否则意味着某项活动是以自身的任务完成为先决条件的，这显然是错误的。因此，检测一个工程是否可行，必须先检查对应的 AOV 网是否存在回路。不存在回路的 AOV 网称为有向无环图或 DAG 图(Directed Acycline Graph)。检测是否存在回路的方法是对有向图构造其顶点的拓扑有序序列，若图中所有顶点都在它的拓扑有序序列中，则该 AOV 网必定不存在回路。图 7-33 给出了 DAG 图与有向图的区别。

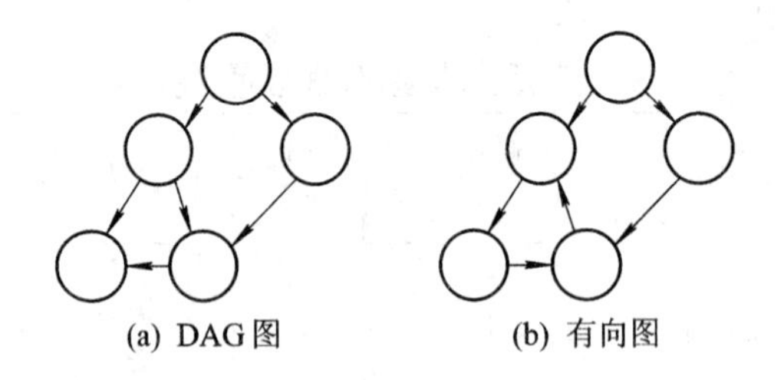

图 7-33　DAG 图与有向图的区别

构造拓扑序列的过程称为拓扑排序，拓扑排序的序列可能不唯一。若某个 AOV 网中所有顶点都在它的拓扑序列中，则说明该 AOV 网不存在回路。显然，对于任何一项工程中各个活动的安排，必须按照拓扑序列中的顺序进行才是可行的。

3. 拓扑排序算法

假设 AOV 网代表一个工程计划，则 AOV 网的一个拓扑排序就是这个工程顺利完成的可行方案。对 AOV 网进行拓扑排序的算法如下：

(1) 在 AOV 网中选择一个入度为零(没有前驱)的顶点输出。

(2) 删除 AOV 网中该顶点以及与该顶点有关的所有弧。

(3) 重复(1)、(2)直至网中不存在入度为零的顶点为止。

如果算法结束时所有顶点均已输出，则整个拓扑排序完成并说明 AOV 网中不存在回路；否则表明 AOV 网中存在回路。图 7-42 给出了一个 AOV 网的拓扑排序过程，所得到的拓扑序列为：0，5，3，2，1，4。

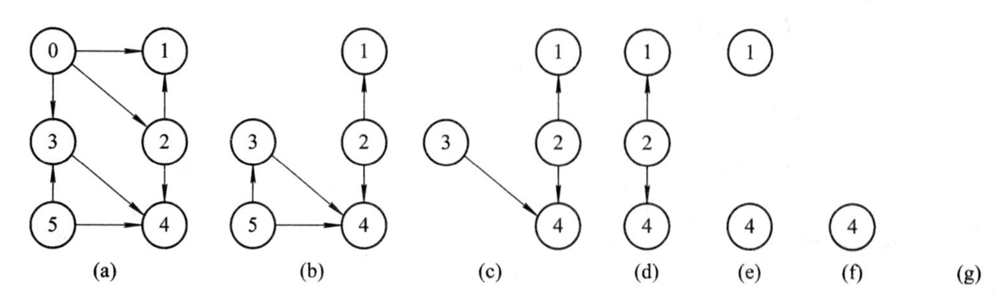

图 7-34　一个 AOV 网的拓扑排序过程

为了实现拓扑排序算法，对 AOV 网采用邻接表存储结构，但是需要在邻接表中的顶点表结点里增加一个记录顶点入度的数据域，即顶点表结点结构为：

indegree	vertex	firstedge

其中，vertex、firstedge 如 7.2.2 节邻接表所述，而 indegree 为记录顶点入度的数据域。邻接表结点也同 7.2.2 节所述。顶点表结点结构为

```
typedef struct vnode            //顶点表结点
{
    int indegree;               //顶点入度
    int vertex;                 //顶点域
    EdgeNode *firstedge;        //指向邻接表第一个邻接边结点的指针域
}VertexNode;                    //顶点表结点类型
```

算法中可设置一个栈，凡网中入度为 0 的顶点都将其入栈。拓扑排序的算法实现步骤为

(1) 将入度 indegreee 值为 0(没有前驱)的顶点压栈。

(2) 从栈中弹出栈顶元素(顶点)输出并删去该顶点所有的出边，即把它的各个邻接边结点的入度 indegreee 值减 1。

(3) 将新的入度 indegreee 值为 0 的顶点再压栈。

(4) 重复(2)～(3)直到栈空为止。此时或者已经输出了 AOV 网的全部顶点，或者剩下的顶点中没有入度为 0 的顶点，即 AOV 网存在回路。

由上面的步骤可知：栈的作用只是保存当前入度为 0 的顶点，并使之处理有序。这种有序可以是先进后出，也可以是先进先出，因此也可以用队列实现。在下面算法实现中，并不真正设置一个栈空间来存放入度为 0 的顶点，而是设置一个栈顶位置指针 top，将当前所有未处理过的入度为 0 顶点链接起来，形成一个链栈。

拓扑排序算法如下：

```
void Top_Sort(VertexNode g[],int n)
{//用带有入度域的邻接表存储 AOV 网并输出一种拓扑排序，n 为顶点个数
    int i,j,k,top,m=0;
    EdgeNode *p;
    top=-1;                         //栈顶指针初始化，-1 为链尾标志
    for(i=0;i<n;i++)                //依次将入度为 0 的顶点链接成一个链栈
      if(g[i].indegree==0)
      {
          g[i].indegree=top;
          top=i;
      }
    while(top!=-1)                  //链栈不为空时
    {
        j=top;                      //取出栈顶入度为 0 的一个顶点(暂记为 j)
        top=g[top].indegree;        //栈顶指针指向弹栈后的下一个入度为 0 顶点
        printf("%d,",g[j].vertex);  //输出刚弹栈出来的顶点 j 信息
        m++;                        //m 记录已输出拓扑序列的顶点个数
        p=g[j].firstedge;           //根据顶点 j 的 firstedge 指针查其邻接表的第一个邻接边结点
        while(p!=NULL)              //删去顶点 j 的所有出边
        {
            k=p->adjvex;
            g[k].indegree--;        //将顶点 j 的邻接边结点 k 入度减 1
            if(g[k].indegree==0)    //顶点 k 入度减 1 后若其值为 0 则将该顶点 k 压入链栈
            {
                g[k].indegree=top;
                top=k;
            }
            p=p->next;              //查找顶点 j 的下一个邻接边结点
        }
    }
    if(m<n)                         //输出顶点个数未达到 n 时则 AOV 网有回路
        printf("The AOV network has a cycle!\n");
}
```

例 7.6　一 AOV 网及其邻接表存储如图 7-35 所示，请根据拓扑排序算法给出顶点表中入度 indegreee 域的变化示意以及拓扑序列中的顶点输出顺序。

【解】在执行拓扑排序算法过程中，入度 indegree 的变化及顶点的输出次序(顶点信息与顶点表序号相同)描述如图 7-36 所示。

也即，输出的一个顶点拓扑序列为：5, 0, 2, 1, 3, 4。由于此时 m=n=6，因此该 AOV 网不存在回路。对比图 7-34 可知，该拓扑序列与图 7-34 的拓扑排序不一致，这说明了 AOV

网的拓扑排序序列是不唯一的。

当 AOV 网不存在回路且有 n 个顶点 e 条边时，由拓扑排序算法中的两重 while 循环也可看出：外层的 while 循环要执行 n 次，而内层的 while 循环最多执行 e 次。故拓扑排序的时间复杂度为 O(e×n)。

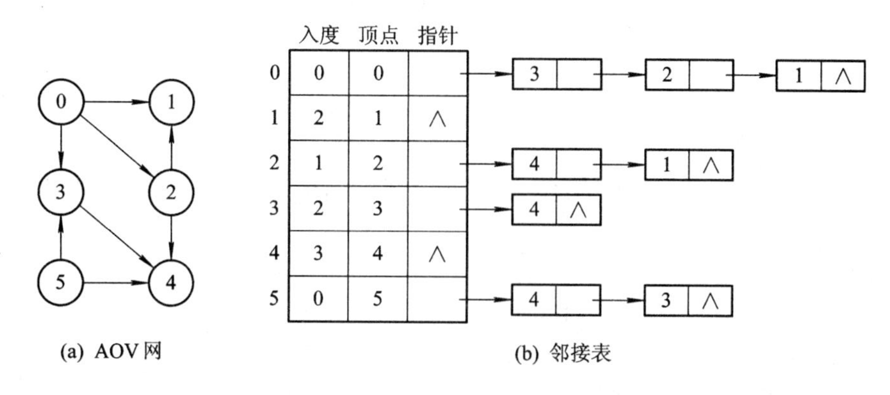

(a) AOV 网　　(b) 邻接表

图 7-35　AOV 网及其邻接表存储示意图

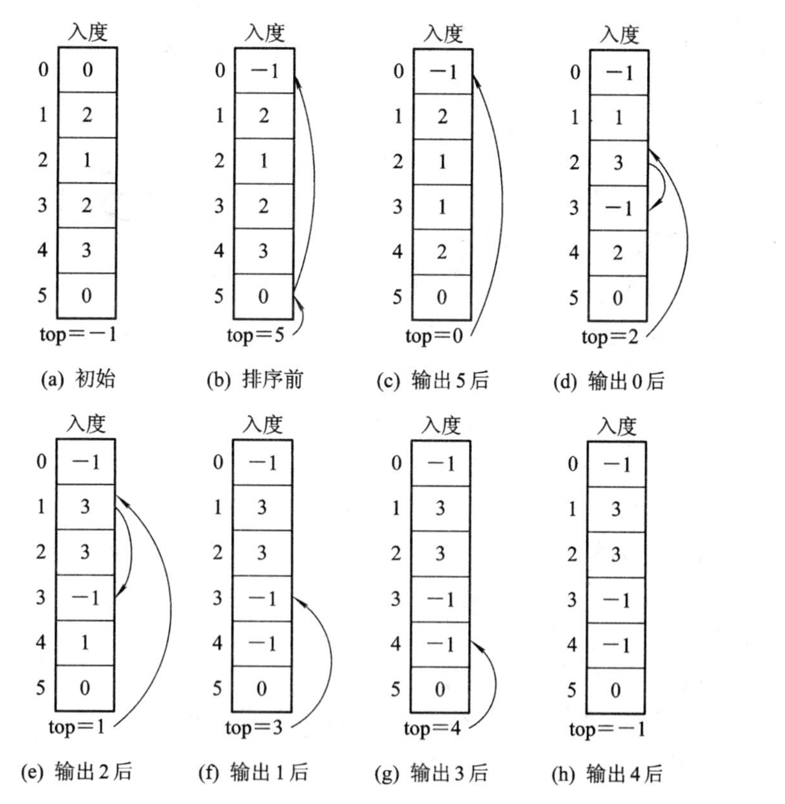

(a) 初始　(b) 排序前　(c) 输出 5 后　(d) 输出 0 后

(e) 输出 2 后　(f) 输出 1 后　(g) 输出 3 后　(h) 输出 4 后

图 7-36　拓扑排序过程中入度 indegree 变化及顶点输出示意图

7.6.2　AOE 网与关键路径

1. AOE 网

在带权有向图 G 中以顶点表示事件，以有向边表示活动，边上的权值表示该活动持续的时间，则此带权有向图称为用边表示活动的网，简称 AOE 网(Activity on edge network)。

用AOE网表示一项工程计划时，顶点所表示的事件实际上就是指该顶点所有进入边(到达该顶点的边)所表示的活动均已完成，而该顶点的出发边所表示的活动均可开始的一种状态。AOE 网中至少有一个开始顶点(称为源点)，其入度为 0。同时，应有一个结束顶点(称为终点)，其出度为 0。网中不存在回路，否则整个工程将无法完成。

AOE 网具有以下两个性质：

(1) 只有在某顶点所代表的事件发生后，从该顶点出发的各有向边(弧)所代表的活动才能开始。

(2) 只有在进入某一顶点的各有向边(弧)所代表的活动都已结束，该顶点所代表的事件才能发生。

与 AOV 网不同，AOE 网所关心的问题是：

(1) 完成该工程至少需要多少时间？

(2) 哪些活动是影响整个工程进度的关键？

图 7-37 给出了 AOE 网示例。v_0, v_1, …, v_8 分别表示一个事件；<v_0, v_1>, <v_0,v_2>, …, <v_7, v_8>分别表示一个活动，我们用 a_0, a_1, …, a_{10} 代表这些活动。v_0 是整个工程的开始点，称为源点且入度为 0；v_8 是整个工程的结束点，称为终点且出度为 0。

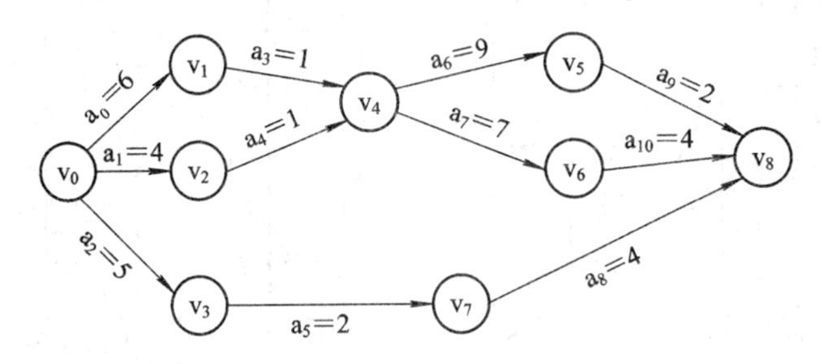

图 7-37　AOE 网示意图

2. 关键路径与关键路径的确定

由于 AOE 网中的某些活动能够并行进行，因此完成整个工程所需的时间是从源点到终点的最大路径长度(此处的路径长度是指该路径上的各个活动所需时间之和)。具有最大路径长度的路径称为关键路径。关键路径上的所有活动均是关键活动。关键路径长度是整个工程的最短工期。缩短关键活动的时间可以缩短整个工程的工期。

利用 AOE 网进行工程管理要解决的主要问题是：

(1) 计算完成整个工程的最短周期。

(2) 确定关键路径以便找出哪些活动是影响工程进度的关键。

现将涉及关键活动的计算说明如下：

(1) 顶点事件的最早发生时间 ve[k]。

ve[k]是指从源点 v_0 到顶点 v_k 的最大路径长度(时间)，这个时间决定了所有从顶点 v_k 出发的弧所代表的活动能够开工的最早时间。根据 AOE 网的性质，只有进入 v_k 的所有活动<v_j,v_k>都结束时，v_k 代表的事件才能发生。而活动<v_j,v_k>的最早结束时间为 ve[j]+dut<v_j,v_k>。所以，计算 v_k 的最早发生时间公式如下：

$$\begin{cases} ve[0]=0 \\ ve[k]=\max\{ve[j]+dut(<v_j,v_k>)\} \quad <v_j,v_k>\in p[k]，0\leqslant j<n-1 \end{cases}$$

其中，p[k]表示所有到达 v_k 的有向边的集合；dut $<v_j,v_k>$为弧$<v_j,v_k>$上的权值。

(2) 顶点事件的最迟发生时间 vl[k]。

vl[k]是指在不推迟整个工程完成时间的前提下，事件 v_k 所允许的最晚发生时间。对一个工程来说，计划用多长时间完成该工程可以从 AOE 网求得，其数值为终点 v_{n-1} 的最早发生时间 ve[n−1]，而这个时间同时也就是 vl[n−1]。其余顶点事件的 vl，则应从终点开始逐步向源点方向递推求得。因此，vl[k]的计算公式如下：

$$\begin{cases} vl[n-1]=ve[n-1] \\ vl[k]=\min\{vl[j]-dut(<v_k,v_j>)\} \quad <v_k,v_j>\in s[k]，0\leqslant j<n-1 \end{cases}$$

其中，s[k]为所有从 v_k 出发的弧的集合。显然，vl[j]的计算必须在顶点 v_j 的所有后继顶点的最迟发生时间全部求出之后才能进行。

(3) 边活动 a_i 的最早开始时间 e[i]。

e[i]是指该边所表示活动 a_i 的最早开工时间。若活动 a_i 是由弧$<v_k,v_j>$表示，则根据 AOE 网的性质：只有事件 v_k 发生了，活动 a_i 才能开始。也就是说，活动 a_i 的最早开始时间应等于顶点事件 v_k 的最早发生时间，即有：

$$e[i]=ve[k]$$

(4) 边活动 a_i 的最晚开始时间 l[i]。

l[i]是指在不推迟整个工程的完成时间这一前提下，所允许的该活动最晚开始的时间。若活动 a_i 由弧$<v_k,v_j>$表示，则 a_i 的最晚开始时间要保证事件 v_j 的最迟发生时间不拖后，即有：

$$l[i]=v[j]-dut(<v_k,v_j>)$$

一个活动 a_i 的最晚开始时间 l[i]和最早开始时间 e[i]的差额：d[i]=l[i]−e[i]，是该活动 a_i 完成时间的余量，它是在不增加整个工程完成时间的情况下，活动 a_i 可以延迟的时间。若 e[i]=l[i]，则表明活动 a_i 最早可开工时间与整个工程计划允许活动 a_i 的最晚开工时间一致，也即施工时间一点也不允许拖延，否则将延误工期。这也同时说明了活动 a_i 是关键活动。

由关键活动组成的路径就是关键路径。按照上述计算关键活动的方法，就可以求出 AOE 网的关键路径。

3. 关键路径算法

根据关键路径的确定方法得到求关键路径算法的步骤如下：

(1) 输入 e 条弧<j,k>，建立 AOE 网的存储结构。

(2) 从源点 v_0 出发，并令 ve[0]=0，按拓扑有序求其余各顶点的最早发生时间 ve[i]($0\leqslant i<n$)。如果得到的拓扑有序序列中顶点个数小于网中顶点数 n，则说明网中存在回路而无法求出关键路径，即算法终止。否则执行(3)。

(3) 从终点 v_{n-1} 出发，令 vl[n−1]=ve[n−1]，按逆拓扑有序求其余各顶点的最迟发生时间 v[i]($n-2\geqslant i>0$)。

(4) 根据各顶点的 ve 和 vl 值，求每条弧 s 的最早开始时间 e[s]和最晚开始时间 l[s]。若某条弧 s 满足 e[s]=l[s]，则为关键活动。

为了实现关键路径算法，对 AOE 网采用邻接表存储结构，邻接表中的顶点结构同 7.2.2 节所述，但邻接边结点结构为 7.2.2 节中图 7-10 所示的结构。邻接边结点结构为

```
typedef struct node
{
    int adjvex;              //邻接点域
    int info;                //邻接边权值域
    struct node *next;       //指向下一个邻接边结点的指针域
}EdgeNode;
```

关键路径算法如下：

```
void Toplogicalorder(VertexNode g[], int n)
{//AOE 网用邻接表存储，求各顶点事件的最早发生时间 ve(为全局变量数组)
    int i,j,k,dut,count,*x=&j;
    int ve[MAXSIZE], vl[MAXSIZE];
    EdgeNode *p;
    SeqStack *s,*t;
    Init_SeqStack(&s);                //创建零入度顶点栈 s
    Init_SeqStack(&t);                //创建拓扑序列顶点栈 t
    count=0;                          //顶点个数计数器，初值为 0
    for(i=0;i<n;i++)                  //初始化数组 ve
        ve[i]=0;
    for(i=0;i<n;i++)                  //初始时入度为零的顶点入栈
        if(g[i].indegree==0)
            Push_SeqStack(s,i);
    while(!Empty_SeqStack(s))         //零入度顶点栈 s 不为空时
    {
        Pop_SeqStack(s,x);            //弹出零入度顶点(暂记为 j)
        Push_SeqStack(t,j);           //将顶点 j 压入拓扑序列顶点栈 t
        count++;                      //对进入栈 t 的顶点计数
        p=g[j].firstedge;
          //根据顶点 j 的 firstedge 指针查其邻接表中的第一个邻接边结点
        while(p!=NULL)                //删除顶点 j 的所有出边
        {
            k=p->adjvex;
            g[k].indegree--;          //顶点 j 的邻接边结点 k 的入度减 1
            if(g[k].indegree==0)
                Push_SeqStack(s,k);   //顶点 k 入度减 1 后若其值为 0 则压入零入度顶点栈 s
            if(ve[j]+p->info>ve[k])
                ve[k]=ve[j]+p->info;  //计算顶点事件的最早发生时间 ve[k]
```

```
            p=p->next;                    //查找顶点 j 的下一个邻接边结点
        }
    }
    if(count<n)                           //拓扑序列顶点个数未达到 n 时则 AOE 网有回路
    {
        printf("The AOE network has a cycle!\n");
        goto L1;
    }
    for(i=0;i<n;i++)                      //初始化数组 vl
        vl[i]=ve[n-1];
    while(!Empty_SeqStack(t))             //按拓扑排序的逆序求各顶点的 vl 值
    {
        Pop_SeqStack(t,x);                      //弹出拓扑序列顶点栈 t 中的顶点经*x 赋给 j
        for(p=g[j].firstedge;p!=NULL;p=p->next)  //计算顶点事件的最迟发生时间 vl[j]
        {
            k=p->adjvex;
            dut=p->info;
            if(vl[k]-dut<vl[j])
                vl[j]=vl[k]-dut;
        }
    }
L1: ;
}
```

例 7.7　求图 7-37 所示的 AOE 网的关键路径。

【解】对图 7-37 所示的 AOE 网：源点为 v_0，终点为 v_8。则各活动的计算如下：

(1) 求事件的最早发生时间 ve[k]。

$ve[v_0]=0$

$ve[v_1]=ve[v_0]+dut(a_0)=6$

$ve[v_2]=ve[v_0]+dut(a_1)=4$

$ve[v_3]=ve[v_0]+dut(a_2)=5$

$ve[v_4]=\max\{ve[v_1]+dut(a_3),ve[v_2]+dut(a_4)\}=\max\{7,5\}=7$

$ve[v_5]=ve[v_3]+dut(a_6)=16$

$ve[v_6]=ve[v_4]+dut(a_7)=14$

$ve[v_7]=ve[v_3]+dut(a_5)=7$

$ve[v_8]=\max\{ve[v_5]+dut(a_9),ve[v_6]+dut(a_{10}),ve[v_7]+dut(a_8)\}=\max\{18,18,11\}=18$

(2) 求事件的最迟发生时间 vl[k]。

vl[v8]=ve[v8]=18

vl[v5]=vl[v8]-dut(a9)=16

vl[v6]=vl[v8]-dut(a10)=14

vl[v7]=vl[v8]-dut(a8)=14

vl[v4]=min{ vl[v5]-dut(a6),vl[v6]-dut(a7)}=min{7,7}=7

vl[v3]=vl[v7]-dut(a5)=12

vl[v2]=vl[v4]-dut(a4)=6

vl[v1]=vl[v4]-dut(a3)=6

vl[v0]=min{ vl[v1]-dut(a0),vl[v2]-dut(a1),vl[v3]-dut(a2)}=min{0,2,7}=0

(3) 求活动 a_i 的最早开始时间 e[i]和最晚开始时间 l[i]。

活动 a_0：$e[0]=ve[v_0]=0$　　$l[0]=vl[v_1]-6=0$　　$d[0]=0$

活动 a_1：$e[1]=ve[v_0]=0$　　$l[1]=vl[v_2]-4=2$　　$d[1]=2$

活动 a_2：$e[2]=ve[v_0]=0$　　$l[2]=vl[v_3]-5=7$　　$d[2]=7$

活动 a_3：$e[3]=ve[v_1]=6$　　$l[3]=vl[v_4]-1=6$　　$d[3]=0$

活动 a_4：$e[4]=ve[v_2]=4$　　$l[4]=vl[v_4]-1=6$　　$d[4]=2$

活动 a_5：$e[5]=ve[v_3]=5$　　$l[5]=vl[v_7]-2=12$　　$d[5]=7$

活动 a_6：$e[6]=ve[v_4]=7$　　$l[6]=vl[v_5]-9=7$　　$d[6]=0$

活动 a_7：$e[7]=ve[v_4]=7$　　$l[7]=vl[v_6]-7=7$　　$d[7]=0$

活动 a_8：$e[8]=ve[v_7]=7$　　$l[8]=vl[v_8]-4=16$　　$d[8]=7$

活动 a_9：$e[9]=ve[v_5]=16$　　$l[9]=vl[v_8]-2=16$　　$d[9]=0$

活动 a_{10}：$e[10]=ve[v_6]=14$　　$l[10]=vl[v_8]-4=14$　　$d[10]=0$

由此可知，关键活动有 $a_{10},a_9,a_7,a_6,a_3,a_0$(d[i]等于 0 的活动 a_i)。因此关键路径有两条：$v_0 \to v_1 \to v_4 \to v_5 \to v_8$ 和 $v_0 \to v_1 \to v_4 \to v_6 \to v_8$。

习　题　7

1. 单项选择题

(1) 设无向图的顶点个数为 n，则该无向图最多有_____条边。

A. n−1　　B. $\frac{n(n-1)}{2}$　　C. $\frac{n(n+1)}{2}$　　D. n^2

(2) 设有无向图 G = (V, E)和 G'=(V', E')，如果 G'是 G 的生成树，则下面不正确的说法是_____。

A. G'为 G 的连通分量　　B. G'是 G 的无环子图

C. G'为 G 的子图　　D. G'为 G 的极小连通子图且 V'=V

(3) 以下说法正确的是_____。

A. 连通分量是无向图中极小连通子图

B. 强连通分量是有向图的极大强连通子图

C. 在一个有向图的拓扑序列中若顶点 a 在顶点 b 之前，则图中必有一条弧<a,b>

D. 对有向图 G，如果由任一顶点出发进行深度优先或广度优先搜索能够访问到每一个顶点，则该图一定是完全图。

(4) 以下说法不正确的是______。

A. 无向图中的极大连通子图称为连通分量

B. 连通图的广度优先搜索中一般要采用队列来暂存刚访问过的顶点

C. 图的深度优先搜索中一般要采用栈来暂存刚刚问过的顶点

D. 有向图的遍历不可采用广度优先搜索方法

(5) 采用邻接表存储的图，其深度优先遍历类似于二叉树的______。

A. 中序遍历　　B. 先序遍历　　C. 后序遍历　　D. 按层次遍历

(6) 采用邻接表存储　的图，其广度优先遍历类似于二叉树的_______。

A. 按层次遍历　　B. 中序遍历　　C. 后序遍历　　D. 先序遍历

(7) 一个图中包含有 k 个连通分量，若按深度优先搜索(DFS)方法访问所有结点，则必须调用_____次深度优先搜索算法。

A. k　　B. 1　　C. k−1　　D. k+1

(8) 对图 7-38 有向图 G 进行深度优先搜索得到的结点序列是_______。

A. abcfdeg　　B. abcgfde　　C. abcdefg　　D. abcfgde

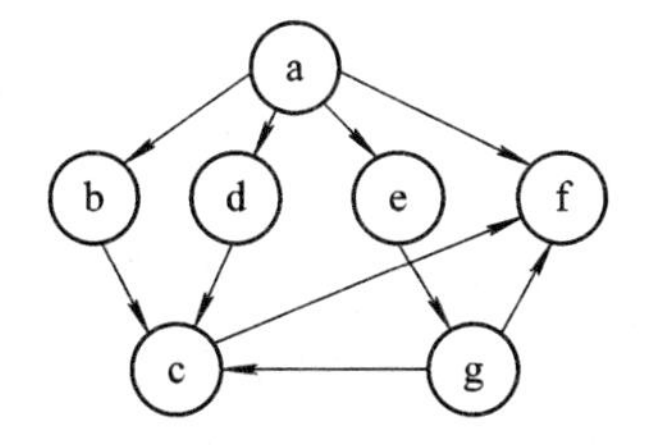

图 7-38　有向图示意图

(9) 已知有 8 个结点值为 A、B、C、D、E、F、G、H 的无向图，其邻接矩阵的存储结构如表 7.4 所示，由此结构从 A 结点开始深度优先遍历，得到的结点序列是_______。

A. ABCDGHFE　　B. ABCDGFHE　　C. ABGHFECD

D. ABFHEGDC　　E. ABEHFGDC　　F. ABEHGFCD

表 7.4　无向图的邻接矩阵

结点＼结点	A	B	C	D	E	F	G	H
A	0	1	0	1	0	0	0	0
B	1	0	1	0	1	1	1	0
C	0	1	0	1	0	0	0	0
D	1	0	1	0	0	0	1	0
E	0	1	0	0	0	0	0	1
F	0	1	0	0	0	0	1	1
G	0	1	0	1	0	1	0	1
H	0	0	0	0	1	1	1	0

(10) 用深度优先(DFS)遍历一个无环有向图，并在 DFS 算法退栈返回时打印出相应的顶点信息，则输出的顶点序列是_____。

A. 逆拓扑有序的　　B. 拓扑有序的　　C. 无序的　　D. DFS 遍历序列

(11) 在下面两种求图的最小生成树的算法中，_______算法适合于求边稀疏网的最小生成树。

A．Prim B. Kruskal

(12) 下面不正确的说法是_____。

① 求从指定源点到其余各顶点的迪杰斯特拉(Dijkstra)最短路径算法中弧上权值不能为负的原因是在实际应用中无意义。

② 利用 Dijkstra 求每一对不同顶点的最短路径的算法时间是 $O(n^3)$(图用邻接矩阵表示)。

③ 利用 Floyd 求每对不同顶点对的算法中允许弧上的权值为负，但不能有权值之和为负的回路。

A. ①、②、③ B. ① C. ①、③ D. ②、③

(13) 有拓扑排序的图一定是_____。

A. 有环图 B. 无向图 C. 强连通图 D. 有向无环图

(14) 关键路径是事件结点网络中_____。

A. 从源点到汇点的最长路径 B. 从源点到汇点的最短路径

C. 最长回路 D. 最短回路

(15) 下面的叙述中不正确的是_____。

A. 关键活动不按期完成就会影响整个工程的完成时间

B. 任何一个关键活动提前完成将使整个工程提前完成

C. 所有关键活动都提前完成则整个工程将提前完成

D. 某些关键活动若提前完成将使整个工程提前完成

(16) 下面不正确的说法是_____。

① 在 AOE 网中，减少任一关键活动的权值后，整个工期也就相应减小。

② AOE 网工程工期为关键活动上的权值之和。

③ 在关键路径上的活动都是关键活动，而关键活动也必在关键路径上。

A. ① B. ② C. ③ D. ①、②

2. 多项选择题

(1) 可以判断一个有向图是否有环(回路)的方法有________。

A. 深度优先遍历 B. 广度优先遍历 C. 拓扑排序

D. 求最短路径 E. 求关键路径

(2) 给定一无向图 G 如图 7-39 所示，下列哪些是由顶点 1 出发的深度优先搜索序列________。

A. 1243 B. 1234 C. 1342

D. 1324 E. 1423

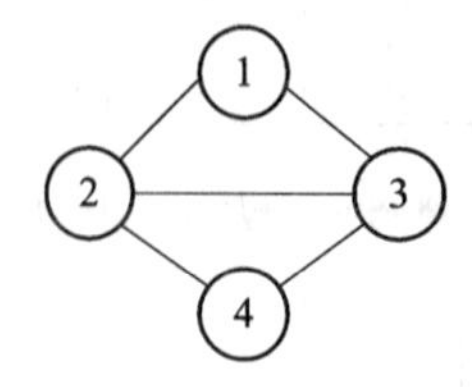

图 7-39 无向图示意图

(3) 图7-40给出由7个顶点组成的无向图。从顶点1出发，对它进行深度优先遍历得到的顶点序列是__①__，进行广度优先遍历得到的序列是__②__。

① A. 1354267　　B. 1347625　　C. 1534276
D. 1247653　　E. 以上答案都不对

② A. 1534267　　B. 1726453　　C.1354276
D. 1247563　　E. 以上答案都不对

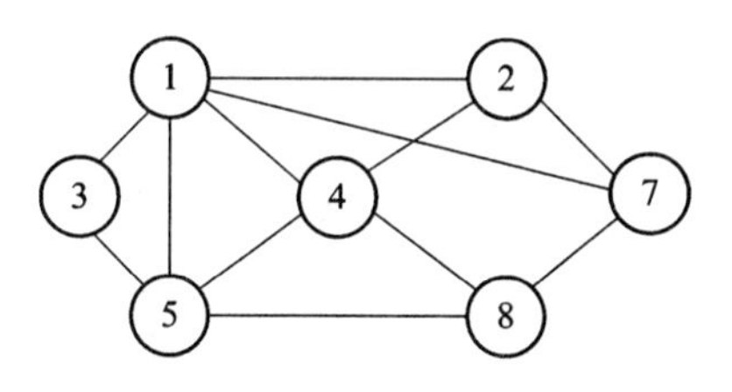

图7-40　无向图示意图

(4) 从邻接矩阵 $A=\begin{bmatrix}0 & 1 & 0\\ 1 & 0 & 1\\ 0 & 1 & 0\end{bmatrix}$ 可以看出，该图共有__①__个顶点。如果是有向图，该图共有__②__条弧；如果是无向图，则共有__③__条边。

① A. 9　　B. 3　　C. 6　　D. 1　　E. A～D都不对
② A. 5　　B. 4　　C. 3　　D. 2　　E. A～D都不对
③ A. 5　　B. 4　　C. 3　　D. 2　　E. A～D都不对

(5) 对一个具有n个顶点和e条边的无向图，若采用邻接表表示，则表的大小为 ① ，所有顶点的邻接表的结点总数为 ② 。

① A. n　　B. n+1　　C. n−1　　D. n+e
② A. $\frac{e}{2}$　　B. e　　C. 2e　　D. n+e

(6) 已知一有向图的邻接表存储结构如图7-41所示，则按深度优先遍历算法从顶点 v_1 出发，所得到的顶点序列为__①__；按广度优先遍历算法从顶点 v_1 出发，所得到的顶点序列为__②__。

A. v_1,v_2,v_3,v_5,v_4　　B. v_1,v_2,v_3,v_4,v_5　　C. v_1,v_3,v_4,v_5,v_2
D. v_1,v_3,v_2,v_4,v_5　　E. v_1,v_2,v_4,v_5,v_3

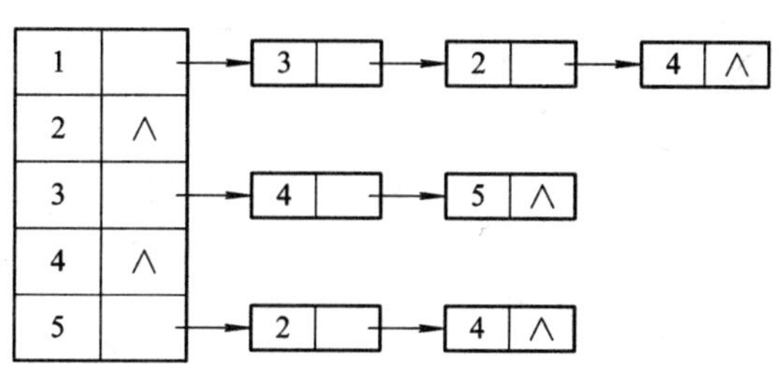

图7-41　邻接表示意图

(7) 图的应用算法有__________。

A. 克鲁斯卡尔(Kruskal)算法　　B. 哈夫曼(Huffman)算法

C. 迪杰斯特拉(Dijkstra)算法　　D. 欧几里德算法

F. 拓扑排序算法

3. 填空题

(1) 一个图的________表示法是唯一的，而______表示法是不唯一的。

(2) 对无向图，若它有 n 个顶点 e 条边，则其邻接表中需要______结点。其中___个结点构成顶点的邻接表，___个结点构成顶点表。

(3) G 是一个非连通无向图共有 28 条边，则该图至少有___个顶点。

(4) 具有 10 个顶点的无向图，边的总数最多为_____。

(5) 在有 n 个顶点的有向图中，每个顶点的度最大可达______。

(6) 深度优先搜索遍历类似于树的_____遍历，它所用到的数据结构是___；广度优先搜索遍历类似于树的______遍历，它所用到的数据结构是_____。其中，_____优先搜索是一个递归过程。

(7) 遍历图的过程实质上是______________________________，深度优先搜索和广度优先搜索两者的不同之处在于________________，反映在数据结构上的差别是：深度优先搜索采用___来存储访问过的结点，广度优先搜索采用_____来存储访问过的结点。

(8) 设图 G 有 n 个顶点和 e 条边，则对用邻接矩阵表示的图进行深度或广度优先遍历搜索的时间复杂度为_____，而对用邻接表表示的图进行深度或广度优先搜索遍历的时间复杂度为______；图的深度或广度优先搜索遍历的空间复杂度为_____。

(9) 对深度优先搜索和广度优先搜索，当要求连通图的生成树高度最小，应采用的遍历方法是_________。

(10) 若一个连通图中每个边上的权值均不同，则得到的最小生成树是_____的。

(11) 如果含有 n 个顶点的图形成一个环，则它有___棵生成树。

(12) 对图 7-42 所示的无向图，用 Prim 算法从顶点 1 开始求最小生成树，按次序产生的边为__________________________________，共____条边；用 Kruskal 算法产生边的次序是____________________________________。(注，边用(i, j)表示。)

(13) 克鲁斯卡尔(Kruskal)算法的时间复杂度为________，它对_____的图较为适用。

(14) 设图 G 有 n 个顶点和 e 条边并采用邻接表存储，则拓扑排序算法时间复杂度为_____。

(15) 设有向图 G 如图 7-43 所示。① 写出所有的拓扑序列：________________________。② 添加弧_______后，则仅可能有唯一的拓扑序列。

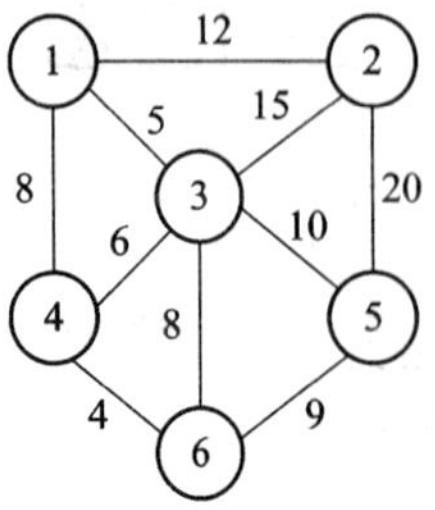

图 7-42　无向图示意图

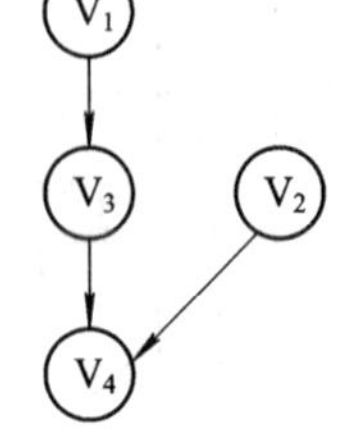

图 7-43　有向图示意图

(16) 从源点到汇点长度最长的路径称为关键路径，该路径上的活动称为________。

4. 判断题

(1) 在 n 个结点的无向图中，若边数大于 n−1，则该图必是连通图。

(2) 求最小生成树的 Prim 算法在边较少、结点较多时效率较高。

(3) 图的深度优先搜索序列和广度优先搜索序列不是唯一的。

(4) 一个图的广度优先生成树是唯一的。

(5) 若一个有向图的邻接矩阵中对角线以下的元素均为零，则该图的拓扑有序序列必定存在。

(6) 已知一有向图的邻接矩阵 $A_{m\times n}$，其顶点 v_i 的出度为 $\sum_{j=1}^{n}[j,i]$。

(7) 任何 AOV 网拓扑排序的结果都是唯一的。

(8) 有回路的图不能进行拓扑排序。

(9) 对于一个有向图，除了拓扑排序的方法外，还可以通过对有向图进行深度优先遍历的方法来判断有向图是否有环存在。

(10) 缩短关键路径上活动的工期一定能够缩短整个工程的工期。

(11) 如果连通网中存在相同权值的边，则最小生成树不唯一。

(12) 邻接表只适用于有向图的存储，邻接矩阵对有向图和无向图的存储都适用。

5. 简述无向图和有向图有哪几种存储结构，并说明各种存储结构在图中的不同操作(图的遍历、有向图的拓扑排序等)中有什么样的优越性？

6. 对图 7-44 所示的有向图，试给出：(1) 邻接矩阵；(2)邻接表；(3) 逆邻接表；(4) 强连通分量；(5) 从顶点 1 出发的深度优先遍历序列；(6) 从顶点 6 出发的广度优先遍历序列。

7. 对图 7-45 所示的无向图：

(1) 从顶点 A 出发，求它的深度优先生成树。

(2) 从顶点 E 出发，求它的广度优先生成树。

(3) 根据 Prim 算法，求它的最小生成树。

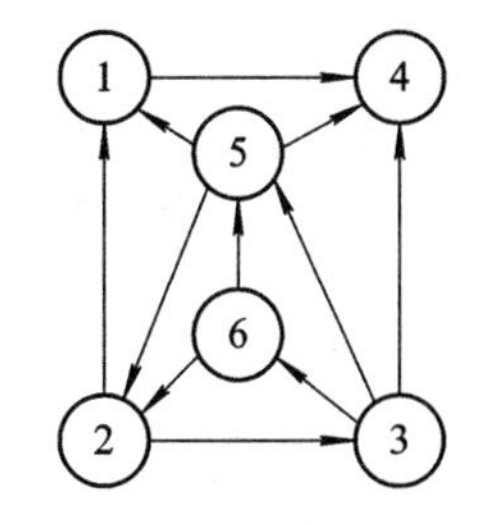

图 7-44　有向图示意图

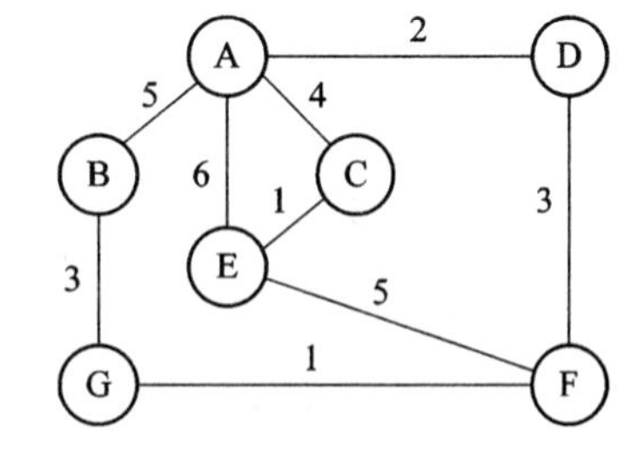

图 7-45　无向图示意图

8. 某带权有向图如图 7-46 所示

(1) 试写出深度优先搜索顺序。

(2) 画出深度优先生成树。

(3) 将该图作为 AOE 网，试写出 C 的最早发生时间以及活动 FC 的最晚开始时间。

(4) 用 Dijkstra 算法思想计算源点 A 到各顶点的最短路径。

9. 试列出图 7-47 中全部可能的拓扑排序序列。

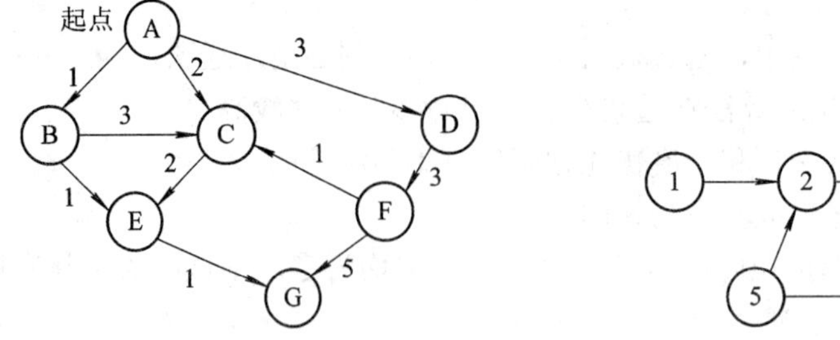

图 7-46　带权有向图示意图　　　　图 7-47　有向图示意图

10. 若无向图的顶点度数最小值大于或等于 2，则 G 必然存在回路，试给出证明。

11. 试证当深度优先遍历算法应用于一个连通图时，所经历的边形成一棵树。

12. 试给出判断一个图是否存在回路的方法。

13. 设已给出图的邻接矩阵，要求将图的邻接矩阵转换为邻接表，试实现其算法。

14. 设计算法，求出无向连通图中距离顶点 v_0 的最短路径长度(最短路径长度以边数为单位计算)为 k 的所有结点，要求尽可能地节省时间。

15. 设计一个非递归算法，用来实现对图 G 从顶点 v 出发的深度优先遍历。

16. 对于一个使用邻接表存储的带权有向图 G，试用深度优先搜索的方法来设计对该图中所有顶点进行拓扑排序的算法。

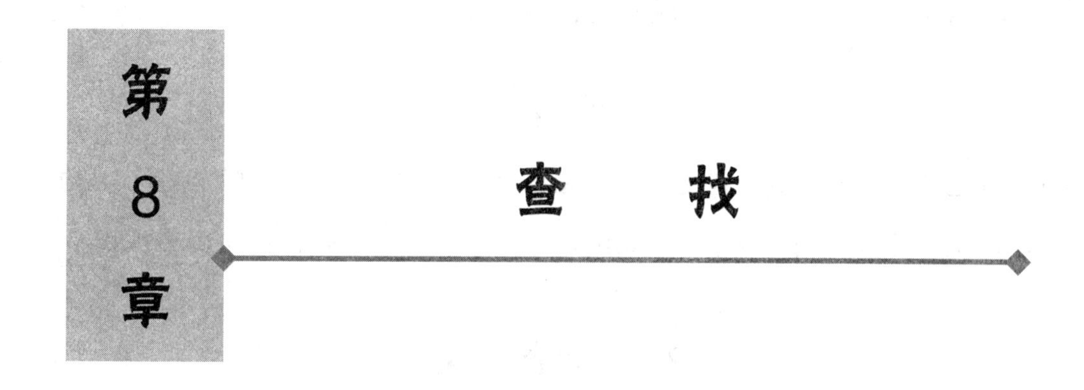

8.1 查找的基本概念

查找是使用最广泛的操作之一，为了得到某些信息经常需要进行查找。例如，学生在学习中用英文字典查找单词；公路交通部门每天花费大量时间查找各种指定牌号的车辆；游客查找某个城市的景点、交通、街道和饮食情况；特别是在互联网上查找大量的所需信息，已经成为我们日常生活的一部分。

计算机以及计算机网络使信息的查询快捷、方便和准确。但是，要从计算机和计算机网络中查找特定的信息，就需要在计算机中存储包含该特定信息的表。在计算机中，被查找的对象是由一组记录(数据元素)组成的表或文件，而每个记录则是由若干个数据项组成，并且每个记录都有一个能唯一标识该记录的关键字(某一数据项)。在这种情况下，查找的定义是：给定一个值 k，在含有 n 个记录的表中找出关键字等于 k 的记录。若找到，则查找成功，返回该记录的信息或该记录在表中的位置；否则查找失败，返回相关的提示信息。

用于查找的表和文件我们统称为查找表，它是以集合为其逻辑结构、以查找为目的的数据结构。由于集合中的记录之间没有任何“关系”，因此查找表的实现也不受“关系”约束，而是根据实际应用中对查找的具体要求来组织查找表，以便高效率的实现查找。查找表又可分为如下两种类型：

(1) 静态查找表：对查找表的查找仅是以查询为目的，不改动查找表中的记录。

(2) 动态查找表：在查找过程中同时伴随着插入不存在的记录或者删除某个已存在的记录这类变更查找表的操作。

查找表的典型结构有线性表、树表和哈希(Hash)表等。线性表常用的组织方式包括顺序表、有序顺序表和索引顺序表等；树表常用的组织方式包括二叉排序树、平衡二叉树、B 树和 B+树等。在这些结构的查找表中，查找的效率取决于查找过程中给定的值与关键字的比较次数。哈希(又称散列)表结构是在记录的存储位置与该记录的关键字之间建立了一个确定的关系，因此无需比较即可直接查找到记录。

由于查找运算的主要操作是关键字的比较，因此，通常把查找过程中对关键字的比较次数作为衡量一个查找算法效率优劣的标准，也称为平均查找长度，通常用 ASL 表示。对一个含有 n 个记录的表，平均查找长度 ASL 定义为

$$ASL = \sum_{i=1}^{n} p_i c_i$$

其中，n 是记录的个数；p_i 是查找第 i 个记录的概率(若不特别声明，均认为对每个记录的查找概率是相等的，即 $p_i = \frac{1}{n}(1 \leqslant i \leqslant n)$)；$c_i$ 是查找第 i 个记录所需进行的比较次数。

8.2　静态查找表

8.2.1　顺序查找

查找与数据的存储结构有关。我们以顺序表作为存储结构来实现顺序查找，即定义顺序表元素类型如下：

```
typedef struct
{
    KeyType key;                // KeyType 为关键字 key 的数据类型
    InfoType otherdata;         //其他数据
}SeqList;
```

在此，KeyType 为一虚拟的数据类型，在实际实现中可为 int、char 等类型，InfoType 也是其他数据的虚拟类型，而 otherdata 则代表一虚拟的其他数据，在实际实现中可根据需要设置为一个或多个真实的类型和真实的数据。

顺序查找又称线性查找，是最简单、最基本的查找方法。顺序查找的方法为：从表的一端开始，向另一端逐个按给定值 k 与表中记录的关键字 key 值进行比较。若找到则查找成功，并给出记录在表中的位置；若整个表扫描完仍未找到与 k 值相同的记录关键字 key 值，则查找失败，给出失败的信息。

顺序查找的算法如下：

```
int SeqSearch(SeqList R[],int n,int k)          //顺序查找
{
    int i=n;
    R[0].key=k;                                 //R[0].key 为查找不成功的监视哨
    while(R[i].key!=k)                          //由表尾向表头方向查找
        i--;
    return i;                                   //查找成功返回找到的位置值否则返回 0 值
}
```

在算法中，顺序表中的 n 个数据存放于一维数组 R[1]～R[n]中。在数组 R 中由后向前

查找关键字(即 R[i].key)值为 k 的记录，若找到，则返回该记录在数组 R 中的下标；若找不到，则必定查到 R[0]处。由于原先已将 k 值存于 R[0].key 中，故 R[0].key 必然等于 k，而这是在 R[1]～R[n]都找不到关键字值为 k 的结果，也即查找不成功的位置。设置“监视哨”R[0]的目的是简化算法，即无论成功与否都通过同一个 return 语句返回结果值。此外，也避免了在 while 循环中每次都要判断条件“i>0”以防查找中出现数组下标越界的情况。

根据上述算法，对 n 个记录的顺序表采用由后向前比较方式。若给定值 k 与表中第 i 个元素的关键字(即 R[i].key)值相等，即定位于第 i 个记录时，由图 8-1 可知，共对 n−i+1 个记录的关键字进行了比较。也即，$c_i=n-i+1$，则顺序查找成功时的平均查找长度为

$$ASL=\sum_{i=1}^{n}p_i\times(n-i+1)$$

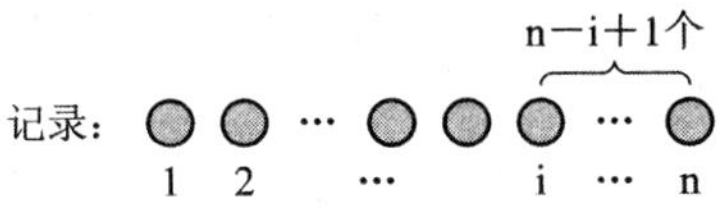

n−i+1个

记录：　1　2　…　i　…　n

图 8-1　由后向前比较到第 i 个记录时比较次数示意图

设每个数据元素的查找概率相等，即 $P_i=\frac{1}{n}$，则有

$$ASL=\sum_{i=1}^{n}\frac{1}{n}\times(n-i+1)=\frac{1}{n}(n+n-1+\cdots+2+1)=\frac{n+1}{2}$$

查找不成功时，关键字的比较要由 R[n].key 一直持续到监视哨 R[0].key，即总共比较了 n+1 次。

由于上述算法中的基本工作就是关键字比较，因此查找长度的量级就是查找算法的时间复杂度，即为 O(n)。注意，如果采用的是由前向后进行查找，则 $c_i=i$，故查找成功时的平均查找长度仍为 $\frac{n+1}{2}$，只不过要在 while 循环中增加判断条件“i<=n”。

顺序查找的缺点是当 n 很大时，平均查找长度较大、效率低。优点是对表中记录的存储没有过多的要求。

8.2.2　有序表的查找

1. 折半查找

折半查找也称二分查找，它是一种效率较高的查找方法。折半查找要求查找表必须是顺序存储结构且表中记录按关键字有序排列(即为有序表)。

折半查找的方法是：在有序表中，取中间记录作为比较对象，若给定值与中间记录的关键字相等，则查找成功；否则由这个中间记录位置把有序表划分为两个子表(不包括该中间记录)。若给定值小于中间记录的关键字，则在中间记录左半区的子表去继续查找；若给定值大于中间记录的关键字，则在中间记录右半区的子表去继续查找。不断重复上述查找过程，直到查找成功，或者所查找的子表区域无记录而查找失败。

折半查找算法如下：

```
int BinSearch(SeqList R[],int n,int k)
{
    int low=0,high=n-1,mid;
    while(low<=high)            //查找区间最左记录的位置 low 小于等于最右记录的位置 high
    {
        mid=(low+high)/2;       // mid 取该查找区间的中间记录位置
        if(R[mid].key==k)       //当中间记录的关键字与 k 相等时
            return mid;         //查找成功
        else                    //当中间记录的关键字与 k 不等时
            if(R[mid].key>k)
                high=mid-1;     //继续在 R[low]～R[mid-1]中查找
            else
                low=mid+1;      //继续在 R[mid+1]～R[high]中查找
    }
    return -1;                  //查找失败
}
```

算法中，顺序表中的 n 个记录按关键字升序的方式存放于一维数组 R[0]～R[n−1]中。整型变量 low、high 和 mid 分别用来标识查找区间最左记录、最右记录和中间记录的位置。折半查找过程可用二叉树来描述。以当前查找区间中间位置上的记录作为根。左半区的子表和右半区的子表分别作为根结点的左、右子树。对左、右子树继续这种划分，则得到的二叉树称为折半查找判定树，树中结点内的数字表示该结点(记录)在有序表中的位置(位置值等于数组 R 中的下标值加 1)。如结点个数为 10 的折半查找判定树如图 8-2 所示。

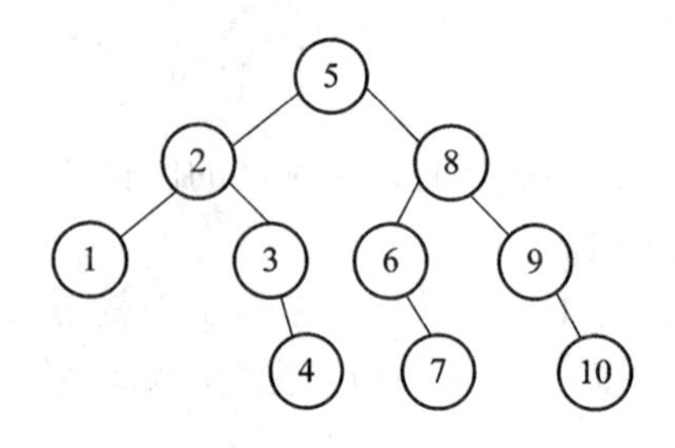

图 8-2　结点个数为 10 的折半查找判定树

由折半查找判定树可知，折半查找的过程恰好是走了一条从根结点到被查结点的路径，关键字进行比较的次数即为被查结点在树中的层数。因此，折半查找成功时进行的比较次数最多不超过树的深度，而具有 n 个结点的判定树其深度为$\lfloor \text{lb}n \rfloor+1$。所以，折半查找成功时和给定值的比较次数至多为$\lfloor \text{lb}n+1 \rfloor$。

我们以树高为 k 的满二叉树(即 $n=2^k-1$)来讨论折半查找的平均查找长度，在等概率(即 $p_i=\frac{1}{n}$)的条件下，折半查找成功的平均查找长度为

$$\text{ASL}=\sum_{i=1}^{k}p_i c_i=\frac{1}{n}\sum_{i=1}^{k}i\times 2^{i-1}=\frac{1}{n}(1\times 2^0+2\times 2^1+3\times 2^2+\cdots+k\times 2^{k-1})$$

$$=\frac{1}{n}[(2^0+2^1+2^2+\cdots+2^{k-1})+(2^1+2^2+\cdots+2^{k-1})+\cdots+(2^{k-2}+2^{k-1})+2^{k-1}]$$

$$=\frac{1}{n}[(2^k-1+2^k-2+\cdots+2^k-2^{k-2}+2^{k-1})]$$

$$=\frac{1}{n}[(k-1)2^k+2^{k-1}-(2^0+2^1+\cdots+2^{k-2})]$$

$$=\frac{1}{n}[(k-1)2^k+1] \qquad (\text{由}k=\log_2(n+1)\text{和}2^k=n+1\text{得})$$

$$=\frac{1}{n}[(\log_2(n+1)-1)\times(n+1)+1]$$

$$=\frac{n+1}{n}\log_2(n+1)-\frac{n+1}{n}+\frac{1}{n}$$

$$=\frac{n+1}{n}\log_2(n+1)-1$$

当n很大时，ASL≈lb(n+1)−1。所以，折半查找的时间效率为O(lbn)。由于lb(cn+1)=k，故ASL≈k−1，即折半查找成功的平均查找长度约为折半查找判定树的深度减1。可见，折半查找比顺序查找的平均查找效率高，但折半查找只适用于顺序存储结构。

例 8.1 初始查找表关键字如下：

5 10 15 18 21 23 32 56 60 80

(1) 查找关键字值为15的记录；(2)查找关键字为62的记录。

【解】 对关键字值为15和62的折半查找过程与结果如图8-3(a)、(b)所示。

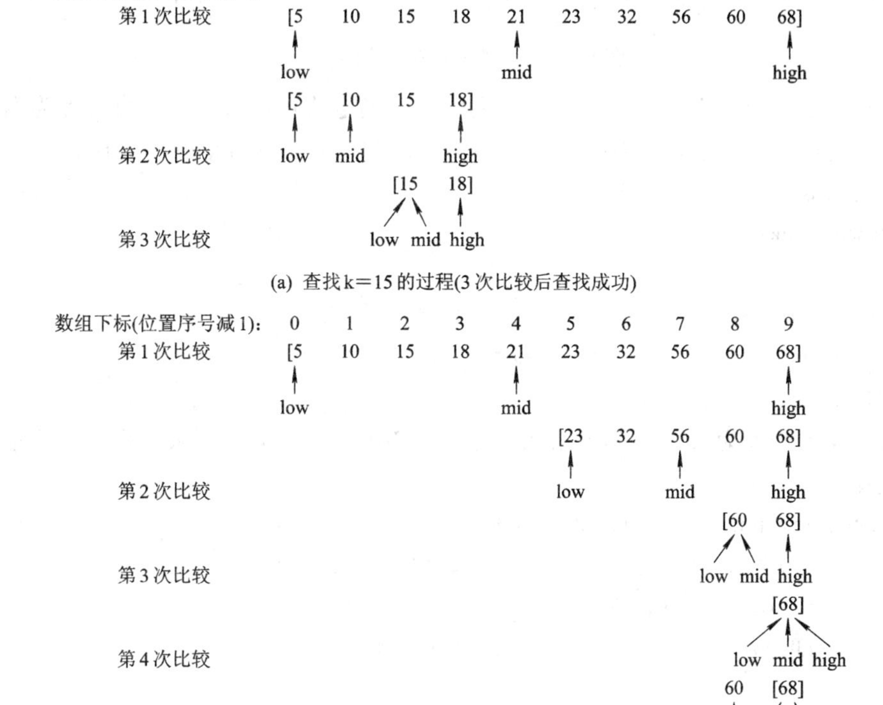

(a) 查找k=15的过程(3次比较后查找成功)

(b) 查找k=62的过程(4次比较后因low大于high而查找失败)

图 8-3 折半查找过程示意图

对图 8-3(b)来说，第 4 次比较不成功时所执行的语句是“high=mid-1;”，即 high 值变为 8，而此时的 low 值为 9，再次进行 while 循环的条件“low<=high”已不满足，故终止 while 循环并返回−1 值。

2. 分块查找

分块查找又称为索引顺序查找，它是将顺序查找与折半查找相结合的一种查找方法，在一定程度上解决了顺序查找速度慢，以及折半查找要求数据元素有序排列的问题。

在分块查找中，将表分为若干块且每一块中关键字不要求有序，但块与块之间的关键字是有序的，即后一块中所有记录的关键字均大于前一块中的最大关键字。此外，还为这些块建立了一个索引表且索引表项按关键字有序(为递增有序表)，它存放各块记录的起始存放位置，以及该块所有记录中的最大关键字值。图 8-4 给出了一个分块查找存储结构示意图。

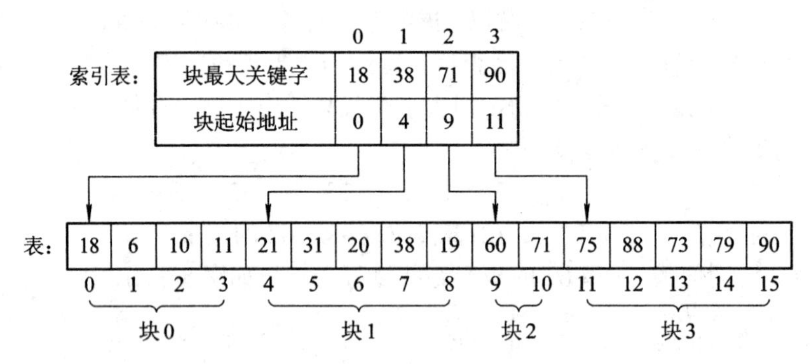

图 8-4　分块查找存储结构示意图

分块查找过程分两步走：第一步，在索引表中确定待查记录在哪一块，因为索引表有序，故可采用折半查找或顺序查找；第二步，在已确定的块中进行顺序查找。

索引表的数据类型定义如下：

```
typedef struct
{
    KeyType key;              //用于存放块内的最大关键字
    int link;                 //用于指向块的起始位置
}IdxType;
```

设索引表 I 长度为 m，即其数组元素分别为 I[0]～I[m−1]，则采用折半查找索引表的分块查找算法如下：

```
int IdxSearch(IdxType I[],int m,SeqList R[],int k)
{        //索引表 I 长度为 m(数组元素分别为 I[0]～I[m−1])
    int low=0,high=m-1,mid,i,j;
    while(low<=high)                    //在索引表中折半查找
    {
        mid=(low+high)/2;
        if(I[mid].key>=k)
            high=mid-1;
```

```
        else
            low=mid+1;
    }
    if(low<m)
    {//在索引表中找到所求的块，接下来在顺序表(即数组R)中顺序查找
        i=I[low+1].link-1;                 //i为该块最后一个数组元素下标
        j=I[low].link;                     //j为该块第一个数组元素下标
        while(R[i].key!=k&&i>=j)           //在块内由后向前查找关键字等于k的数组元素下标
            i--;
        if(i>=j)
            return i;                      //当i>=j时查找成功返回i值
    }
    return -1;                             //当i<j时已查完整个块即查找失败
}
```

算法说明如下：分析图8-3可知，无论查找是否成功，low都指向大于或等于给定值k的最接近的那个数组元素位置，这恰好是折半查找索引表时所需要的结果。对索引表进行折半查找无非是两种情况。一种是给定的k值恰好等于索引表中的某一块最大关键字值，这种情况下由图8-3(a)可知：low、mid都指向索引表中存放该关键字所对应的块起始地址所指的数组元素下标。为了算法的简洁，我们并不立即取得这个位置值，而是合并到关键字值大于k一起处理(即算法中的条件变为“I[mid].key>=k”；也即继续执行“high=mid-1;”语句)。这样，由于此时high已小于low，即不满足while循环条件“low<=high”而终止while循环，而此时的low仍为索引表中存放该块起始位置的数组元素下标。另一种情况是查找不成功，我们此时需要的是与给定值k最接近且大于k的关键字所对应块的起始位置，而这时的low存放的正是索引表中有该起始位置的那个数组元素下标。还要考虑给出的k值大于索引表中最大关键字时的情况，在这种情况下，折半查找索引表的结果是low定位于并不存在的第m个数组元素，这也是判断是否找到所求块的条件“low<m”。当索引表查找到块时，该块第一个记录在数组R中的下标即可由I[low].link得到，而该块最后一个记录在数组R中的下标则可由下一块的起始位置减1得到，即为I[low+1].link−1。

由于分块查找实际上是两次查找过程，因此整个分块的平均查找长度应该是两次查找的平均查找长度(索引查找与块内查找)之和。也即分块查找的平均查找长度为查找索引表的平均查找长度L_b与块内查找的平均查找长度L_s之和：

$$ASL_{bs}=L_b+L_s$$

为了进行分块查找，可将长度为n的表均匀地分成m块，每块中含有t个记录(即$t=\lceil n/m \rceil$)。在等概率情况下，块内查找的概率是1/t，每块查找的概率为1/m，则有：

(1) 若顺序查找确定所在的块，则得到：

$$ASL_{bs}=L_b+L_s=\frac{1}{m}\sum_{j=1}^{m}j+\frac{1}{t}\sum_{i=1}^{t}i=\frac{m+1}{2}+\frac{t+1}{2}=\frac{1}{2}\left(m+\frac{n}{m}\right)+1$$

(2) 用折半查找确定所在的块，则得到：

$$ASL_{bs}=\frac{\frac{n}{m}+1}{\frac{n}{m}}\mathrm{lb}\left(\frac{n}{m}+1\right)-1+\frac{m+1}{2}\approx \mathrm{lb}\left(\frac{n}{m}+1\right)+\frac{m}{2}$$

我们已经介绍了三种静态查找表。从表的结构上看，顺序查找对表有序、无序均适用，折半查找仅适用于有序表，而分块查找则要求表分块后“块间有序、块内可以无序”。从表的存储结构来看，顺序查找和分块查找对于表的顺序和链式存储结构均适用，而折半查找只适用于顺序存储结构。就平均查找长度而言：折半查找最小，分块查找次之，而顺序查找最大。

8.3　树表形式的动态查找表

动态查找表主要是对树结构表的查找，包括二叉排序树、平衡二叉树、B 树和 B+树等。动态查找表的特点是表结构本身是在查找过程中动态生成的。即对给定值 k，若表中存在其关键字值等于 k 的记录，则查找成功并返回；否则在表中插入关键字值等于 k 的记录。

8.3.1　二叉排序树

1. 二叉排序树的定义和查找过程

二叉排序树(Binary Sort Tree)又称 BST 树或二叉查找树。它或者是一棵空树，或者是具有如下性质的二叉树：

(1) 若它的左子树非空，则左子树上所有结点(记录)的值均小于根结点的值。

(2) 若它的右子树非空，则右子树上所有结点的值均大于或等于根结点的值。

(3) 左、右子树本身又分别是一棵二叉排序树。

图 8-5 给出了一棵二叉排序树的示意图。

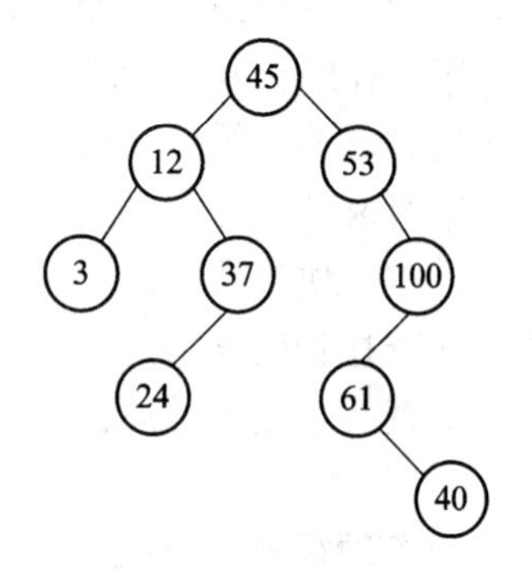

图 8-5　二叉排序树示意图

由二叉排序树的性质可知：二叉排序树可以看作是一个有序表。也即，在二叉排序树中左子树上所有结点的关键字均小于根结点的关键字，而右子树所有结点的关键字均大于或等于根结点的关键字。所以，二叉排序树上的查找与折半查找类似。

二叉排序树的查找过程是：若二叉排序树非空，则将给定值 k 与根结点关键字值比较；若相等，则查找成功；若不等，则当 k 值小于根结点关键字时到根的左子树去继续查找，否则到根的右子树去继续查找。二叉排序树的这种查找过程显然是一个递归过程。

通常采用二叉链表作为二叉排序树的存储结构，且二叉链表结点的类型定义如下：

```
typedef struct node
{
```

```
    KeyType key;                    //记录简化为仅含关键字项
    struct node *lchild,*rchild;    //左、右孩子指针
}BSTree;
```

例 8.2　已知图 8-6 中的二叉排序树中各结点的值依次为 32～40，请正确标出各结点的值。

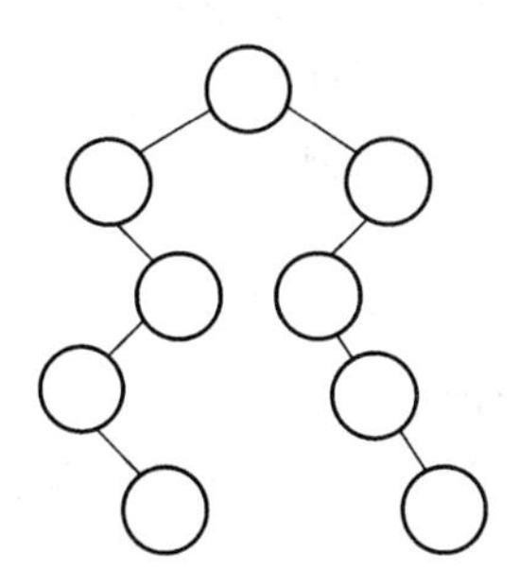

图 8-6　二叉排序树中各结点形态

【解】根据二叉排序树的性质，进行中序遍历所得到的一定是升序序列。因此中序遍历图 8-6 所示的二叉排序树，并按遍历的顺序对每个结点进行编号如图 8-7 所示，再按这个编号填入 32～40 数字即得到如图 8-8 所示的二叉排序树。

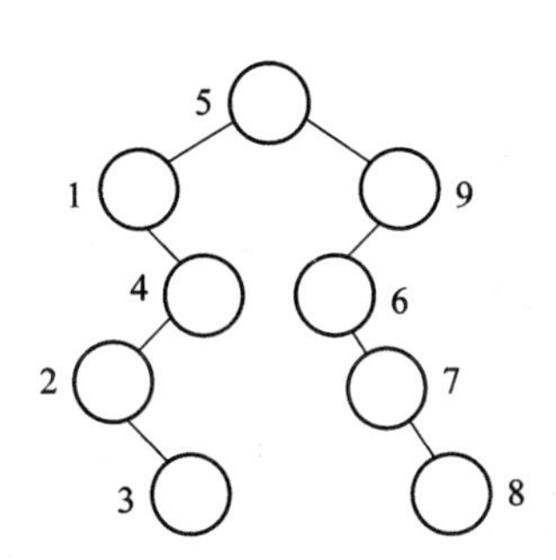

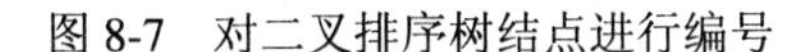

图 8-7　对二叉排序树结点进行编号

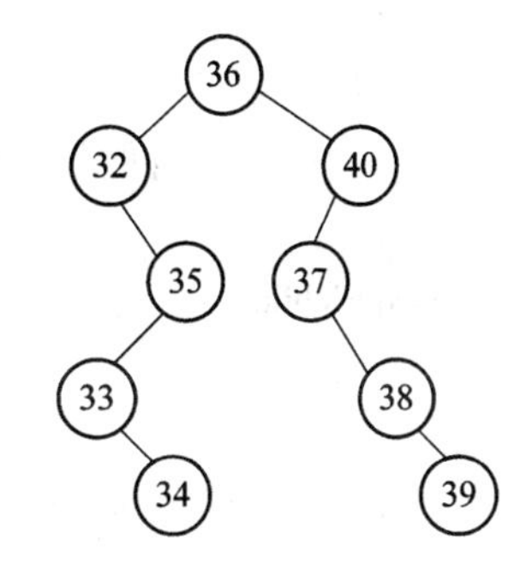

图 8-8　填入 32～40 数字后的二叉排序树

2. 二叉排序树的查找操作

在二叉排序树中查找其关键字为 k 的结点，若查找成功，则返回该结点的指针值；若查找失败，则返回空指针值。

二叉排序树查找算法如下：

```
BSTree *BSTSearch(BSTree *t,KeyType k)        //二叉排序树查找
{                                   //在指针 t 所指的二叉排序树中查找关键字值为 k 的结点
   while(t!=NULL)
   if(k==t->key)
       return t;                    //k 等于根结点*t 的关键字则查找成功，返回指针 t 值
   else
       if(k<t->key )
           t=t->lchild;             //k 小于根结点*t 的关键字值则到 t 的左子树查找
       else
```

```
        t=t->rchild;        //k 大于根结点*t 的关键字值则到 t 的右子树查找
    return NULL;            //查找失败返回空指针值
}
```

3. 二叉排序树的插入操作和二叉排序树的构造

如果要向二叉排序树插入一个关键字为 k 的结点，则先在二叉排序树中进行查找。若查找成功，则待插接点已经存在，故不用插入；若查找不成功，则新建一个关键字值为 k 的结点，然后插入之。注意，在二叉排序树中，所有新插入的结点一定是作为叶子结点插入的。

在二叉排序树中插入一个结点的算法如下：

```
void BSTCreat(BSTree *t,KeyType k)
{                                   //非空二叉排序树中插入一个结点
    BSTree *p,*q;
    q=t;
    while (q!=NULL)                 //二叉排序树非空时
        if(k==q->key)
            goto L1;                //查找成功，不插入新结点
        else
    if(k<q->key)
    {    //k 小于结点*q 的关键字值则到 t 的左子树查找
        p=q;
        q=q->lchild;
    }
    else
    {    //k 大于结点*q 的关键字值则到 t 的右子树查找
        p=q;
        q=p->rchild;
    }
    q=(BSTree *)malloc(sizeof(BSTree));
                                    //查找不成功时创建一个新结点
    q->key=k;
    q->lchild=NULL;                 //因作为叶结点插入，故左、右指针均为空
    q->rchild=NULL;
    if(p->key>k)
        p->lchild=q;                //作为原叶结点*p 的左孩子插入
    else
        p->rchild=q;                //作为原叶结点*p 的右孩子插入
L1:  ;
}
```

构造一棵二叉排序树则是逐个插入结点的过程，即每插入一个结点则调用上述算法一次。

例 8.3　设关键字序列为：45,53,12,37,100,61,24,3,90，给出一棵二叉排序树的构造过程。

【解】依据关键字序列构造二叉排序树的过程示意图如图 8-9 所示。

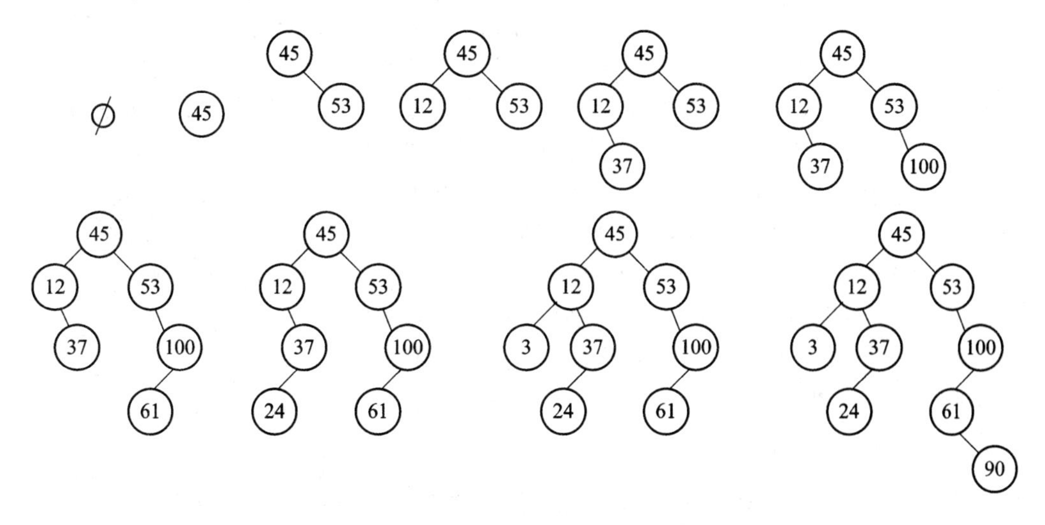

图 8-9　由空树开始构造二叉排序树的过程示意图

由二叉排序树的构造过程可以看出，每一个新结点都是作为叶结点插入到二叉排序树中的。关键字序列的不同，生成的二叉排序树也不同。如果关键字序列有序，则构造的二叉排序树为单支树。例如当关键字序列为：3,12,24,37,45,53,61,90,100 时，构造的二叉排序树如图 8-10 所示。

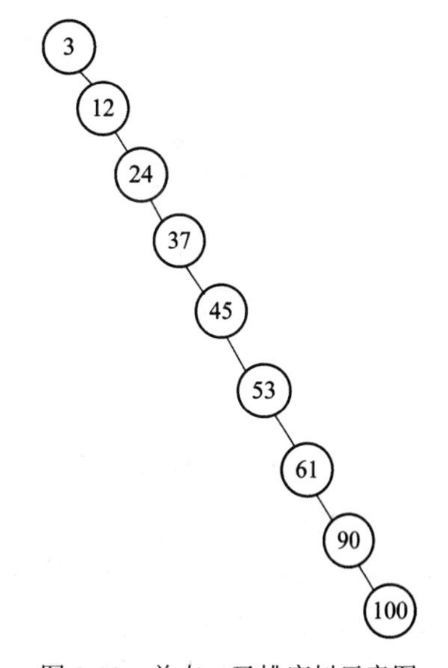

图 8-10　单支二叉排序树示意图

可以看出，中序遍历二叉排序树可以得到一个关键字有序的序列。这就是说，一个无序序列可以通过构造一棵二叉排序树而变成一个有序序列，且构造树的过程即是对无序序列进行排序的过程。此外，每次插入新结点都是作为二叉排序树的叶结点插入的。也即在插入过程中无需移动二叉排序树的其他结点，仅需改变原树中某个叶结点的指针由空变为非空去指向新插入的结点即可。这一特点相当于在一个有序表中插入一个新记录却无需移动其他记录。因此，二叉排序树既拥有类似折半查找的特性，又因采用了链式存储而易于插入和修改结点(记录)。由于二叉排序树适合于记录的频繁插入且查找速度较快，因此是动态查找表一种较好的实现方法。

在二叉排序树上进行查找，若查找成功，则恰好走了一条从根结点到该结点的路径，也即和给定值比较的关键字个数等于该结点所在的层数(或路径长度加 1)；若查找不成功，则是从根结点出发走了一条从根结点到某叶结点的左、右指针为止的路径，因为只有当指针为空时才知道查找失败。因此，查找成功时，二叉排序树与给定值比较的关键字个数不超过二叉排序树的深度。但是，折半查找长度为 n 的表其判定树是唯一的，而含有 n 个结点的二叉排序树却不唯一。含有 n 个结点的二叉排序树的平均查找长度和树的形态有关。当按关键字有序的次序构造一棵二叉排序树时，所生成的是单支树，此时树的深度为 n，即其平均查找长度与顺序查找相同而变为(n+1)/2，这是二叉排序树的最差情况。最好情况是二叉排序树的形态与折半查找判定树相同，即其平均查找长度与 lbn 成正比。

例 8.4　一棵二叉排序树如图 8-11 所示，求查找成功的 ASL 和查找失败的 ASL。

【解】查找成功时，是从根结点出发走了一条从根结点到待查结点的路径；若查找不成功，则是从根结点出发走了一条从根结点到某叶结点的路径，当到达叶结点时，还要继续沿叶结点的左指针或右指针再探查一次。因此，对图 8-11 所示的二叉排序树查找成功的 ASL，为树中各结点的层数之和除以树的结点个数 n(见图 8-12(a))。而查找失败时的 ASL，为图 8-12(b)中空白结点(每个空白结点代表一个空指针)的层数之和除以空白结点的个数 m。因此，

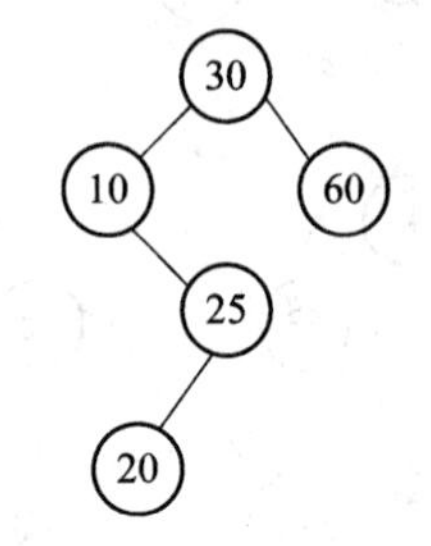

图 8-11　二叉排序树示意图

查找成功的 $\text{ASL}=\frac{1}{5}(1+2\times2+3+4)=\frac{12}{5}$；查找失败的 $\text{ASL}=\frac{1}{6}(3\times3+4+5\times2)=\frac{23}{6}$。

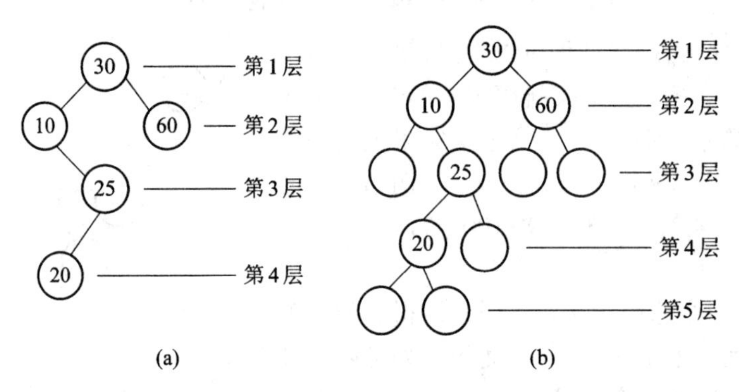

图 8-12　查找成功和查找失败的二叉排序树示意图

4. 二叉排序树的删除操作

在二叉排序树中，删除一个结点要比插入一个结点困难，因为不能把以该结点为根的这棵子树全都删去，即只能删除该结点并仍保持二叉排序树的特性：按中序遍历删除结点之后的二叉排序树时，所得到的结点序列仍然有序。也就是说，删除二叉排序树中的一个结点则相当于删除有序序列中的一个结点。

假定待删结点由指针 q 指示，待删结点的双亲结点由指针 p 指示，则删除指针 q 所指向的待删结点可分为下面的四种情况。对这四种情况删除结点前后二叉排序树的变化示意图如图 8-13 所示。

(1) 若待删结点为叶结点，则可直接删除，即只需将其双亲结点指向待删结点的指针置为空即可。

(2) 若待删结点有右子树但无左子树，则可用该右子树的根结点取代待删结点的位置

(见图 8-13(a))。这是因为在二叉排序树中序遍历的序列中，无左子树的待删结点其直接后继即为待删结点的右子树根结点。用待删结点右子树根结点取代待删结点，相当于在该有序序列中，直接删去了待删结点，而序列中的其他结点排列次序并没有改变。

(3) 若待删结点有左子树但无右子树，则可用该左子树的根结点取代待删结点的位置(见图 8-13(b))。这种删除同样没有改变其他结点在该二叉排序树中序遍历中的排列次序。

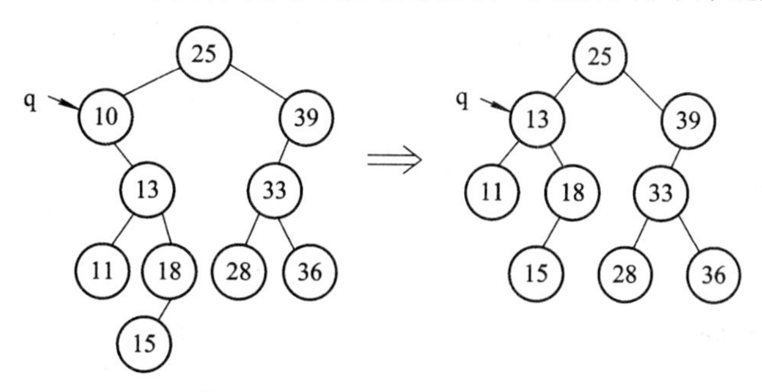

(a) 结点 *q 无左子树时删除结点 *q 示意图

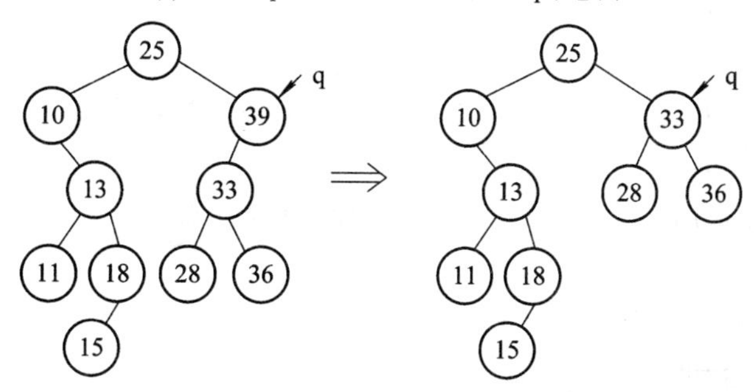

(b) 结点 *q 无右子树时删除结点 *q 示意图

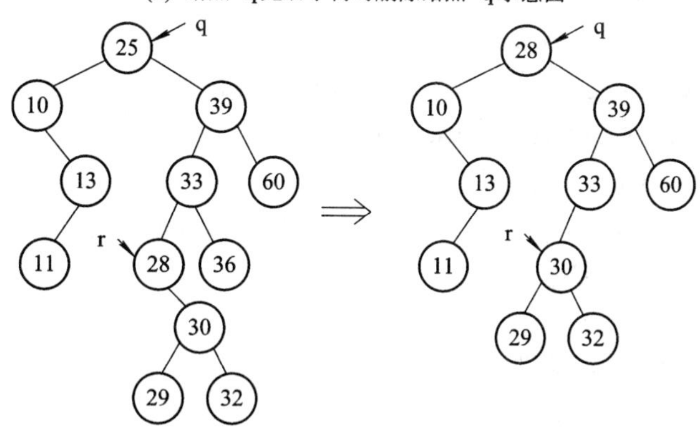

(c) 结点 *q 左、右子树均存在删除结点 *q 示意图

图 8-13　在二叉排序树中删除结点*q 的不同情况示意图

(4) 若待删结点左、右子树均存在，则需用待删结点在二叉排序树中序遍历序列中的直接后继结点来取代该待删结点。这个直接后继结点即待删结点右子树中的“最左下结点”(即右子树中关键字值最小的结点，并假定找到的“最左下结点”由指针 r 指示)，找到“最左下结点”后则用其替换待删结点(即只是将“最左下结点”的关键字值赋给待删结点，这相当于将“最左下结点”这一个结点移到待删结点位置)。注意，“最左下结点”必然没有

左子树(也可能没有右子树)，否则就不是待删结点右子树中关键字值最小的结点。这时，删除待删结点的操作就转化为删除这个“最左下结点”的操作了。如果“最左下结点”没有左子树，则转化为上面的第(2)种情况；如果既没有左子树又没有右子树(即“最左下结点”为叶结点)，则转化为上面的第(1)种情况(见图 8-13(c))。

根据上述情况，在二叉排序树中删去待删结点*q 的算法如下：

```
void BSTDelete(BSTree **t, int k)       //在二叉排序树中删去结点
{
    BSTree *p,*q,*r;
    q=*t; p=*t;
    if(q==NULL)
        goto L2;                        //树 t 为空
    if(q->lchild==NULL&&q->rchild==NULL&&q->key==k)
    {                                   //树 t 中仅有一个待删结点*q
        q=NULL; goto L2;
    }
    while(q!=NULL)                      //查找待删结点*q
      if(k==q->key)
          goto L1;                      //找到待删结点*q
      else
        if(k<q->key)
        {  p=q; q=q->lchild; }
        else
        {  p=q; q=q->rchild; }
    if(q==NULL)  goto L2;               //树中无此待删结点*q
L1: if(q->lchild==NULL&&q->rchild==NULL)
        //待删结点*q 为叶结点，即第(1)种情况
      if(p->lchild==q)                  //删去待删结点*q
         p->lchild=NULL;
      else
         p->rchild=NULL;
    else
      if(q->lchild==NULL)               //待删结点*q 无左子树，即第(2)种情况
         if(p->lchild==q)               //用待删结点*q 的右子树根来取代待删结点*q
            p->lchild=q->rchild;
         else
            p->rchild=q->rchild;
      else
         if(q->rchild==NULL)            //待删结点*q 无右子树，即第(3)种情况
            if(p->lchild==q)            //用待删结点*q 的左子树根来取代待删结点*q
```

```
                    p->lchild=q->lchild;
                else
                    p->rchild=q->lchild;
            else                                    //待删结点*q 有左、右子树，即第(4)种情况
            {
                r=q->rchild;
                if(r->lchild==NULL&&r->rchild==NULL)
                {                                   //待删结点*q 的右子树仅有一个根结点
                    q->key=r->key;                  //将右子树这个根结点取代待删结点*q
                    q->rchild=NULL;
                }
                else
                {
                    p=q;                            //用 p 指向"最左下结点"的双亲结点
                    while(r->lchild!=NULL)          //查找"最左下结点"
                    {   p=r; r=r->lchild; }
                    q->key=r->key;
                        //"最左下结点"的关键字值送待删结点*q 的关键字
                    if(p->lchild==r)                //删去"最左下结点"
                        p->lchild=r->rchild;
                    else
                        p->rchild=r->rchild;
                }
            }
    L2:   ;
    }
```

8.3.2　平衡二叉树

平衡二叉树又称 AVL 树，它或者是一棵空树，或者是具有下列性质的二叉排序树：它的左子树和右子树都是平衡二叉树，且左子树和右子树高度之差的绝对值不超过 1。

图 8-14 给出了两棵二叉排序树，树中每个结点旁边所标记的数字是以该结点为根的二叉树中左子树与右子树的高度之差，该数字称为结点的平衡因子。由平衡二叉树的定义可知，平衡二叉树中所有结点的平衡因子只能取−1、0 和 1 中的一个值。若二叉排序树中存在着这样的结点，其平衡因子的绝对值大于 1，则这棵树就不是平衡二叉树。如图 8-14(a)所示的二叉排序树就不是平衡二叉树。

我们知道，二叉排序树是一棵完全二叉树或者与折半查找的判定树相似时，其查找性能最好，而当二叉排序树蜕化为单支树时其查找性能最差。因此，二叉排序树最好是一棵平衡二叉树。保持二叉排序树为平衡二叉树的基本思想是：每当给二叉排序树插入一个新结点时，就检查是否因为这次插入而破坏了平衡；如果破坏了平衡，则找出其中最小的不

平衡树，在保持二叉排序树有序性的前提下，调整最小不平衡树中结点之间的关系以达到新的平衡。所谓最小不平衡树即指距插入结点最近且其平衡因子的绝对值大于 1 的结点作根的这样一棵子树。

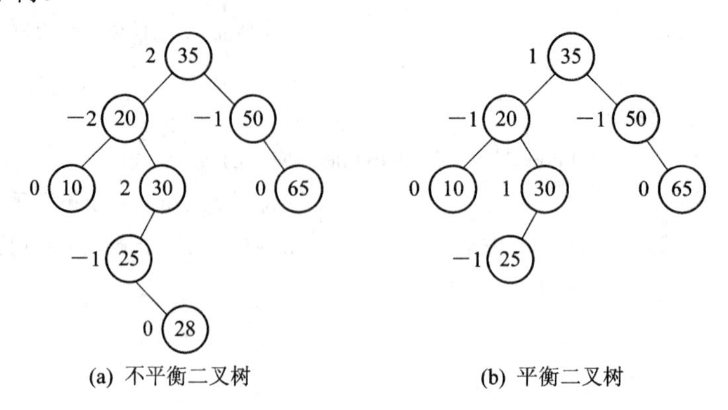

(a) 不平衡二叉树　　(b) 平衡二叉树

图 8-14　二叉排序树的平衡示意图

假定在二叉排序树中因插入新结点而失去平衡的最小子树其根结点指针为 p，则失去平衡后进行调整的规律如下：

(1) LL 型平衡旋转：由于在结点*p 的左孩子的左子树上插入新结点，使得结点*p 的平衡因子由 1 变为 2 而失去平衡，因此需进行平衡旋转操作(如图 8-15(a)所示)。

(2) LR 型平衡旋转：由于在结点*p 的右孩子的右子树上插入新结点，使得结点*p 的平衡因子由−1 变为−2 而失去平衡，因此需进行平衡旋转操作(如图 8-15(b)所示)。

(3) RR 型平衡旋转：由于在结点*p 的左孩子的右子树上插入新结点，使得结点*p 的平衡因子由 1 变为 2 而失去平衡，因此需进行平衡旋转操作(如图 8-15(c)所示)。

(4) RL 型平衡旋转：由于在结点*p 的右孩子的左子树上插入新结点，使得结点*p 的平衡因子由−1 变为−2 而失去平衡，因此需进行平衡旋转操作(如图 8-15(d)所示)。

由图 8-15 可知，在四种类型的平衡调整中，各子树(如果有的话)A_L、A_R、B_L、B_R、C_L、C_R 从左到右的排列顺序并没有发生变化，只是双亲结点可能发生了变化，即可能对结点 A、B、C 位置进行了调整。因此，我们只参考调整前和调整后的二叉树形态，并以调整后的二叉树为标准，由底层开始逐层向上修改相应的指针值即可。

例如对第二种 LR 型的平衡调整：根据图 8-15(b)，已知指针 p 指向不平衡树的根结点 A，增设两指针 q 和 r，则平衡调整如下：

```
q=p->lchild;            //q 指向结点 B
r=q->rchild;            // r 指向结点 C
p->lchild=r->rchild;    //结点 A 的左指针改为指向结点 C 的右子树 C_R
q->rchild=r->lchild;    //结点 B 的右指针改为指向结点 C 的左子树 C_L
r->lchild=q;            //结点 C 的左指针改为指向结点 B
r->rchild=p;            //结点 C 的右指针改为指向结点 A
p=r;                    //使指针 p 指向平衡后的根结点 C
```

由于结点 B 的子树没有发生改变，因此无需调整结点 B 的左、右指针值。

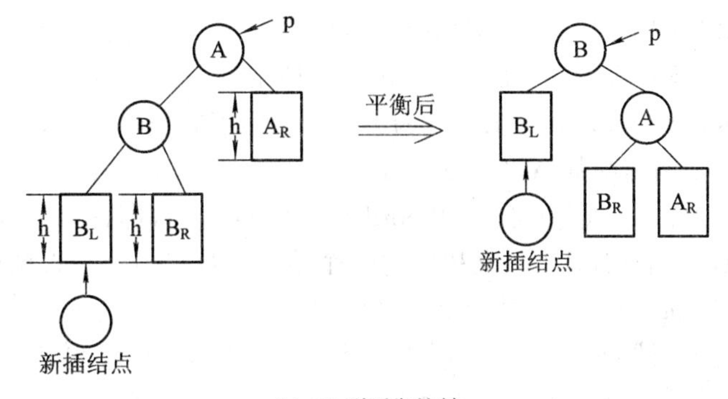

(a) LL 型平衡旋转

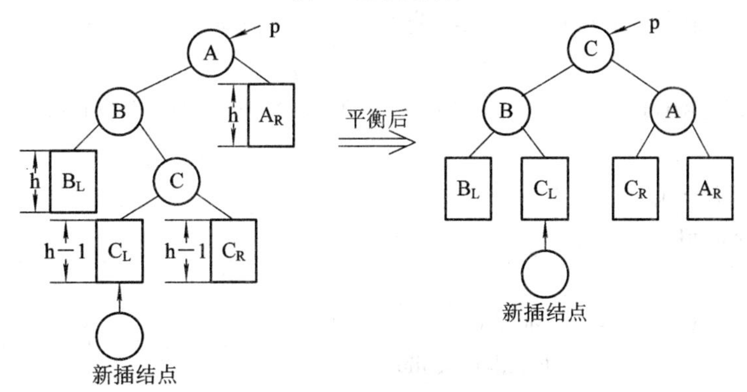

(b) LR 型平衡旋转

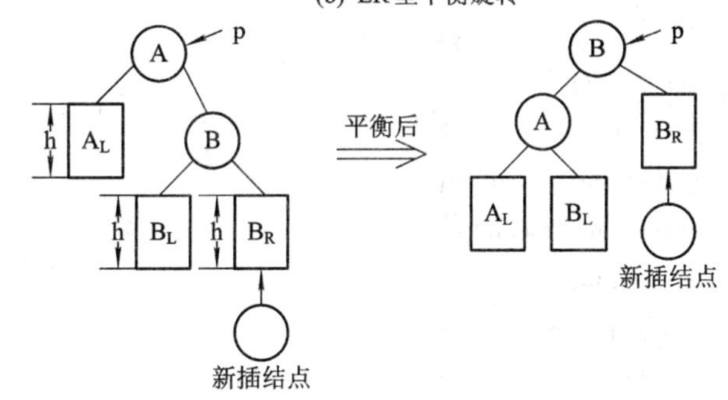

(c) RR 型平衡旋转

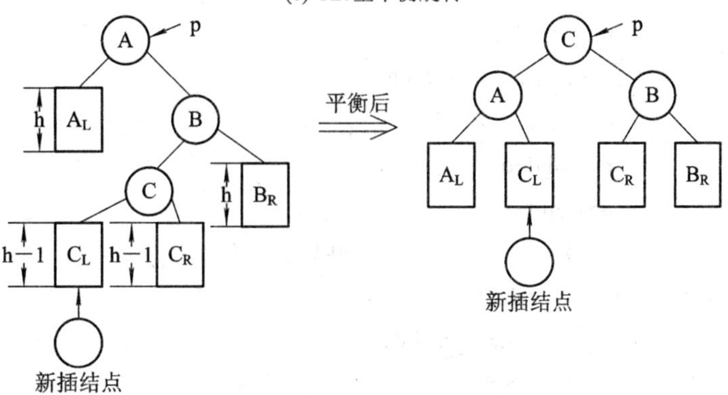

(d) RL 型平衡旋转

图 8-15　二叉排序树的四种平衡旋转

在不改变二叉树的链式存储结构情况下，可通过判断某结点左、右子树的深度差值是否为 2 或−2 来得知该子树是否平衡。在平衡二叉树中插入一个结点时即调用先序遍历二叉树非递归函数 Preorder，函数 Preorder 在遍历每一个结点时检查其左、右子树的深度差值是否为 2 或−2，若是则调用函数 AVL_Revolve 进行平衡处理后结束函数 Preorder 的执行并返回 1 值，而只要返回 1 值则函数 Preorder 就继续执行(即函数 AVL_TreeCreat 中的“while(Preorder(t));”语句)遍历二叉树的每一个结点进行平衡处理直至返回 0 值为止。也即，每调用一次 Preorder，只能对一个不平衡的结点进行平衡处理，而不能对树中所有的不平衡的结点进行平衡处理。这是因为对一个不平衡的结点进行平衡处理后，其树的形态已发生了变化，即不同于变化前暂存在栈 stack 中二叉树的结点指针顺序，所以只能对变化后的二叉树重新调用函数 Preorder 继续遍历每一个结点进行平衡处理。生成一棵平衡二叉树的算法如下：

```
void AVL_Revolve(BSTree **p,int k)          //对结点**p 为根的二叉树进行平衡处理
{
    BSTree *q,*r;
    switch(k)
    {
        case 1:   r=(*p)->lchild;
                  (*p)->lchild=r->rchild;
                  r->rchild=*p;
                  break;                    //LL 型旋转处理
        case 2:   q=(*p)->lchild;
                  r=q->rchild;
                  (*p)->lchild=r->rchild;
                  q->rchild=r->lchild;
                  r->lchild=q;
                  r->rchild=*p;
                  break;                    //LR 型旋转处理
        case 3:   q=(*p)->rchild;
                  r=q->lchild;
                  (*p)->rchild=r->lchild;
                  q->lchild=r->rchild;
                  r->rchild=q;
                  r->lchild=*p;
                  break;                    //RL 型旋转处理
        case 4:   r=(*p)->rchild;
                  (*p)->rchild=r->lchild;
                  r->lchild=*p;             //RR 型旋转处理
    }
    *p=r;                                   //保存旋转处理后的子树根结点指针
```

```
}
int Preorder_AVL(BSTree **t)                    //先序遍历二叉树进行平衡处理
{
    BSTree *stack[MAXSIZE],*p=*t,*r=p;
    int i=0,k,m=0,b=0;
    stack[0]=NULL;                              //栈初始化
    while(p!=NULL||i>0)                         //当指针 p 不空或栈 stack 不空(i>0)
      if(p!=NULL)                               //当指针 p 不空时
      {
          k=0;
          if(Depth(p->lchild)-Depth(p->rchild)==2)      //左右子树深度差值为 2 时
            if(Depth(p->lchild->lchild)>Depth(p->lchild->rchild))
                k=1;                            //LL 型
            else
                k=2;                            //LR 型
        if(Depth(p->lchild)-Depth(p->rchild)==-2)       //左右子树深度差值为-2 时
            if(Depth(p->rchild->lchild)>Depth(p->rchild->rchild))
                k=3;                            //RL 型
            else
                k=4;                            //RR 型
        if(k>0)                                 //进行旋转处理
        {
            if(*t==p) m=1;     //待平衡处理的子树根结点是平衡二叉树的根结点时置 m=1
            AVL_Revolve(&p,k);         //对子树 p 进行平衡处理
            if(m) *t=p;                //m=1 应将平衡后的子树根结点作为平衡二叉树的根结点
            if(b&&p!=*t)
                r->rchild=p;           //子树根结点不为根结点时将其作为父结点的右孩子
            if(!b&&p!=*t)
                r->lchild=p;           //子树根结点不为根结点时将其作为父结点的左孩子
            return 1;                  //有平衡处理发生
        }
        else
             return 1                  //无平衡处理
      }
      else                             //当指针 p 为空时
      {
        p=stack[i--];                  //将这个无左子树的结点由栈中弹出
        r=p;b=1;                       //r 指向*p 的父结点，b=1 表示*p 是*r 的右孩子
        p=p->rchild;                   //从该结点右子树的根开始继续沿左子树向下遍历
```

```
        }
        return 0;                          //无平衡处理发生
    }
    void AVL_TreeCreat(BSTree **t,int key)
    {                                      //平衡二叉树中插入一个结点
        BSTree *p,*q;
        q=*t;
        while(q!=NULL)
            if(key==q->key)
                goto L1;                   //查找成功，不插入新结点
            else
        if(key<q->key)
        {     //k 小于结点*q 的关键字值则到 t 的左子树查找
            p=q;
            q=q->lchild;
        }
        else
        {     //k 大于结点*q 的关键字值则到 t 的右子树查找
            p=q;
            q=p->rchild;
        }
        q=(BSTree *)malloc(sizeof(BSTree));
                //查找不成功时创建一个新结点
        q->key=key;
        q->lchild=NULL;                    //因作为叶结点插入，故左、右指针均为空
        q->rchild=NULL;
        if(p->key>key)
            p->lchild=q;                   //作为原叶结点*p 的左孩子插入
        else
            p->rchild=q;                   //作为原叶结点*p 的右孩子插入
        while(Preorder_AVL(t));            //对插入结点后的二叉树进行平衡处理
    L1:  ;
    }
```

在平衡二叉树中删除一个结点仍可采用二叉排序树删除结点的算法，只不过在该算法的最后添加一条"while(Preorder_AVL(t));"语句，用它对删除结点后的二叉排序树进行平衡处理。

例 8.5　已知关键字的输入序列为：4,5,7,2,1,3,6，试在构造二叉排序树的同时进行平衡调整，并指出每次调整的类型，使最终构造好的二叉排序树为一平衡二叉树。

【解】对题设关键字序列所构造的二叉排序树及平衡调整过程如图 8-16 所示。

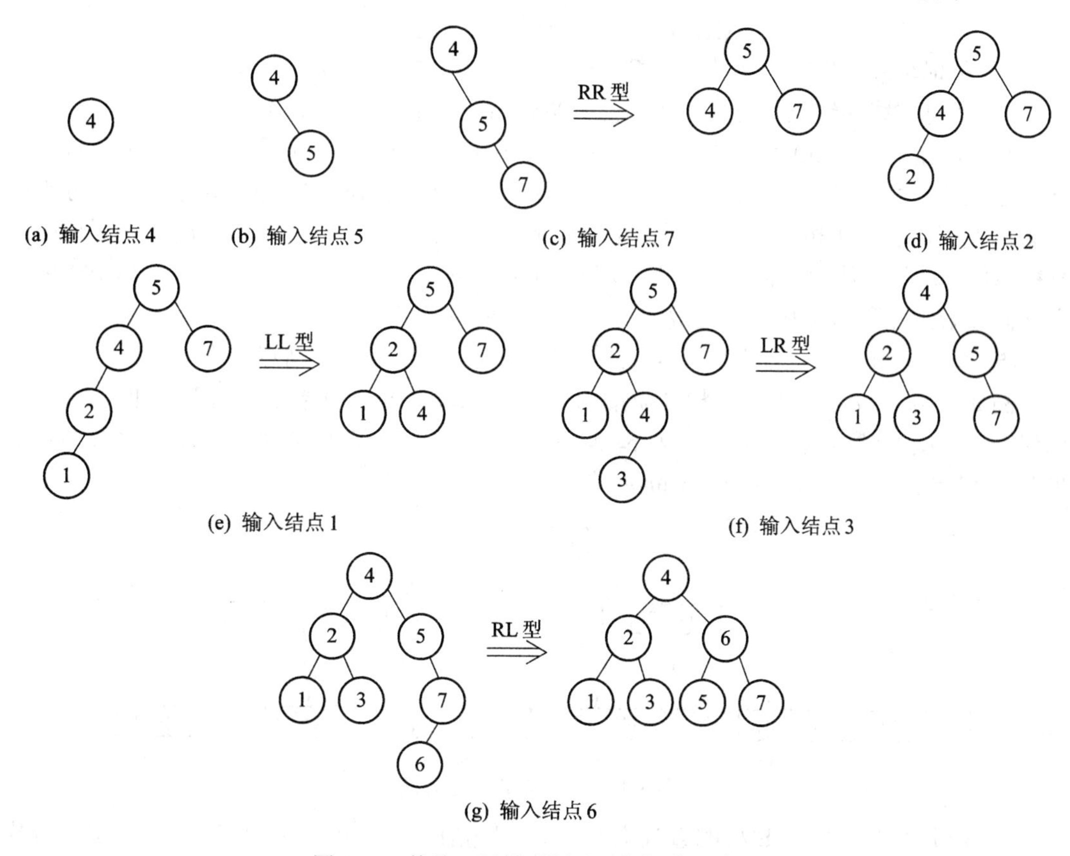

图 8-16　构造二叉排序树及平衡调整示意图

由图 8-16 可知，二叉排序树在平衡调整后仍为一二叉排序树。

在平衡二叉树中进行查找，则查找过程中与给定值进行比较的关键字次数不超过树的深度。由于平衡二叉树形态类同于折半查找判定树，因此在平衡二叉树上查找的时间复杂度为 O(lbn)。

8.3.3　B 树和 B+树

到目前为止所介绍的各种查找方法都是对较小的文件或数据块进行的，即主要用于对内存中数据的查找，通常称为内部查找方法。如果是包含大量数据的文件，而这些数据又无法一次性装入内存，则已经介绍过的各种查找方法就不再适用。因此，就需要对外存(如磁盘)中的数据(如大型数据库文件中的数据)进行查找。由于在外存中的查找速度较慢，因此需要有在外存中加快查找速度的方法。我们知道：二叉排序树的时间复杂度为 O(lbn)，而本节我们要介绍 m 叉查找树，其时间复杂度为 $O(\log_m n)$，m 越大则查找效率就越高。下面讨论的 B 树与 B+树就是 m＞2 的情况，它是一种平衡的多路查找树，适合于在外存设备中进行动态查找。

1. B 树的定义与查找

一棵 m 阶的 B 树(也称 B-树)或者为空树，或者为满足下列特性的 m 叉树：

(1) 树中每个结点至多有 m 棵子树。

(2) 若根结点不是叶结点(空树)，则至少有两棵子树。

(3) 除根结点之外的所有非终端结点(非叶子结点)至少有$\lceil m/2 \rceil$棵子树。

(4) 所有非终端结点均包含以下信息数据：$(n,p_0,k_1,p_1,k_2,\cdots,k_n,p_n)$。

其中，$k_i(i=1,2,\cdots,n)$为关键字，且$k_i<k_{i+1}$；$p_i(i=0,1,\cdots,n)$为指向子树根结点的指针，且指针p_i所指子树中所有结点的关键字均大于k_i，但小于$k_{i+1}(i=1,2,\cdots,n-1)$；$p_{i-1}$和$p_i$分别称为$k_i$的左子树和右子树，并且$p_0$所指子树中所有结点的关键字均小于$k_1$；$p_n$所指子树中所有结点的关键字均大于$k_n(\lceil m/2 \rceil-1\leqslant n\leqslant m-1)$，n 为关键字个数。实际上，结点中还应包含指向双亲结点的指针和指向关键字对应数据区记录的指针。

(5) 所有的叶子结点都在同一层上且不包含查找数据(可将叶结点看作空指针)。

例如，图 8-17 给出的是一棵 4 阶的 B 树，其深度为 4(没有给出叶结点，即所有“^”均代表下一层的叶结点)。因为阶数 m=4，所以根结点子树有 2～4 棵。其他非终端结点最少有$\lceil m/2 \rceil=\lceil 4/2 \rceil=2$棵，最多有 m=4 棵。

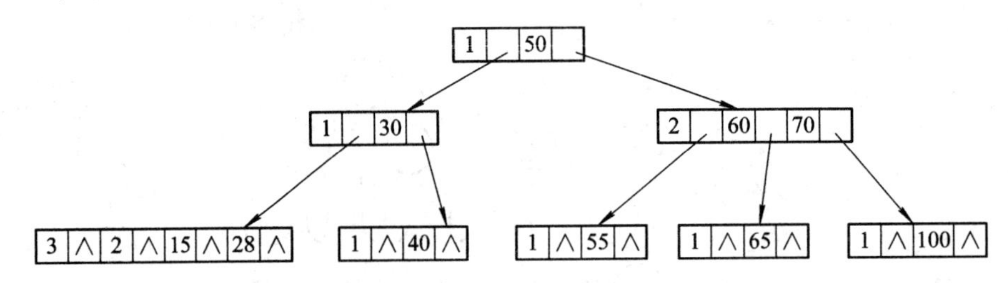

图 8-17　4 阶的 B 树示意图

由 B 树的定义可知，B 树的查找类似二叉排序树的查找，区别在于 B 树是 m 阶故查找分支有 m 条，而不像二叉排序树只有两条。由于 B 树每个结点上存放的是多关键字的有序表，即在到达某个结点时，先在有序表中查找，若找到即查找成功，否则按照对应的指针信息到指向的子树中去查找。当到达叶子结点时则说明没有对应的关键字，即查找失败。在 B 树上的查找过程是一个顺指针查找结点并在结点中查找关键字这种交替进行的过程。

例如，在图 8-17 中查找关键字为 65 的过程是：先在根结点中顺序(或折半)查找，根结点中只有关键字 50 且 65>50，所以在关键字 50 的右子树中顺序(或折半)查找；这个右子树根结点中有两个关键字分别为 60、70，且 60<65<70，因此在关键字 60 的右子树中继续查找，并在该右子树根结点中找到关键字 65，即查找成功。

当 B 树中没有所要查找的关键字时，查找方法也类似。例如，在图 8-17 中查找关键字 20 的过程是：因 20 小于根结点中关键字 50，到 50 的左子树中查找；因 50 的左子树中只有关键字 30 且 20<30，故再到 30 的左子树中查找；因 30 的左子树有两个关键字 15 和 28，且 15<20<28，所以继续到 15 的右子树中查找，而右子树为空，即查找失败。

2. B 树的插入

同生成二叉排序树类似，我们可以通过逐个插入关键字的方法来生成一棵 m 阶的 B 树。但是，在 B 树上插入关键字与在二叉排序树上插入结点不同，关键字的插入不是在叶结点而是在 B 树最底层的某个非终端结点上添加这个关键字。添加分为下面两种情况：

(1) 若添加后该结点上的关键字个数小于 m，则插入结束。

(2) 若添加后该结点上的关键字个数等于 m，则该结点的子树超过了 m 棵(其子树为 m+1 棵)，这与 B 树定义不符，所以要对该结点进行调整，即进行结点“分裂”(保证该树仍是 m 阶的 B 树)。结点“分裂”的方法是：先将关键字添加到结点中，然后将结点的关键字分成三个部分，使得前后两部分的关键字个数均大于等于$\lceil m/2 \rceil-1$，而中间部分只有一个关键字。前后两部分形成新的结点，中间部分的这个关键字则插入到双亲结点中，而插入到双亲结点的关键字其左、右孩子恰为这两个新结点。但是，将关键字插入到双亲结点的操作有可能使双亲结点的关键字个数也达到 m 个，这就需要按上述结点“分裂”的方法继续“分裂”双亲结点，直至某个祖先结点的关键字个数小于 m 时为止。可见，B 树是由底向上生长的。

例 8.6 已知一 3 阶的 B 树如图 8-18 所示，现要在该 B 树中依次插入关键字 15、35 和 95，请说明插入的过程并给出插入过程中 B 树变化的示意图。

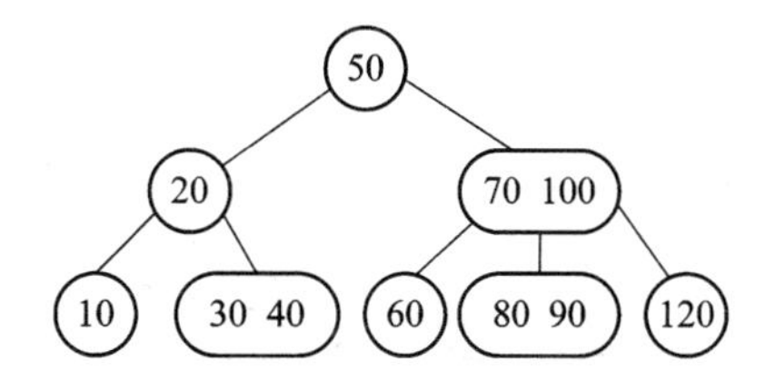

图 8-18 3 阶 B 树示意图

【解】根据 B 树的定义，根结点中子树的个数范围是 2～m，而 m=3，即根结点子树的个数范围为 2～3，则关键字个数的范围是 1～m−1，即 1～2；其他非终端结点中子树的个数范围是$\lceil m/2 \rceil$～m，即 2～3。

(1) 插入 15。从根结点开始查找，因 15＜50，则沿根结点的左子树查找。左子树根结点中仅含关键字 20 且 15＜20，即再沿该结点的左子树查找。而这个左子树即为非终端结点的最底层(图 8-18 中已略去叶子结点一层)，且有关键字 10，而 15＞10，也即 15 应插入到该结点第二个关键字位置。插入后仍满足关键字个数小于 2，即无需对该结点“分裂”，插入完成(如图 8-19(a)所示)。

(2) 插入 35。查找插入位置方法同(1)，因 30＜35＜40，故将 35 插入到最底层结点包含 30 和 40 两关键字的中间位置(如图 8-19(b)所示)。此时该结点中的关键字个数为 3，不满足 3 阶的 B 树性质，故需对该结点进行“分裂”。分裂过程为：将该结点分成三个部分，前一部分包含关键字 30，中间部分包含关键字 35，后一部分包含关键字 40；然后将中间部分这个关键字 35 上移至双亲结点中，且在关键字 35 的右边增加一新指针域。这时，35 的左指针指向“分裂”后的前一部分(作为一个结点)，35 的右指针指向“分裂”后的后一部分(作为一个结点)，由于 35 插入到双亲结点后该双亲结点的关键字个数为 2，即满足 3 阶 B 树的性质，故至此插入完成(如图 8-19(c)所示)。

(3) 插入 95。查找方法同(1)，因 80＜90＜95，即将 95 插入到最底层结点包含关键字 80 和 90 的右边(因 90＜95)位置(如图 8-19(d)所示)。同样在插入后需对该结点进行“分裂”，“分裂”过程同(2)，其结果如图 8-19(e)所示，但这时的双亲结点中的关键字个数又超过了 2，所以继续进行“分裂”，最终得到图 8-19(f)，插入完成。

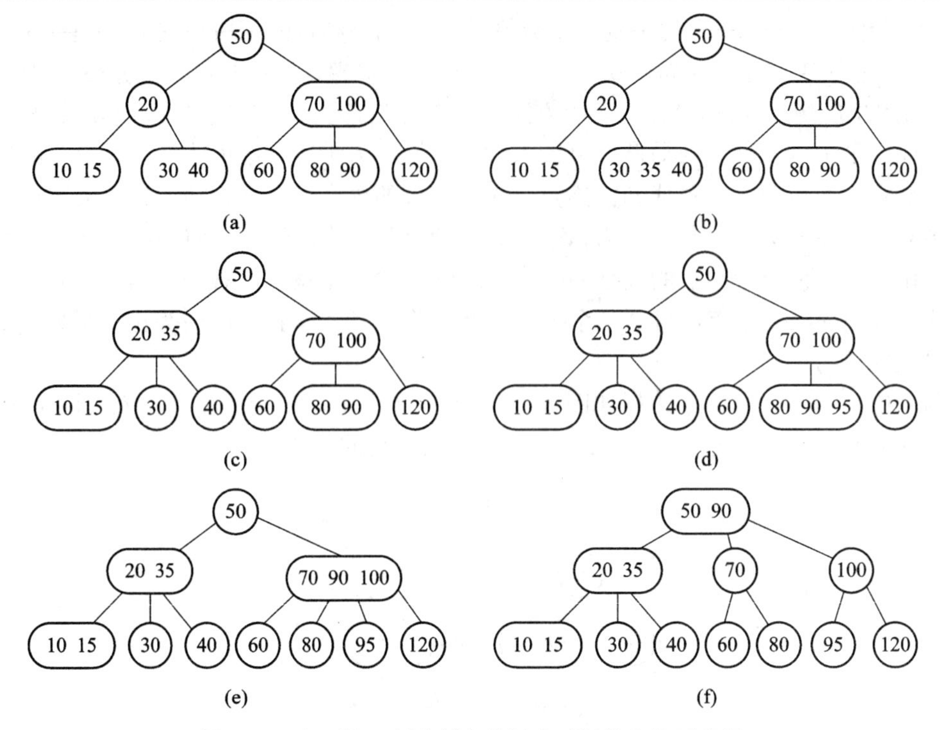

图 8-19　在 3 阶 B 树中插入关键字时树的变化示意图

3. B 树的删除

B 树的删除类似于 B 树的插入。若要在 B 树上删除某结点中的一个指定关键字，则需要先在 B 树查找含有此关键字值的结点。若找到，则删除该结点中的这个关键字，否则因找不到关键字而删除失败。但是，删除结点中的关键字也可能会造成 B 树不再满足其原有性质。因此，还需在不满足 B 树原有性质时对该树进行调整，使其满足 B 树的原有性质。这种调整分为下面四种情况：

(1) 若待删关键字 k_i 所在结点不在最底层(注：指非终端结点，下同)，则先找到 k_i 的后继 k_j。而 k_j 就是 k_i 的右子树 p_i 中的最小关键字，然后用 k_j 取代 k_i，最后在相应的结点(即原来含 k_j 的结点)删去这原来的 k_j 及其右指针。根据 B 树的性质，k_j 所在的结点一定在 B 树中的最底层。

(2) 若待删关键字 k_i 所在的结点在最底层，且该结点中关键字个数大于 $\lceil m/2 \rceil-1$ 个，则直接删去该关键字及其右指针即可。

(3) 若待删关键字 k_i 所在的结点在最底层，且该结点中关键字个数等于 $\lceil m/2 \rceil-1$ 个，而其相邻的左兄弟(或右兄弟)结点中关键字个数大于 $\lceil m/2 \rceil-1$ 个，则可先在 k_i 所在结点的双亲结点中找到 k_i 的前驱(或后继)关键字 k_j，然后用 k_j 取代 k_i。最后在 k_i 所在结点的左兄弟(或右兄弟)结点中找到最大(或最小)关键字 k_r 来取代双亲结点中的关键字 k_j。

(4) 若待删关键字 k_i 所在的结点在最底层，且该结点及其相邻兄弟结点中关键字个数均等于 $\lceil m/2 \rceil-1$ 个。相邻结点以左兄弟为例(右兄弟可据此推得)，并假设 p_i 指向该左兄弟结点。在删除关键字 k_i 之后，将结点中剩余关键字、指针及双亲结点中的 k_{i-1}(即 k_i 的前驱关键字)一起合并到左兄弟结点中，同时删去其右指针 p_i(p_i 指向 k_i 所在的结点)。如果因为合并使双亲结点中的关键字个数小于$\lceil m/2 \rceil-1$，则仍需按上述方法合并双亲结点，这种合并一直持续到某个祖先结点的关键字个数不小于$\lceil m/2 \rceil-1$为止。

例 8.7　已知一 3 阶 B 树如图 8-20 所示，现要在该 B 树中依次删除关键字 90、15、92、80 和 70，请说明删除的过程并给出删除过程中 B 树变化的示意图。

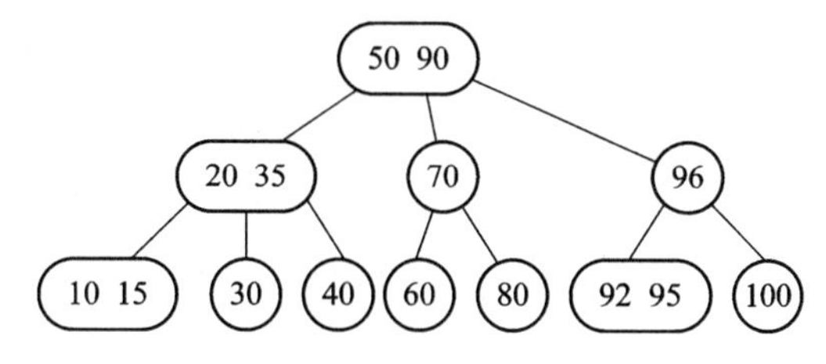

图 8-20　3 阶 B 树示意图

【解】根据 B 树的定义，3 阶 B 树中每个结点的关键字个数范围为：1～m−1，即 1 到 2 个。则依次删除关键字 90、15、92、80 和 70 的删除过程说明如下：

① 删除 90。根据情况(1)，在关键字 90 右子树沿左分支找到最底层结点中的最小关键字 92(即 90 的后继)，并用 92 取代 90，然后删除关键字 92 及其右指针(结果如图 8-21(a)所示)。

② 删除 15。由于关键字 15 所在的结点位于 B 树的最底层，且该结点中关键字个数大于$\lceil m/2 \rceil-1=1$ 个，根据情况(2)直接删除关键字 15 及其右指针(结果如图 8-21(b)所示)。

③ 删除 92。由于关键字 92 所在的结点不在最底层，所以根据情况(1)，用关键字 92 所在结点的右子树的最左下结点中的关键字 95 取代 92(并不删去原关键字 95)，这时就转化为删除最底层结点中关键字 95 的问题(如图 8-21(c)所示，虚线框为待删关键字 95 所在的结点)。这恰好是情况(4)，即先删去原先的 95，再将含 95 结点中的剩余信息(在此无)及其双亲结点中的关键字 96 一起合并到右兄弟结点(即 100 所在的结点)中，右兄弟结点此时包含关键字 96 和 100，而双亲结点中的关键字为空，即此次合并双亲结点中关键字个数小于$\lceil m/2 \rceil-1=1$ 个，故仍需继续对双亲结点(虚线框结点，其关键字 96 已不存在)进行合并(如图 8-21(d)所示)。根据情况(4)，将虚线框 96 所在结点的剩余信息(在此无)及其双亲结点中的关键字 95 一起合并到左兄弟结点(即关键字 70 所在的结点)中，左兄弟结点此时包含关键字 70 和 95，而双亲结点中的关键字为 50，即此次合并双亲结点中的关键字不小于$\lceil m/2 \rceil-1=1$ 个，因此合并结束(结果如图 8-21(e)所示)。

④ 删除 80。根据情况(3)，待删结点正好有 1 个关键字，而其右兄弟结点中有 2 个关键字(96,100)，则先用 70 取代 80，然后再用 96 取代 70 放入双亲结点中关键字 95 的右面(结果如图 8-21(f)所示)。

⑤ 删除 70。根据情况(4)，先将 70 删除，再将 70 中剩余信息(在此无)及其双亲结点中关键字 95 一起合并到左兄弟结点中，左兄弟结点中此时包含关键字 60 和 95，而双亲结点中只剩下关键字 96，满足 B 树要求(结果如图 8-21(g)所示)。

由于查找是 B 树的最基本操作，因此我们仅分析 B 树的查找性能。B 树的查找由两个基本操作构成，即在 B 树上寻找关键字所在的结点以及在结点中寻找关键字。由于 B 树主要用于外存文件中数据的查找，因此 B 树存储在外存设备上。整个查找过程就是先从外存设备上读取 B 树的结点数据，然后再对结点中的关键字进行顺序或折半查找。因此，整个查找时间是由查找外存中 B 树的结点信息以及在内存中查找该结点的关键字信息这两部分组成。显然，在外存设备(如磁盘)上查找 B 树结点信息花费的时间代价要大得多(外存上访问数据的时间要远远多于内存访问数据的时间)。故此，我们重点讨论在 B 树中查找结点的问题。

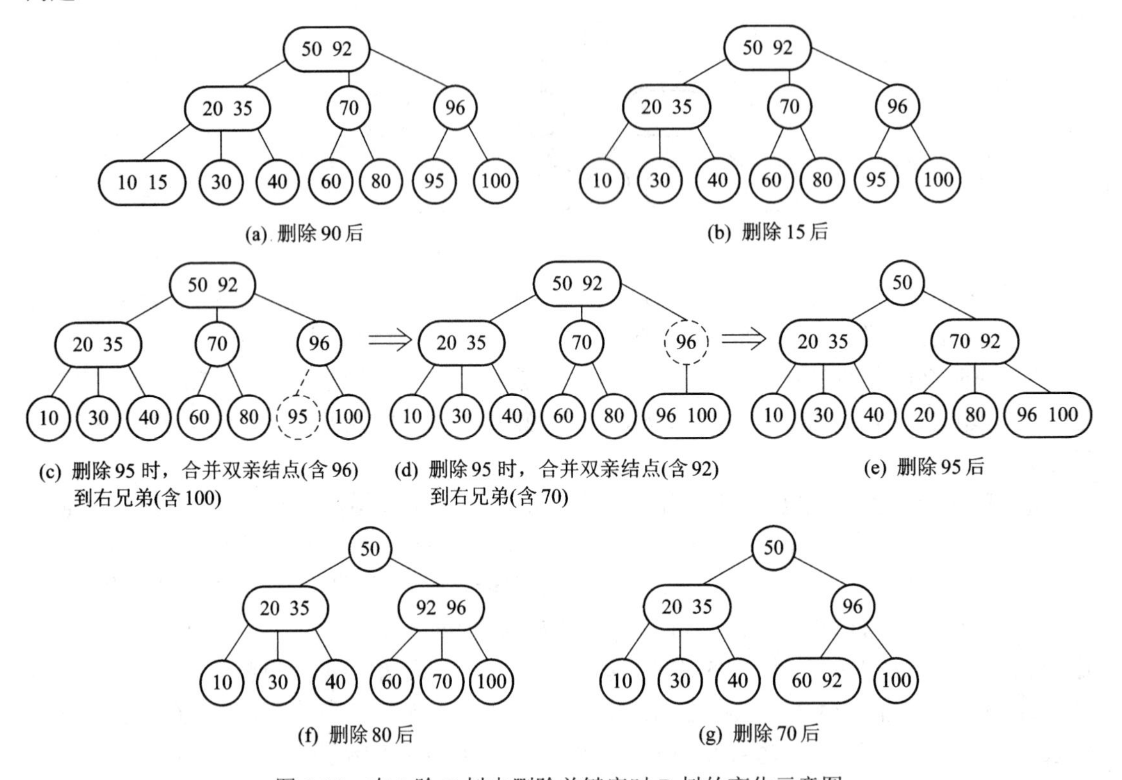

(a) 删除 90 后　　(b) 删除 15 后

(c) 删除 95 时，合并双亲结点(含 96)到右兄弟(含 100)　　(d) 删除 95 时，合并双亲结点(含 92)到右兄弟(含 70)　　(e) 删除 95 后

(f) 删除 80 后　　(g) 删除 70 后

图 8-21　在 3 阶 B 树中删除关键字时 B 树的变化示意图

由 B 树的性质可知，查找结点的次数不会超过 B 树的深度。我们讨论在最坏情况下 B 树的深度，根据 B 树的定义可知：第一层至少有 1 个结点，第二层至少有 2 个结点，由于除根结点外的每个非终端结点至少有 $\lceil m/2 \rceil$ 棵子树，则第三层至少有 $2\times(\lceil m/2 \rceil)$ 个结点，第四层至少有 $2\times(\lceil m/2 \rceil)^2$ 个结点……，第 h 层至少有 $2\times(\lceil m/2 \rceil)^{h-2}$ 个结点。假定深度为 h 的 B 树有 n 个关键字，叶子结点数为 n+1 个，并且在 h+1 层上，则依照上述推理得出：

$$n+1 \geqslant 2\times(\lceil m/2 \rceil^{h-1})$$

即

$$h \leqslant \log_{\lceil m/2 \rceil}\left(\frac{n+1}{2}\right)+1$$

也即，在具有 n 个关键字的 B 树上查找，所查结点次数不超过 $\log_{\lceil m/2 \rceil}\left(\frac{n+1}{2}\right)+1$。

4. B+树简介

B+树是根据文件系统的需要而产生的一种 B 树的变形树，它借助了分块查找的思想，使得查找更加方便。一棵 m 阶 B+树和 m 阶的 B 树其区别主要有：

(1) 有 n 棵子树的结点中含有 n 个关键字。

(2) 所有叶子结点中包含了全部关键字的信息以及指向含有这些关键字记录的指针，并且叶子结点本身是按关键字大小由小到大顺序链接。

(3) 所有非终端结点可看作是一个索引表，索引表中每个关键字对应于子树中最大(或最小)的关键字值。

(4) 叶子结点中还有两类指针：一类指针与各关键字相对应，它指向该结点在外存主文件中的物理位置；另一类指针将各叶子结点链接起来形成一个双向链表。

图 8-22 给出了一棵 3 阶 B+ 树的示意图，其中，root 指向根结点，sq_h 指向关键字值最小的叶结点，sq_t 指向关键字值最大的叶结点，叶结点之间采用双向链表连接。为方便起见，图中叶子结点的内部指针以“^”示意。因此，对 B+ 树可以有两种查找方法：一种是由根结点开始，即类似于 B 树的查找方法；另一种是使用指针 sq_h(或者 sq_t)从最小(最大)关键字开始顺序查找。

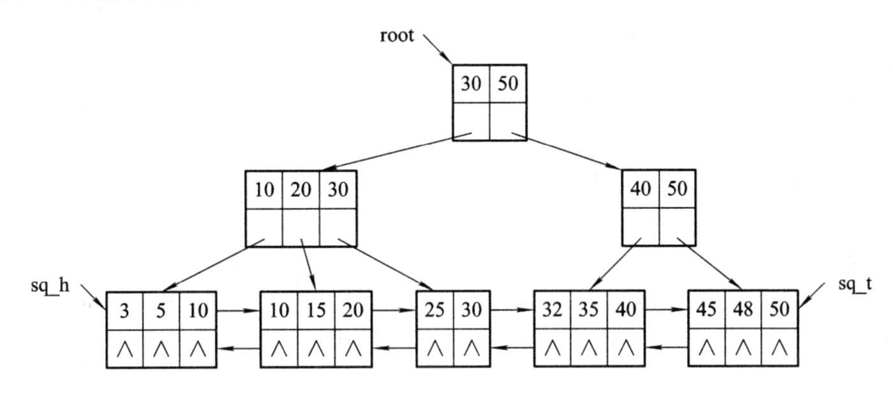

图 8-22　3 阶 B+ 树示意图

在 B+ 树中进行随机查找、插入和删除的过程基本上与 B 树类似。只是在查找中，若非终端结点中的关键字等于给定值时，查找过程并不终止而是继续查找至叶结点，直到在叶结点中找到关键字时为止(如同分块查找一样，即使给定值与索引表中保存的最大关键字值相等也还要到对应块中顺序查找)。因此，在 B+ 树上的查找无论成功与否都走了一条从根结点到叶子结点的路径，并且还要在叶结点上进行顺序查找。

在 B+ 树中插入关键字只能在叶结点上进行，当结点中的关键字个数大于 m 时就要“分裂”成两个结点，这两个结点所含关键字的个数均为$\lceil (m+1)/2 \rceil$，并同时修改它们双亲结点中的关键字，使该双亲结点添加包含这两个结点中的最大关键字。此外，还要修改链接指针，使叶结点之间仍然构成一个双向链表。同理，在 B+ 树中删除一个关键字也是在叶结点上进行，当叶结点中的最大关键字被删除时，其双亲结点中的值仍可作为一个“分界关键字”存在。如果因删除而使得结点中的关键字个数少于$\lceil m/2 \rceil$时，就要像 B 树一样进行兄弟结点合并。删除过程中也要保持叶结点之间的双向链表关系。

由于叶结点中保存了所有关键字，这就可以在 B+ 树中顺序查找，也可以通过由根结点到叶子结点的“索引”查找，因此 B+ 树常被应用到文件系统的索引顺序文件管理中。

8.4　地址映射方式下的动态查找表——哈希表

8.4.1　哈希表与哈希方法

前面介绍的各种查找方法其共同特点是：记录在存储结构中的存储位置是随机的，记录的存储位置与关键字之间不存在任何关系。所以，需要通过一系列的关键字比较才能最终确定待查记录的存储位置。也就是说，这类查找是以关键字的比较为基础的，并且查找的效率也是由比较一次之后所能缩小的查找范围来决定的。

哈希表查找方法的基本思想是：在记录的关键字(记为 key)和记录的存储位置(记为 address)之间找出关系函数 f，使得每个关键字能够被映射到一个存储位置上，即 address=f(key)。当存储一个记录时，按照记录的关键字 key 通过函数 f 计算出它的存储位置 address，并将该记录存入这个位置。这样，当查找这个记录时，我们就可根据给定值 key 以及函数 f，通过 f(key)计算求得该记录的存储位置，即可直接由该存储位置访问这个记录了。这种方法避免了查找中需进行大量的关键字比较操作，因此查找效率要比前面介绍的各种查找方法都高。

上述方法中，函数 f 被称为哈希函数或散列函数，通常记为 Hash(key)，由哈希函数及关键字值计算出来的哈希函数值(即存储地址)称为哈希地址，通过构造哈希函数的过程得到一张关键字与哈希地址之间的关系表称为哈希表或散列表。因此，哈希表可以用一维数组实现。数组元素用于存储包含关键字的记录。数组元素的下标就是该记录的哈希地址，当需要查找某关键字时，只要它在哈希表中就可以通过哈希函数确定它在表中(数组中)的存储位置。

例如，有一个由整数组成的关键字集合序列：{27,11,3,56,15,65,33}，要求将该关键字序列存储到下标为 0～6 的一维数组中，则选取 Hash(key)=key%7，即可构造出如表 8.1 所示的哈希表。

表 8.1　一个简单的哈希表

数组下标	0	1	2	3	4	5	6
关键字	56	15	65	3	11	33	27

对于 n 个记录的集合，我们总能找到关键字与其存储地址(存储位置)一一对应的函数。若最大关键字值为 m，则分配可存放 m 个数据元素的存储空间来存放这 n 个记录，即选取函数 Hash(key)=key 即可。但有可能 n 远小于 m，这样就会造成存储空间的浪费，甚至无法分配这么大的存储空间。所以，通常可用的哈希地址范围(即用于存储关键字的存储空间)要比关键字值的范围小的多。这样，就可能出现将不同关键字通过哈希函数映射到同一哈希地址(即存储地址)的情况，这种现象称为冲突，而映射到同一哈希地址上的关键字称为同义词。

冲突是不可避免的，因为在一般情况下哈希函数是一个从较大的关键字值空间到较小的哈希表存储空间的压缩映像函数，这就不可避免会发生冲突。所以，只能尽量减少冲突的发生，即通过恰当的哈希函数使关键字集合能够被均匀地映射到所指定的存储空间中。这样，冲突的概率就会大为减少，而存储空间的利用率也会大为提高。

由此可见，哈希方法需要解决以下两个问题：

(1) 如何构造哈希函数。

(2) 如何处理冲突。

8.4.2 哈希函数的构造方法

一个理想的哈希函数应具有简单、均匀这两个特征。简单是指哈希函数的计算简单、快捷；均匀是指哈希函数应尽可能均匀地把关键字映射到事先已知的哈希表存储空间，这种均匀性既可减少冲突又可提高查找效率。由于关键字结构与分布的不同，导致了与之相适应的哈希函数的不同。因此，我们要充分了解关键字的特点，并利用关键字的某些特征来构造适宜于查找和存储的哈希函数。

由于非整型的关键字也可通过类型转换成为整型关键字，因此我们只针对整型关键字来讨论构造哈希函数的几种常用方法。

1. 直接定址法

取关键字 key 的某个线性函数值作为哈希地址。

$$\text{Hash(key)} = a \times \text{key} + b \qquad (a,b\text{ 为常数})$$

这类函数计算简单且一一对应，因此不会产生冲突。但由于各关键字在其集合中的分布是离散的，因此计算出来的哈希地址也是离散的，这常常造成存储空间的浪费，也只能通过调整 a、b 值使得浪费尽可能减小。因此，实际问题中已很少采用这类方法。

例如，关键字集合序列为：{50,100,200,350,400,500}，选取哈希函数为 Hash(key)=key/50，(a=50,b=0)，则哈希表存储如表 8.2 所示。

表 8.2 直接定值法的哈希表

Hash(key)	1	2	3	4	5	6	7	8	9	10
key	50	100		200			350	400		500

2. 除留余数法

取关键字 key 除以 p 后的余数作为哈希地址，该方法用求余运算符“%”实现。

$$\text{Hash(key)}=\text{key}\%p \qquad (p\text{ 为整数})$$

使用除留余数法的关键是选取合适的 p，它决定了所生成哈希表的优劣。若哈希表表长为 m，则要求 p≤m 且接近 m 或等于 m。一般选取的 p 为质数，以便尽可能减少冲突的发生。

例如，关键字集合序列为：{8,13,28,11,23}，选取的质数 p=7，哈希函数为 Hash(key)= key%7，则哈希表存储如表 8.3 所示。

表 8.3 除留余数法的哈希表

Hash(key)	0	1	2	3	4	5	6
key	28	8	23		11		13

3. 数字分析法

如果所有关键字都是以 d 为基(即进制)的数，各关键字的位数又较多，且事先知道所有关键字在各位的分布情况，则可通过对这些关键字的分析，选取其中几个数字分布较为均匀的位来构造哈希函数。该方法使用的前提是必须事先知道关键字的集合。

例如，已知以 10 为基的各关键字如表 8.4 所示，并假定哈希表的表长为 1000，则可选取 3 位数字作为哈希地址。分析表 8.4 的各关键字可知：关键字的第①、②、④、⑥及⑧位上的数字分布是不均匀的，故此只考虑③、⑤、⑦位上的数字，这样就得出最后一列的哈希地址，这些哈希地址分布比较均匀因而造成冲突的概率也就低。

表 8.4　数字分析法的哈希表

	key								Hash(key)
关键字位	①	②	③	④	⑤	⑥	⑦	⑧	③⑤⑦
	2	9	1	3	2	0	3	6	1 2 3
	2	9	2	3	3	0	4	6	2 3 4
	2	9	3	3	5	0	6	7	3 5 6
	1	9	5	3	4	0	8	6	5 4 8
	2	9	6	6	8	1	7	8	6 8 7
	2	9	7	6	5	1	5	8	7 5 5
	2	9	8	6	2	3	1	8	8 2 1

4. 平方取中法

如果事先无法知道所有关键字在各权值位上的分布情况，就不能利用数字分析法来求哈希函数。这时可以采用平方取中法来构造哈希函数。采用该方法构造哈希函数的原则是：先计算关键字值的平方，然后有目的地选取平方结果中的中间若干位来作为哈希地址。具体取几位以及取哪几位要根据实际需要来定。由于一个数经过平方之后的中间几位数字与该数的每一位都有关，因此用平方取中法得到的哈希地址也与关键字的每一位都有关，因而使得哈希地址具有较好的均匀性，得到的哈希地址也具有较好的随机性。平方取中法适用于关键字值中每一位取值都不够分散或者相对比较分散的位数小于哈希地址所需位数的这类情况。

例如，关键字集合序列为：{128，328，228，528}，由于各关键字的后两位均是 28，因此数字在各位上的分布是不均匀的，所以采用平方取中法，平方后的结果及所求的哈希地址如表 8.5 所示，该哈希地址是对关键字平方后由右往左数的第 5、4、3 位，因为这 3 位是均匀分布的。

表 8.5　平方取中法的哈希表

key	key^2	Hash(key)
128	16384	163
328	107584	075
228	51984	519
528	278784	787

5. 折叠法

当关键字的位数过长时，采用平方取中法就会花费过多的计算时间。在这种情况下可采用折叠法，即根据哈希表地址空间的大小，将关键字分割成相等的几个部分(最后一部分位数可能短些)，然后将这几部分进行叠加并舍弃最高进位，且叠加的结果就作为该关键字的哈希地址。叠加法又分为移位叠加和折叠叠加两种方法。移位叠加是把分割后的每一部分进行右对齐，然后相加；而折叠叠加则是把分割后的每一部分像“折纸”一样进行来回折叠相加。

例如，一关键字为 1357246890，设哈希表长度为 10000，则可将关键字由低向高位分割成 3 部分，每一部分占 4 位(最高部分占 2 位)，然后分别进行移位叠加和折叠叠加，其计算过程和结果如图 8-23 所示。

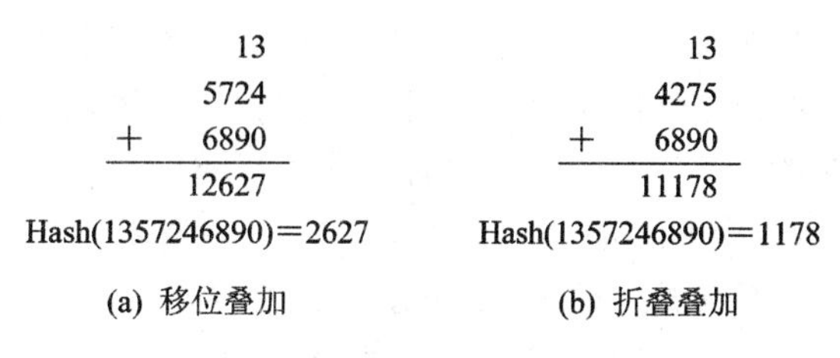

图 8-23 用折叠法求哈希函数

8.4.3 处理冲突的方法

构造出一个理想的哈希函数可以减少冲突，但不可能完全避免冲突。因此，如何处理冲突是哈希方法的另一个关键问题。处理冲突的方法与哈希表(又称散列表，本小节我们称散列表，因处理冲突的过程就是地址散列的过程)本身的组织形式有关，按组织形式的不同有两类散列表：开散列表与闭散列表。

开散列表与闭散列表的差别类似于单链表与顺序表的差别。开散列表利用链表方法存储同义词，不产生堆积(也称聚集)现象(所谓堆积现象就是存入散列表中的关键字在表中连成一片，即出现非同义词对同一个散列地址的争夺)，且使动态查找散列表的基本运算特别是查找、插入和删除易于实现。开散列表中的各结点可以动态生成，便于表长经常变化的情况。由于可以任意增、删散列表中的记录并不受大小的限制，故称其为开散列表，但其缺点是由于附加了指针域而增加了存储开销。闭散列表采用一维数组存储，由于无需增加指针域，故存储效率较高，但由此带来的问题是容易产生堆积现象，而且某些基本运算不易实现，如删除运算就较难实现，因散列表的大小固定而不适于表的变化，故称为闭散列表。

1. 闭散列表结构的处理冲突方法

闭散列表是一个一维数组，其解决冲突的基本思想是：对表长为 m 的散列表，在需要时为关键字 key 生成一个散列地址序列 $d_0,d_1,\cdots,d_{m-1}$。其中，d_0=Hash(key)是 key 的散列地址，但所有的 $d_i(0<i<m)$是 key 的后继散列地址。当向散列表中插入关键字为 key 的记录时，若存储位置 d_0 已被具有其他关键字的记录占用，则按 d_1、d_2、…、d_{m-1} 的序列依次探测，并将找到的第一个空闲地址作为关键字 key 的记录存放位置。若 key 的所有后继散列地址都被占用，则表明该散列表已满(溢出)。因此，对闭散列表来说，构造后继散列地址序列的方法也就是处理冲突的方法。常见的构造后继散列地址序列的方法如下：

(1) 开放定址法。

$$H_i=(Hash(key)+d_i)\%m \quad (1 \leqslant i < m)$$

其中，Hash(key)为哈希函数；m 为散列表的长度；d_i 为增量序列，它可以有三种取法：① $d_i=1,2,\cdots,m-1$，称为线性探测法；② $d_i=1^2,-1^2,2^2,-2^2,\cdots,q^2,-q^2$ 且 $q \leqslant m/2$，称为二次探测法；③ d_i =伪随机序列，称为随机探测法。

最简单的产生探测序列的方法是进行线性探测，即发生冲突时顺序到散列表中的下一个散列地址进行探测。例如，记录的关键字为 k，其哈希函数值 Hash(k)=j。若在 j 位置上发生冲突，则顺序对 j+1 位置进行探测；若再发生冲突，则继续按顺序对 j+2 位置进行探测，依次类推。最后的结果有三种可能：一种是在某一位置上查到了关键字等于 k 的记录，即查找成功；另一种是探测到一个空存储位置时仍查不到关键字为 k 的记录，此时就可以将关键字为 k 的记录插入到这个位置；第三种是查遍整个散列表也未找到关键字为 k 的记录，则表明散列表存储空间已全部占满，此时必须进行溢出处理。

例 8.8　已知哈希函数为 Hash(key)=key%11，散列表情况如表 8.6 所示。现需将 42 插入该表，请给出在线性探测方式下插入 42 的过程说明。

表 8.6　散列表(哈希表)

地址	0	1	2	3	4	5	6	7	8	9	10
关键字	22	12	24	36	48	38				20	32

【解】当插入 42 时，因 Hash(42)=42%11=9，而地址 9 已被 20 占用，故向后探测；即：

$$Hash(42)=(Hash(42)+1)\%11=(9+1)\%11=10$$

而地址 10 已被 32 占用，所以继续向后探测，即 Hash(42)=(Hash(42)+2)%11=(9+2)%11=0，而地址 0 又被 22 占用，因此继续向后探测，直到地址 6 为空时才将 42 放入地址 6 中。

注意，在探测过程中，关键字 42 和 20 是同义词，因此它们必然发生冲突。但 42 与 32 不是同义词，本来它们之间是不会发生冲突的，但由于关键字 42 初始的散列地址被 20 占用，故 42 只能探测后继的存储地址，这样 42 就与 32 发生了冲突。像这种非同义词为争夺同一存储位置而发生冲突的现象就是我们之前所说的“堆积”。

线性探测法思路清晰且算法简单，但也存在着以下缺点：

① 溢出处理需另编程序，一般可另设一个溢出表专门用来存放在散列表中存放不下的记录。

② 按线性探测法建立起来的散列表是不能进行删除操作的，若进行删除则必须对该存放位置进行特殊标记。否则，如果简单地在散列表上直接删除一个记录，就会因该位置为空而造成线性探测序列的中断，从而无法再查找与被删除记录具有相同哈希函数值的后继记录。如对表 8.7 来说，当删去表中的关键字 20 后，我们就无法查找刚放入表中的关键字 42 了。

③ 线性探测法很容易产生堆积现象，当哈希函数不能把关键字很均匀地散列到散列表中时尤其容易产生堆积现象。产生堆积现象后增加了探测次数，降低了查找效率。如例 8.8 中插入 42 的过程即是如此。二次探测法和随机探测法是两种降低堆积的有效的方法。例如对例 8.8 中插入 42 的操作，如果采用二次探测法则其插入过程是：插入 42 时因 Hash(42)=42%11=9。而地址 9 已被 20 占用，故继续探测；即 $Hash(42)=(Hash(42)+1^2)\%11=(9+1^2)\%11=10$，而地址 10 已被 32 占用，再继续探测；即 $Hash(42)=(Hash(42)-1^2)\%11=$

$(9-1^2)\%11=8$，而地址 8 为空，此时可将 42 放入地址 8。

(2) 再散列(哈希)法。

再散列法的思想很简单，即在发生冲突时用不同的哈希函数再求得新的散列地址，直到不发生冲突为止，即散列地址序列 d_0、d_1、…、d_i 的计算如下：

$$d_i=Hash_i(key) \qquad i=1,2,\cdots$$

其中，$Hash_i(key)$表示不同的哈希函数。

例 8.9　已知 $Hash_1(key)=key\%13$，$Hash_2(key)=key\%11$，散列表情况如表 8.7 所示。现需将关键字 42 插入该表，请给出在再散列法方式下插入 42 的过程说明。

表 8.7　散列表

地址	0	1	2	3	4	5	6	7	8	9	10	11	12
关键字			80	85					34				

【解】当插入 42 时，因 $Hash_1(42)=42\%13=3$，而地址 3 已被 85 占用，故用 $Hash_2$ 继续探测。$Hash_2(42)=42\%11=9$，而地址 9 为空，故将 42 放入地址 9。

2. 开散列表结构的处理冲突方法

开散列表结构处理冲突的方法称为拉链法，即将所有关键字为同义词的记录(结点)链接在同一个单链表中。若散列表长度为 m，则可将散列表定义为一个由 m 个头指针组成的指针数组 ht，其下标为 0～m−1(若哈希函数采用除留余数法，则指针数组长度为“key%p 中的 p”)。凡是散列地址为 i 的结点，均插入到以 ht[i]为头指针的单链表中，数组 ht 中各数组元素的指针值初始时均为空。

例如，一组给定的关键字序列为：{23,4,48,1,26,33.38,28,49,85,63,55,69}，并且哈希函数为 Hash(key)=key%11，则用拉链法实现的开散列表如图 8-24 所示。

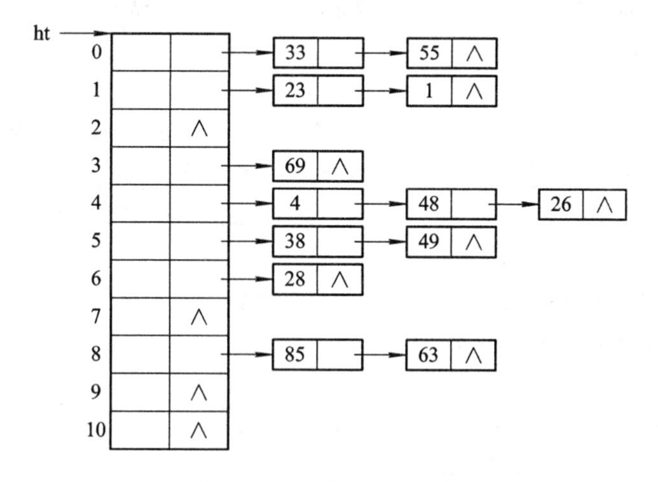

图 8-24　开散列表示意图

8.4.4　哈希表的查找

哈希表的查找过程与构造哈希表的过程基本一致，即给定关键字 key 值并根据构造哈希表时设定的哈希函数求得其存储地址。若哈希表中此存储地址中没有记录，则查找失败。

否则将该地址中的关键字与 key 比较，若相等则查找成功。否则根据构造哈希表时设定的解决冲突方法寻找下一个哈希地址，直到查找成功或查找到的哈希地址中无记录(即查找失败)为止。

假定构造和查找哈希表所采用的哈希函数是除留余数法，即 Hash(key)=key%p(p 为已知常数)，并且表长为 m 的哈希表已经建好，查找的关键字 key 的类型为 int 类型。

1. 在闭散列(哈希)表上的插入、查找和删除算法

我们约定，对哈希表 Hash 中未存放记录的数组元素 Hash[i]，其标志是 Hash[i]值为−1。并且，对冲突的处理我们采用线性探测法。Hash[i]值为−2 表示存放于 Hash[i]的关键字已被删除，但查找到该项时不应终止查找。下面以长度为 11 的闭散列(哈希)表为例，给出在哈希表上的插入、查找和删除算法。初始时哈希表中的关键字全部置为−1，表示该哈希表为空。

```
#define MAXSIZE 11                    //哈希表的长度
#define key 11                        //哈希查找采用除留余数法(x%key)
void Hash_Insert(int Hash[],int x)    //哈希表插入算法
{
    int i=0,t;                        //i 为哈希表中已存放的关键字个数计数器
    t=x%key;                          //求哈希地址
    while(i<MAXSIZE)
    {
        if(Hash[t]<=-1)            //若该哈希地址 t 无关键字存放(-1 为空、-2 为已删除即也为空)
        {
            Hash[t]=x;                //将关键字 x 放入该哈希地址 t
            break;
        }
        else                          //该哈希地址 t 已被占用则继续探查下一个存放位置
            t=(t+1)%key;              //在线性探测中形成后继探测地址
        i++;                          //哈希表中已存放的关键字个数计数加 1
    }
    if(i==MAXSIZE)                    //哈希表已满
     printf("Hashlist is full!\n");
}
void Hash_Search(int Hash[],int x)    //哈希表查找算法
{          //在哈希表中查找关键字值为 x 的记录

    int i=0,t;
    t=x%key;                          //求哈希地址
    while(Hash[t]!=-1&&i<MAXSIZE)
     {
```

```
        if(Hash[t]==x)                  //找到关键字值为 x 的记录
        {
            printf("Hash position of %d is %d\n",x,t);
            break;
        }
        else
            t=(t+1)%key;                //在线性探测中形成后继探测地址
        i++;
    }
    if(Hash[t]==-1||i==MAXSIZE)         //查到空表项-1 或已查完整个哈希表时
        printf("No found!\n");
}
void Hash_Delete(int Hash[],int x)      //哈希表删除算法
{
    int i=0,t;
    t=x%key;                            //求哈希地址
    while(Hash[t]!=-1&&i<MAXSIZE)
{
        if(Hash[t]==x)
        {
            Hash[t]=-2;                 //置该哈希地址的内容为-2(删除标志)
            printf("%d in Hashlist is deleteded!\n",x);
            break;
        }
        else
            t=(t+1)%key;                //在线性探测中形成后继探测地址
        i++;
}
    if(i==MAXSIZE)                      //没有要删除的关键字 x
        printf("Delete fail!\n");
}
```

2. 在开散列(哈希)表上的查找算法

由于开散列表采用拉链法解决冲突，因此定义单链表中的链结点的类型如下：

```
typedef struct node
{
    int key;                    //关键字项
    datatype data;              //数据项
    struct node *next;          //指向结点的指针
}Hashchain;                     //单链表的结点类型
```

为简单起见，在开散列表的结构中，指针数组 ht 的类型与链结点的类型一致，且指针数组 ht 的长度为除留余数法“key%p”中的 p，即有：

HashChain *ht[p];

则查找算法如下：

```
HashChain *HashSearch2(HashChain *ht[],int key)
{//在表长为 m 的哈希表中查找关键字值为 key 的链结点(记录)
    int h;
    HashChain *p;
    h=Hash(key);//求哈希表中指针数组 ht 的数组元素下标(即哈希地址)
    p=ht[h]->next;//将数组元素 ht[h]的头指针赋给 p
    while(p!=NULL&&p->key!=key)//在哈希地址为 h 的这一个单链表中顺序查找
        p=p->next;
    return p;//查找成功则返回所查记录的链结点指针，否则返回空指针
}
```

虽然哈希表在关键字与记录的存储位置之间建立了直接映像，但由于“冲突”的出现而使哈希表的查找过程仍然是一个用给定值和关键字进行比较的过程。因此，仍需以平均查找长度来作为衡量哈希表查找效率的标准。在一般情况下，处理冲突方法相同的哈希表，其平均查找长度依赖于哈希表的装填因子 α：

$$\alpha=\frac{\text{表中装入的记录个数}}{\text{哈希表长度}}$$

表 8.8 列出了等概率情况下采用不同处理冲突时所得到的哈希表平均查找长度。

表 8.8　不同处理冲突方法下的平均查找长度

处理冲突的方法	平均查找长度	
	查找成功	查找失败
线性探测法	$\frac{1}{2}\left(1+\frac{1}{1-\alpha}\right)$	$\frac{1}{2}\left(1+\frac{1}{(1-\alpha)^2}\right)$
二次探测法 再哈希法	$-\frac{1}{\alpha}\ln(1-\alpha)$	$\frac{1}{1-\alpha}$
拉链法	$1+\frac{\alpha}{2}$	$\alpha+e^{-\alpha}$

习　题　8

1. 单项选择题

(1) 静态查找表与动态查找表的根本区别在于____。

A. 它们的逻辑结构不一样　　B. 施加在其上的操作不一样

C. 所包含的数据元素类型不一样　　D. 存储实现不一样

(2) 对线性表进行二分查找时，要求线性表必须____。

A. 以顺序存储方式存储　　B. 以链式存储方式存储

C. 以顺序存储方式存储且数据有序　　D. 以链式存储方式存储且数据有序

(3) 设有一个按各元素的值排好序的线性表且表长大于2，对给定的值k分别用顺序查找和二分查找来查找一个与k值相等的元素，比较的次数分别是s和b。在查找不成功的情况下，正确的s和b的数量关系是____。

A. 总有 s=b　　B. 总有 s>b

C. 总有 s<b　　D. 与k值大小有关

(4) 有数据{53,30,37,12,45,24,96}，从空二叉树开始逐个插入数据来形成二叉排序树，若希望树的高度最小，则应选择下面哪个序列输入____。

A. 45,24,53,12,37,96,30　　B. 37,24,12,30,53,45,96

C. 12,24,30,37,45,53,96　　D. 30,24,12,37,45,96,53

(5) 存放元素的数组下标由1开始，对有18个元素的有序表作二分(折半)查找，则查找A[3]时比较的下标序列为____。

A. 1,2,3　　B. 9,5,2,3　　C. 9,5,3　　D. 9,4,2,3

(6) 如图8-25所示的一棵二叉排序树(BST树)其不成功的平均查找长度是____。

A. $\frac{21}{7}$　　B. $\frac{28}{7}$　　C. $\frac{15}{6}$　　D. $\frac{21}{6}$

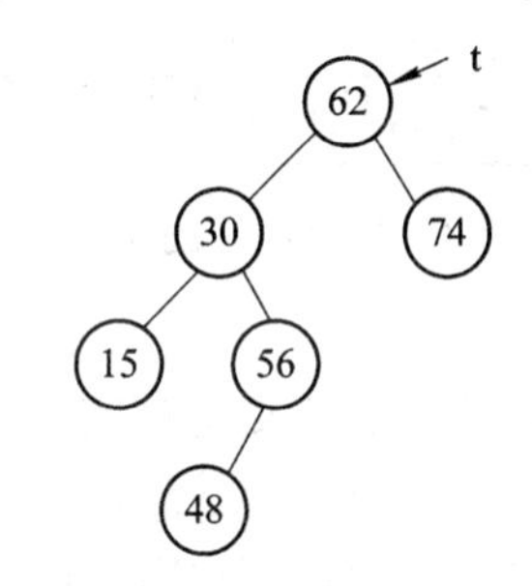

图8-25 二叉排序树示意图

(7) 从具有 n 个结点的二叉排序树中查找一个元素时，最坏情况下的时间复杂度为____。

A. O(n)　　B. O(1)　　C. O(lbn)　　D. $O(n^2)$

(8) 下面关于二叉排序树的论述中，错误的是____。

A. 当所有结点的权值都相等时，用这些结点构造的二叉排序树除根结点外只有右子树

B. 中序遍历二叉排序树的结点可以得到排好序的结点序列

C. 任一二叉排序树的平均查找时间都小于顺序查找的平均查找时间

D. 对两棵具有相同关键字集合而形状不同的二叉排序树，按中序遍历得到的序列是一样的

(9) 一棵深度为k的平衡二叉树，其每个非终端结点的平衡因子均为0，则该树共有____个结点。

A. $2^{k-1}-1$　　B. 2^{k-1}　　C. 2^k-1　　D. 2^k+1

(10) 以下说法正确的是____。

A. 数字分析法要事先知道所有可能出现的键值及键值中各位数字的分布情况，且键值的位数比散列地址的位数多

B. 除留余数法要求事先知道全部键值

C. 平方取中法需要事先掌握键值的分布情况

D. 随机数法适用于键值不相等的场合

(11) 假定有 k 个关键字互为同义词，若用线性探测法把这 k 个关键字存入散列表中至少要进行____次探测。

A. $k-1$　　B. k　　C. $k+1$　　D. $\frac{k(k+1)}{2}$

(12) 与其他查找方法相比，散列(哈希)查找方法的特点是____。

A. 通过关键字的比较进行查找

B. 通过关键字计算元素的存储地址来进行查找

C. 通过关键字计算元素的存储地址并进行一定的比较来实现查找

D. A～C 均不是

(13) 设散列表的长度 m=14，散列函数为 Hash(k)=k%11，表中已有 4 个记录(如图 8-26 所示)。如果用二次探测再散列来处理冲突，则关键字为 49 的记录其存储地址是____。

A. 8　　B. 3　　C. 5　　D. 9

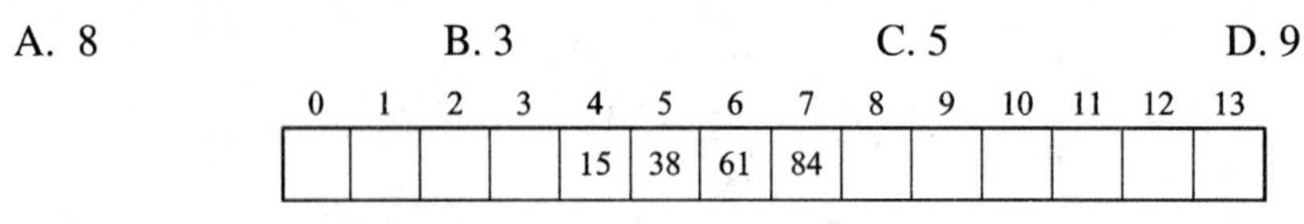

图 8-26　散列表示意图

(14) 下列说法错误的是____。

A. 散列法存储的基本思想是由关键字决定数据的存储地址

B. 散列表的结点中只包含数据元素自身的信息但不包含任何指针

C. 装填因子是散列法的一个重要参数，它反映了散列表的装填程度

D. 散列表的查找效率主要取决于散列表造表时所选取的散列函数和处理冲突的方法

(15) 设有一个用线性探测法解决冲突得到的散列表如图 8-27 所示。散列函数为 Hash(k)=k%11，若要查找元素 14，则探测的次数是____。

A. 8　　B. 9　　C. 3　　D. 6

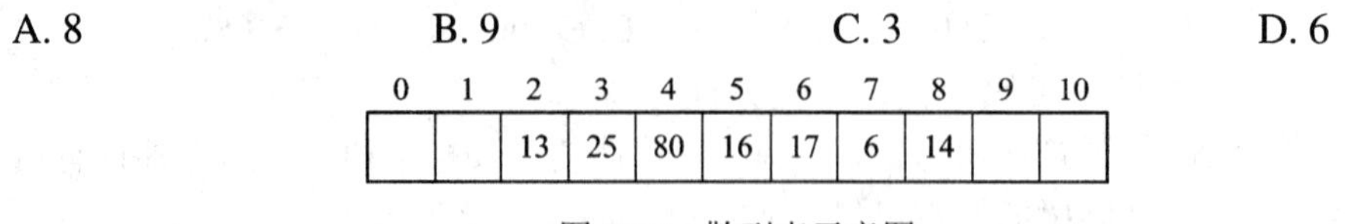

图 8-27　散列表示意图

(16) 散列表的平均查找长度____。

A. 与处理冲突的方法有关但与表的长度无关

B. 与处理冲突的方法无关但与表的长度有关

C. 与处理冲突的方法有关也与表的长度有关

D. 与处理冲突的方法无关也与表的长度无关

(17) 在采用线性探测法处理冲突所构成的闭散列表上进行查找可能要探测多个位置，

在查找成功的情况下，所探测的这些位置上的键值____。

A. 一定都是同义词　　B. 一定都不是同义词

C. 都相同　　D. 不一定都是同义词

(18) 在采用线性探测处理冲突的闭散列表上，假定装填因子 α 的值为 0.5，则查找任一元素的平均查找长度为____。

A. 1　　B. 1.5　　C. 2　　D. 2.5

(19) 在采用链接法处理冲突的开散列表上，假定装填因子 α 的值为 4，则查找任一元素的平均查找长度为____。

A. 3　　B. 3.5　　C. 4　　D. 2.5

(20) 下列关于 B 树和 B+树的叙述中，不正确的结论是____。

A. B 树和 B+树都能有效的支持顺序查找

B. B 树和 B+树都能有效的支持随机查找

C. B 树和 B+树都是平衡的多分支树

D. B 树和 B+树都可以用于文件索引结构

2. 多项选择题

(1) 在构造哈希表的过程中，不可避免地会出现冲突，通常解决它的办法有________。

A. 平方取中法　　B. 开放地址法　　C. 随机探测法

D. 再哈希法　　E. 链地址法

(2) 散列函数用来指定关键字与存储地址之间的映射关系，常用的构造方法有________。

A. 直接定地法　　B. 折叠函数法　　C. 平方取中法

D. 链接表法　　E. 除留余数法

(3) m 路 B+树是一棵__①__，其结点中关键字最多为__②__个，最少为__③__个。

A. m 路平衡查找树　　B. m 路平衡索引树　　C. m 路排序树　　D. m 路键树

E. $m-1$　　F. m　　G. $m+1$　　H. $\left\lceil \frac{m}{2} \right\rceil -1$

I. $\left\lceil \frac{m}{2} \right\rceil$　　J. $\left\lceil \frac{m}{2} \right\rceil +1$

3. 填空题

(1) 顺序查找含有 n 个元素的顺序表：若查找成功，则比较关键字的次数最多为_____次；当使用监视哨时，若查找失败，则比较关键字的次数为_____。

(2) 在 n 个记录的有序表中进行折半查找，则最大的比较次数是________。

(3) 设顺序表($a_1,a_2,\cdots,a_{500}$)元素的值由小到大排列，对一个给定的 k 值用二分法查找顺序表，在查找不成功时至多需要比较____次。

(4) 用二分法查找一个线性表时，该线性表必须具有的特点是_________________。而分块查找法要求将待查的表均匀地分成若干块且块中的元素可无序存放，但块与块之间______。

(5) 分块查找中，若索引表对各块内均采用顺序查找，则有 900 个元素的线性表分成____块最好；若分成 25 块，其平均查找长度为_____。

(6) 二叉排序树的查找长度不仅与________有关，也与二叉排序树的________有关。

(7) 在二叉排序树上插入新结点时不必移动其他结点，仅需使树叶结点的指针由____指向新结点即可。

(8) 按 13,24,37,90,53 的次序形成平衡二叉树，则该平衡二叉树的高度是____，其根为____，左子树中的数据是________，右子树中的数据是________。

(9) 在 n 个结点的平衡二叉树中删除一个结点后可以通过旋转使其平衡，最坏情况下需要________次旋转。

(10) 高度为 8 的平衡二叉树其结点至少有____个。

(11) 假定有 k 个关键字互为同义词，若用线性探测再散列的方法把这 k 个关键字存入到散列表中，则至少需要进行______次探测。

(12) 若一个待散列存储的线性表长度为 n，用于散列的散列表长度为 m，则 m 应________n，装填因子 α 为____。

(13) 在一棵 m 阶 B 树中进行插入操作时，当结点的关键字个数为_____时，则要分裂该结点；进行删除操作时，当结点中关键字个数为______时，则需要同左或右兄弟合并。

4. 判断题

(1) 用数组或单链表存储的有序表均可用折半查找方法来提高查找速度。

(2) 有 n 个数存放在一维数组中，在进行顺序查找时，这 n 个数的排列有序或无序决定了平均查找长度的不同。

(3) 在任意一棵非空二叉排序树中，删除某结点后又将其插入，则所得到的二叉排序树与删除之前的原二叉排序树相同。

(4) 除叶子结点外，对二叉树中的任一结点 x，其左子树根结点的值小于结点 x 的值，其右子树根结点的值不小于结点 x 的值，则此二叉树一定是二叉排序树。

(5) 二分(折半)查找是先确定待查有序表的记录范围，然后逐步缩小查找范围，直到找到或找不到该记录为止。

(6) 二叉排序树的任意一棵子树中，关键字最小的结点必无左孩子，关键字最大的结点必无右孩子。

(7) 就平均查找长度而言，分块查找最小，折半查找次之，顺序查找最大。

(8) 无论是顺序表还是树表，其结点在表中的位置与关键字之间存在着唯一的对应关系。因此进行查找时，总是实施一系列和关键字比较的操作来实现查找。

(9) 对两棵具有相同关键字集合而形状不同的二叉排序树，按中序遍历它们所得到的序列相同。

(10) 在二叉排序树上删除一个结点时不必移动其他结点，只需将指向该结点的父结点指针域置空即可。

(11) 对二叉排序树的查找都是从根结点开始的，则查找失败一定落到叶子结点上。

(12) 任一二叉排序树的平均查找时间都小于用顺序查找方法查找同样结点的平均查找时间。

(13) 若散列表的装填因子 α <1 则可避免冲突的发生。

(14) 哈希(散列)表的查找效率完全取决于所选取的哈希函数和处理冲突的方法。

(15) 在采用线性探测法处理冲突的散列表中，所有同义词在表中的位置一定相邻。

5. 试述顺序查找法、二分(折半)查找法和分块查找法对被查找的表中元素的要求。对长度为n的表来说，三种查找法在查找成功时的查找长度各是多少？

6. 若有序表r的序列为5,10,19,21,31,37,42,48,50,55，已存放在下标由1开始的一维数组中，试分析k值为66的二分查找过程。

7. 对长度为12的有序表($a_1,a_2,\cdots,a_{12}$)(其中，$a_i<a_j$，当$i<j$时)进行二分(折半)查找，在假定查找不成功时，关键字$x<a_1$、$x>a_{12}$以及$a_i<x<a_{i+1}(i=1,2,\cdots,11)$等情况的发生概率相同，则查找不成功的平均查找长度是多少？

8. 已知二叉排序树如图8-28所示，p指向待删除结点，试给出两种删除该结点但仍然满足二叉排序树性质的方法。

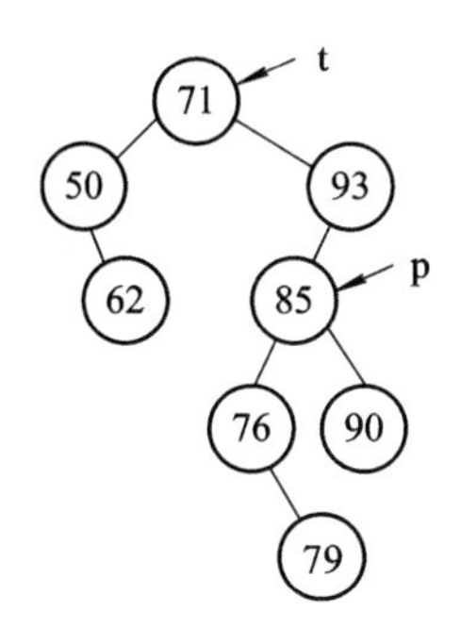

图8-28　二叉排序树示意图

9. 设k_1、k_2、k_3是三个不同的关键字且有$k_1>k_2>k_3$，请画出按不同输入顺序所建立的相应二叉排序树。

10. 证明二叉排序树用中序遍历输出的信息是由小到大排列的。

11. 试给出一棵树最少的关键字序列，使得平衡二叉树(AVL)的4种调整平衡操作(LL，LR，RR，RL)至少各执行一次，并画出其构造过程示意图。

12. 证明在一棵深度为n的AVL树中的最少结点树为

$$N_n = F_{n+2}-1 \qquad (n\geqslant 0)$$

其中，F_i为Fibonacci数列的第i项。

13. 给定序列：3,5,7,9,11,13,15,17

(1) 按表中元素的顺序依次插入到一棵初始为空的二叉排序树中，画出插入完成后的二叉排序树，并求在等概率情况下查找成功的平均查找长度。

(2) 按表中元素顺序构造一棵平衡二叉树，并求其在等概率情况下查找成功的平均查找长度。与(1)比较，可得出什么结论？

14. 使用散列函数 Hash(x)=x%11，把一个整数值转换成散列表下标，现要把数据1,13,12,34,38,33,27,22插入到散列表中。

(1) 使用线性探测再散列法来构造散列表。

(2) 使用链地址法来构造散列表。

(3) 针对(1)、(2)这两种情况，确定其装填因子、查找成功所需的平均查找次数以及查找不成功所需的平均查找次数。

15. 编写一个算法，它能由大到小遍历一棵二叉排序树。

16. 编写判断给定的二叉树是否为二叉排序树的函数。

17. 编写一个函数，利用二分查找算法在有序表中插入一个关键字为 x 的记录，并且保持表的有序性。

18. 已知哈希表 HT 的装填因子小于 1，哈希函数 Hash(k)为关键字的第一个字母在字母表中的序号。

(1) 处理冲突的方法为线性探测开放地址法，编写一个按第一个字母的顺序输出哈希表中所有关键字的程序。

(2) 处理冲突的方法为链地址法，编写一个计算在等概率情况下查找不成功的平均查找长度的算法。注意，此算法中规定不能用公式直接求解计算。

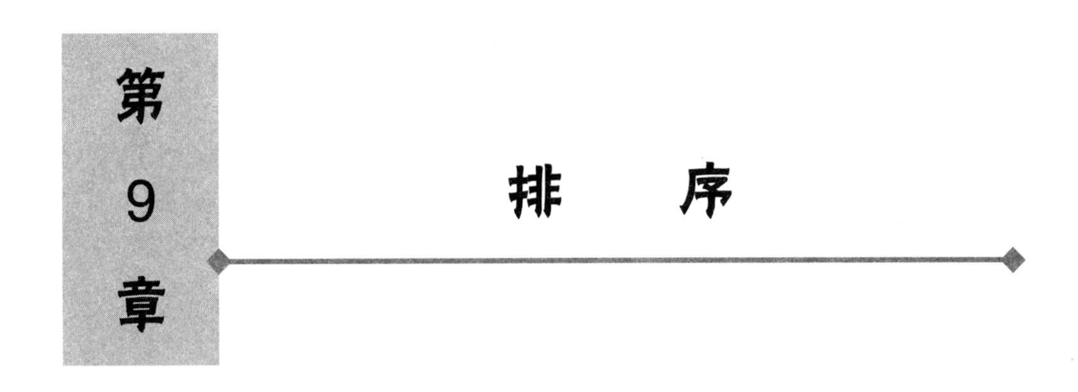

9.1　排序的基本概念

排序是计算机程序设计中的一种重要操作，其功能是按照记录集合中每个记录的关键字之间所存在的递增或递减关系将该集合中的记录次序重新排列。排序的主要目的是方便查找，如有序表的折半查找，并且二叉排序树、B 树和 B+树的构造过程本身就是一个排序过程。

如果待排序的记录序列中 R_i 和 R_j 的关键字相同，且在排序之前 R_i 的位置领先于 R_j，若在排序之后 R_i 的位置仍然领先于 R_j，则为稳定排序；反之为不稳定排序(通常是找出实例来验证这种不稳定关系)。

按照记录序列存放物理位置的不同又分为内排序和外排序。内排序的排序过程是在内存中进行的，而外排序在排序过程中则需要在内、外存之间交换信息。此外，按排序的策略不同可以将内排序划分为五种类型：① 插入排序；② 交换排序；③ 选择排序；④ 归并排序；⑤ 基数排序。

每一种内排序均可以在不同的存储结构上实现。通常待排序的记录有三种存储结构：

(1) 以一维数组作为存储结构：排序过程是对记录本身进行物理重排，即通过比较和判断，把记录移到合适的位置上。

(2) 以链表作为存储结构：排序过程中无需移动记录，只要修改指针即可。通常把这类排序称为表排序。

(3) 采用辅助表排序：有的排序方法难以在链表上实现却又要避免排序过程中的记录移动，这时就可为待排序记录建立一个辅助表来完成排序。例如，由记录的关键字和指向记录的指针所组成的索引表。这样，排序过程中只需对这个辅助表的表项进行物理重排即可。也即，只移动辅助表项而不移动记录本身。

简单评判一种排序方法的好坏是困难的，这是因为在不同情况下排序算法的好坏是不一样的。评价排序方法好坏的标准主要有两条：一是算法执行所需的时间；二是算法执行中所需的辅助空间。由于排序是经常使用的一种运算，故算法执行所需的时间是衡量排序方法好坏的重要标志。

在介绍排序方法之前，我们先定义记录的存储结构及类型如下：

```
typedef struct
{
    KeyType key;        //关键字项
    OtherType data;     //其他数据项
}RecordType;            //记录类型
```

9.2 插 入 排 序

所谓插入排序，就是把一个记录按其关键字的大小插入到一个有序的记录序列中，插入后该序列仍然有序。

插入排序的基本思想是：将记录集合分为有序和无序两个序列。从无序序列中任取一个记录，然后根据该记录的关键字大小在有序序列中查找一个合适的位置，使得该记录放入这个位置后，这个有序序列仍然保持有序。每插入一个记录就称为一趟插入排序，经过多趟插入排序，使得无序序列中的记录全部插入到有序序列中，则排序完成。

9.2.1 直接插入排序

直接插入排序是一种最简单的排序方法，其做法是：在插入第 i 个记录 R[i]时，R[1]、R[2]、…、R[i−1]已经排好序，这时将待插入记录 R[i]的关键字 R[i].key 由后向前依次与关键字 R[i−1].key、R[i−2] .key、…、R[1].key 进行比较，从而找到 R[i]应该插入的位置 j，并且由后向前依次将 R[i−1]、R[i−2]、…、R[j+1]、R[j]顺序后移一个位置(这样移动可保证每个被移动的记录信息不被破坏)，然后将 R[i]放入到刚刚让出其位置的原 R[j]处。这种插入使得前 i 个位置上的所有记录 R[1]、R[2]、…、R[i]继续保持有序。直接插入排序的算法如下：

```
void D_Insert(RecordType R[],int n)
{   //对 n 个记录序列 R[1]～R[n]进行直接插入排序
    int i,j;
    for(i=2;i<=n;i++)                          //进行 n−1 趟排序
      if(R[i].key<R[i-1].key)
      {  //R[i].key 小于 R[i-1].key 时需将 R[i]插入到有序序列 R[1]～R[i−1]中
         R[0]=R[i];                            //设置查找监视哨并保存待插入记录 R[i]值
         j=i-1;
         while(R[j].key>R[0].key)
         {     /*将关键字值大于 R[i].key(即此时的 R[0].key)
                  的所有 R[j](j=i−1,i−2,…)顺序后移一个记录位置*/
            R[j+1]=R[j];
```

```
            j--;
        }
        R[j+1]=R[0]; //将 R[i](也即此时的 R[0])插入到应插入的位置上
    }
}
```

算法中，R[1]～R[i−1]是有序表，R[i]～R[n]是无序表。i 总是指向无序表中的第一个元素位置，而该元素(即 R[i])就是本趟要插入到有序表中的元素。外层 for 循环 i 从 2 变化到 n 是因为仅有一个记录的表是有序的(即初始时有序表为 R[1]，无序表为 R[2]～R[n])，因此，是从 R[2]开始直到 R[n]逐个向有序表中进行插入操作的。也即，外层 for 循环共执行了 n−1 趟。内层 while 循环开始前 j 总是指向有序表中的最后一个元素位置(即 R[i−1])，然后通过"j--"操作由后向前在有序表 R[1]～R[i−1]中寻找 R[i]应该插入的位置，并在查找的同时将关键字大于 R[i]关键字的所有记录都顺序后移一个记录位置。外层 for 循环每一趟插入结束时，有序表已变为 R[1]～R[i]，无序表则变为 R[i+1]～R[n]。这时，外层 for 循环的"i++"又使 i 指向缩小后的无序表新的第一个元素位置。这样，经过 n−1 趟插入排序后，有序表变为 R[1]～R[n]，无序表则变为空，即此时 n 个记录已按关键字有序，插入排序结束。

引入 R[0]的作用有两个：一是保存了记录 R[i]的值，即不至于在记录后移的操作中失去待插记录 R[i]的值；其二是在 while 循环中取代检查 j 是否小于 1 的功能，即防止下标越界。也即当 j 为 0 时，while 循环的判断条件就变成了"R[0].key> R[0].key"，即终止 while 循环。因此，R[0]起到了"监视哨"的作用。

图 9-1 给出了直接插入排序的排序过程。在图 9-1 中，i 从 2 变化到 n(n=8)，同时 i−1 也表示插入的次数(即排序的趟数)，方括号"[ ]"中的记录序列为有序表，方括号"[ ]"之外的记录序列为无序表。由图 9-1 也可看出：排序前 <u>48</u> 在 48 之后，排序后 <u>48</u> 仍在 48 之后。故直接插入排序为稳定的排序方法。

	R[0]（监视哨）	R[1]	R[2]	R[3]	R[4]	R[5]	R[6]	R[7]	R[8]
初始关键字		[48]	33	61	96	72	11	25	<u>48</u>
i=2		[33	48]	61	96	72	11	25	<u>48</u>
i=3		[33	48	61]	96	72	11	25	<u>48</u>
i=4		[33	48	61	96]	72	11	25	<u>48</u>
i=5		[33	48	61	72	96]	11	25	<u>48</u>
i=6		[11	33	48	61	72	96]	25	<u>48</u>
i=7		[11	25	33	48	61	72	96]	<u>48</u>
i=8		[11	25	33	48	<u>48</u>	61	72	96]

图 9-1　直接插入排序过程示意图

从空间效率上看，直接插入排序仅使用了 R[0]一个辅助单元，故空间复杂度为 O(1)。从时间效率上看，直接插入排序算法由双重循环组成，外层的 for 循环进行了 n−1 趟(向有序表中插入第 2 到第 n 个记录)；内层 while 循环用于确定待插入记录的具体插入位置并在保证有序情况下空出插入的位置，其主要操作是进行关键字的比较和记录的后移。而比较次数和后移次数则取决于待排序列中各记录关键字的初始序列，可分三种情况讨论：

(1) 最好情况：待排序列已按关键字有序，每趟只需 1 次比较和 0 次移动。即：

总比较次数 = 趟数 = n−1 次

总移动次数 = 0 次

(2) 最坏情况：待排序列已按关键字有序，但为逆序。这时每趟都需要将待插入记录插入到有序序列的第一个记录位置，即第 i 趟操作要将记录 R[i]插入到原 R[1]的位置，这需要同前面的 i 个记录(包括监视哨 R[0])进行 i 次关键字的比较，移动记录的次数(包括将 R[i−1]～R[1]移至 R[i]～R[2]，以及初始的 R[i]赋给 R[0]，和移动结束时的 R[0]赋给 R[j+1])为 i + 1 次。即：

$$总比较次数=\sum_{i=2}^{n} i = \frac{1}{2}(n+2)(n-1)$$

$$总移动次数=\sum_{i=2}^{n}(i+1) = \frac{1}{2}(n+4)(n-1)$$

(3) 平均情况：可取(1)和(2)这两种极端情况的平均值，即约为 $\frac{n^2}{4}$。因此，直接插入排序的时间复杂度为 $O(n^2)$。

9.2.2　折半插入排序

在直接插入排序中，记录集合被分为有序序列集合{R[1], R[2], …, R[i−1]}和无序序列{R[i], R[i+1], …, R[n]}。并且，排序的基本操作是向有序列 R[1]～R[i−1]中插入一个 R[i]。由于在有序序列中插入，我们当然可以采用折半查找来确定 R[i]在有序序列 R[1]～R[i−1]中应插入的位置，从而减少查找的次数。实现这种方法的排序称为折半插入的排序。折半插入排序算法如下：

```
void B_InsertSort(RecordType R[],int n)
{                                   //对 n 个记录序列 R[1]～R[n]进行折半插入排序
    int i,j,low,high,mid;
    for(i=2;i<=n;i++)               //进行 n−1 趟排序
    {
        R[0]=R[i];                  //设置查找监视哨并保存待插入记录 R[i]的值
        low=1,high=i-1;             //设置初始查找区间
        while(low<=high)            //寻找插入的位置
        {
            mid=(low+high)/2;
            if(R[0].key>R[mid].key)
                low=mid+1;          //插入位置在右半区
            else
                high=mid-1;         //插入位置在左半区
        }
        for(j=i-1;j>=high+1;j--)
```

```
//high+1 为插入位置，将 R[i-1],R[i-2],…,R[high+1]顺序后移一个位置
            R[j+1]=R[j];
        R[high+1]=R[0];//将 R[i](现为 R[0])放入应插入的位置 high+1
    }
}
```

采用折半插入排序方法可以减少关键字的比较次数，因为每插入一个记录需要比较的最大次数为具有 i 个结点(R[0]～R[i−1])的判定树深度 lbi，而外层 for 循环执行 n−1 次，故关键字比较次数的时间复杂度为 O(n lbn)。而记录移动的次数与直接插入排序相同，故时间复杂度仍为 $O(n^2)$。折半插入排序也是一个稳定的排序方法。

9.2.3 希尔(Shell)排序

直接插入排序算法简单并且有这样两个特点：

(1) 在 n 值(待排记录的个数)较小的时候效率较高。

(2) 在 n 值较大时，若待排序列中记录按关键字基本有序则效率仍然较高，其时间效率可提高到 O(n)。

希尔排序又称“缩小增量排序”，它是根据直接插入排序的这两个特点而改进的分组插入方法。也即，先将整个待排序列中的记录按给定的下标增量进行分组，并对每个组内的记录采用直接插入法排序(由于初始时组内记录较少而排序效率高)，然后减少下标增量，即使每组包含的记录增多，再继续对每组组内的记录采用直接插入法排序。依次类推，当下标增量减少到 1 时，整个待排序记录序列已成为一组，但由于此前所做的直接插入排序工作，整个待排序记录序列已经基本有序，此时满足直接插入排序方法的第(2)个特点。因此，对全体待排序记录再进行一次直接插入排序即完成排序工作且效率较高。图 9-2 给出了希尔排序过程的示意图，所取增量顺序依次为 d=5、d=3 和 d=1。

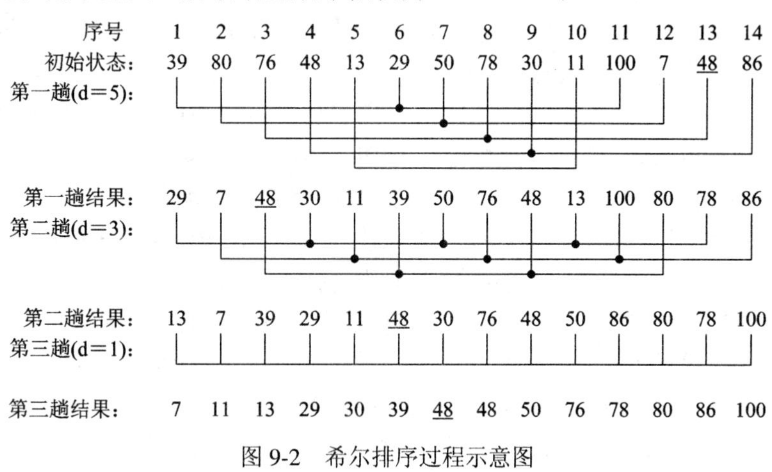

图 9-2　希尔排序过程示意图

希尔排序算法如下：

```
void ShellInsert(RecordType R[],int n,int d)   //希尔排序
{   //对 R[1]～R[n]中的记录进行希尔排序，d 为增量(步长)因子
    int i,j;
```

```
        for(i=d+1;i<=n;i++)
            if(R[i].key<R[i-d].key)
            {//当 R[i].key 小于前一步长 d 的 R[i-d].key 应向前寻找其插入的位置
                R[0]=R[i];                  //暂存待插入记录 R[i]的值
                for(j=i-d;j>0&&R[0].key<R[j].key;j=j-d)
                    R[j+d]=R[j];
        /*将位于 R[i]之前下标差值为增量步长的倍数且关键字大于
          R[0].key(即原 R[i].key)的所有 R[j]都顺序后移一个增量步长位置*/

                R[j+d]= R[0];//将原 R[i]也即此时的 R[0]插入到应该插入的位置
            }
    }
    void ShellSort(RecordType R[], int n)
    {//按递增序列 d[0]、d[1]、…、d[t-1]对顺序表 R[1]～R[n]做希尔排序
        int d[10],t,k;
        printf("\n 输入增量因子的个数:\n");
        scanf("%d",&t);                     //输入增量因子的个数
        printf("由大到小输入每一个增量因子:\n");
        for(k=0;k<t;k++)
            scanf("%d",&d[k]);              //由大到小输入每一个增量因子
        for(k=0;k<t;k++)
            ShellInsert(R,n,d[k]);          //按增量因子 d[k]对顺序表 R 进行一趟希尔排序
    }
```

注意，在算法 ShellInsert 中，实现希尔排序的次序稍微做了一点改动，即并不是先将同一增量步长的一组记录全部排好后再进行下一组记录的排序，而是由 R[d]开始依次扫描到 R[n]为止，即对每一个扫描到的 R[i]先与位于其前面的 R[i−d]进行关键字比较，如果 R[i].key 小于 R[i−d].key，则将 R[i]暂存与 R[0]，然后执行内层的 for 循环。而内层的 for 循环是完成将 R[i].key(即现在的 R[0].key)依次与相差一个增量步长 d 的 R[i−d].key、R[i−2d].key……逐一进行比较。若小于，则依次将 R[i−d]、R[i−2d]……顺序后移一个增量步长 d 的位置；若大于，则此时的 j+d 位置即为待插入记录 R[i] (此时的 R[0])的插入位置，这时通过语句“R[j+d] =R[0];”将待插记录 R[i]值放入这个位置。所以，针对图 9-2 的初始序列，我们给出了按照 ShellInsert 算法的第一趟排序过程示意图(如图 9-3 所示)。

由图 9-3 可知，第一趟的排序结果完全与图 9-2 中的第一趟结果相同。此外，由图 9-2 排序前后 48 与 <u>48</u> 所处的位置可知，希尔排序是不稳定的排序方法。

希尔排序仍是一种插入排序，其主要特点是每一趟以不同的增量进行排序。增量序列可以有各种的取法，但应使增量序列的值没有除 1 之外的公因子，否则会出现多余的重复排序。此外，最后一个增量必须是 1，否则可能有遗漏的记录未参加排序而使最终结果达不到有序。

一般来说，希尔排序的速度比直接排序快，但希尔排序的效率分析很难，这是因为关

键字的比较次数以及记录的移动次数都要依赖于增量因子的选取。在有关著作里给出了希尔排序的平均比较次数和平均移动次数都为 $n^{1.3}$ 左右。

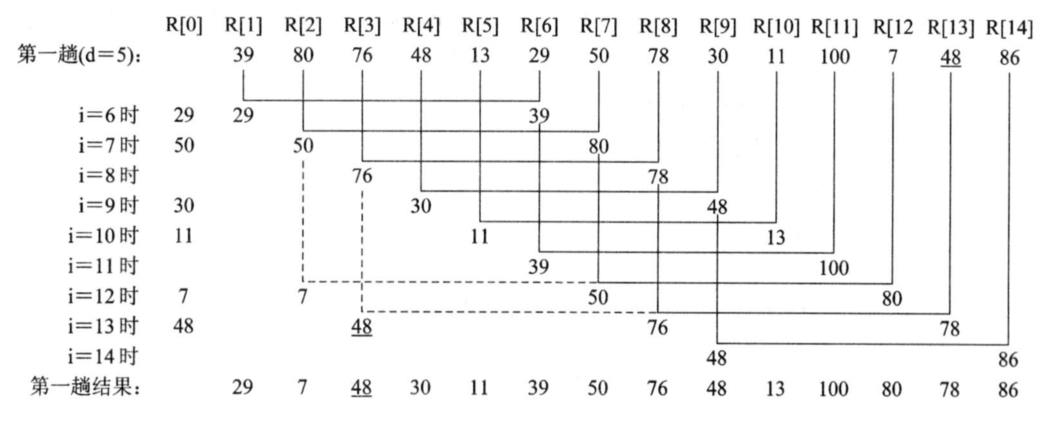

图 9-3 采用算法 ShellInsert 进行希尔排序的示意图

9.3 交换排序

交换排序是通过交换记录在表中的位置来实现排序的。交换排序的思想是：两两比较待排记录的关键字，一旦发现两个记录的次序与排序要求相逆，则交换这两个记录的位置，直到表中没有逆序的记录存在为止。

9.3.1 冒泡排序

对 R[1]～R[n]这 n 个记录的冒泡排序排序过程是：第一趟从第 1 个记录 R[1]开始到第 n 个记录 R[n]为止，对 n−1 对相邻的两个记录进行两两比较，若与排序要求相逆，则交换两者的位置，这样，经过一趟的比较、交换后，具有最大关键值的记录就被交换到 R[n]位置。第二趟从第 1 个记录 R[1]开始到 n−1 个记录 R[n−1]为止继续重复上述的比较与交换，这样，具有次大关键字的记录就被交换到 R[n−1]位置。如此重复，在经过 n−1 趟这样的比较和交换后，R[1]～R[n]这 n 个记录已按关键字有序。这个排序过程就像一个个往上(往右)冒泡的气泡，最轻的气泡先冒上来(到达 R[n]位置)，较重的气泡后冒上来，因此形象的称之为冒泡排序。

冒泡排序最多进行 n−1 趟，在某趟的两两记录关键字的比较过程中，如果一次交换都未发生，则表明 R[1]～R[n]中的记录已经有序，这时可结束排序过程。

冒泡排序算法如下：

```
void BubbleSort(RecordType R[], int n)
{                                        //对 R[1] ~ R[n]这 n 个记录进行冒泡排序
    int i,j,swap;
    for(i=1;i<n;i++)                     //进行 n-1 趟排序
    {
        swap=0;                          //设置未发生交换标志
```

```
        for(j=1;j<=n-i;j++)                  //对 R[1]～R[n-i] 记录进行两两比较
            if(R[j].key>R[j+1].key)
            {                                //如果 R[j].key 大于 R[j+1].key，则交换 R[j]和 R[j+1]
                R[0]=R[j];
                R[j]=R[j+1];
                R[j+1]=R[0];
                swap=1;                      //有交换发生
            }
        if(swap==0)
            break;                           //本趟比较中未出现交换则结束排序(已排好)
    }
}
```

图 9-4 给出了冒泡排序过程示意图。

初始序列	48	33	61	82	72	11	25	<u>48</u>
第 1 趟	33	48	61	72	11	25	<u>48</u>	82
第 2 趟	33	48	61	11	25	<u>48</u>	72	82
第 3 趟	33	48	11	25	<u>48</u>	61	72	82
第 4 趟	33	11	25	48	<u>48</u>	61	72	82
第 5 趟	11	25	33	48	<u>48</u>	61	72	82
第 6 趟	11	25	33	48	<u>48</u>	61	72	82

图 9-4　冒泡排序过程示意图

上述冒泡排序算法是从左向右进行冒泡排序的，即假定关键字越大，则气泡越轻。当然，也可参考此算法设计出从右往左的冒泡排序算法(见下面的双向冒泡排序算法)。

从空间效率上看，冒泡排序仅用了一个辅助单元；从时间效率看，最好的情况是待排序序列已经全部有序。这样冒泡排序在第一趟排序过程中就没有交换发生，所以一趟之后即排序结束。也即，只在第一趟中进行了 n−1 次比较。最坏情况是待排序记录按逆序排序，所以共需进行 n−1 趟排序，且第 i 趟需进行 n−i 次比较。所以：

$$\text{总比较次数}=\sum_{i=1}^{n-1}(n-i)=\frac{1}{2}n(n-1)$$

因此，冒泡排序的时间复杂度为 $O(n^2)$。交换记录的次数与比较记录的次数相同，最坏的情况也是发生在待排序记录按逆序排列时。

由图 9-4 可知，48 与 <u>48</u> 在排序前后的先后次序没有改变，故冒泡排序是一种稳定的排序方法。由图 9-4 我们还可以看出：最大关键字 82 一趟就移到了它最终放置的位置上，而最小关键字 11 每趟排序仅向前移动了一个位置。也即，如果具有 n 个记录的待排序序列已基本有序，但是具有最小关键字的记录位于序列最后，则采用冒泡排序也仍然需要进行 n−1 趟排序。因此，我们可以采用双向冒泡排序的方法来解决这一问题。

双向冒泡排序算法如下：

```
void DBubbleSort(RecordType R[],int n)
{
```

```
    int i,j,swap=1;
    for(i=1;swap!=0;i++)
    {
        swap=0;
        for(j=n-i;j>=i; j--)              //从右到左进行冒泡排序
            if(R[j+1].key<R[j].key)
            {
                R[0]=R[j];
                R[j]=R[j+1];
                R[j+1]=R[0];
            }
        for(j=i+1; j<=n-i;j++)            //从左到右进行冒泡排序
            if(R[j+1].key< R[j].key)
            {
                R[0]=R[j];
                R[j]=R[j+1];
                R[j+1]=R[0];
                swap=1;                   //有交换发生
            }
    }
}
```

9.3.2　快速排序

快速排序是基于交换思想对冒泡排序的一种改进的交换排序方法，又称分区交换排序。快速排序的基本思想是：在待排序记录序列中，任取其中一个记录(通常是第一个记录)，并以该记录的关键字作为基准，经过一趟交换之后，所有关键字比它小的记录都交换到它的左边，而所有关键字比它大的记录都交换到它的右边(注意只是交换而并不排序)，此时，该基准记录在有序序列中的最终位置就已确定。然后，再分别对划分到基准记录左右两部分区间的记录序列重复上述过程，直到每一部分最终划分为一个记录时为止，即最终确定了所有记录各自在有序序列中应该放置的位置，这也意味着排序的完成。因此，快速排序的核心操作是划分。

快速排序算法如下：

```
int Partition(RecordType R[],int i,int j)              //划分算法
{//对 R[i]～R[j]，以 R[i]为基准记录进行划分，并返回 R[i]在划分后的正确位置
    R[0]=R[i];              //暂存基准记录 R[i]
    while(i< j)             //从表(即序列 R[i]～R[j])的两端交替向中间扫描
    {
        while(i<j&&R[j].key>=R[0].key)
```

```
            //从右向左扫描查找第一个关键字小于 R[0].key 的记录 R[j]
                j--;
            if(i< j)          //当 i<j 时，则 R[j].key 小于 R[0].key，将 R[j]交换到表的左端
            {
                R[i]=R[j];
                i++;
            }
            while(i<j&&R[i].key<=R[0].key)
            //从左到右扫描查找第一个关键字大于 R[0].key 的记录 R[i]
                i++;
            if(i<j)                //当 i<j 时，则 R[i].key 大于 R[0].key，将 R[i]交换到表的右端
            {
                R[j]=R[i];
                j--;
            }
        }
        R[i]=R[0];                //将基准记录 R[0]送入最终(指排好序时)应放置的位置
        return i;                 //返回基准记录 R[0]最终放置的位置
    }
    void QuickSort(RecordType R[],int s,int t)
    {
        int i;
        if(s<t)
        {
            i=Partition(R,s,t);
      //i 为基准记录的位置并由此将表分为 R[s]～R[i-1]和 R[i+1]～R[t]两部分
            QuickSort(R,s,i-1);           //对表 R[s]～R[i-1]进行快速排序
            QuickSort(R,i+1,t);          //对表 R[i+1]～R[t]进行快速排序
        }
    }
```

算法 Partition 完成在给定区间 R[i]～R[j]中一趟快速排序的划分。具体做法是：设置两个搜索指针 i 和 j 来指向给定区间的头一个记录和最后一个记录，并将头一个记录作为基准记录。首先从 j 指针开始自右向左搜索关键字比基准记录关键字小的记录(即该记录应位于基准记录的左侧)，找到后将其交换到 i 指针处(此时已位于基准记录的左侧)；然后 i 指针右移一个位置并由此开始自左向右搜索关键字比基准记录关键字大的记录(即该记录应位于基准记录的右侧)，找到后将其交换到 j 指针处(此时已位于基准记录的右侧)；接着 j 指针左移一个位置并继续上述自右向左搜索、交换的过程。如此由两端交替向中间搜索、交换，直到 i 与 j 相等，这表明位置 i 左侧的记录其关键字都比基准记录的关键字小，而 j 右侧的

记录其关键字都比基准记录的关键字大，而 i 和 j 所指向的这同一个位置就是基准记录最终要放置的位置。在实际搜索中，为了减少数据的移动应先将基准记录暂存于 R[0]，待最后确定了基准记录的放置位置后，再将暂存于 R[0]的基准记录放置于此。图 9-5 给出了快速排序一趟划分的示意图，方框表示基准记录的关键字，它只是示意应交换的位置，实际中，只有当一趟划分完成时才真正将基准记录放入最终确定的位置。

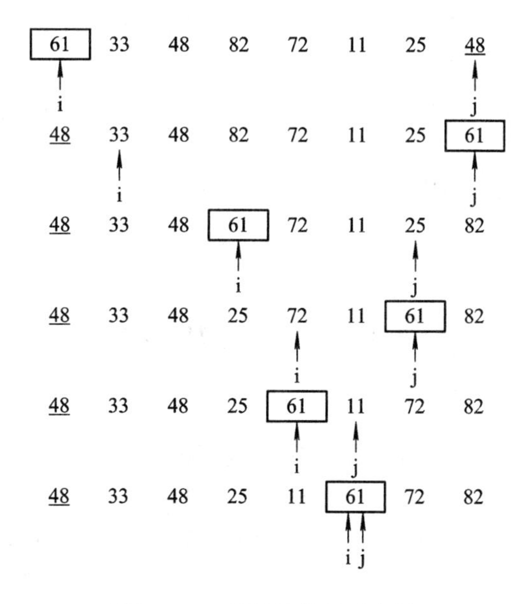

图 9-5　一趟快速排序示意图

快速排序的递归过程可用一棵二叉树来描述，图 9-6 即为图 9-5 中待排序序列在快速排序递归调用中不断划分为左右子树的示意图。

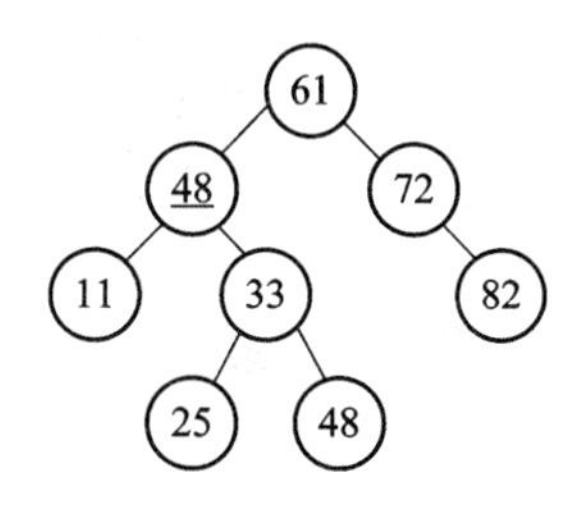

图 9-6　用二叉树描述图 9-5 快速排序递归调用的划分示意图

从空间效率看：快速排序是递归的，每层递归调用时的指针和参数都要用栈来存放。由于递归调用的层数与上述二叉树示意的深度一致，因此存储开销在理想的情况下为 O(lbn)；在最坏情况下，即二叉树是一个单支树时空间复杂度为 O(n)。

从时间效率看：对于 n 个记录的待排序序列，一次划分需要约 n 次关键字的比较，时间效率为 O(n)。若设 T(n)为对 n 个记录进行快速排序所需的时间，则理想情况下每次划分正好将 n 个记录分为等长的子序列，并且每次划分所需的比较次数为 n−1；则：

$$T(n) \leqslant n+2T(n/2)$$

$$\leqslant n+2(n/2+2T(n/4))=2n+4T(n/4)$$

$\leqslant 2n+4(n/4+T(n/8))=3n+8T(n/8)$

…… ……

$\leqslant n\ lbn+nT(1)=O(n\ lbn)$

在最坏情况下，每次划分只得到一个子序列，即时间复杂度变为 $O(n^2)$。

快速排序被认为是在所有同数量级(O(n lbn))的排序算法中平均性能最好。但是如果初始记录序列按关键字有序或基本有序时，快速排序将退化为冒泡排序，即此时的时间复杂度上升到 $O(n^2)$。因此，通常以“三者取中法”来选取基准记录，即将排序区间的两端和中间这三个位置上的记录找其关键字居中的这个记录作为基准记录。此外，由图 9-5 看出在排序之前 48 位于 48 之后，而一趟排序之后 48 已位于 48 之前(但图 9-5 待排序列最终结果 48 仍在 48 之后，读者可以另选一序列 5,5 ,2 来验证其不稳定性)。因此，快速排序是一个不稳定的排序方法。

9.4 选 择 排 序

选择排序的基本思想：每一趟从待排序记录中选出关键字最小的记录，并顺序放在已排好序记录序列的最后，直至全部记录排序完成为止。由于选择排序算法每一趟总是从无序记录中挑选关键字最小的记录，因此适合从大量记录中选择一部分记录的场合。如从 10 000 个记录中选出关键字最小(或最大)的前 10 个记录，就适宜采用选择排序。

9.4.1 直接选择排序

直接选择排序又称简单选择排序，其实现方法是：第一趟从 n 个无序记录中找出关键字最小的记录与第 1 个记录交换(此时第 1 个记录为有序)；第二趟从第 2 个记录开始的 n−1 个无序记录中再选出关键字最小的记录与第 2 个记录交换(此时第 1 和第 2 个记录为有序)……如此下去，第 i 趟则从第 i 个记录开始的 n−i+1 个无序记录中选出关键字最小的记录与第 i 个记录交换(此时前 i 个记录已有序)，这样 n−1 趟后前 n−1 个记录已有序，无序记录只剩一个即第 n 个记录，因关键字小的前 n−1 个记录已进入有序序列，这第 n 个记录必为关键字最大的记录，所以无需交换即 n 个记录已全部有序。

直接选择排序算法如下：

```
void SelectSort(RecordType R[],int n)
{                              //对 R[1]～R[n]这 n 个记录进行选择排序

    int i,j,k;
    for(i=1;i<n;i++)           //进行 n−1 趟选择
    {
        k=i;                   //假设关键字最小的记录为第 i 个记录
        for(j=i+1;j<=n;j++)
        //从第 i 个记录开始的 n-i+1 个无序记录中选出关键字最小的记录
        if(R[j].key<R[k].key)
```

```
            k=j;                //保存最小关键字记录的存放位置
        if(i!=k)                //将找到关键字最小的记录与第 i 个记录交换
        {
            R[0]=R[k];
            R[k]=R[i];
            R[i]=R[0];
        }
    }
}
```

算法中，R[1]～R[i-1]是有序表；R[i]～R[n]是无序表；i 始终指向无序表第一个元素的位置。初始时，i 值为 1，即有序表为空，而 R[1]～R[n]为无序表。内层 for 循环完成在无序表中找出其中关键字最小的记录，外层 for 循环则通过 if 语句将这个关键字最小的记录与无序表的第一个记录(即 R[i])进行交换。此时，有序表变为 R[1]～R[i]，无序表变为 R[i+1]～R[n]，而外层 for 循环的“i++”则使 i 指向缩小后的无序表新的第一个记录位置。上述操作共执行 n-1 趟，直到无序表仅剩一个记录 R[n]时为止(R[n]此时已是关键字最大的记录，故无需交换)，则 n 个记录已全部有序。

图 9-7 给出了直接选择排序过程示意图，方括号“[ ]”内的记录序列为无序表，方括号“[ ]”之外的记录序列为有序表。

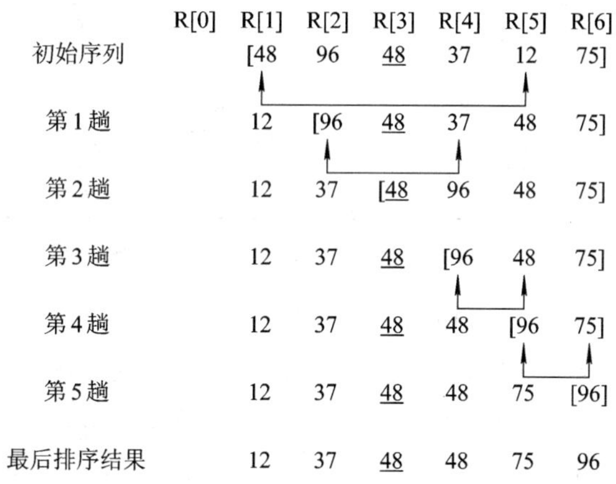

	R[0]	R[1]	R[2]	R[3]	R[4]	R[5]	R[6]
初始序列		[48	96	48	37	12	75]
第 1 趟		12	[96	48	37	48	75]
第 2 趟		12	37	[48	96	48	75]
第 3 趟		12	37	48	[96	48	75]
第 4 趟		12	37	48	48	[96	75]
第 5 趟		12	37	48	48	75	[96]
最后排序结果		12	37	48	48	75	96

图 9-7　直接选择排序过程示意图

采用直接选择排序，其记录的比较次序与记录的初始排列无关。在第 i 趟选择排序中，内层 for 循环进行了 n-(i+1)+1=n-i 次比较，即：

$$\text{总比较次数}=\sum_{i=1}^{n-1}(n-i)=\frac{1}{2}n(n-1)$$

因此直接选择排序的时间复杂度为 $O(n^2)$。直接选择排序移动记录的次数较少，最好情况是 n 个记录初始即为有序，即移动次数为 0；最坏情况是初始的 n 个记录为逆序排列，即每一趟均要执行交换操作，所以总的移动次数为 3(n-1)。

由图 9-7 可知，直接选择排序是一种不稳定的排序方法。

9.4.2 堆排序

对 n 个关键字序列 k_1，k_2，k_3，…，k_n，当且仅当满足下述关系之一时就称为堆。

$$k_i \leqslant \begin{cases} k_{2i} \\ k_{2i+1} \end{cases} \quad \text{或者} \quad k_i \geqslant \begin{cases} k_{2i} \\ k_{2i+1} \end{cases} \quad \text{其中，} i=1,2,\cdots,\lfloor n/2 \rfloor$$

若将此序列对应的一维数组(即以一维数组作为此序列的存储结构)看成一棵完全二叉树，则堆的含义表明：完全二叉树中所有非终端结点(非树叶结点)的关键字均不大于(或不小于)其左、右孩子结点的关键字。因此在一个堆中，堆顶关键字(即完全二叉树的根结点)必是 n 个关键字序列中的最小值(或最大值)，并且堆中任意一棵子树也同样是堆。我们将堆顶关键字为最小值的堆称为小根堆，将堆顶关键字为最大值的堆称为大根堆。如序列：12，36，24，85，47，30，53，91 是一个小根堆，而序列：91，47，85，24，36，53，30，16 则是一个大根堆。这两个堆的完全二叉树表示和一维数组存储表示如图 9-8 所示。

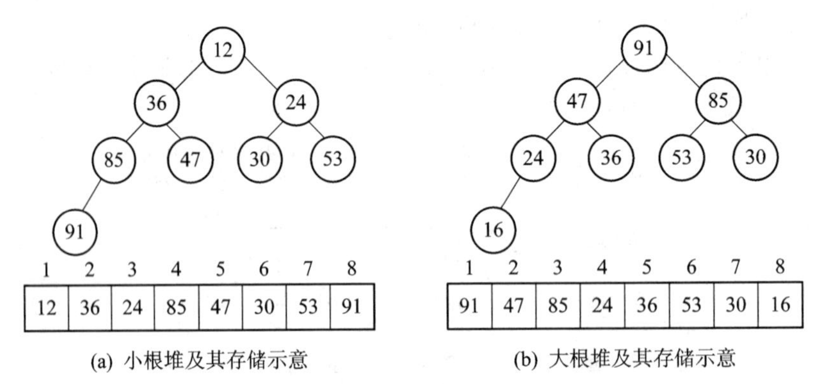

图 9-8　堆及其存储示意图

堆排序是一种树形选择排序，更确切地说是二叉树形选择排序。我们以小根堆为例，则堆排序的思想是：对 n 个待排序的记录，首先根据各记录的关键字按堆的定义排成一个序列(即建立初始堆)，从而由堆顶得到最小关键字的记录 ，然后将剩余的 n−1 个记录再调整成一个新堆，即又由堆顶得到这 n−1 个记录中最小关键字的记录，如此反复进行出堆和将剩余记录调整为堆的过程，当堆仅剩下一个记录出堆时，则 n 个记录已按出堆次序排成有序序列。因此，堆排序的过程分为两步(以小根堆为例，大根堆可类似处理)：

(1) 建立初始堆。

为了简单起见，我们以记录的关键字来代表记录。首先将待排序的 n 个关键字分放到一棵完全二叉树(用一维数组存储)的各个结点中(此时完全二叉树中各个结点并不一定具备堆的性质)。由二叉树性质可知，所有序号大于$\lfloor n/2 \rfloor$的树叶结点已经是堆(因其无子结点)。故初始建堆是以序号为$\lfloor n/2 \rfloor$的最后一个非终端结点开始的，通过调整，逐步使序号为$\lfloor n/2 \rfloor$，$\lfloor n/2 \rfloor-1$，$\lfloor n/2 \rfloor-2$，…为根结点的子树满足堆的定义，直到序号为 1 的根结点排成堆为止，则 n 个关键字已构成了一个堆。在对根结点序号为 i 的子树建堆的过程中，可能要对结点的位置进行调整以满足堆的定义(必须与关键字小的子结点进行位置调整，否则不满足堆的定义)。但是这种调整可能会出现原先是堆的下一层子树不再满足堆的定义的情况，这就需要再对下一层进行调整。如此一层一层调整下去，也可能这种调整会持续到树叶结点。这种建堆方法就像过筛子一样，把最小关键字向上逐层筛选出来直至到达完全二叉树的根结点(序号为 1)为止。此时即可输出堆顶结点(即根结点)的关键字值。

(2) 调整成新堆。

堆顶结点的关键字输出后，如何将堆中剩余的 n−1 个结点调整为堆？首先，将堆中序号为 n 的最后一个结点与待出堆的序号为 1 的堆顶结点(即完全二叉树的根结点)交换(序号为 n 的结点此时用来保存出堆的结点)，这时只需要使序号从 1～n−1 的结点满足堆的定义，即可将由这剩余的 n−1 个结点构成堆。相对于原来的堆，此时仅堆顶结点发生了改变，而其余 n−2 个结点的存放位置仍是原来堆中的位置，即这 n−2 个结点仍满足堆的定义，我们只需对这个新的堆顶结点(显然不满足堆的定义)进行调整。也就是说，在完全二叉树中，只对根结点进行自上而下的调整。调整的方法是：将根结点与左、右孩子结点中关键字值较小的那个结点进行交换(否则交换后仍不满足堆的定义)，若与左孩子进行交换，则左子树堆被破坏，且仅左子树的根结点不满足堆的定义；若与右子树交换，则右子树的堆被破坏，且仅右子树的根结点不满足堆的定义。继续对不满足堆的定义的子树进行上述交换操作，这种调整需持续到叶结点或者到某结点已满足堆的定义为止。

堆排序的过程是：对 n 个关键字序列先将其建成堆(初始堆)，然后执行 n−1 趟堆排序。第一趟先将序号为 1 的根结点与序号为 n 的结点交换(此时第 n 个结点用于存储出堆结点)，并调整此时的前 n−1 个结点为堆；第二趟先将序号为 1 的根结点与序号为 n−1 的结点交换(此时第 n−1 个结点用于存储出堆结点)，并调整此时的前 n−2 个结点为堆……第 n−1 趟将序号为 1 的根结点与序号为 2 的根结点交换(此时第 2 个结点用于存储出堆结点)。由于此时的待调整的堆仅为序号为 1 根结点故无需调整，整个堆排序过程结束。至此，在一维数组中的关键字已全部有序，但为逆序排列，故需要按升序排序，则建大根堆；需要按降序排列则建小根堆。

以关键字 42,33,25,81,72,11 为例，通过图 9-9 和图 9-10 给出堆排序示意图。

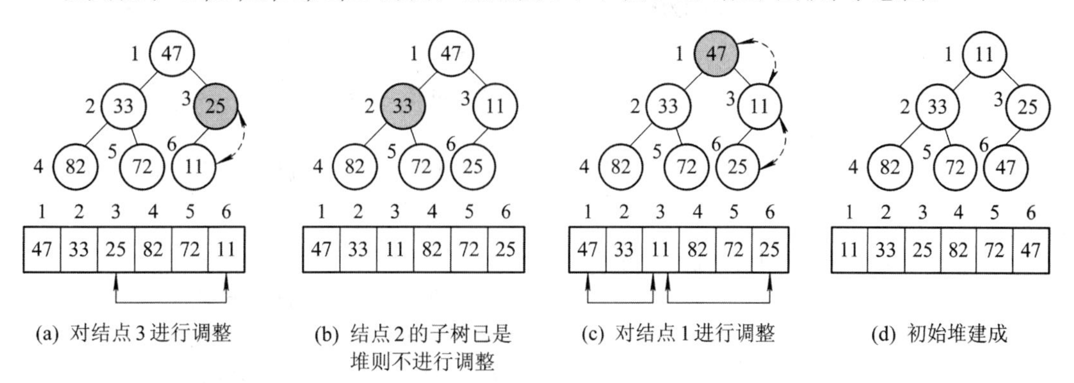

图 9-9 初始堆建立过程示意图

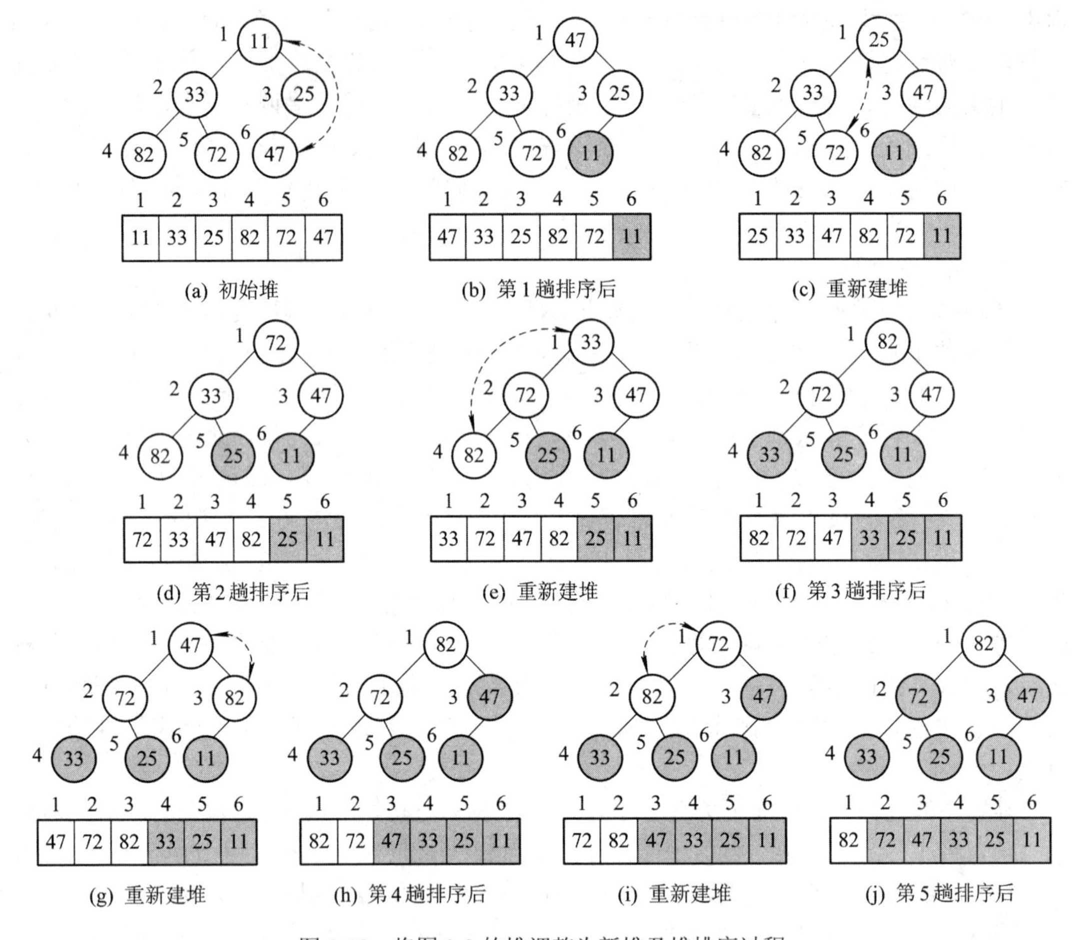

(a) 初始堆　(b) 第 1 趟排序后　(c) 重新建堆

(d) 第 2 趟排序后　(e) 重新建堆　(f) 第 3 趟排序后

(g) 重新建堆　(h) 第 4 趟排序后　(i) 重新建堆　(j) 第 5 趟排序后

图 9-10　将图 9-9 的堆调整为新堆及堆排序过程

为了最终得到一个升序的关键字序列，我们采用大根堆方式，即每次调整都是与关键字大的孩子结点进行调整。基于大根堆的堆排序算法如下：

```
void HeapAdjust(RecordType R[],int s,int t)   //基于大根堆的堆排序
{   /*对 R[s]～R[t]除 R[s]外均满足堆的定义，即只对 R[s]进行调整
                        使 R[s]为根的完全二叉树成为一个堆*/
    int i,j;
    R[0]=R[s];                      //R[s]暂存于 R[0]
    i=s;
    for(j=2*i;j<=t;j=2*j)           //沿关键字较大的孩子向下调整，先假定为左孩子
    {
        if(j<t&&R[j].key<R[j+1].key)
            j=j+1;                  //右孩子结点的关键字大，则沿右孩子向下调整
        if(R[0].key>R[j].key)   /*R[0](即 R[s])的关键字已大于 R[j]的关键字值，
                                   即已满足堆的定义，故不再向下调整)*/
            break;
```

```
            R[i]=R[j];                  //将关键字大的孩子结点 R[j]调整至双亲结点 R[i]
            i=j;                        //定位于孩子结点继续向下调整
        }
        R[i]=R[0];                      //找到满足堆定义的 R[0](即 R[s])放置位置 i，将 R[s]调整于此
    }
    void HeapSort(RecordType R[],int n)
    {
        int i;                          //对 R[1～]R[n]这 n 个记录进行堆排序
        for(i=n/2;i>0;i--)              /*将完全二叉树非终端结点按
                                          R[n/2],R[n/2-1],…,R[1]的顺序建立初始堆*/
            HeapAdjust(R,i,n);
        for(i=n;i>1;i--)                //对初始堆进行 n-1 趟堆排序
        {
            R[0]=R[1];                  //堆顶的 R[1]与堆底的 R[i]交换
            R[1]=R[i];
            R[i]=R[0];
            HeapAdjust(R,1,i-1);        //将未排序的前 i-1 个结点重新调整为堆
        }
    }
```

堆排序花费的时间主要在初始建堆和 $n-1$ 趟堆排序上。对具有 n 个结点的完全二叉树，其深度 $h=\lfloor \text{lb}n \rfloor+1$。由于堆排序中是根结点与子树中各层的某一个结点比较，故比较次数为树的深度减 1 即 $h-1$，而每一层都要比较两次，即一趟堆排序最多需要 $2\times(h-1)=2\lfloor \text{lb}n \rfloor$ 次比较。初始建堆是由序号为 $\lfloor n/2 \rfloor$ 的非终端结点开始，一直到序号为 1 的根结点的建堆过程，故进行了 $\lfloor n/2 \rfloor$ 趟。也即初始建堆最多比较 $\lfloor n/2 \rfloor\times2\lfloor \text{lb}n \rfloor$ 次。堆排序过程则需对初始堆进行 $n-1$ 趟，即最多比较 $(n-1)\times2\lfloor \text{lb}n \rfloor$ 次。因此，最坏情况下堆排序的时间复杂度为 $O(n\ \text{lb}n)$，所以在最坏情况下堆排序的时间复杂度要低于快速排序。

由于初始建堆所需比较的次数较多，因此堆排序不适宜记录数较少的情况。对大量记录的排序来说，堆排序是非常有效的。并且，堆排序只需要一个记录的辅助空间，即其空间复杂度为 O(1)。此外，堆排序也是一种不稳定的排序方法。

9.5　归 并 排 序

前面介绍的插入排序、交换排序和选择排序这三类排序方法都是将无序的记录序列按关键字的大小排成一个有序序列。而归并排序则是将两个或两个以上的有序序列合并成一个有序序列的过程。将两个有序序列合并(归并)成一个有序序列称为二路归并排序；将 n 个有序序列归并成一个有序序列称为 n 路归并排序。在此，以二路归并为例来讨论归并排序，因为二路归并最为简单和常用。

二路归并的思想是：只有一个记录的表总是有序的，故初始时将 n 个待排序记录看成

是 n 个有序表(每个有序表的长度为 1，即仅有一个记录)，然后开始第 1 趟两路归并，即将第 1 个表同第 2 个表归并，第 3 个表同第 4 个表归并……若最后仅剩一个表，则不参加归并。这样得到的$\lceil n/2 \rceil$个长度为 2(最后一个表的长度可能为 1)的有序表。然后进行第 2 趟归并，即将第 1 趟得到的有序表继续进行两两归并，从而得到$\lceil n/4 \rceil$个长度为 4(最后一个表的长度可能小于 4)的有序表。依此类推，直到第$\lceil \text{lbn} \rceil$趟归并，就得到了长度为 n 的有序表。

因此，可以将长度为 n 的无序表对半分成两个无序子表，并对每一个无序子表继续进行对半拆分为两个子表的工作，直到每个子表的长度为 1，这样就形成了长度为 1 的有序子表(表长为 1 时为有序表)，然后从第一个子表开始对相邻子表进行两两合并的工作，即将两个有序子表合并为一个有序子表。这种两两合并的工作一直持续到合并为一个长度为 n 的有序表时为止。而两两合并的过程恰是前面将一个子表不断对分为两个子表工作的逆过程，因此拆分与合并工作均可以在一个递归函数里完成，即在递归的逐层调用中完成将一个子表拆分成两个子表的工作，而在递归的逐层返回中完成将两个有序子表合并成一个有序子表的工作。

二路归并递归算法如下：

```
void Merge(RecordType R[],RecordType R1[],int s,int m,int t)     //一趟二路归并
{        //将有序表 R[s]～R[m]及 R[m+1]～R[t]合并为一个有序表 R1[s]～R1[t]
    int i,j,k;
    i=s;
    j=m+1;
    k=s;
    while(i<=m&&j<=t)
     //将两个有序表的记录按关键字大小收集到表 R1 中使表 R1 也为有序表
        if(R[i].key<=R[j].key)
            R1[k++]=R[i++];
        else
            R1[k++]=R[j++];
    while(i<=m)          //将第一个有序表未收集完的记录收集到有序表 R1 中
        R1[k++]=R[i++];
    while(j<=t)          //将第二个有序表未收集完的记录收集到有序表 R1 中
        R1[k++]=R[j++];
}
void MSort(RecordType R[],RecordType R1[],int s,int t)     //递归方式的归并排序
{    //将无序表 R[s]～R[t]归并为一个有序表 R1[s]～R1[t]
    int m;
    RecordType R2[MAXSIZE];
if(s==t)
        R1[s]=R[s];
    else
    {
```

```
            m=(s+t)/2;                    //找到无序表R[s]～R[t]的中间位置
            MSort(R,R2,s,m);
             //递归地将无序表的前半个表R[s]～R[m]归并为有序表R2[s]～R2[m]
            MSort(R,R2,m+1,t);
             //递归地将无序表后半个表R[m+1]～R[t]归并为有序表R2[m+1]～R2[t]
            Merge(R2,R1,s,m,t);           /*进行一趟将有序表R2[s]～R2[m]和R2[m+1]～R2[t]
                                            归并到有序表R1[s]～R1[t]的操作*/
        }
    }
```

若将一个存于一维数组R[1]～R[n]中的记录排成有序序列，则可用下面的语句调用二路归并的递归算法实现：

MSort(R,R1,1,n);

其中，R和R1分别为RecordType类型长度为n+1的一维数组，而n为已知常数。

二路归并排序递归算法实现的过程是：像一棵二叉树一样，首先将无序表R[1]～R[n]通过函数MSort中的两条MSort语句对半分为第二层的两个部分。由于是递归调用，在没有执行将两个有序子表归并为一个有序子表的函数调用语句Merge之前，又递归调用MSort函数再次将第二层的每一部分继续对半拆分。依此类推，这种递归调用拆分的过程持续到每一部分只有一个记录时为止，然后逐层返回执行每一层还未执行的Merge函数调用语句，而该语句则是将两个部分合二为一，并且在合并(归并)中使其成为有序表(每一部分只有一个记录时即为有序，因此是将两个有序表合并为一个有序表的过程)。由于每一次将一个表对半分为两个子表操作的语句(即两个MSort函数调用语句)其后面都有一个将两个有序子表合并为一个有序子表的语句(即Merge函数调用语句)，因此将两个表合二为一的归并恰好与前面的一分为二对应，也即最终正好归并为一个长度为n的有序表。二路归并排序算法递归调用中将表一分为二的示意图如图9-11所示。

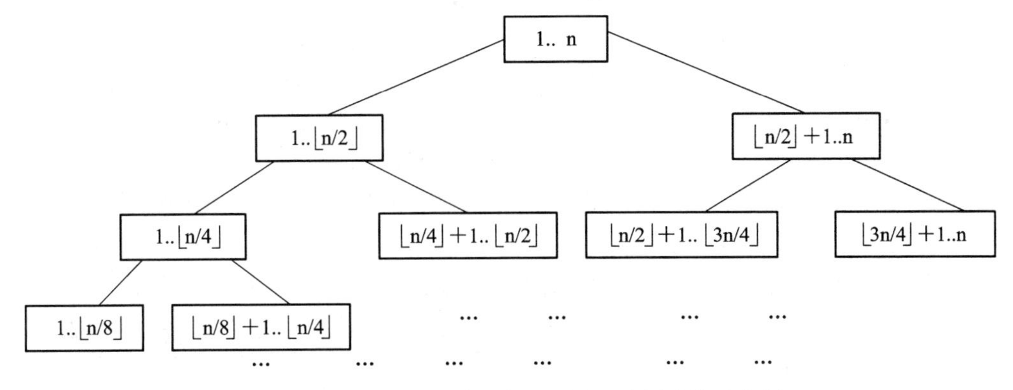

图9-11　二路归并排序递归调用中对半拆分的示意图

在二路归并排序的递归过程中，当一分为二到一个记录(可看成叶结点)时，一分为二过程结束，而合二为一的排序过程开始，故合二为一的过程则由叶结点开始逐层返回并进行两两归并，一直持续到根结点为止，即最终归并为一个有n个记录的有序表。这个合二为一的过程恰好是前面一分为二的逆过程。图9-12给出了二路归并排序递归过程中合二为一的示意图，方括号“[ ]”表示其间的记录是一个有序表。

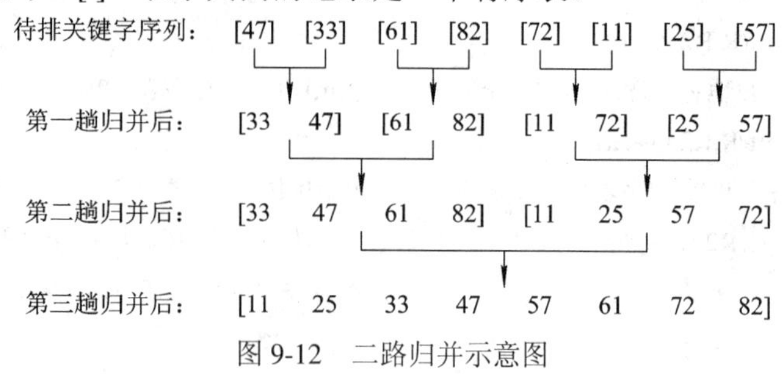

图 9-12　二路归并示意图

二路归并算法的递归形式看起来简单，但因递归形式开销较大而适用性较差，所以最好采用非递归算法。下面我们介绍二路归并的非递归算法。

二路归并的非递归算法仍然采用二路归并的基本思想：即将 n 个记录的无序表 R[1]～R[n] 看做是 n 个表长为 1 的有序子表，然后对相邻的两个有序子表两两合并到表 R1[1]～R1[n] 中。当一趟归并结束后，有序子表的长度 k 是原子表长度的 2 倍。接下来开始第二趟对相邻两个有序子表的两两归并，这种归并一直持续到有序子表的长度 k 不小于表长 n 为止则归并排序结束。因为表长未必是 2 的整数幂，所以最后一个子表的长度并不能保证恰好为 k，也不能保证每趟归并时都有偶数个有序子表，这些都要在一趟排序中予以考虑。针对这些情况的处理原则是：

(1) 若最后一次归并的第二个子表长度不足一个子表的长度 k 时，则置第二个子表的长度为 n−1。

(2) 若最后一次归并已不足一个子表时，只需将这子表中的记录依次复制到暂存数组 R1 即可。

二路归并的非递归算法如下：

```
void Merge(RecordType R[],RecordType R1[],int k,int n)//一趟二路归并
{                                   //R1 为归并中使用的暂存数组
    int i,j,l1,u1,l2,u2,m;
                                    //l1、l2 和 u1、u2 分别为进行归并的两个有序子表的上、下界
    l1=0;                           //初始时 l1 为第一个有序子表的下界值 0
    m=0;                            //m 为数组 R1 的存放指针
    while(l1+k<n)                   //归并中的两个子表其第一个子表长度为 k 时
    {
        l2=l1+k;                    //l2 指向归并中第二个子表的开始处
        u1=l2-1;                    //u1 指向归并中第一个子表的末端(与第二个子表相邻)
        if(l2+k-1<n)
          u2=l2+k-1;                //u2 指向归并中第二个子表的末端
        else
          u2=n-1;                   //归并中第二个子表为最后一个子表且长度小于 k
        for(i=l1,j=l2;i<=u1&&j<=u2;m++)
                                    //两个有序子表归并为一个有序子表且暂存于 R1
```

```
            if(R[i].key<=R[j].key)
                R1[m]=R[i++];
            else
                R1[m]=R[j++];
        while(i<=u1)                //第二个子表已归并完，将第一个子表的剩余记录复制到R1中
            R1[m++]=R[i++];
        while(j<=u2)                //第一个子表已归并完，将第二个子表的剩余记录复制到R1中
            R1[m++]=R[j++];
        l1=u2+1;                    //将l1调整到下两个未归并子表的开始处继续进行归并
    }
    for(i=l1;i<n;i++,m++)           //归并到仅剩一个子表且长度又小于k时
        R1[i]=R[i];                 //直接复制该子表中的记录到R1中
}
void MergeSort(RecordType R[],int n)          //非递归方式的归并排序
{    //将无序表R[s]~R[t]归并为一个有序表R1[s]~R1[t]
    int i,k;
    RecordType R1[MAXSIZE];
    k=1;      //初始时待归并的有序子表长度均为1
    while(k<n) //整个表未归并为一个有序表时(子表长度k小于n)继续归并
    {
        Merge(R,R1,k,n);                //对所有子表进行一趟二路归并
        for(i=0;i<n;i++)                //将暂存于R1的一趟归并结果复制到R中
            R[i]=R1[i];
        k=2*k;                          //一趟归并后有序子表长度是原子表长度的2倍
    }
}
```

二路归并排序的非递归算法由于需要与表(数组)R等长的辅助空间R1，所以空间复杂度为O(n)。但是，二路归并排序的递归算法由于在函数MSort中定义了一个长度为n的局部数组R2，即递归调用MSort的次数约为一个满二叉树的结点个数(表R的长度n，相当于n个叶子结点，即满二叉树约有2n−1个结点)且每次调用MSort都产生一个长度为n的数组R2。也即，二路归并排序的递归算法所用的辅助空间约为n×(2n−1)，因此空间复杂度为$O(n^2)$。注意，这一点与其他数据结构教材讲述的不同，其他教材认为二路归并排序递归算法的空间复杂度仍为O(n)，有些数据结构的教材在二路归并排序递归算法中并不使用局部数组，但用C语言编程不采用局部数组就无法实现二路归并排序。

对n个记录的表，将这n个记录看做是叶结点，并将两两归并生成的子表看做它们的父结点，则归并过程是一个由叶结点向上生成一棵二叉树直至到根结点的过程。所以归并趟数约等于二叉树的高度减1，即$\lfloor \mathrm{lb}n \rfloor$。每趟归并需移动记录n次，故时间复杂度为O(n lbn)。

归并排序是一种稳定的排序方法。

9.6 基数排序

基数排序是一种借助于多关键字排序的思想，将单关键字按各权值位(基数)分成“多关键字”后进行排序的方法，它是分配排序中的一种。与前面介绍的其他排序方法不同，基数排序中不进行关键字的比较。

9.6.1 多关键字排序

前面讨论的排序中每个记录都只有一个关键字，而在有些情况下，排序过程中会用到一个记录里的多个关键字，这种排序称为多关键字排序。

我们以扑克牌的排序来说明多关键字排序。根据扑克牌的花色和面值这两个属性，可以将一副扑克牌的排序看做是对其花色和面值这两种关键字进行排序的问题。当然，要判断两张扑克牌的大小，就要对两张牌的这两个关键字组合进行判断。通常的判断方法是：先比较两张牌的花色，花色大的一张牌为大；如果花色相同则面值大的一张牌为大。例如，我们规定花色和面值由小到大的顺序为

① 花色：黑桃＜梅花＜方块＜红心；

② 面值：2＜3＜…＜10＜J＜Q＜K＜A。

根据上述定义关键字的大小就可以决定两张扑克牌的大小，如：方块 8＜红心 2，红心 2＜红心 6 等。花色是主关键字，面值是次关键字，只有花色相同时比较面值才有意义。

根据对关键字选择顺序的不同，可以有两种排序方法。第一种方法采用如下四个步骤：

(1) 按面值的不同给出 13 个编号桶(2 号，3 号，…，k 号，A 号)，并根据面值的不同将所有牌分配到这 13 个编号桶中，即每个桶包含 4 种不同的花色但面值相同的牌，这一过程称之为分配。

(2) 按 2 号，3 号，…，k 号，A 号的次序收集 13 个桶中的牌(收集后已按面值升序排列)，这一过程称之为收集。

(3) 按花值不同给出 4 个编号桶(黑桃，梅花，方块，红心)，并将刚收集的牌按花色依次分配到这 4 个桶中。注意，排在开头的面值为 2 的牌先放入桶(在桶的下面)，排在最后面的面值为 A 的牌最后入桶(在桶上面)，此时每个桶已按面值由小到大的次序放入了同一花色的 13 张牌。这一过程又称之为分配。

(4) 按红心、方块、梅花、黑桃的次序收集 4 个桶中的牌就完成了对扑克牌的排序过程(该过程仍称之为收集)。因为按红心、方块、梅花、黑桃的次序收集，则牌的花色将是黑桃在前面红心在最后(排列为收集次序的逆序)，而每个桶是先取出 A、最后取出 2，即 2 排列在前面而 A 排列在最后，故最终收集的排列顺序为

黑桃 2, …, 黑桃 A, 梅花 2, …, 梅花 A, 方块 2, …, 方块 A, 红心 2, …, 红心 A

这正是我们所要求的升序排列，这一种方法也被称为最次位优先法。

与上述方法相反的排序方法是第二种最主位优先法：即先按花色分配到 4 个桶中，然后再收集，将收集的牌再次分配到按面值不同的 13 个桶中，最后收集这 13 个桶中的牌则可完成排序。即最终收集的排列顺序为

黑桃2, 梅花2, 方块2, 红心2, 黑桃3, 梅花3, …, 黑桃A, 梅花A, 方块A, 红心A

假定在n个记录的排序表中，每个记录包含d个关键字$\{k^1,k^2,k^3,\cdots,k^d\}$，则称记录序列对关键字$\{k^1,k^2,k^3,\cdots,k^d\}$有序，即对于记录序列中的任意两个记录 R[i]和 R[j](1≤i<j≤n)都满足下列有序关系：

$$(k_i^1,k_i^2,k_i^3,\ldots,k_i^d) \le (k_j^1,k_j^2,k_j^3,\ldots,k_j^d)$$

其中，k^1称为最主位关键字；k^d称为最次位关键字。

多关键字排序按照从最次位关键字到最主位关键字，或从最主位关键字到最次位关键字的顺序逐次排序，即分为如下两种方法：

(1) 最次位优先(LSD)法：先从最次位关键字 k^d 开始分组，同一组中记录其关键字 k^d 相等，然后将各组连接(收集)起来，再按 k^{d-1} 进行分组和收集。此后，对后面的关键字继续这样的分组和收集，直到按最主位关键字k^1进行分组和收集后便得到一个有序序列。扑克牌按面值、花色的第一种排序方法即为LSD法。

(2) 最主位优先(MSD)法：先按k^1进行分组和收集，再按k^2进行分组和收集，直到按最次关键字k^{d1}进行分组和收集后便得到一个有序序列。扑克牌按花色、面值的第二种排序方法即为MSD法。

如果排序的结果要求以最主位关键字为主关键字，则采用最次位优先法(如扑克牌的第一种排序)；如果排序的结果要求以最次位关键字为主关键字，则采用最主位优先法(如扑克牌的第二种排序)。

9.6.2　链式基数排序

如果将关键字拆分为若干项，每项作为一个“关键字”，则对单关键字的排序可按多关键字排序方法进行。比如关键字为3位的整数，可以每位对应一项拆分为3个关键字；又如关键字由5个字符组成的字符串，可以将每个字符对应一项拆分为5个关键字。这样拆分后，每个关键字都在相同的权值范围内(对数字是0～9，对字符则是'a'～'z')，我们称这样的关键字可能出现的权值范围为“基”并记作r。上述取数字为关键字的“基”为10，取字符为关键字的“基”为26。根据这一特性，采用LSD法排序较为方便。

基数排序的思想是：根据基r的大小设立r个队列，队列的编号分别为0、1、2、…、r−1。对于无序的n个记录，首先从最低位关键字开始，将这n个记录“分配”到r个队列中，然后由小到大将各队列中的记录再依次“收集”起来，这称为一趟排序。第一趟排序后，n个记录已按最低位关键字有序。然后再按次最低关键字把刚收集起来的n个记录再“分配”到r个队列中，重复上述“分配”与“收集”过程，直到对最高位关键字再进行一趟“分配”和“收集”后，则n个记录已按关键字有序。

为了减少记录移动的次数，基数排序中的队列可以采用链表作为存储结构，并用r个链队列作为分配队列，链队列设有两个指针，分别指向链队列的队头和队尾。关键字相同的记录放入到同一个链队列中，而收集则总是将各链队列按关键字大小顺序链接起来。这种结构下的排序称为链式基数排序。

用静态链表(即一维数组)存放待排序的n个记录，则基数排序算法如下：

```
typedef struct
```

```
{
    int key;                    //单关键字
    int keys[d_MAX];            //存放拆分后的各关键字项，d_MAX 为关键字项的最大长度值
    int next;                   //指向下一记录的指针
    char data;
}RecType;
void RadixSort(RecType R[],int d,int c1,int ct)
{ //对 R[1]～R[n]进行基数排序，d 为关键字项数，c1～ct 为基数(即权值)的范围
    int i,j,k,m,p,t,f[Radix_MAX],e[Radix_MAX];          //Radix_MAX 为基数的最大长度值
    p=1;                                  //由 R[1]开始
    for(i=0;i<d;i++)                      //进行 d 趟分配与收集
    {
        for(j=c1;j<=ct;j++)               //分配前清空队头指针
            f[j]=0;
        while(p!=0)                       //未分配到最后一个记录 R[n]，其标记为 R[n].next 等于 0
        {
            k=R[p].keys[i];               //k 为 R[p]中第 i 项关键字值
            if(f[k]==0)                   //第 k 个队列是否为空
                f[k]=p;                   //R[p]作为第 k 个队列的队头结点插入
            else
                R[e[k]].next=p;           //将 R[p]链到第 k 个队列的队尾结点
            e[k]=p;                       //第 k 个队列的队尾指针 e[k]指向新的队尾结点
            p=R[p].next;                  //取出排在 R[p]之后的记录继续分配
        }
        j=c1;                             //收集 c1～ct 个队列上的记录
        while(f[j]==0)                    //j 队列为空时继续查找下一个非空队列
            j++;
        p=f[j];t=e[j];                    //找到第一个非空队列使 p 指向队头，t 指向队尾
        while(j<ct)                       //未收集完最后一个队列时则继续收集
        {
            j++;                          //使 j 指向后一个队列
            if(f[j]!=0)                   //后一个队列不为空时
            {
                R[t].next=f[j];           //将后一个队列的队头链到前一个队列的队尾
                t=e[j];
                //使 t 指向这后一个队列的队尾继续进行对下一个队列的收集
            }
            R[t].next=0;                  //收集完毕置最后一个记录 R[t]为收集队列的队尾标志
        }
```

```
            m=p;                       //以下输出本趟收集的链队列记录
            printf("%5d",R[m].key);
            do
            {
                m=R[m].next;
                printf("%5d",R[m].key);
            }while(R[m].next!=0);
            printf("\n");
        }
    }
    void DistKeys(RecType R[],int n,int d,int c1,int ct)
    {
        int i,j,k;
        for(i=1;i<=n;i++)
        {
            R[i].next=i+1;                 //将记录R[1]～R[n]先链成一个链队列
            k=R[i].key;                    //取出R[i]的单关键字
            for(j=0;j<d;j++)
            {
                R[i].keys[j]=k%(ct+1);     /*将R[i]的单关键字key分离为多关键字
                                                存于R[i].keys[0]～R[i].keys[d]*/
                k=k/(ct+1);
            }
        }
        R[n].next=0;                       //置最后一个记录R[n]的队尾标志
        RadixSort(R,d,c1,ct);              //进行基数排序
    }
```

当记录的关键字为三位十进制数时，采用上述基数排序算法对关键字序列：288,371,260,531,287,235,056,699,018,023的基数排序示意图如图9-13所示。

在基数排序的过程中，共进行了 d 趟的分配和收集，每一趟分配和收集的时间为O(n+r)，r为ct−c1+1；所以基数排序的时间复杂度为O(d(n+r))。基数排序中，一趟排序需要的辅助空间为2r(创建r个队头和队尾指针)，但每趟都重复使用这些队列指针，故总的辅助空间复杂度为O(r)。

到目前为止，我们介绍的排序方法除了基数排序是基于分配的方法外，都是基于比较的排序方法。即每次比较两个关键字的大小，这种比较仅仅出现两种可能的转移。而基于分配的基数排序则优越的多，基数排序只需一步就会引起r种可能的转移(即分配到r个队列中)。因此，在一般情况下，基数排序可能在O(n)的时间内完成对n个记录的排序，这比其他基于比较的排序方法要快的多。但遗憾的是，基数排序只适用于像字符串和整数这类“基”具有有限权值的关键字。这样，基数排序中用于分配和收集的队列就只有有限个。

如果关键字的“基”的取值范围属于某个无穷集合，例如像实数类型关键字时就无法使用基数排序，因为我们无法确定 r 个队列中 r 的大小。

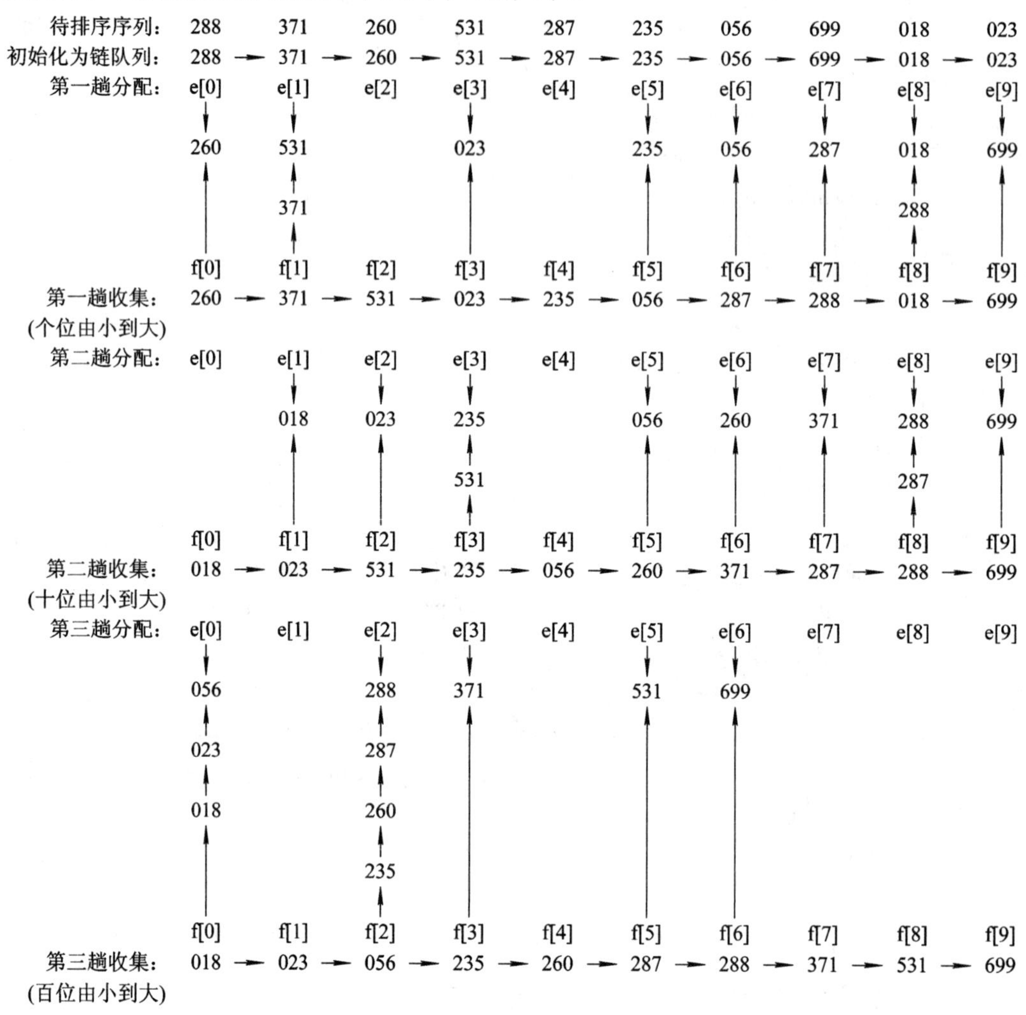

图 9-13　基数排序示意图

*9.7　外排序简介

外部排序通常由下面两个相互独立的阶段组成：

(1) 按可用内存的大小将外存上含有 n 个记录的文件分成若干长度为 k 的子文件，然后依次读入内存，并采用有效的内部排序方法对它们进行排序，排好序后将得到的有序子文件重新写入外存。通常称这些有序子文件为归并段。

(2) 对归并段进行逐趟归并，使归并段(有序子文件)逐渐由小到大，直到这 n 个记录构成一个有序文件为止。

第一阶段的排序方法已在 8.3.3 节介绍过，现在主要讨论第二阶段的归并过程。假设有一个含有 10 000 个记录的文件，先通过 10 次内部排序得到 10 个初始归并阶段 R_1～R_{10}，且每一阶段都含有 1000 个记录，接下来对它们做如图 9-14 所示的归并，直到得到一个有序文件时为止。

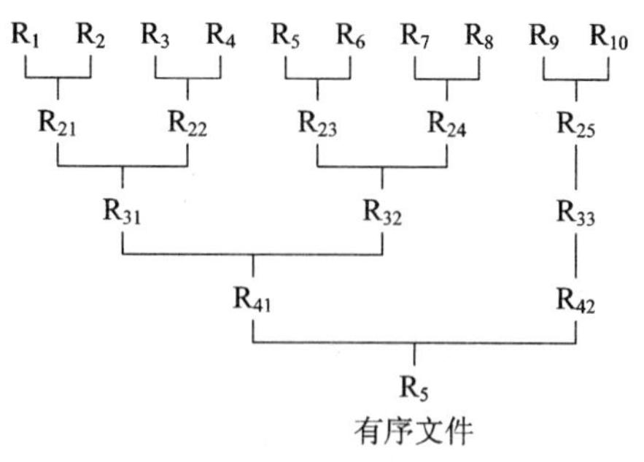

图 9-14　外排序的两路平衡归并

从图 9-14 可以看出，由 10 个初始归并段到一个有序文件共进行 4 趟归并，每一趟从 m 个归并段得到 $\lceil m/2 \rceil$ 个归并段，这种方法称为二路平衡归并。

在内存中将两个有序段归并为一个有序段的过程很简单，前面介绍的二路归并排序算法中的 Merge 函数就可实现归并。但是，在外部排序中实现两两归并时不仅要调用 Merge 函数，而且还要进行外存上的读/写，这是因为无法将两个有序段及归并的结果同时放在内存的缘故。对外存上信息的读/写是以"物理块"为单位的，假设在上例中每个物理块可以容纳 200 个记录，则每趟归并需要进行 50 次"读"和 50 次"写"；四趟归并加上内部排序时所需进行的读/写，使得在外排序中总共需要进行 500 次读/写。

一般情况下，外排序所需要的时间＝内部排序(产生初始归并段)所需时间($m\times t_{is}$)+外存信息读写时间($d\times t_{io}$)＋内部归并排序时间($s\times ut_{mg}$)。其中：

t_{is}：为得到一个初始归并段进行内部排序所需时间的均值。

t_{io}：进行一次外存读/写时间的均值。

ut_{mg}：对 u 个记录进行内部归并所需的时间。

m：经过内部排序后所得到的初始归并段个数。

s：归并的趟数。

d：总读/写次数。

由此，上例 10 000 个记录利用二路归并进行排序所需总的时间为

$$10 \times t_{is} + 500 \times t_{io} + 4 \times 1000 \times t_{mg}$$

在此，t_{io} 取决于所用的外部设备。显然，t_{io} 要比 t_{mg} 大的多。因此，提高排序效率应主要着眼于减少外存信息读写的次数 d。

下面，我们来分析 d 和"归并过程"的关系。如果对上例所得到的 10 个初始归并段进行 5 路平衡归并(即每趟将 5 个或 5 个以下的有序子文件归并成一个有序文件)，则由图 9-15 可知仅需进行 2 趟归并，外部排序时总的读/写次数减少至 2×100+100=300，比二路归并减少了 200 次读/写。

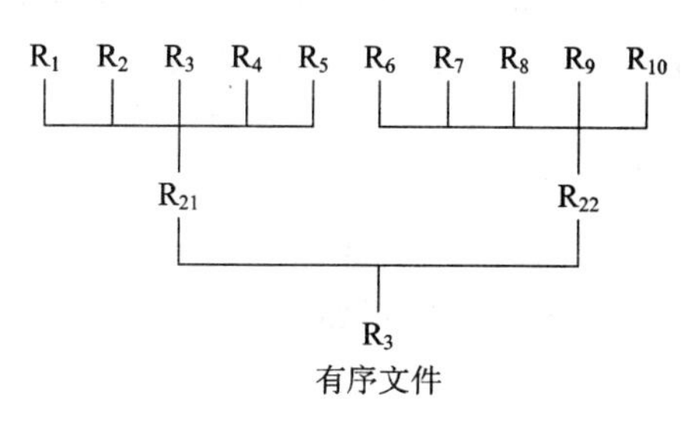

图 9-15　5 路平衡归并

可见，对同一个文件而言，进行外部排序时所需读/写外存的次数和归并的趟数 s 成正比。在

一般情况下，对 m 个初始归并段进行 k 路平衡归并时，其归并的趟数：$s=\lfloor \log_k m \rfloor$。因此，若增加 k 或减少 m 就能减少 s。

增加 k 可以减少 s，从而减少外存读/写的次数。但是，我们从下面的讨论中又会发现：单纯增加 k 将导致增加内部归并的时间 ut_{mg}。那么，如何解决这个矛盾呢？

先看二路归并，令 u 个记录分布在两个归并段上，并按 Merge 函数进行归并，得到归并后含 u 个记录的归并段需要进行 u−1 次比较。

再看 k 路归并，令 u 个记录分布在 k 个归并段上。显然，归并后的第一个记录应是 k 个归并段中关键字最小的记录。即应从每个归并段的第一个记录的相互比较中选出最小者，这需要进行 k−1 次比较。所以，为得到含 u 个记录的归并段需进行(u−1)×(k−1)次比较。因此，对 n 个记录的文件进行外部排序时，在内部归并过程中进行的总的比较次数为 s×(k−1)×(n−1)。假设所得到的初始归并段为 m 个，则可得出内部归并过程中进行比较的总次数为：

$$\lceil \log_k m \rceil (k-1)(n-1)\,t_{mg} = \left\lceil \frac{\mathrm{lb}m}{\mathrm{lb}k} \right\rceil (k-1)(n-1)\,t_{mg}$$

由于 $\frac{k-1}{\mathrm{lb}k}$ 随着 k 的增加而增加，则内部归并时间也将随着 k 的增加而增加，它将抵消由于增大 k 而减少外存信息读/写时间所得的效益，这是我们不希望的。但是，如果在进行 k 路归并时利用“败者树”，则在 k 个记录中选出关键字最小的记录时，仅需进行 $\lfloor \mathrm{lb}k \rfloor$ 次比较，从而使总的归并时间变为 $\lfloor \mathrm{lb}m \rfloor (n-1)\,t_{mg}$。显然，这个式子与 k 无关，它不再随 k 的增加而增加。因此，如何选择合适的 k 是一个需要综合考虑的问题。

败者树是一棵完全二叉树，它是树形选择排序的一种变型。比赛从叶子结点开始，且任一双亲结点都是其左、右孩子结点中的(失)败者，而让赢者去参加比双亲结点更高一层的比赛。因此，在最后一次比赛中，根结点仍然是失败者，所以要另外增加一个结点 ls[0] 来保存最终的赢者。

图 9-16(a)即为一棵实现 5 路归并的败者树 ls[0]～ls[4]。图中方形结点表示叶结点，分别为 5 路归并段中当前参加归并的待选记录的关键字。败者树根结点 ls[1]的双亲结点 ls[0] 为“冠军”，在此指示各归并段中的最小关键字记录为第 3 路归并段中的记录。结点 ls[3] 指示 b_1 和 b_2 两个叶子结点中的败者即是 b_2，而胜者 b_1 和 b_3(b_3 是叶结点 b_3、b_4 和 b_0 经过两场比赛后选出来的胜者)进行比较，结点 ls[1]则指示它们中的败者为 b_1。在选得最小关键字的记录之后，只要修改叶结点 b_3 中的值，使其为同一归并段中的下一个记录的关键字，并由此向上重新调整败者树。也即从该结点向上和双亲结点所指的关键字进行比较，败者留在该双亲结点，胜者继续向上直至树根结点的双亲(如图 9-16(b)所示)。当第 3 路归并段中的第 2 个记录参加归并时，构造败者树选得最小关键字为第 1 路归并段中的记录。为防止在归并过程中某路归并段变为空，可以在每路归并段的最后加上一个关键字为最大的记录用以标识该段的结束(如图 9-16 中的“∞”)。当选出的“冠军”记录的关键字为最大值“∞”时，则表明此次归并已经完成。

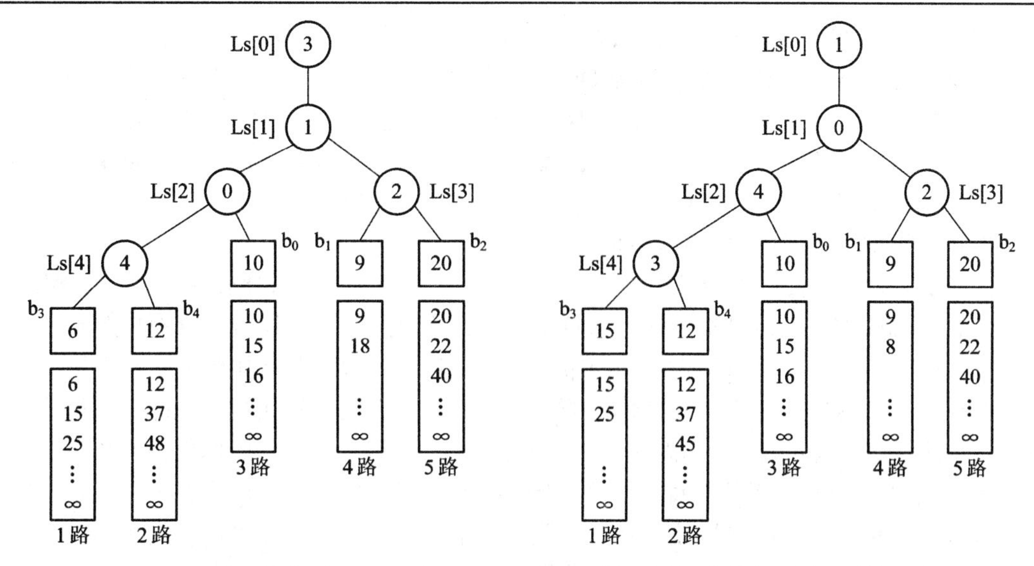

(a) 5路归并败者树　　(b) 将b_3中最小关键字6选出后重新调整为败者树

图 9-16　实现 5 路归并的败者树

由于实现 k 路归并的败者树深度为$\lfloor \text{lbk} \rfloor+1$，则在 k 个记录中选择最小关键字仅需进行$\lceil \text{lbk} \rceil$次比较。败者树的初始化也容易实现，只要先令所有的非终端结点指向一个含最小关键字的叶结点，然后从各叶子结点出发调整非终端结点为新的败者即可。

由图 9-16(b)可以看出，败者树的调整中每次比较总是和双亲结点进行，因此比较的次数就是由非终端结点所构成的完全二叉树的深度+1，即$(\lfloor \text{lbk} \rfloor+1)+1$，时间复杂度为 O(lbk)。建立初始败者树要对 k 个叶子进行调整，因此其时间复杂度为 O(k lbk)。同理，当待排序记录个数为 n 时，利用败者树实现 k 路归并排序，则时间复杂度为 O(n lbk)。

9.8　各种内排序方法的比较

各种内部排序方法的性能归纳如表 9.1 所示。

表 9.1　各种内部排序方法的性能

排序方法	时间复杂度			空间复杂度	稳定性	复杂性
	平均情况	最坏情况	最好情况			
直接插入排序	$O(n^2)$	$O(n^2)$	O(n)	O(1)	稳定	简单
希尔排序	$O(n^{1.25})$	$O(n^{4/3})$	$O(n^{7/6})$	O(1)	不稳定	较复杂
冒泡排序	$O(n^2)$	$O(n^2)$	O(n)	O(1)	稳定	简单
快速排序	O(n lbn)	$O(n^2)$	O(n lbn)	O(l lbn)	不稳定	较复杂
直接选择排序	$O(n^2)$	$O(n^2)$	$O(n^2)$	O(1)	不稳定	简单
堆排序	O(n lbn)	O(n lbn)	O(n lbn)	O(1)	不稳定	较复杂
归并排序	O(n lbn)	O(n lbn)	O(n lbn)	O(n)	稳定	较复杂
基数排序	O(d(n+r))	O(d(n+r))	O(d(n+r))	O(r)	稳定	较复杂

由表 9.1 可知，简单的排序方法如直接插入排序、冒泡排序和直接选择排序其平均时间复杂度均为 $O(n^2)$，而空间复杂度为 O(1)。较复杂的排序方法如快速排序、堆排序和归并排序因其排序过程均可形象的表示为一棵二叉树，故它们的平均时间复杂度为 O(n lbn)。基数排序则由多关键字特性使得它的时间复杂度约为 O(n)。希尔排序的时间复杂度最难确定，有的说其平均时间复杂度约为 $O(n^{1.25})$，有的说其平均时间复杂度为 O(n lbn)，但希尔排序的过程不像一棵二叉树，所以 O(lbn)值得商确。

关于稳定性，我们可以由排序方法中的比较方式得到，即如果比较中不存在“跳跃式”比较，则该排序方法一定是稳定的，如直接插入排序是顺序逐一比较，冒泡排序是依次两两相邻比较，二路归并是将待合并的两个子表记录逐一比较，基数排序更是基于链队列只能顺序比较。故这些排序方法都是稳定的。而“跳跃式”的比较如：希尔排序按增量步距比较，快速排序也是由表的两端比较，而堆排序则是二叉树中的父子比较(在一维数组存储中通常不相邻)。特殊一点的是直接选择排序，它是将找到的最小关键字记录和指定位置上的记录交换其位置，这种交换使记录的位置在表中跳来跳去，这些“跳跃式”的比较很容易产生不稳定，因此这些排序方法都是不稳定的。

由于不同的排序方法各有优缺点，因此，我们将在不同场合下选择哪种排序方法归纳如下：

(1) 若待排序的记录个数 n 较小时，可采用直接插入排序或直接选择排序。由于直接插入排序移动的次数多于直接选择排序，因此当记录本身信息量较大时采用直接选择排序。

(2) 若待排序记录按关键字基本有序，则宜采用直接插入排序或冒泡排序。

(3) 当 n 很大且关键字位数较少时，宜采用链式基数排序。

(4) 若 n 较大时，则应采用时间复杂度为 O(n lbn)的快速排序、堆排序或归并排序。快速排序是目前基于比较的内部排序中被公认的最好排序方法。当待排序记录的关键字为随机分布时，快速排序的平均运行时间最短。堆排序的优点是只需 1 个辅助存储空间，且不会出现快速排序可能出现的最坏情况。这两种排序方法都是不稳定的排序方法，若要求排序稳定，则可选择归并排序。归并排序通常和直接插入排序结合起来使用，即利用直接插入排序求得较长的有序子文件，然后再进行两两归并。因为直接插入排序是稳定的，所以改进后的归并排序也是稳定的。

此外，若有两个有序表，要将它们结合为一个新的有序表，则应采用归并排序。若从大量的记录中选出关键字最小(或最大)的前 n 个记录，则应采用堆排序或直接选择排序。基于分配的基数排序比基于比较的其他排序方法效率要高，但出于“基”的结构限制，其适用范围有限。

我们所讨论的内部排序方法都是在一维数组上实现的。当记录本身信息量较大时，为了避免耗费过多的时间来移动记录，可采用链表来作为存储结构，如插入排序和归并排序都易于在链表上实现，基数排序更是适宜于用链表来实现。有的排序方法如快速排序则很难在链表上实现。在这种情况下，可以提取关键字建立索引表然后对索引表进行排序。更为简单的一种方法是：引入一个长度为 n 的整型数组 t，排序前令 t[i]=i ($1 \leqslant i \leqslant n$)，若排序算法中要求交换记录 R[i]和 R[j]，则只需交换 t[i]和 t[j]即可，这样在排序结束时数组 t 就给出了各记录之间的顺序关系。

习　题　9

1. 单项选择题

(1) 在待排序的元素序列基本有序的前提下，效率最高的排序方法是____。

A. 插入排序　　B. 快速排序　　C. 冒泡排序　　D. 归并排序

(2) 下面4种排序方法中要求存储容量最大的是____。

A. 插入排序　　B. 选择排序　　C. 快速排序　　D. 归并排序

(3) 下面算法中，____算法可能出现这样的情况：在最后一趟开始之前，所有元素都不在其最终的位置上。

A. 堆排序　　B. 冒泡排序　　C. 插入排序　　D. 快速排序

(4) 通过一趟排序就能从整个记录序列中选出具有最大(或最小)关键字的记录，这种排序方法是____。

A. 堆排序　　B. 快速排序　　C. 插入排序　　D. 归并排序

(5) 下面4种排序方法中，____是不稳定的排序方法。

A. 插入排序　　B. 冒泡排序　　C. 归并排序　　D. 堆排序

(6) 已知快速排序在最坏情况下的时间复杂度是 $O(n^2)$，则在最坏情况下时间复杂度好于快速排序的排序方法是____。

A. 堆排序　　B. 冒泡排序　　C. 选择排序　　D. 插入排序

(7) 若要在 O(n lbn)时间内完成排序且要求排序是稳定的，则可选择的排序方法是____。

A. 快速排序　　B. 堆排序　　C. 归并排序　　D. 选择排序

(8) 对给出的一组关键字{14,5,19,20,11,19}进行升序排序，第一趟排序结果为{14,5,19,20,11,19}，采用的排序方法是____。

A. 选择排序　　B. 快速排序　　C. 希尔排序　　D. 归并排序

(9) 对给出的一组关键字{25,84,21,47,15,27,68,35,20}进行升序排序，第一趟排序的结果为{20,15,21,25,47,27,68,35,84}，问采用的排序方法是____。

A. 选择排序　　B. 冒泡排序　　C. 归并排序　　D. 快速排序

(10) 一组记录的关键字为{45,80,55,40,42,85}，则利用堆排序方法建立的初始堆为____。

A. 80,45,50,40,42,85　　B. 85,80,55,40,42,45

C. 85,80,55,45,42,40　　D. 85,55,80,42,45,40

(11) 一组记录的关键字为{25,50,15,35,80,85,20,40,36,70}，其中含有5个长度为2的有序表，用归并排序方法对该序列进行一趟归并后的结果为____。

A. 15,25,35,50,20,40,80,85,36,70　　B. 15,25,35,50,80,20,85,40,70,36

C. 15,25,50,35,80,85,20,36,40,70　　D. 15,25,35,50,80,20,36,40,70,85

(12) 在对n个元素进行冒泡排序的过程中，最好情况下的时间复杂度为____。

A. O(1)　　B. O(lbn)　　C. $O(n^2)$　　D. O(n)

(13) 在对 n 个元素进行快速排序的过程中，第一趟划分最多需要移动____次元素(包括开始将基准元素移到临时变量的那一次)

A. n/2　　B. n−1　　C. n　　D. n+1

(14) 一个序列中有 10 000 个元素，若只想得到其中最小的前 10 个元素，则最好采用____方法。

A. 快速排序　　B. 堆排序　　C. 希尔排序　　D. 基数排序

(15) 对下面 4 个序列用快速排序方法进行排序，以序列的第一个元素作为基准进行划分。在第一趟划分过程中，元素移动次数最多的是____序列。

A. 70,75,82,90,23,16,10,68　　B. 70,75,68,23,10,16,90,82

C. 82,75,70,16,10,90,68,23　　D. 23,10,16,70,82,75,68,90

(16) 从未排序序列中依次取出元素与已排序序列(初始时为 1 个)中的元素进行比较，将其放入已排序序列中并仍保持有序性的方法称为____。

A. 希尔排序　　B. 冒泡排序　　C. 插入排序　　D. 选择排序

(17) 从未排序的序列中选择元素，并将其放入已排序序列(初始为空)一端的方法，称为____。

A. 希尔排序　　B. 归并排序　　C. 插入排序　　D. 选择排序

(18) 若对 n 个元素进行插入排序，则进行第 i 趟排序之前有序表中的元素个数为____。

A. i　　B. i+1　　C. i−1　　D. 1

(19) 在对 n 个元素进行选择排序的过程中，第 i 趟需从____个元素中选出最小值元素。

A. n−i　　B. n−i+1　　C. i　　D. i+1

(20) 若关键字序列是{235,346,021,558,256}，用链式基数排序方法进行排序，依次按个位、十位和百位进行收集，则第一次收集的结果是____。

A. 021,235,256,558,346　　B. 558,346,256,235,021

C. 021,235,346,256,558　　D. 021,235,256,346,558

2. 多项选择题

(1) 排序趟数与序列初始状态有关的排序方法是________。

A. 插入排序　　B. 希尔排序　　C. 选择排序

D. 冒泡排序　　E. 快速排序

(2) 排序趟数与序列初始状态无关的排序方法是________。

A. 基数排序　　B. 冒泡排序　　C. 堆排序

D. 选择排序　　E. 归并排序

(3) 下面排序方法中不稳定的是___。

A. 冒泡排序　　B. 归并排序　　C. 希尔排序

D. 选择排序　　E. 堆排序

(4) 稳定的排序方法有________。

A. 希尔排序　　B. 归并排序　　C. 选择排序

D. 插入排序　　E. 冒泡排序

(5) 下面________的时间复杂度是 $O(n^2)$

A. 冒泡排序　　B. 归并排序　　C. 堆排序

D. 插入排序　　E. 选择排序

(6) 在排序方法实施过程中，使用辅助存储空间为 O(1)的有________。

A. 插入排序　　B. 选择排序　　C. 希尔排序

D. 堆排序　　E. 冒泡排序

(7) 在堆排序过程中，有 n 个待排序的记录建成初始堆需要_①_次筛选；由初始堆到排序结束需要进行_②_次筛选运算；在每次筛选运算的过程中，记录的比较和移动次数的数量级为_③_，堆排序算法的时间复杂度为_④_。

A. n　　B. n/2　　C. lbn　　D. n−1

E. O(lbn)　　F. O(n)　　G.. O(n lbn)　　H. $O(n^2)$

3. 填空题

(1) 对 n 个记录的表进行选择排序，所需进行关键字之间的比较次数为______。

(2) ______排序不需要进行记录关键之间的比较。

(3) 每次从无序子表中取出一个元素，插入到有序子表中恰当的位置，这种排序方法称为______排序；每次从无序子表中挑选出一个最小或最大元素，交换到有序表的一端，这种排序方法称为______排序。

(4) 每次直接或通过基准元素间接比较两个元素，若出现逆序时就交换它们的位置，此种排序方法称为____排序；每次使两个相邻的有序表合并成一个有序表的排序方法称为____排序。

(5) ____排序方法采用的是二分法的思想，___排序方法其数据结构的组织采用完全二叉树结构。

(6) 如果待排序的记录数目较少，则通常采用的排序方法是________。

(7) 快速排序最大递归深度是____，最小递归深度是________。

(8) 归并排序要求各归并子序列____。

(9) 在堆排序和快速排序中，若初始记录接近正序或反序，则选用____，若初始记录无序，则最好用____。

(10) 在插入排序和选择排序中，若初始记录基本有序，则选用________，若初始记录基本反序，则选用________。

(11) 若待排序记录已经递增有序，当分别用堆排序、快速排序、冒泡排序和归并排序方法对其仍按递增顺序进行排序，则________最省时间，________最费时间。

(12) 设关键字序列为{Q,H,C,Y,$\overline{Q}$,A,M,S,R,D,F,X}，要按关键字值递增次序进行排序，若采用初始步长为 4 的希尔(Shell)排序方法，则一趟扫描的结果是__________________；若采用以第一个元素为基准元素的快速排序法，则一趟扫描的结果是_________________。

(13) 对一组记录{54,38,96,23,15,72,60,45,83}进行插入排序，当把第 7 个元素记录 60 插入到已排序的有序表时，为寻找其插入位置需比较____次。

(14) 对一组记录{54,38,96,23,15,72,60,45,83}进行快速排序，递归调用所使用的栈能够达到的最大深度为____，共需递归调用____次，其中第二次递归调用是对一组记录

__________进行快速排序。

(15) 从一个无序序列建立一个堆的方法是：首先将待排序的所有关键字按某种方法分别存放到一棵__________的各个结点中，然后从 i=___的结点 k_i 开始，逐步把 $k_{i-1},k_{i-2},\cdots,k_1$ 为根的子树排成堆，直到以 k_1 为根的树排成堆，就完成了建堆的过程。对于关键字序列{12,13,11,18,60,15,7,20,25,100}，建堆必须从关键字值为______的关键字开始。

(16) 对 n 个元素进行初始建堆的过程中，最多进行______次数据比较。

4. 判断题

(1) 快速排序的速度在所有排序方法中为最快，且所需的附加空间也最少。

(2) 对有 n 个记录的集合进行归并排序，所需要的辅助空间个数与初始记录的排列状况有关。

(3) 当待排序的元素很多时，为了交换元素的位置则需要花费较多的时间来移动元素，这是影响时间复杂度的主要原因。

(4) 用希尔(Shell)方法排序时，若关键字的初始序列杂乱无序，则排序的效率很低。

(5) 对 n 个记录的集合进行归并排序，在最坏情况下需要的时间是 $O(n^2)$。

(6) 基数排序的设计思想是依照对关键字的比较来实施的。

(7) 对一个堆，按二叉树的层次进行遍历即可得到一个有序序列。

(8) 有一小根堆，堆中任意结点的关键字均小于它的左、右孩子关键字，则堆中具有最大值的结点一定是一个叶结点并可能在堆的最后两层中。

(9) 外部排序是把外存文件调入内存并利用内部排序的方法进行排序，因此排序所花费的时间取决于内部排序的时间。

(10) 外部排序过程主要分为两个阶段：生成初始归并段以及对归并段进行逐趟归并。

5. 在冒泡排序的过程中，有的关键字在某趟排序中可能朝着与最终排序相反的方向移动，试举例说明之。快速排序过成中有没有这种现象出现？

6. 我们知道，对由 n 个元素组成的线性表进行快速排序时，所需要进行的比较次数与这个 n 元素的初始序列有关。问：

(1) 当 n=7 时。在最好情况下需要进行多少次比较？请说明理由。

(2) 当 n=7 时，给出一个最好情况下的初始序列实例。

(3) 当 n=7 时，在最坏情况下需要进行多少次比较？请说明理由。

(4) 当 n=7 时。给出一个最坏情况下的初始序列实例。

7. 回答下面关于堆的有关问题：

(1) 堆的存储表示是顺序的，还是链式的？

(2) 设有一个小根堆，即堆中任意结点的关键字均小于它的左孩子和右孩子关键字，则具有最大关键字值的元素可能在什么地方？

(3) 在对 n 个元素进行初始建堆的过程中，最多可做多少次数据比较(不用大 O 表示法)？

8. 利用比较的方法进行排序，在最坏情况下能够达到最好的时间复杂度是什么？请给出详细证明。

9. 编写在单链表存储下的选择排序算法。

10. 设计一个用链表表示的插入排序算法。

11. 编写非递归的快速排序算法。

12. 编写二路归并的迭代算法。二路归并的迭代算法仍然采用二路归并的基本思想：即将 n 个记录的无序表 R[1]～R[n]看作是 n 个表长为 1 的有序表，然后对相邻的两个有序表两两合并到表 R1[1]～R1[n]中，使之生成表长为 2 的有序表；接着再进行两两合并将表 R1 的子表两两合并到 R[1]～R[n]中；这样反复进行由表 R 到表 R1 的两两合并、再由表 R1 到表 R 的两两合并，直到最后生成一个表长为 n 的有序表为止。

参 考 文 献

[1] 张小丽，等. 数据结构与算法. 北京：机械工业出版社，2007
[2] 李春葆，等. 数据结构教程. 2 版. 北京：清华大学出版社，2007
[3] 刘波，郝振明，王晓明. 数据结构实用教程. 北京：机械工业出版社，2010
[4] 唐发根. 数据结构教程. 2 版. 北京：北京航空航天大学出版社，2005
[5] 胡元义. 数据结构教程习题解析与算法上机实现. 西安：西安电子科技大学出版社，2012
[6] 胡元义，邓亚玲，徐睿琳. 数据结构课程辅导与习题解析. 北京：人民邮电出版社，2003
[7] 胡元义，等. 数据结构(C 语言)实践教程. 西安：西安电子科技大学出版社，2002
[8] 何军，胡元义. 数据结构 500 题. 北京：人民邮电出版社，2003
[9] 胡元义，吕林涛，等. C 语言程序设计. 西安：西安交通大学出版社，2010
[10] 胡元义，等. TURBO PASCAL 6.0 精讲、题解及应用. 西安：西安电子科技大学出版社，1996
[11] Weiss Mark A. Data Structures and Algorithm Analysis in C++ (3rd Edition). Addison Wesley，2006
[12] Granville Barnett，Luca Del Tongo. Data Structures and Algorithms：Annotated Reference with Examples. DotNetSlackers，2008